U0270696

国家出版基金项目
NATIONAL PUBLICATION FOUNDATION

民机先进制造工艺技术系列

主 编 林忠钦

飞机材料与结构检测技术

Aircraft Materials and Structures Testing Technology

初铭强 等编著

上海交通大学出版社
SHANGHAI JIAO TONG UNIVERSITY PRESS

内容提要

民用航空器采用的所有材料、结构和制造工艺都需进行大量、全面、系统的性能测试,以保证这些材料用于民用航空器结构时,能够满足最基本的安全性要求。本书共分 6 个章节,介绍了飞机材料及结构的检测技术以及部分检测过程。

本书可供航空专业的研究生以及初入航空领域的年轻工作者阅读参考。希望通过阅读本书,能够使读者初步了解飞机从材料到结构的基本检测技术和应用,以及民机航空业的一些检测实际案例。

图书在版编目(CIP)数据

飞机材料与结构检测技术/初铭强等编著. —上海:上海交通大学
出版社,2016
(大飞机出版工程)
ISBN 978-7-313-16297-7

Ⅰ.①飞… Ⅱ.①初… Ⅲ.①飞机-航空材料-复合材料结构-检测 Ⅳ.①V25

中国版本图书馆 CIP 数据核字(2016)第 309759 号

飞机材料与结构检测技术

编　著：初铭强　等
出版发行：上海交通大学出版社　　　　　　　　　地　　址：上海市番禺路 951 号
邮政编码：200030　　　　　　　　　　　　　　　电　　话：021 - 64071208
出 版 人：郑益慧
印　　制：苏州市越洋印刷有限公司　　　　　　　经　　销：全国新华书店
开　　本：787mm×1092mm　1/16　　　　　　　印　　张：27.75
字　　数：530 千字
版　　次：2016 年 12 月第 1 版　　　　　　　　　印　　次：2016 年 12 月第 1 次印刷
书　　号：ISBN 978 - 7 - 313 - 16297 - 7/V
定　　价：158.00 元

大飞机出版工程

丛书编委会

总主编

顾诵芬（中国航空工业集团公司科技委副主任、中国科学院和中国工程院院士）

副总主编

金壮龙（中国商用飞机有限责任公司董事长）

马德秀（上海交通大学原党委书记、教授）

编 委（按姓氏笔画排序）

王礼恒（中国航天科技集团公司科技委主任、中国工程院院士）

王宗光（上海交通大学原党委书记、教授）

刘 洪（上海交通大学航空航天学院副院长、教授）

许金泉（上海交通大学船舶海洋与建筑工程学院教授）

杨育中（中国航空工业集团公司原副总经理、研究员）

吴光辉（中国商用飞机有限责任公司副总经理、总设计师、研究员）

汪 海（上海市航空材料与结构检测中心主任、研究员）

沈元康（中国民用航空局原副局长、研究员）

陈 刚（上海交通大学原副校长、教授）

陈迎春（中国商用飞机有限责任公司常务副总设计师、研究员）

林忠钦（上海交通大学常务副校长、中国工程院院士）

金兴明（上海市政府副秘书长、研究员）

金德琨（中国航空工业集团公司科技委委员、研究员）

崔德刚（中国航空工业集团公司科技委委员、研究员）

敬忠良（上海交通大学航空航天学院常务副院长、教授）

傅 山（上海交通大学电子信息与电气工程学院研究员）

民机先进制造工艺技术系列

编 委 会

主 编

林忠钦（上海交通大学常务副校长、中国工程院院士）

副主编

姜丽萍（中国商飞上海飞机制造有限公司总工程师、研究员）

编 委（按姓氏笔画排序）

习俊通（上海交通大学机械与动力学院副院长、教授）

万 敏（北京航空航天大学飞行器制造工程系主任、教授）

毛荫风（中国商飞上海飞机制造有限公司原总工程师、研究员）

孙宝德（上海交通大学材料科学与工程学院院长、教授）

刘卫平（中国商飞上海飞机制造有限公司副总工程师、研究员）

汪 海（上海市航空材料与结构检测中心主任、研究员）

陈 洁（中国商飞上海飞机制造有限公司总冶金师、研究员）

来新民（上海交通大学机械与动力工程学院机械系主任、教授）

陈 磊（中国商飞上海飞机制造有限公司副总工程师、航研所所长、研究员）

张 平（成飞民机公司副总经理、技术中心主任、研究员）

张卫红（西北工业大学副校长、教授）

赵万生（上海交通大学密歇根学院副院长、教授）

倪 军（美国密歇根大学机械工程系教授、上海交通大学密歇根学院院长、教授）

黄卫东（西北工业大学凝固技术国家重点实验室主任、教授）

黄 翔（南京航空航天大学航空宇航制造工程系主任、教授）

武高辉（哈尔滨工业大学金属基复合材料与工程研究所所长、教授）

总　　序

　　国务院在 2007 年 2 月底批准了大型飞机研制重大科技专项正式立项,得到全国上下各方面的关注。"大型飞机"工程项目作为创新型国家的标志工程重新燃起我们国家和人民共同承载着"航空报国梦"的巨大热情。对于所有从事航空事业的工作者,这是历史赋予的使命和挑战。

　　1903 年 12 月 17 日,美国莱特兄弟制作的世界第一架有动力、可操纵、比重大于空气的载人飞行器试飞成功,标志着人类飞行的梦想变成了现实。飞机作为 20 世纪最重大的科技成果之一,是人类科技创新能力与工业化生产形式相结合的产物,也是现代科学技术的集大成者。军事和民生对飞机的需求促进了飞机迅速而不间断的发展和应用,体现了当代科学技术的最新成果;而航空领域的持续探索和不断创新,为诸多学科的发展和相关技术的突破提供了强劲动力。航空工业已经成为知识密集、技术密集、高附加值、低消耗的产业。

　　从大型飞机工程项目开始论证到确定为《国家中长期科学和技术发展规划纲要》的十六个重大专项之一,直至立项通过,不仅使全国上下重视起我国自主航空事业,而且使我们的人民、政府理解了我国航空事业半个世纪发展的艰辛和成绩。大型飞机重大专项正式立项和启动使我们的民用航空进入新纪元。经过 50 多年的风雨历程,当今中国的航空工业已经步入了科学、理性的发展轨道。大型客机项目其产业链长、辐射面宽、对国家综合实力带动性强,在国民经济发展和科学技术进步中发挥着重要作用,我国的航空工业迎来了新的发展机遇。

　　大型飞机的研制承载着中国几代航空人的梦想,在 2016 年造出与波音 B737 和空客 A320 改进型一样先进的"国产大飞机"已经成为每个航空人心中奋斗的目标。然而,大型飞机覆盖了机械、电子、材料、冶金、仪器仪表、化工等几乎所有工业门类,集成了数学、空气动力学、材料学、人机工程学、自动控制学等多种学科,是一个复杂的科技创新系统。为了迎接新形势下理论、技术和工程等方面的严峻挑战,迫切需要引入、借鉴国外的优秀出版物和数据资料,总结、巩固我们的经验和成果,编著一套以"大飞机"为主题的丛书,借以推动服务"大型飞机"作为推动服务整个航空科学的切入点,同时对于促进我国航空事业的发展和加快航空紧缺人才的培养,具有十分重要的现实意义和深远的历史意义。

2008 年 5 月,中国商用飞机有限公司成立之初,上海交通大学出版社就开始酝酿"大飞机出版工程",这是一项非常适合"大飞机"研制工作时宜的事业。新中国第一位飞机设计宗师——徐舜寿同志在领导我们研制中国第一架喷气式歼击教练机——歼教 1 时,亲自撰写了《飞机性能及算法》,及时编译了第一部《英汉航空工程名词字典》,翻译出版了《飞机构造学》《飞机强度学》,从理论上保证了我们飞机研制工作。我本人作为航空事业发展 50 年的见证人,欣然接受了上海交通大学出版社的邀请担任该丛书的主编,希望为我国的"大型飞机"研制发展出一份力。出版社同时也邀请了王礼恒院士、金德琨研究员、吴光辉总设计师、陈迎春副总设计师等航空领域专家撰写专著、精选书目,承担翻译、审校等工作,以确保这套"大飞机"丛书具有高品质和重大的社会价值,为我国的大飞机研制以及学科发展提供参考和智力支持。

编著这套丛书,一是总结整理 50 多年来航空科学技术的重要成果及宝贵经验;二是优化航空专业技术教材体系,为飞机设计技术人员培养提供一套系统、全面的教科书,满足人才培养对教材的迫切需求;三是为大飞机研制提供有力的技术保障;四是将许多专家、教授、学者广博的学识见解和丰富的实践经验总结继承下来,旨在从系统性、完整性和实用性角度出发,把丰富的实践经验进一步理论化、科学化,形成具有我国特色的"大飞机"理论与实践相结合的知识体系。

"大飞机"丛书主要涵盖了总体气动、航空发动机、结构强度、航电、制造等专业方向,知识领域覆盖我国国产大飞机的关键技术。图书类别分为译著、专著、教材、工具书等几个模块;其内容既包括领域内专家们最先进的理论方法和技术成果,也包括来自飞机设计第一线的理论和实践成果。如：2009 年出版的荷兰原福克飞机公司总师撰写的 *Aerodynamic Design of Transport Aircraft*（《运输类飞机的空气动力设计》），由美国堪萨斯大学 2008 年出版的 *Aircraft Propulsion*（《飞机推进》）等国外最新科技的结晶；国内《民用飞机总体设计》等总体阐述之作和《涡量动力学》《民用飞机气动设计》等专业细分的著作；也有《民机设计 1000 问》《英汉航空双向词典》等工具类图书。

　　该套图书得到国家出版基金资助，体现了国家对"大型飞机项目"以及"大飞机出版工程"这套丛书的高度重视。这套丛书承担着记载与弘扬科技成就、积累和传播科技知识的使命，凝结了国内外航空领域专业人士的智慧和成果，具有较强的系统性、完整性、实用性和技术前瞻性，既可作为实际工作指导用书，亦可作为相关专业人员的学习参考用书。期望这套丛书能够有益于航空领域里人才的培养，有益于航空工业的发展，有益于大飞机的成功研制。同时，希望能为大飞机工程吸引更多的读者来关心航空、支持航空和热爱航空，并投身于中国航空事业做出一点贡献。

2009 年 12 月 15 日

序

　　制造业是国民经济的主体,是立国之本、兴国之器、强国之基。《中国制造2025》提出,坚持创新驱动、智能转型、强化基础、绿色发展,加快从制造大国转向制造强国。航空装备,作为重点发展的十大领域之一,目前正处于产业深化变革期;加快大型飞机研制,是航空装备发展的重中之重,也是我国民机制造技术追赶腾飞的机会和挑战。

　　民机制造涉及新材料成形、精密特征加工、复杂结构装配等工艺,先进制造技术是保证民机安全性、经济性、舒适性、环保性的关键。我国从运-7、新支线ARJ21-700到正在研制的C919、宽体飞机,开展了大量的工艺试验和技术攻关,正在探索一条符合我国民机产业发展的技术路线,逐步建立起满足适航要求的技术平台和工艺规范。伴随着ARJ21和C919的研制,正在加强铝锂合金成形加工、复合材料整体机身制造、智能自动化柔性装配等技术方面的投入,以期为在宽体飞机等后续型号的有序可控生产奠定基础。但与航空技术先进国家相比,我们仍有较大差距。

　　民机制造技术的提升,有赖于国内五十多年民机制造的宝贵经验和重要成果的总结,也将得益于借鉴国外的优秀出版物和数据资料引进。因此有必要编著一套以"民机先进制造工艺技术"为主题的丛书,服务于在研大型飞机以及后续型号的开发,同时促进我国制造业技术的发展和紧缺人才的培养。

　　本系列图书筹备于2012年,启动于2013年,为了保证本系列图书的品质,先后召开三次编委会会议和图书撰写会议,进行了丛书框架的顶层设计、提纲样章的评审。在编写过程中,力求突出以下几个特点:①注重时效性,内容上侧重在目前民机研制过程中关键工艺;②注重前沿性,特别是与国外先进技术差距大的方面;③关注设计,注重民机结构设计与制造问题的系统解决;④强调复合材料制造工艺,体现民机先进材料发展的趋势。

该系列丛书内容涵盖航空复合材料结构制造技术、构件先进成形技术、自动化装配技术、热表特种工艺技术、材料和工艺检测技术等面向民机制造领域前沿的关键性技术方向,力求达到结构的系统性,内容的相对完整性,并适当结合工程应用。丛书反映了学科的近期和未来的可能发展,注意包含相对成熟的内容。

本系列图书由中国商飞上海飞机制造有限公司、中航工业成飞民机公司、沈阳飞机设计研究所、北京航空制造工程研究所、中国飞机强度研究所、沈阳铸造研究所、北京航空航天大学、南京航空航天大学、西北工业大学、上海交通大学、西安交通大学、清华大学、哈尔滨工业大学和南昌航空航天大学等单位的航空制造工艺专家担任编委及主要撰写专家。他们都有很高的学术造诣,丰富的实践经验,在形成系列图书的指导思想、确定丛书的覆盖范围和内容、审定编写大纲、确保整套丛书质量中,发挥了不可替代的作用。在图书编著中,他们融入了自己长期科研、实践中获得的经验、发现和创新,构成了本系列图书最大的特色。

本系列图书得到 2016 年国家出版基金的资助,充分体现了国家对"大飞机工程"的高度重视,希望该套图书的出版能够真正服务到国产大飞机的制造中去。我衷心感谢每一位参与本系列图书的编著人员,以及所有直接或间接参与本系列图书审校工作的专家学者,还有上海交通大学出版社的"大飞机出版工程"项目组,正是在所有工作人员的共同努力下,这套图书终于完整地呈现在读者的面前。我衷心希望本系列图书能切实有利于我国民机制造工艺技术的提升,切实有利于民机制造行业人才的培养。

2016 年 3 月 25 日

前　　言

　　近年来,随着世界经济的发展,民用飞机已成为现代社会人们出行的主要交通工具,世界民航工业由此而迅速发展。波音和空客公司分别研制了 B787,A380 和 A350 等先进民用飞机,以满足国际上日益增长的市场需求。中国的民机发展正在以迅猛的速度,努力步入国际行列,如中国的商用民机 ARJ21 已正式投入运营;C919 也将进入首飞适航阶段;中国的宽体客机 C929 已经通过论证,正式立项。从当前世界最先进的干线客机波音 B787 和空客 A380 及 A350上面,可以清晰地了解世界民机技术的发展轨迹。在材料、结构和结构完整性设计方面,将突出轻质、高效、长寿命、低成本、高可靠性等指标,广泛应用复合材料、钛合金、铝锂合金等新材料作为飞机机体结构的材料。

　　一代飞机,一种新材料被推广应用。而飞机上每一种新材料的研制和应用,都需要通过大量全面性能测试和分析,以确定材料及工艺。每一种材料的筛选和替代,同样需要进行系统性能测试及对比分析,以评价材料优劣。对于飞机材料基准值的确定,更是需要对材料进行多炉批次性能测试,确保其数据可靠。此外,结构设计许用值,结构设计与验证等,同样需要完成大量的测试与分析,特别是适航验证与试飞的过程,更是需要对各测试环节和分析结果的有效性进行全面审核。通过了,飞机才可正式投入批生产。即便飞机正式批生产了,仍然需要对入厂材料进行不同炉批次的性能抽检甚至全检。

　　正确地理解和应用各种不同材料和结构的测试方法及标准,对于科学的评价飞机材料和结构的性能以及内部质量,深层次地认识材料的成分,组织与性能的内在规律,包括对材料的正确使用,飞机结构安全性都具有重要的实际意义。

无论是材料的化学分析,物理冶金测试技术以及各种材料,结构力学性能的测试技术都将要求精度越来越高,检测速度越来越快。因而检测技术需要程序化,规范化,标准化。

本书是由上海交通大学出版社组织出版的"大飞机出版工程"系列丛书之一,由上海飞机制造有限公司和上海交通大学作者联合编著。上海飞机制造有限公司(以下简称上飞公司)主要负责材料检测技术的编著工作,上海交通大学(以下简称上交)负责结构检测的编著工作。本书的主要定位读者是航空专业的研究生以及初入航空领域的年轻工作者。希望通过阅读本书,能够使读者初步了解飞机从材料到结构的基本检测技术和应用,以及民机航空业的一些检测实际案例。

本书第1章概论由初铭强执笔;第2章飞机材料与结构检测的标准与执行由王磊、丁红瑜执笔;第3章飞机材料与结构检测技术及设备由顾卓伦、包学伟、张会清、周金秋、王旭、庄桂增、刘奎、张忠华、张晓静执笔;第4章飞机材料的检测实况由刘岩岩、包学伟、周金秋、王旭、庄桂增、刘奎、张忠华执笔;第5章飞机元件,组合件及全尺寸的检测的前9节由张晓静执笔,后一节由陈秀华执笔;第6章飞机特种情况的检测由余音执笔。

本书在编审修订过程中,得到了上海交通大学林忠钦院士、上飞公司姜丽萍总工程师、上飞公司原总工程师毛荫风、上飞公司原总冶金师陈进春以及相关领导和同志的支持和鼓励。特此致谢! 此外,还要感谢为本书校对提供帮助的张增焕同志,以及为本书的编审和出版付出辛苦的上海交大出版社钱方针、王珍等人。

目前,正值我国大型飞机项目进入工程制造阶段。希望本书对我国的航空事业发展会起到积极的推动作用,同时对年轻的航空工作者(飞机设计师和工程师等)提供有益的帮助。由于时间和作者的能力有限,书中存在的谬误、不足之处,恳请读者批评指正。

编著者
2016 年 10 月

术　语　表

　　比热容(**specific thermal capacity**)——热容量是物体温度升高 1℃所吸收的热量。比热容是单位质量的热容量,即单位质量的物质温度升高 1℃可吸收的热量。

　　波谱仪(**wave dispersive spectroscopy**)——波谱仪是根据不同元素的特征 X 射线具有不同波长的特点来对样品进行成分分析的。

　　磁性(**magnetism**)——磁性是物质在磁场中因磁场与物质相互作用而显示的磁化学性。

　　残余应力(**residual stress**)——残余应力是材料及其制品内部存在的一种内应力,它是指产生应力的各种因素不存在时,由于不均匀的塑性变形和不均匀的相变的影响,在物体内部依然存在并自身保持平衡的应力。

　　电子能谱分析(**electron spectroscopy**)——电子能谱分析方法是基于电磁辐射或运动实物粒子(电子、离子、原子等)照射或轰出材料产生的电子能谱(电子产生产额对能量的分布)进行材料分析的方法。

　　电子探针显微分析(**electron probe microanalysis**)——它靠光学成像进行定位,广汜应用于平坦表面微区成分定量或定性分析。

　　电阻(**resistance**)——电阻是电路中流过的直流电流与外加电压的比例系数。

　　非金属夹杂物(**nonmetallic inclusions**)——杂质颗粒(通常为氧化物、硫化物、硅酸盐等),它们或机械性嵌入,或在金属的凝固以及固态金属随后的反应过程中形成。

　　晶粒度(**grain size**)——晶粒度表示晶粒大小的程度,钢的晶粒度一般是指钢材经不同温度奥氏体后,在室温下所得到的实际晶粒的大小。

　　晶间腐蚀(**intergranular corrosion**)——沿着或紧靠金属的晶界发生的腐蚀。

　　密度(**density**)——密度是材料最基本的物理性质,材料的致密程度是产品质量或工艺考核的主要技术指标。

　　能谱仪(**energy dispersive spectrometer**)——能谱仪是根据不同元素的 X 射线具有不同的能量这一特点来对检测的 X 射线进行分散展谱,实现对微区成分分析的。

　　疲劳断裂(**fatigue fracture**)——零件在承受低于材料的拉伸应力的情况下,受交变或波动应力,或交变应变的作用,使结构从局部开始的永久性损伤称为疲劳断裂。

热导率（**thermal conductance**）——热传导是热能传递的一种形式，物质的热传递能力可用热导率来表征。

热电效应（**thermoelectricity domino offect**）——热电效应是许多工程材料中的自由电子在外界电、热作用下可逆运动过程的反映，是材料的基本物理现象之一，其特征参数与材料的电导率和热导率相关。

热辐射（**thermal eradiate**）——热辐射是指由组成热辐射体的电子、离子、原子和分子的热振动而不断地发射能量的过程。

热膨胀系数（**coefficient of thermal expansion**）——热膨胀是指物体温度改变时其尺寸和形状发生变化的特性。热膨胀系数是表征物体热膨胀特性的物理参数。

扫描电镜（**scanning electron microscopy**）——扫描电子显微镜简称扫描电镜。它利用聚焦得非常细的高能电子束在试样上扫描，激发出各种物理信息。通过对这些信息的接收、放大和显示成像，以便对试样表面进行分析。

失效分析（**failure analysis**）——当各类机械产品或其构件、元件丧失其应有的功能时，则称该产品或构件、元件失效。失效分析是对丧失功能的原因、性质所进行的试验分析活动。

弹性（**elastic**）——弹性是物体在外力作用下改变其形状和大小而外力卸除后因回复原始形状和大小的特性。

透射电镜（**transmission electron microscopy**）——透射电子显微镜是以电子束为光源，利用电磁透镜，使电子束折射而聚焦成像。用于分析金属薄膜样品，可达到零点几纳米。

物理性能（**physics capability**）——金属材料的物理性能包括力学、热学、电学、磁学、光学、声学和原子物理等方面的性能指标，是材料基本特性在这些方面量值化的表现，是衡量材料优劣的具体数据。

显微分析（**microanalysis**）——显微分析是利用显微镜对金相样品进行观察、辨认以确定金属的结构、组织状态和分布的一种分析方法。

显微硬度（**micro penetration hardness**）——用低负荷装置刻凹痕，然后用高倍显微镜观察而获得的硬度。

X 射线衍射分析（**X-ray diffraction**）——X 射线衍射分析法是研究材料的物相和晶体结构的主要方法。

重量分析法（**gravimetric analysis**）——将待测组分与试样中的其他组分分离，并转化为一定的称量形式，然后称量以测定被测组分含量的定量分析方法。

滴定分析法（**titrimetry**）——将一种已知准确浓度的试剂溶液，滴加到待测物质的溶液中，直到化学反应完成为止，依据试剂与待测物质间的化学计量关系，通过测量所消耗已知浓度的试剂溶液的体积，求得待测组分的量的分析方法。

分光光度法（**spectrophotometric method**）——通过被测溶液选择性吸收可见光或紫外光而定量测定被测成分的分析方法。

电化学分析法（**electrochemical analysis**）——在零电流下,利用电极电位和溶液中某种离子的活度之间的关系来测定被测物质活度的一种电化学分析方法。

光谱（**spectrometry**）——由波长或频率顺序排列的电磁辐射,按外形或强度随波长分布轮廓,可分为线光谱、带光谱和连续光谱三类。

谱线（**spectral line**）——经历一次电磁跃迁的原子所发射或吸收的电磁辐射,此辐射形成为一个峰,用峰值波长来表征谱线,并对应于发射或吸收谱线轮廓的最大值。

原子发射光谱（**atomic emission spectrometry**）——处于激发态的待测元素原子或离子回到低能态时发射的特征谱线,是原子的光学电子在原子内能级之间跃迁产生的线状光谱,反映原子及其离子的性质。

特征光谱（**characteristic spectrum**）——每一种物质的发射或吸收光谱有其固定的特征(波长及强度分布的不同),即确定的物质有其确定的光谱。

光谱干板（**spectrographic plate**）——光谱分析时记录光谱的专用感光板,主要由感光层和片基两部分组成,部分干板还涂有防晕层。

基态（**ground state**）——自由原子、离子或分子内能最低的能级状态,通常将此能级的能量定为零。

电子跃迁（**electronic transition**）——一个原子、离子或分子的一个电子从能级 $E1$ 到另一个能级 $E2$ 的过程。

光源（**light source**）——能使样品蒸发并使原子或离子激发而发生光辐射的装置。

等离子体（**plasma**）——物质处于气态,大部分已经电离,并且发射和吸收辐射。

电感耦合等离子体（**inductively coupled plasma**）——由高频电磁场感应所产生的等离子体。

X 射线（**X-ray**）——是一种电磁波,它具有微粒性和波动性,其波长范围在 $(0.01\sim10)$ mm。短波边以 γ 射线为界,长波边与真空紫外线区域相邻。

X 射线荧光光谱法（**X-Ray fluorescence spectrometry**）——根据特征 X 谱线的波长或光量子能量来鉴别物质中所含元素的分析方法。

电感耦合等离子体质谱（**inductively coupled plasma mass spectrometry**）——以电感耦合等离子体为离子源,以质谱仪进行检测的无机多元素分析技术。

原子吸收光谱法（**atomic absorption spectrometry**）——基于从光源发射的待测元素的特征辐射通过样品蒸气时,被蒸气中待测元素的自由基态原子吸收,测量自由基态原子对光辐射的吸收程度,推算出样品中待测元素的浓度的方法。

断后伸长率：断后标距的残余伸长与原始标距之比的百分率。

断面收缩率：断裂后试样横截面积的最大缩减量与原始横截面积之比的百分率。

抗拉强度：相应最大力 F_m 对应的应力。

最大力：对于无明显屈服（不连续屈服）的金属材料，为试验期间的最大力，对于有不连续屈服的金属材料，在加工硬化开始之后，试样所承受的最大力。

应力：试验期间任一时刻的力除以试样原始横截面积之商。

屈服强度：当金属材料呈现屈服现象时，在试验期间达到塑性变形发生而力不增加的应力点，应区分上屈服强度和下屈服强度。

硬度：金属在表面上的不大体积内抗变形或者破裂的能力。

冲击值：当用试样的缺口处的横截面积 FN 去除 AK 时，既得到所谓冲击值（或冲击韧性值）。

最大应力 σ_{max}：有最大代数值的应力。

最小应力 σ_{min}：具有最小代数值的应力。

平均应力 σ_m：最大应力与最小应力的平均值。

应力幅 σ_a：最大应力与最小应力差之半。

应力比 R：最小应力与最大应力之比值。

试验频率：单位时间内的加载次数由试验频率表示，通常以 1 秒钟内载荷交变的次数表示。

蠕变：指在恒定温度和恒定载荷作用下，材料随时间产生变形的现象。

力学性能（mechanical properties）——材料在不同环境（温度、介质、湿度）下，承受各种外加载荷（拉伸、压缩、弯曲、扭转、冲击、交变应力等）时所表现出的力学特征。

高倍组织（macrostructure）——将用适当方法（如浸蚀）处理后的金属试样的磨面或其复型或用适当方法制成的薄膜置于光学显微镜或电子显微镜下观察到的组织。

低倍组织（microstructure）——相对高倍组织的一种叫法，在低倍状态下观察到的宏观组织形貌。

拉伸试验（tensile test）——在承受轴向拉伸载荷下测定材料特性的试验方法，是材料力学性能试验的基本方法之一。

弯曲试验（bending test）——测定材料承受弯曲载荷时的力学特性的试验，是材料力学性能试验的基本方法之一。

硬度（hardness）——材料局部抵抗硬物压入其表面的能力。

断裂韧性（fracture toughness）——材料抵抗裂纹扩展断裂的韧性性能，是材料抵抗脆性破坏的韧性参数。

化学浸蚀（chemical etching）——利用化学试剂的溶液，借助于化学或电化学作用显示金属的组织。

疏松（loosen）——又称显微缩松，是铸件凝固缓慢的区域因微观补缩通道堵塞而在枝晶间及枝晶的晶臂之间形成的细小空洞。

偏析（segregation）——合金中各组成元素在结晶时分布不均匀的现象。

晶粒度（grain size）——表示晶粒大小的尺度。

非金属夹杂物（non-metallic inclusions）——主要可分为外来非金属夹杂物和内在非金属夹杂物两大类，外来非金属夹杂物是钢冶炼、浇铸过程中炉渣及耐火材料浸蚀剥落后进入钢液而形成的，内在非金属夹杂物主要是冶炼、浇铸过程中物理化学反应的生成物。

脱碳（decarburization）——钢加热时表面碳含量降低的现象。

机械抛光（mechanical polishing）——在专用的抛光机上进行抛光，靠极细的抛光粉和磨面间产生的相对磨削和滚压作用来消除磨痕。

标距（gauge length）——用来测定试样应变或长度变化的试样部分原始长度。

屈服强度（yield strength）——金属材料发生屈服现象时的屈服极限，亦即抵抗微量塑性变形的应力。

规定塑性延伸强度（non-proportional extension）——对于无明显屈服的金属材料，规定以产生一定残余变形的应力值为其屈服极限。亦即规定非比例延伸强度，是非比例延伸率等于规定引伸计标距百分率时的应力。

抗拉强度（tensile strength）——表征材料最大均匀塑性变形的抗力，是试样断裂前承受的最大应力。

洛氏硬度试验（Rockwell hardness test）——用标准型压头在先后两次对被试材料表面施加试验力（初试验力 F_0 与总试验力 $F_0 + F_1$），在试验力的作用下压头压入试样表面。在总试验力保持一定时间后，卸除主试验力 F1，保留初试验力 F0 的情况下测量压入深度，以总试验力下压入深度与在初试验力下的压入深度之差（即残余压入深度）来表征硬度的高低。

布氏硬度试验（Brinell hardness test）——用一定大小的试验力 F 把直径为 D 的压头压入被测金属的表面，保持规定时间后卸除试验力，测量压痕平均直径 d，然后按公式计算出布氏硬度值。

夏比摆锤冲击试验（Charpy pendulum impact test）——用以测定金属材料抗缺口敏感性的试验。通过制备一定形状和尺寸的金属试样，使其具有 U 型或 V 型缺口，在冲击试验机上以举起的摆锤对试样进行一次冲击，使试样沿缺口冲断，用折断时摆锤重新升起的高度差计算试样的吸收功。

复合材料（composite Materials）——由两种或两种以上材料独立物理相通过复合工艺组合而成的新型材料，其中，连续相称为基体，分散相称为增强体。它既能保留原组成材料的主要特色，并通过复合效应获得原组分所不具备的性能。可以通过材料设计使各组分的性能互相补充并彼此联系,从而获得新的优越性能。

预浸料(prepreg)——将树脂基体浸涂到纤维或织物上,通过一定的处理后贮存备用的中间材料。

玻璃化转变温度(glass transition temperature)——聚合物在一定升温速率下达到一定温度值时,模量-温度曲线出现拐点,在此拐点温度附近,表征聚合物的物理参数出现不连续的变化,此种现象称为玻璃化转变,所对应的温度称玻璃化转变温度 Tg。

树脂含量(resin content)——复合材料中树脂体积或质量所占的百分比。

纤维含量(fiber content)——复合材料中纤维体积或质量所占的百分比。

挥发物含量(volatiles content)——预浸料中可挥发物的含量与试样原始质量的百分比。

凝胶时间(gel time)——在一定温度下,树脂从液态到开始形成三维交联网络结构所需要的时间。

孔隙率(porsity)——复合材料中空隙体积所占复合材料总体积的百分比。

随炉件(processing control coupon)——与制件的材料工艺过程相同,并在同炉固化成形的一种层压板。将其切成试样后可测试某些基本性能,鉴定制件质量,以便对工艺过程进行监控。

损伤容限(Damage Tolerance)——机体结构在给定的不做修理的使用期内,抵抗因结构存在缺陷、裂纹或其他损伤而引起破坏的能力。

基体(matrix)——复合材料中在增强材料之间起传递作用的黏接材料

碳纤维(carbon fiber)——含碳量不低于93%的纤维状材料

预浸料(prepreg)——将树脂基体浸涂到纤维或植物上,通过一定的处理后贮存备用的中间材料

层压板(laminate)——含有超过一层预浸料且没有蜂窝/泡沫的复合材料。

目视检测(visual testing)——利用人眼的视觉加上辅助工具、仪器来对工件表面进行直接或间接的侦查和检视,从而判断各种表面缺陷的一种无损检测技术。

超声检测(ultrasonic testing)——利用探头激励超声波经过耦合剂耦合后传进待检工件中,当超声波遇到缺陷时会产生反射、折射等现象,通过分析反射波或透射波的能量幅值、声速、信号频率的变化等方式来进行检测的一种无损检测技术。

脉冲反射法(impulse reflection method)——采用超声波的反射原理对物体进行探伤,是超声检测方法的一种。

超声穿透法(ultrasonic penetration method)——采用超声波的透射原理对物体进行探伤,是超声检测方法的一种。

射线检测(radiographic testing)——根据穿透材料的射线强度分布情况来检测材料内部的缺陷的无损检测方法。

对比试块（reference）——用来校准超声或 X 射线检测设备用的含人工缺陷的标准试件。

耦合剂（couplant）——为了改善探头与被检物体之间的声能传递，而加在探头与检测面间的液体薄层。

探头（detector）——超声波的发射与接收装置。

孔隙率（porosity）——复合材料中的微小气孔群，通常成片出现。

分层（delaminate）——复合材料层压板中的面积型缺陷，常出现在层间。

夹杂（inclusion）——复合材料制件中的外来夹杂物。

气孔（pore）——复合材料制件中的空洞，可单独出现。

脱粘（debonding）——胶接结构件中胶膜和基体脱开。

A 扫描（A scan）——超声波幅度随着时间变化的波形显示。

B 扫描（B scan）——待检零件深度方向上的二维截面图，记录了不同深度的信号幅值。

C 扫描（C scan）——待检零件的平面投影图，记录了某一深度范围缺陷的二维形状与分布。

流淌性（flow）——表征密封剂涂覆后，保持自身形状的能力，这一性能主要是保证缝外胶及紧固件罩封用胶的密封形状和尺寸等。

不粘期（tack free time）——配置好的密封剂，随着硫化程度的增加逐渐达到不粘手或不粘某些材料的最短时间。

施工期（application time）——密封剂从配制后算，能保持适合于装配要求塑性的最长时间。常用的方法有黏度法和挤出速率。

硫化期（cure time）——密封剂配置好后，达到一定硬度所需的时间。

180°剥离强度（180° peel test strength）——用密封剂粘柔性织物与刚性板材，硫化后将自由端的柔性物质翻转 180°，在规定的条件下，以 180°方向从刚性试板上剥开时的负荷。

T 型剥离强度（T-type peel strength）——当两个被粘物表面呈 T 型胶接时，在规定的剥离条件下，胶接件分离时的负荷。

密度（density）——在规定是温度下，物体单位体积的质量，单位为 g/cm^3，g/ml，lb/gal

动力黏度（dynamic viscosity）——是指液体分子间相互作用而产生阻碍其分子间相对运动能力的量度。通常以对流体施加的外力（剪切力，拉伸力）与产生流动速度梯度的比值表示。通常剪切力与剪切速度梯度的比值称为剪切度，通称动力粘度。

涂料的细度（fineness）——是指色漆的颜料和体质颜料颗粒的大小或分散的均匀程度。其检测是涂料铺展为厚度不同的薄膜，观察在何种厚度下显现出颜料的粒子,既称之为该涂料的细度。

酸值(acid number)——中和 1 g 产品中酸性物质所需氢氧化钾的质量,通常是有机酸和无机酸总值。

镜面光泽(specular gloss)——也就是漆膜表面将投射其上的光线向一个方向放射出去的能力,通常称为光泽。

遮盖力(hiding power)——色漆均匀地涂刷在物体表面,由于漆膜对光的吸收,反射和散射而使底材颜色不再呈现出来的能力

漆膜硬度试验(film hardness test)——即漆膜表面对作用于另一高硬度物体所表现的阻力。主要有摆杆硬度法,铅笔硬度法,划痕硬度等

附着力(adhesion)——指漆膜与被涂漆物件表面通过物理和极性基团间化学作用结合在一起的牢固程度。附着力一般测试方法分两类——综合测定法(十字划格法、画圈法、交叉切痕法)和剥落试验法(扭开法、拉开法),最常用的为十字划格法。

冰点(freezing point)——在规定的条件下,航空燃料经过冷却形成固态烃类结晶,然后使燃料升温,当烃类结晶消失时的最低温度即为航空燃料的冰点。发动机经常在高空低温条件下工作,油料中出现结晶后,立即使供油状态恶化,甚至将滤油器堵塞,供油减少,进而破坏正常供油,甚至使发动机停车。

锥入度(penetration)——衡量润滑脂稠度及软硬度的指标,是指在规定的负荷、时间和温度条件下椎体落入试样的深度。

闪点(flash point)——闪点是指在规定试验条件下,试验火焰引起试样蒸气着火,并使火焰蔓延至液体表面的最低温度。闪点是可燃性液体贮存、运输和使用的一个安全指标,同时也是可燃性液体的挥发性指标。

相对密度(relative density)——在某一温度下胶黏剂的相对密度为该温度下胶黏剂的密度与同容积水的密度的比值,即该温度下一定容积胶黏剂的质量与水的质量之比。

不挥发物含量(Nonvolatile Content)——是指在一定温度下,经过一定时间烘干后剩余物质量与试样质量的比值百分数,又称为固体含量。

剪切强度试验(shear strength test)——剪切强度又称为抗剪强度,是指黏接体在单位面积上所能承受平行于胶接面的最大负荷,它是胶黏剂胶接强度的主要指标,是胶黏剂的力学性能的最基本的试验之一。

目　　录

1 概　　论

1.1　飞机材料与结构检测的概念及目的

在各类民用航空器研制过程中,受相关适航规范和条款的要求,无论是中国民航总局还是美国(欧洲)联邦航空管理局,无一例外地要求主制造商按照规定的测试项目和内容,由具有相应资质的单位或部门,采用被授权的标准或方法,对民用航空器采用的所有材料、结构和制造工艺进行大量、全面、系统的性能测试,以保证这些材料用于民用航空器结构时,能够满足最基本的安全性要求,并通过适航认证。

飞机材料与结构适航认证有一套标准的程序,其目的是要证实设计满足适用的结构要求。为此,设计验证过程是通过对材料、工艺和结构的检测和证实来完成的。证实是用证据,通常是试验数据来查验所提出的设计是可接受的。其中,金属材料的鉴定也就是通过对材料的检测来证实材料的属性和特征是满足设计要求的;复合材料则不然,材料与结构同时形成是复合材料的特点之一,因此,复合材料的检测包括碳纤维及其预浸料的鉴定程序,同时,必须包括复合材料层压板的制造工艺和性能评定是否满足飞机要求,并以复合材料层压板形式出现的材料性能评价为最终依据。

在复合材料飞机工业界所用广泛认可的证实方法称为积木式方法(见图 1.1),该方法采用分析与结构复杂程度逐渐增加的相关试验,把支持技术和设计考虑结合在一起。支持积木式方法的关键因素是材料和工艺规范。

材料与规范用于规定材料属性,并确定鉴定表征试验。材料检测是积木式方法试样级阶段验证过程的关键要素。材料鉴定的定义是用一系列预先规定的试验评估材料的过程,建立用基准制造工艺生产得到的特性和用评估结果来确定材料规范要求。材料鉴定的成果可建立材料数据库(B 基准许用值),确认供应商材料规范(含基准工艺规范),经批准用于材料生产的 PCD,给出满足终端用户材料规范的结论。材料性能数据库用于下列用途:建立材料体系的设计许用值;建立材料规范的验收限制值;建立等同性评定用的基准数据,关于复合材料等同性的内容将在第 4 章

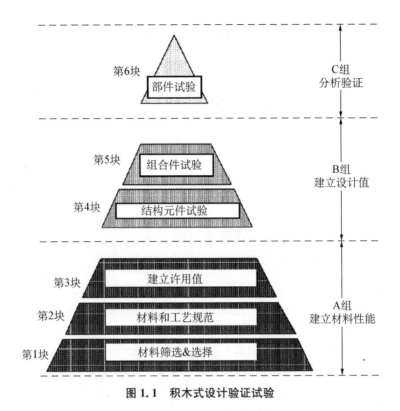

图 1.1　积木式设计验证试验

详细介绍。而有关复合材料的工艺规范将在另一本大飞机系列丛书里有详细介绍。

1.2　国内外飞机材料与结构检测技术的现状及发展趋势

随着未来民用飞机将继续沿着更加安全可靠、更加环保、更低成本、更加舒适的方向发展,航空材料的发展趋势将突出长寿命、轻质、低成本、高可靠性等特征。因此,愈来愈多新材料将被开发和应用于新型飞机。其中,为满足飞机减重和提高性能的需求,除了以新一代铝锂合金为代表的新型金属材料外,更多地采用先进的复合材料已经成为国际航空领域重要的发展趋势。近十多年来,面对新技术和新材料的飞速发展,飞机材料性能和结构测试遇到了极大的挑战,也促进了测试技术不断更新。如随着计算机技术的飞速发展,材料性能的自动化测试也已成为体现测试技术现代化的重要标志。特别是除了在材料力学性能测试方面新技术的发展外,材料结构新的表征方法也层出不穷。在材料成分和结构的分析方面,不断出现的先进仪器对材料科学与工程的飞速发展起了决定性的作用。20 世纪,用于材料成分和组织结构分析的工具主要是光学显微镜、X 射线衍射仪、红外光谱仪和紫外光谱仪等。目前,高分辨电子显微镜已经能够以原子级的分辨率显示原子的排列和化学成分,多种光谱仪能够测定材料表面的化学特性，背散射电子衍射技术能够测定材料表面和近表面原子的排列和宏观晶粒取向的分布，固态核磁共振能够测定聚合物体系的化学结构，还有双准直离子散射仪，利用中能带电粒子的沟道效应和背散射离子的阻塞效应，确定表面或界面上的原子结构，俄歇能谱仪可用于测定表面几个原子层的化学成分，低能电子显微镜可用于显示表面缺陷结构，场离子显微镜和原子探针则可用于分析个别原子的图像，以及超高压透射电子显微镜等。

随着大量的复合材料在飞机上的应用，复合材料检测技术也得到了快速的发展，其中以无损检测技术发展尤为突出。复合材料无损检测技术一方面在金属材料无损检测的基础上根据复合材料的特点改进而来，如射线检测技术(包括 X 射线、红外线、微波、CT 照相等方法)，声发射检测技术，超声检测，涡流检测，敲击法检测等；另一方面根据复合材料的特性，发展了许多新的检测技术，如压力传感器检测，包括光纤传感器的表面检测和埋入复合材料内部的检测方法等(液晶图像分析方法也算是传感器检测的一种)。随着图像技术的发展，结合图像技术，复合材料检测出现了多种检测技术联合的趋势，如声-超声检测、超声-红外检测、激光电子剪切散斑红外检测等联合方法检测技术，同时出现了如液晶热图像检测法、压电阵列兰姆波检测等新的检测方法。国内研究人员跟随国际上先进技术的发展方向，在复合材料无损检测研究领域进行了卓有成效的探索与研究，并取得了较好的研究成果。

国际航空工业，如波音(Boeing)公司在 B777、B787 等飞机研制过程中，针对大型复合材料结构，重点开展了快速自动化检测技术研究和检测平台的研制。除了大力开展复合材料结构的超声自动化检测技术外，还结合各种不同形状的复合材料结构和应用环境，开展手动超声扫描成像检测技术研究。某机型的平尾外伸盒段采用

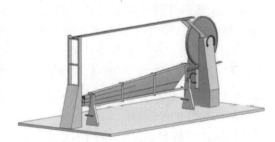

图 1.2 某机型的平尾外伸盒段检测方案

整体共固化结构，形状极为复杂，这给制件的无损检测带来极大的挑战，如图 1.2 所示。目前这种结构的检测采取半自动方式，波音公司与相关供应商已开展了多梁空腔结构的快速自动化检测技术与设备开发，并已经成功将超声相控阵技术应用到加筋壁板的 R 角区域检测。同时，波音公司对于孔隙率这类微观缺陷的检测有多年的经验，并建立起了一套可行的评估标准。空客(Airbus)公司针对 A380 中设计采用的大型复合材料结构，也一直在开展超声自动化检测技术研究，而且近年启动了INCA 计划，专门开展飞机复合材料结构的快速无损检测技术的研究。针对 A380和 A340 飞机复合材料结构快速无损检测，空客公司通过立项开展了大型复合材料构件快速自动检测技术，采用超声多通道检测技术解决 A380、A340 中大型复合材

料结构件的快速自动化检测。对于平面类的复合材料结构,可达 80 个检测通道数,对于一些有一定曲面形状的复合材料结构,可达 16 个检测通道数。空客公司对于孔隙率的评估也有自己的一套标准,虽然与波音公司的评估方法不同,但从制件力学性能的角度来说,两家公司的孔隙率验收标准均满足设计的要求。

在复合材料结构无损检测技术研究方面,国内一些单位一直在开展这方面的研究工作。国内研究成功的高分辨超声检测方法、检测技术和单通道超声自动化扫描检测技术一直在复合材料结构件的生产过程中发挥着作用。目前复合材料结构超声多通道自动化检测技术也已经成功应用到某些型号的生产中。在复合材料缺陷评估技术方面,国内先后开展了碳纤维增强树脂基复合材料缺陷评估方法研究,形成了部分型号标准和设计指南。近年来,许多新型的无损检测技术发展起来,逐渐由实验室研究转向实际工程应用,如红外热波成像检测技术、激光散斑干涉成像技术、激光超声技术等。红外热波成像无损检测技术主要用来检测夹层结构,尤其适用于在服役以及维修时的无损检测。早在 2001 年,波音公司就将红外热波成像技术纳入到他们的无损检测技术体系之中,并对 B737、B747、B757 等型号的飞机进行了检测,发现红外热像技术对检测脱粘缺陷尤其有效。国内在红外热波检测技术方面也有了长足的发展。2005 年,国内就用红外热波无损检测技术对国产运-7 的蒙皮进行了现场检测。2009 年 AMECO 飞机维修公司也利用红外热像技术对波音 B737 的蒙皮锈蚀情况做了检测。激光散斑成像无损检测技术是美国 LTI 公司于 1965 年研发、1977 年率先推出并商业化的一种专门检测复合材料构件的高科技无损检测技术,采用激光干涉计量术和相移技术来检验物体内部的缺陷,广泛应用于飞机、火箭、卫星、导弹、舰船、航天飞机、轮胎等生产或在役检测。它具有检测效率高、非接触的优势。目前国外的飞机制造商如波音、空客已经开始使用该技术对复合材料结构件进行检测。

计算机层析照相(CT)应用于复合材料研究已有十多年历史。这项工作的开展首先利用的是医用 CT 扫描装置,由于复合材料和非金属材料元素组成与人体相近,医用 CT 非常适合于复合材料和非金属材料内部非微观(相对于电子显微镜及金相分析)缺陷的检测及密度分布的测量,但医用 CT 不适合检测大尺寸、高密度(如金属件)的物体。为此 20 世纪 80 年代初,美国 ARACOR 公司率先研制出用于检测大型固体火箭发动机和小型精密铸件的工业 CT。CT 主要用于检测非微观缺陷(如裂纹、夹杂物、气孔和分层等),测量密度分布(材料均匀性、复合材料微气孔含量),精确测量内部结构尺寸(如发动机叶片壁厚),检测装配结构和多余物,三维成像与 CAD/CAM 等制造技术结合而形成的所谓反馈工程(RE)。航天材料及工艺研究所的研究人员用这种方法对碳/碳复合材料的研究表明,CT 检测技术的空间分辨率和密度分辨率完全可以满足碳/碳复合材料内部缺陷的检出要求,但应注意伪像与产品自身缺陷的区别,以避免产生误检。

1.3　飞机材料与结构检测的基本分类

在航空制造发展的过程中,材料的更新换代呈现出高速的态势,材料和飞机一直在相互推动下不断发展。"一代材料,一代飞机"正是世界航空发展史的一个真实写照。总体来讲,飞机材料的范围较广,分为机体材料(包括结构材料和非结构材料)、发动机材料和涂料,其中最主要的是机体结构材料和发动机材料。非结构材料包括透明材料,舱内设施和装饰材料,液压、空调等系统用的附件和管道材料,天线罩和电磁材料,轮胎材料等,而机体结构材料又分为金属材料和复合材料。不同的结构对材料的性能要求也有所不同,因此检测的方法和设备也各有侧重,各有所异。但无论哪一种材料,无论过去、现在以及将来都主要集中在材料及构件的组成、结构、性能和使用效能关系上的认知和发展,特别关注的是使用过程中材料固有的性能和长期使用性能(寿命)等。如果考虑飞机作为一个整体,航空工业界认可的检测是按照积木式的检测流程,又可分为原材料检测,制造工艺过程检测,试样件检测,元件、连接件及部件检测和最终的整机检测。本书涉及的飞机原材料的测试技术主要是针对材料的物理化学性能,如材料的化学成分分析、组织结构测定和形貌观察,以及材料的力学性能等。对于复合材料的原材料检测,除了传统意义上的物理化学性能检测外,还特别强调制造工艺过程的检测以确保材料许用值符合设计要求,这是从材料的角度进行的检测分类。对于飞机,材料的性能和零部件的性能都将在各种结构测试中证实。飞机结构同样要进行各种力学性能测试以保证飞机的完整性能和安全性,符合适航要求。飞机结构的力学性能一般按试验条件分为常温、高温和低温试验;按所施加的载荷分为静载荷、动载荷(包括冲击、疲劳、爆破试验等);按试样是否被破坏分为破坏试验和非破坏试验等。无论是材料检测还是结构检测,最终都离不开无损检测。本书主要是按照原材料的物理化学性能、力学性能、元件及组合件和全尺寸的检测流程进行描述的,无损检测技术将作为独立的内容分别在金属和复合材料章节单独介绍和阐述。

1.4　飞机材料与结构检测的方法及设备

飞机材料与结构的检测方法是关于材料成分、结构、微观形貌与缺陷和力学性能等的分析,测试技术及其相关理论基础的科学。材料分析是通过对表征材料的物理性质或物理化学性质参数及其变化的检测实现的,即材料分析的基本原理是指测量信号与材料成分、结构等的特征关系。采用各种不同的测量信号得到各种不同的材料分析方法。基于电磁辐射及运动粒子束与物质相互作用的各种性质建立的各种分析方法已成为飞机材料现代测试分析方法的重要组成部分,有光谱分析、电子能谱分析、衍射分析与电子显微分析等四大方法。其中,光谱分析是基于物质内部的原子和分子处于不停的运动状态,在外部可以以能量辐射和吸收的形式反映出来,这种形式就是电磁辐射。而光谱就是按波长顺序排列的电磁辐射,典型的设备就是光谱仪。由于原子和分子的运动是多种多样的,因此光谱及光谱分析仪器的种类也是多种多样的,一般按波长及测量的方法来分类。主要是用来检测材料的化学成分,对材料的化学元素进行半定量、定量分析。电子能谱分析方法是基于电磁辐射或运动实物粒子(电子、离子、原子等)照射或轰击材料产生的电子能谱进行材料分析的方法,其中光电子能谱分析与俄歇电子能谱分析是在广泛应用的重要的电子能谱分析方法。如 AES,XPS,UPS,分别对材料元素做定性和定量分析,包括结构定性分析和表面成分和结构分析。衍射分析包括电子衍射分析和 X 射线衍射分析。电子衍射是利用运动电子束的波动性进行物相定性和定量分析。X 射线分析方法是用 X 射线照射晶体,晶体中电子受迫振动产生相干散射,同一原子内各电子散射波相互干涉,在某些方向上一致加强,即形成了晶体的衍射波。通过衍射方向和衍射强度的分析可以实现材料结构的分析。电子衍射分析通常在电子显微镜上完成,X 射线衍射在 X 射线仪上实现。电子显微分析是基于电子束与材料的相互作用而建立的各种材料现代分析方法,以材料微观形貌、结构与成分分析为基本目的。透射电子显微镜与扫描电子显微镜及电子探针是主要的分析设备。基于其他物理性质或电化学性质与材料的特征关系建立的色谱分析、质谱分析、电化学分析及热分析等方法也是飞机材料现代分析的重要方法。如气相色谱仪和液相色谱仪,分别以气体和液体作为流动相,对混合物进行分离和分析。质谱仪则是对材料进行定性、定量结构分析,特别是研究有机结构的重要方法。除了前面提到的材料分析方法之外,还有一个很重要的材料物理化学性能测试方法是材料的热分析技术和方法。主要检测材料因热而引起的各种物理化学变化。其中差热分析、差热扫描量热法和热重分析应用最广泛。其他较为常见的热分析方法还有热膨胀法、热机械分析技术和动态热机械分析等。材料除了其物理化学性能检测以外,更重要的是它在使用过程中性能的检测,也就是材料的力学性能测试。根据材料试验用途的不同,材料试验机分为万能材料试验机、硬度试验机、冲击试验机、疲劳试验机、扭转试验机等。尽管不同方法的分析原理及具体的检测操作过程和相应的检测分析仪器不同,但各种方法的分析和测试过程均可大体分为信号发生、信号检测、信号处理及信号读出等几个步骤。相应的分析仪器则由信号发生器、检测器、信号处理器与读出装置等几个部分组成。信号发生器是使样品产生分析信号,检测器则将原始分析信号经信号处理器放大、运算、比较后由读出装置转变为可被人读出的信号被记录或显示出来。依据监测信号与材料的特征关系,分析和处理读出信号,即可实现材料与结构测试分析的目的,从而确保飞机的安全飞行。详细的检测方法及检测设备将在第 3 章和第 4 章介绍。

无损检测已经作为一种必不可少的支持性技术,在复合材料飞机结构广泛采用的积木式方法设计研制的各阶段及其后的服役中使用,并获得日益重视和发展。使用无损检测技术，能够在满足航空法规、条例和用户要求的同时，降低研制计划的费用与风险。这主要基于无损检测技术是复合材料飞机结构性能可靠性、结构完整性的重要检测手段，检测的结果是复合材料飞机结构改进和完善设计、研制的重要技术依据，使设计研制过程能在计划早期更有效地评定技术风险，有效地缩短研制周期，降低研制成本；无损检测的结果还可以有助于提高复合材料飞机结构使用维护的质量，降低使用维护成本，并为复合材料飞机结构定寿、延寿提供重要的、必不可少的技术支撑。在民机无损检测中，传统的三类五种检测方法仍是无损检测的主流。三类无损检测方法分别为表面、表面/近表面、表面下。常用的五大检测方法（分别为超声、X射线、涡流、磁粉、渗透）适用于飞机的不同部件。了解和掌握复合材料飞机结构无损检测技术现有的水平和能力，以确定不同检测方法能可靠检测出缺陷或损伤的门槛值，并同时考虑检测的经济成本，是制订检测计划，并将其与缺陷或损伤扩展速率和剩余强度的知识相结合，实现飞机结构损伤容限设计的基础和前提。为此，本书在后续章节中将详细讨论复合材料飞机结构的缺陷、损伤类型；同时简介复合材料飞机结构现有的各种无损检测技术，并根据现有的无损检测水平和能力推荐适用复合材料结构的无损检测方法，以使无损检测技术为复合材料飞机结构设计和强度设计服务。

参 考 文 献

［1］廖晓玲.材料现代测试技术［M］.北京：冶金工业出版社,2013.
［2］陈融生.材料物理性能检验［M］.北京：中国计量出版社,2009.
［3］屠海令,丁勇.金属材料理化测试全书［M］.北京：化学工业出版社,2006.
［4］沈真,张晓静.复合材料飞机结构强度设计与验证概论［M］.上海：上海交通大学出版社,2011.
［5］王晓春,张希艳.材料现代分析与测试技术［M］.北京：国防工业出版社,2010.
［6］宋天民.无损检测新技术［M］.北京：中国石化出版社,2012.
［7］杨春晟,曲士.理化检测技术进展［M］.北京：国防工业出版社,2005.
［8］刘庆瑔,郭汝华.理化检测实用手册［M］.北京：航空工业出版社,2004.
［9］鄢国强.材料质量检测与分析技术［M］.北京：中国计量出版社,2005.
［10］中国民用航空规章.运输类飞机适航标准（CCAR-25-R4）［S］.2011.
［11］美国联邦航空条例第25部（FAR-25）［S］.
［12］欧洲航空安全局第25部（EASA CS-25）［S］.
［13］沈真,等.复合材料共享数据库［J］.新材料产业2012,11(2)：11-14.
［14］沈真,等.飞机结构用复合材料的力学性能要求［J］.材料工程2007,S1：248-252.
［15］复合材料手册-17；
［16］英国国家复合材料认证和评估实验室（NCCEF）；
［17］陈文哲.材料测试与表征技术的挑战和展望［J］.理化检验-物理分册,2007,43(5)：245-249.

［18］车晓玲.大飞机翱翔蓝天材料需先行——访中国科学院院士曹春晓［J］.金属加工,2008,13：12－13.

［19］钟培道,李凤梅.对中国航空材料体系构建中若干问题的看法与建议［J］.航空材料学报,2003,10(23)：256－260.

［20］葛邦,杨涛,高殿斌,等.复合材料无损检测技术研究进展［J］.玻璃钢/复合材料,2009(6)：67－71.

［21］刘久战,蔡安,张晓静,等.中国民用飞机航空材料和材料标准体系研究探讨［J］.航空制造技术,2012(12)：68－76.

［22］赵稼祥.宇航材料测试分析现状与展望［J］.宇航材料工艺,1985(4)：6－11.

［23］曹春晓.一代材料技术,一代大型飞机［J］.航空学报,2008,29(3)：701－706.

2 飞机材料与结构检测的标准与执行

2.1 材料与结构检测的标准化组织和标准体系

1）国际标准化组织（ISO）

国际标准化组织（International Organization for Standardization，ISO），成立于1947年2月23日，全世界范围内拥有超过160个成员，总部设于瑞士日内瓦。该组织是全球性非政府组织，它是世界上最大的非政府性标准化专门机构。国际标准化组织的任务是促进全球范围内的标准化及其有关活动，以利于国际产品与服务的交流，以及在知识、科学、技术和经济活动中发展国际的相互合作。该组织的主要任务是制订国际标准，协调世界范围内的标准化工作，与其他国际组织合作研究有关标准化问题。

ISO的标准内容涉及广泛，从基础的紧固件、各种原材料到半成品和成品等。ISO目前已发布了17 000多个国际标准，如ISO公制螺纹、ISO集装箱系列（世界上95％的海运集装箱都符合ISO标准）等，以及ISO9000质量管理系列标准。ISO的标准号是ISO××××。

中国是ISO的正式会员，代表中国的组织为中国国家标准化管理委员会（Standardization Administration of China，SAC）。国家标准化管理委员会负责组织ISO中国国家委员会的工作，负责管理国内各部门、各地区参与ISO活动的工作；负责签订并执行标准化国际合作协议，审批和组织实施标准化国际合作与交流项目；负责参与相关的国际活动的审核工作。

2）欧洲标准化委员会（CEN）

欧洲标准化委员会（Comité Européen de Normalisation，CEN），成立于1961年，与ISO相似。该组织的宗旨在于促进成员国制件的标准化协作，协调有关材料测试标准的起草和验证试验，发展规范和标准，制订本地区需要的强制性标准。其标准号是EN ×××。

3）国家标准

很多国家都有其自己的国家标准机构，主要的国家标准化组织有美国国家标准化组织(ANSI);德国标准化组织(DIN);英国标准机构(BSI);法国标准化协会(AFNOR);意大利国家标准(UNI);日本工业标准(JIS);中国国家标准化管理委员会(SAC),其标准编号为 GB(强制性标准)和 GB/T(推荐性标准)。

4)美国试验和材料协会(ASTM)

美国材料与试验协会(American Society for Testing and Materials,ASTM),是美国历史最悠久、最大的非营利性标准学术团体之一。ASTM 的宗旨就是促进公共健康与安全,提高生活质量,提供值得信赖的原料、产品、体系和服务,推动地区、国家乃至国际经济的发展。制定材料、产品、系统和服务等领域的特性和性能标准、试验方法和程序标准,促进有关知识的发展和推广是其主要任务之一。

ASTM 标准用"标准代号+字母分类代码+标准序号+制定年份+标准英文名称"来表示。标准序号后如带字母 M,则为公制单位标准,不带字母 M 的为英制单位标准。字母分类代码的含义如下:

A——黑色金属;

B——有色金属;

C——水泥、陶瓷、混凝土与砖石材料;

D——其他各种材料;

E——金属化学分析、耐火试验、无损试验、统计方法等;

F——特殊用途材料(如电子材料、防震材料等);

G——材料的腐蚀、变质与降级。

5)其他标准

还有些其他常见的检测标准,如协会标准,包括先进材料供应商协会(SCAMS,标准编号:SRM×××);国外制造企业的标准,如空客公司标准(AITM),波音公司标准(BAC),国内的航空工业行业标准(简称航标,HB),国家军用标准(简称国军标,GJB)等。

2.2　材料与结构检测的国内外标准现状

ASTM 体系是国外测试标准中使用最多的、最为常用的标准体系。由于金属材料的应用时间比较长,因此在该体系中已经有了全面、详细的规定。而对于复合材料,由于是在 20 世纪 60 年代末期才开始用于飞机结构,因此在 20 世纪 70 年代初期建立了复合材料 ASTM 力学性能测试标准。在使用初期,其标准的制订主要参照相应的金属力学性能标准。但随着对复合材料力学性能表征方法的开展,其研究有了很大的进展,特别是认识到复合材料与金属的破坏机理完全不同,因此复合材料力学性能的测试标准在这些年来已经多次修订和增添。目前复合材料力学性能测试的 ASTM 标准大部分是在 21 世纪初制定和增添的。应该指出的是,为了复合材料的推广使用,出现了先进材料供应商协会(SACMA)的测试标准,其中得到广泛认可的成为 ASTM 标准,相当于美国的国家标准。在很长一段时间里,SACMA 制订了很多测试标准,但在 1994 年后该协会已不再对这些标准进行制订和更新。

对于新材料新工艺在实际中的应用,国外的标准机构是及时跟踪,并制订相应的标准,促进其实际应用。如对于增材制造技术,2009 年,ASTM 成立了专门的增材制造技术委员会 ASTM F-42,下设试验方法、设计、材料和工艺、人员、术语等分委员会。目前,该委员会包括来自 10 个国家的 100 多个成员单位。ASTM F-42已经颁布了 4 项标准,包括术语、文件格式等基础标准和产品标准,及正在制订中的标准,涵盖了基础标准、产品标准,构成了较为完整的基础标准体系和开放的产品标准体系。从标准体系构成上看,该技术委员会注重术语、文件格式、设计指南等基础标准的制订,这既是增材制造技术领域新概念、新方法数量众多的反映,也是该技术进入大范围应用的客观需要。从正在开展的工作看,近期将会有较多新的产品标准颁布,其中大部分是激光和电子束铺粉熔覆工艺制造的钛合金和高温合金产品,这对我国相关技术的开发具有一定的借鉴作用。2011 年,国际标准化组织(ISO)也成立了增材制造技术委员会 ISO TC 261,下设术语、方法、工艺和材料、试验方法、数据处理等分委员会/工作组。ISO TC 261 目前有 14 个成员国和 6 个观察员国,并与 ASTM-F42 在制订增材制造技术标准方面开展了合作。

国内材料与结构的测试标准可以分别从国家标准(GB 体系)、国家军用标准(GJB 体系)和航空工业行业标准(HB 体系)中发现使用的标准。对于金属材料的测试,目前国内的标准多是在国外的 ISO 标准、ASTM 标准等的消化理解基础上,制订国内相应的测试标准。目前广泛使用的金属材料标准大部分与国外最新的测试要求基本相当,从测试的试样要求、测试步骤、数据处理等与国外要求基本一致。对于复合材料,我国自 20 世纪 60 年代末期开始进行研究,1974 年用于飞机结构,由于设计使用的需求,在 20 世纪 80 年代初期开始提出复合材料力学性能测试要求,并制订了首批测试标准。虽然当时也开展了一些标准试验方法的研究,但基本上是对当时的 ASTM 标准(主要是 20 世纪 70 年代的标准)的理解和国产化,因此制订的标准基本上与 20 世纪 70 年代末的 ASTM 标准相当。在随后的 20 多年里只有少量标准参照更新后的 ASTM 标准和其他标准进行了修订和制订,而目前被广泛使用的标准大部分只相当于国外 20 世纪 70 年代的水平。

我国的标准与国外相比,最主要的差距是标准制订工作没有定期审查和更新的制度保证,也没有专门的机构和人员从事这方面的研究,因此这就造成国内标准更新和制订的滞后。

2.3　飞机材料与结构检测标准的执行

飞机材料与结构的检测是由第三方检测实验室/检测机构完成的。检测实验室是对飞机的原材料、制造工艺过程,零部件等按照规定的检测要求和程序确定一种或多种特性或性能并以检测报告(或检测证书)形式给出检测结果的技术机构。

材料检测实验室是各类专业实验室中的一种特定的实验室。在当今经济社会中,材料检测实验室是为社会提供检测数据的实体,在社会的技术经济活动和社会发展过程中都占有重要的地位。民用飞机作为一种涉及千家万户的公共交通工具,公众对其安全性十分关注。这就对民用飞机上所应用的材料和结构提出了非常高的要求。有赖于多个单位的协同合作,如飞机设计单位对材料与结构提出合理的要求,供应商按相应的流程、规范制造出合格的材料与结构,以及飞机材料与结构检测实验室出具客观,权威的检测结果。为确保材料检测实验室出具的检测报告和结果的科学性、准确性、公正性,检测机构需要对实验室进行有效的质量管理和技术管理,将检测工作的全过程以及涉及的其他各个方面作为一个有机整体,系统而协调地把影响检测工作质量的技术、人员、资源等因素加以有效控制。要实现这一目标,就需要建立一个完善的实验室质量体系。这就需要对实验室质量体系进行认证或认可。

认证(certification)是认证机构(通常是第三方)对产品/服务、过程或质量管理体系符合规定要求(依据相关技术规范、准则等)做出书面保证的程序。认可是由权威机构对一个机构(实验室)或人员(授权签字人)从事特定工作的能力给予正式承认的程序,认可(accrediation)是证明具备能力,是对能力的评审。实验室认可的要求往往比质量体系认证更高一些。对实验室认可的要求包含了质量体系认证的要求,但质量体系认证的要求并不包含对实验室必须具备的技术能力要求。

一般的企业、行政机构、学校等都可以申请做体系认证,其目的是让客户对自己的企业或公司所提供的产品、服务等在购买时放心。实验室质量体系认证/认可的机构主要包括 ISO17025,AS9100,CNAS,NADCAP 等。

2.3.1　ISO17025

ISO17025 是实验室认可服务的国际标准,目前最新版本是 2005 年 5 月发布的,全称是 ISO/IEC17025:2005-5-15《检测和校准实验室能力的通用要求》,适用于实验室建立质量管理和技术体系并控制其运作,可在客户、法定管理机构和认可机构对其能力进行确认或承认时使用。ISO17025 的标志如图 2.1 所示。

ISO17025 标准是由国际标准化组织 ISO/CASCO(国际标准化组织/合格评定委员会)制订的实验室管理标准,该标准的前身是 ISO/IEC 导则 25:1990《校准和检测实验室能力的要求》。国际上对实验室认可进行管理的组织是国际实验室认可合作组织(ILAC),由包括中国实验

图 2.1　ISO17025 标志

室国家认可委员会(CNACL)在内的 44 个实验室认可机构参加。

　　ISO17025 标准主要包括定义、组织和管理、质量体系、审核和评审、人员、设施和环境、设备和标准物质、量值溯源和校准、校准和检测方法、样品管理、记录、证书和报告、校准或检测的分包、外部协助和供给、投诉等内容。该标准中核心内容为设备和标准物质、量值溯源和校准、校准和检测方法、样品管理,这些内容重点是评价实验室校准或检测能力是否达到预期要求。

　　实验室认可标准要求分为两大部分:管理要求和技术要求。管理的 15 项要求由两大过程构成:管理职责和体系的分析;技术要求的 10 项要求也可分为两大过程:资源保证和检测/校准的实现;技术要求与管理要求的共同目的是实现质量体系的持续改进。

　　申请 ISO17025 认可的流程包括意向申请、正式申请、评审准备、现场评审等步骤。获准的实验室有权在规定的范围内宣传其从事的检测、校准的技术能力已被认可,有权在其获认可范围内出具的证书或报告以及拟用的广告、专用信笺、宣传刊物上使用实验室认可标识。同时,也要承担相应的义务,如有义务为安排评审活动提供必要的支持,并为有关人员进入被评审的区域、查阅记录、见证现场活动和接触工作人员等方面提供方便,按有关规定交纳评审费用等。

　　对民用飞机而言,ISO17025 给各国的飞机结构与材料检测实验室提出了统一的质量管理体系要求,按照国际惯例,凡是通过 ISO17025 标准的实验室提供的数据均具备法律效应,得到国际认可。目前国内已有千余家实验室通过了 ISO17025 标准认证,通过标准的贯彻,提高了实验数据和结果的精确性,加强了对产品质量的管控,促进了民用飞机产业的国际化分工合作,推动了技术进步。同时也扩大了实验室的知名度,从而大大提高了经济和社会效益。

2.3.2　AS9100

　　AS 即 Aerospace,AS9100 的名称为《航空航天质量管理体系——要求》。该标准是国际航空航天行业以 ISO9001 为基础,增加了行业的特殊要求,专门制订的质量体系标准。AS9100 的标志如图 2.2 所示。

　　AS9100 发布于 1997 年,获得了国际航空航天质量协调组织(International Aerospace Quality Group,IAQG)的认可。AS9100 于 1999 年正式公布,2001 年修改为 SAE9100:2000。2004 年将 SAE9100:2000 作为 AS9100B 等同出版。由于 ISO9001:2008 的发布,IAQG 也对 AS9100 进行了调整,并于 2009 年 1 月发布了 AS9100C 版。

　　9100 系列标准的发布引起了国际各方面的广

图 2.2　AS9100 标志

泛关注。如美国国防部(DOD)宣布从 2003 年 3 月 1 日开始采用 9100 系列标准;美国航空航天局(NASA)于 2002 年 4 月 8 日发布了 9100 系列标准的采用通告;美国联邦航空局(FAA)虽然对主制造商的检查未采用 9100 系列标准(FAA 对主制造商的检查采用《航空器审定系统评审大纲》),但对主制造商用 9100 系列标准对供方的质量管理体系进行控制表示认可;另外美国空军也在研究采用 9100 系列标准的政策。

贯彻国际航空航天质量管理体系标准并通过第三方认证是市场准入的先决条件之一,这对我国从事民用航空产品转包生产的单位既是挑战,也是机遇。通过对标准的贯彻,为这些单位拓展转包生产业务,提高质量,降低成本起到重要作用。我国的上海飞机制造有限公司(原五七零三工厂,2008 年并入中国商用飞机有限责任公司,成为其下属的总装制造中心)的航空零部件转包生产项目于 2004 年 7 月获得 AS9100 质量管理体系认证证书。上海飞机制造有限公司是美国波音公司在中国诸多供应商中首家通过 AS9100 第三方认证的企业,该厂的 B737 - NG 平尾交付速率由原来的每月 10 架提升至 13 架,被波音飞机公司评为金牌供应商。哈飞于 2004 年 10 月获得 AS9100 质量体系认证证书,为进一步打开国际航空产品转包市场奠定了坚实的基础。西飞国际合作项目质量管理体系于 2004 年 9 通过了国际第三方质量体系认证,为西飞进一步扩大与波音公司、英宇航、法航、意航等世界各航空企业国际合作项目提供了条件。另外,我国航空行业已等同采用 AS9100,标准号为 HB9100:2003 航空质量管理体系要求,后来又发布了三项标准,即 HB9102—2008 航空产品首件检验要求,HB9103—2007 关键特性的波动管理以及 HB9131—2007 不合格品的文件要求。

2.3.3 CNAS

CNAS 全称是中国合格评定国家认可委员会(China National Accreditation Service for Conformity Assessment),是根据《中华人民共和国认证认可条例》的规定,由国家认证认可监督管理委员会批准设立并授权的国家认可机构,统一负责对认证机构、实验室和检查机构等相关机构的认可工作。CNAS 是 ISO17025 体系中负责中国地区事务的机构。CNAS 的标志如图 2.3 所示。

图 2.3 CNAS 标志

CNAS 由原中国认证机构国家认可委员会(CNAB)和原中国实验室国家认可委员会(CNAL)合并而成,于 2006 年 3 月 31 日正式成立。CNAS 通过评价、监督合格评定机构(如认证机构、实验室、检查机构)的管理和活动,确认其是否有能力开展相应的合格评定活动(如认证、检测和校准、检查等)、确认其合格评定活动的权威性,发挥认可约束作用。

CNAS组织机构包括全体委员会、执行委员会、认证机构技术委员会、实验室技术委员会、检查机构技术委员会、评定委员会、申诉委员会和秘书处。中国合格评定国家认可委员会委员由政府部门、合格评定机构、合格评定服务对象、合格评定使用方和专业机构与技术专家等5个方面,总计63个单位组成。

CNAS的主要任务如下:

(1) 按照我国有关法律法规、国际和国家标准、规范等,建立并运行合格评定机构国家认可体系,制订并发布认可工作的规则、准则、指南等规范性文件。

(2) 对境内外提出申请的合格评定机构开展能力评价,做出认可决定,并对获得认可的合格评定机构进行认可监督管理。

(3) 负责对认可委员会徽标和认可标识的使用进行指导和监督管理。

(4) 组织开展与认可相关的人员培训工作,对评审人员进行资格评定和聘用管理。

(5) 为合格评定机构提供相关技术服务,为社会各界提供获得认可的合格评定机构的公开信息。

(6) 参加与合格评定及认可相关的国际活动,与有关认可及相关机构和国际合作组织签署双边或多边认可合作协议。

(7) 处理与认可有关的申诉和投诉工作。

(8) 承担政府有关部门委托的工作。

(9) 开展与认可相关的其他活动。

CNAS已经融入国际认可互认体系,并在国际认可互认体系中有着重要的地位,发挥着重要的作用。目前我国已与其他国家和地区的35个质量管理体系认证和环境管理体系认证认可机构签署了互认协议,已与其他国家和地区的54个实验室认可机构签署了互认协议。中国合格评定国家认可委员会(CNAS)是亚太实验室认可合作组织(APLAC)、国际实验室认可合作组织(ILAC)及国际认可论坛(IAF)的正式成员。

获得CNAS认可的实验室需具备以下几个条件:

(1) 具有明确的法律地位,即实验室或所在母体应是一个能够独立承担法律责任的实体。

(2) 按认可准则及其应用说明建立质量管理体系,且各要素(过程)都已运行并有相应记录,包括完整的内部审核和管理评审,质量管理体系运行至少6个月。

(3) 在申请后3个月内可接受CNAS的现场评审。

(4) 具有申请认可范围内的检测/校准能力,并在可能时每一申请认可范围内的子领域均应参加其承认的能力验证活动,具有支配所需资源的权力。

(5) 遵守CNAS认可规则、认可政策等有关规定,包括支付认可费用,履行相关义务。

CNAS能够向实验室提供全面的认可，包括对产品或材料进行监测、测试或评价的实验室，以及对检测仪器或测量装置进行校准的实验室。实验室认可机构许诺不对申请认可的实验室有任何的歧视行为，即不论其属性，为私有的、股份制的、行业的或政府的，也不论其人员数量的多少、规模的大小或检测/校准活动范围的大小，都一视同仁地提供认可服务。

民用飞机制造企业在进行材料入厂复验或采购设备的验收过程中，一般都会委托具有CNAS认可的实验室进行。例如，上海市计量测试技术研究院在金属材料密度测试、尺寸精度测试、力学性能测试等项目上取得了CNAS认可，在对这些项目进行检测时，选择该单位进行测试，结果具有较高的权威性和可信度。从某种意义上说，推动更多的检测实验室通过CNAS认证也是促进民用飞机产业进步的一个重要方面。

2.3.4　NADCAP

图2.4　NADCAP标志

NADCAP 是 National Aerospace and Defense Contractors Accreditation Program 的英文缩写，即国家航空航天和国防合同方授信项目。它是美国航空航天和国防工业对航空航天工业的特殊产品和工艺的认证。NADCAP认证需要组织有一个航空航天质量管理体系作为基础。因此，如果产品通过了AS9100认证，那么在NADCAP认证过程中就不需要一个附加的质量体系审核。NADCAP的标志如图2.4所示。

NADCAP是由美国航空航天和国防工业巨头与美国国防部、美国机动车工程师学会（Society of Automotive Engineers，SAE）等机构共同发起和发展的一个专门对航空航天工业的特殊产品和工艺进行认证的体系。其宗旨是以通用的第三方认证解决方案代替各自对供应商进行重复的特种工艺审查认证，以有效地降低其供应商发展成本和潜在风险。

NADCAP的使命是提供国际化的、无偏见的、独立的加工工艺和产品审核以及认证服务，从而达到增值，减少总的成本，推动主机厂和供应商关系的目的。

NADCAP项目对航空航天工业供应体系内的高危险性特殊工艺和产品进行认证：从电子产品到流动分销体系，从化学处理到材料测试，从焊接工艺到热处理程序等。每个NADCAP项目都含有多个子项目，如热处理至少包括10种合金家族、16种工艺和3项服务。对于每一个NADCAP项目，都有相应的SAE标准支持。

目前，NADCAP认证工作由性能审查协会（Performance Review Institute，PRI）管理。空客公司（Airbus）、通用电气（GE）、波音公司（Boeing）、美国戈达德太空飞行中心(Goddard)、普惠(Pratt-Whitney)、罗罗(Rolls-Royce)等都是 NADCAP 共同体成员中享有高声誉的跨国公司。

通过产品、工艺或服务认证的供应商将会由 NADCAP 授权使用项目标志和证书,以此来表明认证过的产品、工艺或服务符合适用的标准或规范。

因波音等对其供应商的强制要求,NADCAP 从 2005 年起进入到高速发展期。同时,随着航空业的发展,转包生产量的增加,工艺技术规范化的提升,也使得 NADCAP 认证存在着很大的需求和上升空间。目前,国内共有 86 家企业通过了 NADCAP 认证,如西安飞机工业公司、上海飞机制造有限公司等,认证内容涉及 11 个项目,最多的前三项分别为无损检测(NDT),56 家;热处理(HT),50 家;化学处理(CP),44 家。

2.4 飞机材料与结构检测标准与适航要求管理

民用飞机与军用飞机有一个很大的不同之处,就是民用飞机必须经过适航取证才能投入商业运行。适航是指航空器在预期的环境中安全飞行(包括起飞和着陆)的固有品质,这种品质可以通过合适的维修而得以保持。适航来源于公众的利益需求,也是航空工业发展的需求。

适航审定工作中,型号合格证(Type Certificate,TC)申请人/持证人和颁发合格证的局方是仅有的两个参与方,由于局方是代表公众判断飞机的安全性,所以会直接面对申请人开展工作,而不像实验室质量认证那样有第三方商业机构或个人的参与。在此过程中,局方的任务是制订航空规章制度、监督申请人执行、在所有的审查通过后颁发相应的证书,并监督飞机的持续适航性能;申请人的义务是明确适航标准和要求,在设计、制造、维修等过程中保证符合要求并向局方演示,表明符合性。

在美国,目前负责适航审定的机构是美国联邦航空局(Federal Aviation Agency,FAA)。FAA 成立于 1958 年,通过颁发联邦航空规章(Federal Aviation Regulation,FAR)的方式进行飞机的适航审定。随着航空技术的进步,FAA 不断颁发修正案,以对适航规章进行更新。

在欧洲,负责适航审定的机构是欧洲航空安全局(European Aviation Safety Administration,EASA)。EASA 负责行使欧洲范围内统一的,具有法律效力的强制性民航规章的职责。

中国的适航当局是中国民用航空局(Civil Aviation Administration of China,CAAC),具体负责适航审定的是其下属的航空器适航审定司。目前国内应用最广泛的民用飞机适航规章,即《运输类飞机适航标准》最早是在 1985 年发布的,并先后于 1990 年、1995 年、2001 年和 2011 年进行了四次修订。目前的版本编号为 CCAR-25-R4。

CCAR-25 中关于飞机材料的要求如下:

第 25.603 条　材料

其损坏可能对安全性有不利影响的零件所用材料的适用性和耐久性必须满足下列要求：

（a）建立在经验或试验的基础上；

（b）符合经批准的标准（如工业或军用标准，或技术标准规定），保证这些材料具有设计资料中采用的强度和其他性能；

（c）考虑服役中预期的环境条件，如温度和湿度的影响。

CCAR－25 中关于飞机结构制造方法的要求如下：

第 25.605 条　制造方法

（a）采用的制造方法必须能生产出一个始终完好的结构。如果某种制造工艺（如胶接、点焊或热处理）需要严格控制才能达到此目的，则该工艺必须按照批准的工艺规范执行。

（b）飞机的每种新制造方法必须通过试验大纲予以证实。

为使应用在民用飞机上的材料和结构符合适航要求，TC 申请人/持证人首先要按适航要求选用已有型号的材料规范或制订新的材料规范（即用户材料规范），在对供应商材料进行筛选的基础上编制对供应商材料进行认证的计划，并在适航当局相关机构见证下由 TC 申请人负责执行。计划执行结束后，TC 申请人负责冻结最终的材料规范状态和相应的制造工艺规范，并将所有文件和数据整理报适航当局进行适航符合性审查。审查通过后，TC 申请人会将该供应商列入其合格供应商目录，或向供应商颁发合格供应商证书或产品认证合格证书，并委托通过质量体系认证/认可的实验室进行检测，以判定该材料是否满足适航要求。材料验收是通过周期性地对材料产品进行采样并评价关键的材料性能，以检验材料与设计值的符合性。材料等效是指通过一系列试验来确定某一特定的材料与有微小改变的材料是否具有等效的力学、物理和化学特性的过程。

民用飞机上应用的材料主要包括铝合金、钛合金、高强钢等金属材料以及复合材料。目前中国负责民用飞机研制的主体是中国商用飞机有限责任公司，在研的机型包括能容纳 70～90 名乘客的新支线飞机 ARJ21－700 和能容纳 150～180 人的干线飞机 C919。以 C919 飞机上应用的钛合金材料为例，中国商用飞机有限责任公司下属的设计研发中心——上海飞机设计研究院制订了多项材料规范（C919 Materials Specification，CMS），分别为 CMS－TI－201：退火态 Ti－6Al－4V ELI 棒材和锻坯，CMS－TI－202：β 退火态 Ti－6Al－4V ELI 钛合金锻件以及 CMS－TI－203：退火态 Ti－6Al－4V 棒材、锻件和锻坯。在这些材料规范中，对于材料的制品形式、使用限制、化学成分、产品状态、热处理、性能（包括拉伸性能、低倍宏观组织、高倍显微组织等）、表面质量、尺寸公差、超声波检验等都做了详细的规定。根据材料规范的要求，编制了合格供应商产品（QPL）目录，分别为 QPL－CMS－TI－

201：C919 飞机 Ti‑6Al‑4V ELI 棒材合格产品目录以及 QPL‑CMS‑TI‑203：C919 飞机 Ti‑6Al‑4V 棒材合格产品目录。采购部门只能从 QPL 目录中指定的供应商处采购所需的钛合金材料。

对于从供应商那里采购回来的材料，民用飞机主制造商委托通过质量体系认证/认可的，有相应检测资质的实验室进行检测，以判定材料是否符合其所制订的材料规范，这也是质量控制程序的一部分。如上海材料研究所检测中心（机械工业材料质量检测中心）就是提供专业金属材料检测服务的第三方检测机构。这家检测中心于 1994 年 12 月在原上海材料研究所有关性能测试研究室的基础上组建成立。在国内外同行中有较高的信誉和影响。该检测中心于 2001 年 4 月通过中国实验室国家认可委员会（CNAS）的认可；2011 年 5 月获得美国国家航空航天和国防合同方授信项目（NADCAP）认证。它主要从事材料性能检测（如力学性能、物理性能、化学分析、高分子材料性能、金属腐蚀）、质量评定、仲裁试验、失效分析和安全评估、科技成果检测鉴定及理化检验人员的资格培训等技术服务工作。作为第三方检测机构，该中心按照 ISO/IEC 17025：2005（检测和校准实验室认可准则）运作，为客户提供公正、准确、可靠的检测服务。在国产大飞机项目中，当主制造商检测能力不足时，金属材料的检测任务主要由上海材料研究所检测中心承担。

对于复合材料结构的适航认证，最重要的两份文件是美军标 MIL‑HDBK‑17《复合材料手册》和 FAA 的咨询通告 AC20‑107B《复合材料飞机结构》。

MIL‑HDBK‑17《复合材料手册》是由美国国防部下属的 MIL‑HDBK‑17 协调委员会编制，有关复合材料性能表征、性能数据和在结构中应用的军用手册，是对美国、欧洲过去 30 余年复合材料研究、设计和使用经验的全面总结，同时也是美国陆海空三军、NASA（美国国家航空和宇宙航行局）、FAA 及工业界应用复合材料及其结构的最具权威的指导文件。该委员会成立于 20 世纪 70 年代初期，MIL‑HDBK‑17A 版于 1971 年 1 月颁布，迄今已进行了 6 次改版，最新版是 2002 年 6 月颁布的 MIL‑HDBK‑17F 版，新版结合近年来复合材料研究和应用的新技术，增添了大量内容，美国数百位复合材料专家参与了手册的编写和改版。该手册被称为复合材料领域的"圣经"。

为适应适航管理，美国联邦适航当局于 20 世纪 70 年代发布咨询通告（Advisory Circular），即 FAA AC20‑107《复合材料飞机结构》，用于指导民机复合材料结构进行适航条例符合性验证，这成为美国大多数运输类飞机复合材料构件进行鉴定验收的依据。1984 年 4 月对其进行了修订，发布了 AC20‑107A 版本。最新的版本 AC20‑107B 于 2009 年 9 月发布，在原来的基础上，对复合材料适航符合性验证的方法增加了部分条款，对内容进行了细化。在损伤容限、持续适航、适坠性等方面的内容增加较多。咨询通告是适航规章要求的符合性方法的建议性和解释性材料，并不是强制性或唯一的。但为获得适航当局方面的认可，减少成本，TC 申请人一般都会采用咨询通告中介绍的符合性方法来表明对适航标准的符合性。

在中国商用飞机有限责任公司发布的一项技术文件《C963JT002：C919 飞机七大部段非金属材料采购和入厂复验技术要求》中，对 C919 飞机所采用的胶黏剂、复合材料（如纤维、预浸料、树脂、蜂窝芯材等）、涂料、油料、塑料、橡胶、密封剂等的材料规范、牌号、供应商、入厂复验要求（如复验项目、性能指标、试验方法）、用途等做了详细规定。例如，CMS－CP－301 对应的高温固化的标模高强碳纤维环氧树脂预浸料（单向带和织物）中，规定的入厂复验项目包括树脂含量，挥发份含量，碳纤维面积重量，单层厚度，室温下 0°方向的拉伸强度、拉伸模量、拉伸应变及 93℃下 0°压缩强度；并规定了试验方法及合格指标；通过严格的质量控制程序，保证应用到飞机上的材料和结构满足适航的要求。

中国飞机强度研究所（中航工业 623 所）是我国航空工业唯一的飞机强度研究中心与地面强度试验验证基地，通过了 ISO9001：2001 及 GJB9001A－2001 质量体系认证。623 所拥有复合材料结构分析与优化设计系统，便携式智能型复合材料无损检测仪，多媒体超声诊断仪等专业软件及设备，具备全尺寸复合材料结构综合强度试验、飞机结构综合环境试验的能力。很多国产民用飞机复合材料的检测工作都是在 623 所开展的。

参 考 文 献

［1］ 廖晓玲. 材料现代测试技术［M］. 北京：冶金工业出版社，2010：103－109.

［2］ 王晓春，张希艳. 材料现代分析与测试技术［M］. 北京：国防工业出版社，2010：84－89.

［3］ 刘庆瑔，郭汝华. 理化检测实用手册［M］. 北京：航天工业出版社，2004：54－60.

［4］ 鄢国强. 材料质量检测与分析技术［M］. 北京：中国计量出版社，2005：62－70.

［5］ 路遥. 民用飞机复合材料结构适航验证概论［M］. 上海：上海交通大学出版社，2013：9－27.

［6］ 冯振宇，邹田春. 复合材料飞机结构合格审定［M］. 北京：航空工业出版社，2012：98－117.

［7］ 闫晓东. 飞机复合材料结构智能敲击检测系统研究［D］. 南京：南京航空航天大学，2007.

［8］ 彭明玉. 飞机复合材料损伤机理及适航评定技术研究［D］. 南京：南京航空航天大学，2007.

［9］ 冯康军. 飞机复合材料结构损伤容限评定及适航审定技术研究［D］. 南京：南京航空航天大学，2010.

［10］ 景绿路. 国外增材制造技术标准分析［J］. 航空标准化与质量，2013，4：44－48,56.

3 飞机材料与结构检测技术及设备

在飞机诞生的一百多年里，飞机已经在飞行高度和速度上有了长足的发展，同时，为了提高飞行质量和节约飞行成本，飞机金属材料的使用也有了很大的变化，目前飞机金属材料使用较多的是铝合金，其次是钢铁合金，还有少量的钛合金等其他合金。铝合金具有密度小、比强度高、耐腐蚀和成型性好、成本低等优点，钢主要用于重要承力件中，它在飞机金属材料中的使用比例也比较高，但是随着钛合金和复合材料等新材料的不断替代，钢的使用比例正在逐渐减少。钛合金具有密度小、耐温性较高和抗腐蚀等优点，所以它在现代涡轮发动机中的用量所占比重很大，近年来飞机机身的用量明显上升。飞机的机体材料在大体上经历了 4 个阶段的发展后，正跨入第 5 阶段[1]，如表 3.1 所示。

表 3.1　飞机机体材料的发展历程

发展阶段	年代	机体材料
第 1 阶段	1903 年—20 世纪 10 年代	木，布
第 2 阶段	20 世纪 10 年代—40 年代	铝，钢
第 3 阶段	20 世纪 50 年代—70 年代	铝，钛，钢
第 4 阶段	20 世纪 80 年代—21 世纪初	铝，钛，钢，复合材料（铝为主）
第 5 阶段	21 世纪初—	复合材料，铝，钛，钢（复合材料为主）

近年来，波音和空客公司已大量在民用飞机上采用复合材料，相应的复合材料测试技术逐步成熟，并建有相关的测试数据的标准化、规范化管理。在我国航空界，复合材料在民用飞机上的应用才刚刚起步。对于这种新材料的测试技术、规范和标准还非常不完善。从原材料、制造工艺以及部件级的先进航空材料测试技术都需要开发和验证。由于复合材料通常是从各种不同的原材料制成品，而且复合材料的认证比常规材料的认证复杂得多，因此对其必须有更多的控制要求。为保障飞行安全，航空材料的测试技术以及材料结构内部质量的监控技术已成为其开发和应用的

关键,而飞机材料与结构的测试技术和设备也主要围绕着这两大类材料展开。下面将逐步介绍飞机金属材料和复合材料以及飞机结构件涉及的检测技术和设备。

3.1　飞机金属材料测试技术及设备

在航空制造发展的过程中,材料的更新换代呈现出高速的更迭变换,材料和飞机一直在相互推动下不断发展。金属材料是飞机的主要结构材料之一。其发展,在很大程度上是飞机取得突破的前提条件。了解金属材料的组成、结构、性能以及缺陷的形成原因等,必须要了解关于金属材料的各种检测手段。本章节主要介绍有关飞机金属材料的测试技术与设备。

3.1.1　物理性能测试技术及设备

飞机金属材料的物理性能包括力学、热学、电学、磁学、光学、声学和原子物理等方面的性能指标,是材料基本特性在这些方面量值化的表现,是衡量材料优劣的具体数据。金属材料按使用要求分为结构材料和功能材料两类,结构材料是以强度为主要性能指标,以热膨胀系数、热导率及弹性模量等物理性能为辅助性能指标的材料;功能材料是指具有特定的光、电、磁、声、热、弹性等性能的各类材料。无论哪种材料,物理性能都是确保飞机产品安全和使用寿命的主要依据,并在产品质量的保证、材料选择的合理性、材料应用的优化性等方面发挥着巨大的作用。

根据物理性能的变化规律,可以研究材料的成分、组织、结构等的变化情况。航空事业的发展,推动了金属材料物理性能技术的发展,而用于飞机上的材料使用环境越来越复杂,如高低温、高压、磁场、辐照、各种介质等,这些环境条件对材料性能往往有不同程度的影响。物理测试作为金属物理检验的一个方面,具有自己独特的地位和发展特点,作为大多数材料的基础性能,更多地应用于飞机新型材料的研究中。

3.1.1.1　常规物理性能测试技术及设备

1) 金属材料的密度

密度是材料最基本的物理性质,材料的致密程度是产品质量或工艺考核的主要技术指标。测量密度的方法很多,但可归纳为两类:一类是根据密度定义通过测量试样质量和体积求得,其中以阿基米德原理为基础的流体静力学法是最基本的一种,此外还有比重瓶法、悬浮法、密度梯度管法等。另外一类是根据密度与其他性能的关系通过其他性能来测量,放射性同位素法和超声波法都属于此类,其特点是适用于测定高温下、高压下有腐蚀、高黏度等场合下的物体及管道中流动传输的物质。

2) 金属材料的比热容

热容量是物体温度升高 1℃ 所吸收的热量。比热容是单位质量的热容量,即单位质量的物质温度升高 1℃ 可吸收的热量。热容测量的经典方法是滴落式卡计法:把试样加热到测定温度,稳定后,突然滴落到炉子下方的量热计内,在冷却过程中将热量传送给受热介质,如果介质受热后的反应特性已知,则根据其反应就可求得试样释放的热量并计算热容。

3) 金属材料的热膨胀系数

热膨胀是指物体温度改变时其尺寸和形状发生变化的特性。热膨胀系数是表征物体热膨胀特性的物理参数。测试热膨胀系数的实验技术可归纳为杠杆接触测量法和非接触测量法两种,接触法是将物体的膨胀量用一根传递杆以接触方式传递,再用各种检测仪器测得;非接触方法则不采用任何传递原件。接触测量法主要有千分表法、光杠杆法、机械杠杆法、电感法和电容法等;非接触测量方法主要有直接观测法、光干涉法、X光法、光栅法和密度测量法等。

4) 金属材料的热导率

热传导是热能传递的一种形式,物质的热传递能力可用热导率来表征。热导率测量方法是测试热导率的实验技术,热导率测量方法很多,对不同温度范围以及不同热导率范围,需要采用不同的测量方法,至今尚无一种能适用于各种材料和各个温区的热导率测量方法。测量方法的选择要从材料的热导率范围、材料可能做成的试样形状、测量结果所需的准确度和测量周期等方面综合考虑。热导率测量方法可分为稳态法和非稳态法两大类,稳态是指试样内的温度场不随时间而变,随时间而变的即为非稳态。

5) 金属材料的电阻性能参数

电阻是电路中流过的直流电流与外加电压的比例系数。电阻是材料主要的电学性能,可按材料电阻率或电导率的大小把材料分为导体、半导体和绝缘体。电阻测量方法是利用适当仪表测试电阻的实验技术,通常可分为伏安法、数字万用表法、电桥法、涡流法和四探针法。其中伏安法测量原理比较简单且使用方便,但精度不高;数字表法读数正确,使用方便,可以自动检测、打印记录和联机监控;电桥法测量电阻范围广、精度高,是在日常实验中常用仪器;充电放电法、感应法和四探针法属于特殊测量方法。

6) 金属材料的热电效应特征参数

热电效应是许多工程材料中的自由电子在外界电、热作用下可逆运动过程的反映,是材料的基本物理现象之一,其特征参数与材料的电导率和热导率相关。

所谓热电效应,是指当受热物体中的电子(空穴),随着温度梯度由高温区往低温区移动时,产生电流或电荷堆积的一种现象。通过对热电位的测量,人们研制出温度及能量转换器,具有稳定高热电位的材料,以及在精密仪表行业中应用的、用来降低热电位的材料。此外,由于这种效应具有高度敏感性,可作为热电分析方法广泛用在材料研究中。

7) 金属材料的磁性参数

磁性是物质在磁场中因磁场与物质相互作用而显示的磁化特性。磁性不只是一个宏观的物理量,而且与物质的微观结构密切相关,它不仅取决于物质的原子结构,还取决于原子之间的键合状况和晶体结构等。

磁性材料一般为铁磁性物质。铁磁性测量可分为两大方面：静态磁性测量和动态磁性测量。静态磁性测量主要是测绘磁性材料的磁化曲线和磁滞回线，从中获得各有关特性参数，一般仍采用传统的冲击法，用冲击检流计测量磁感应强度，也可以使用各种电子积分电路。动态磁性系指材料在交变磁场下的磁特性，常用于软磁材料的测量。在交流条件下，磁滞现象突出，磁滞回线及相应的参数与交变频率有关。动态磁滞回线的测量，可采用示波器法、铁磁仪法和采样法，关键在于怎样快速测量交变的磁感应强度和磁场强度，并记录下来。

8）金属材料的弹性参数

弹性是物体在外力作用下改变其形状和大小而外力卸除后能回复原始形状和大小的特性。弹性测量方法是测量材料弹性常数的方法。金属材料的弹性常数包括杨氏模量、切变模量、泊松比、体积模量、弹性波波速等。据测量时应变速度的显著差异将测量方法分为静态法和动态法两种，前者的应变速度趋近于零，测量过程近于等温过程，所得弹性常数称为等温常数或静态常数；后者的应变速度趋近无穷大，测量过程近于绝热过程，所得弹性常数称为绝热常数或动态常数。一般来说，材料弹性的静态值与动态值间的差异在1%以内。

9）金属材料的热辐射测量

热辐射是指由组成热辐射体的电子、离子、原子和分子的热振动而不断地发射能量的过程。热发射率是表征物体热辐射的能力，由给定温度物体的辐射出射度与黑体的辐射出射度之比表示的一个物理量。热发射率测量方法是通过测量试样表面温度（亮度温度及真实温度）及试样发射的热辐射能来求得其热发射率的方法。在物性测试的诸项目中，热辐射测量是发展较晚的。航空航天事业的发展，推动了金属材料热辐射测量技术的发展，因为用于航空航天器的材料，必须在真空、高温条件下高效散热，即辐射传热起主要作用。

3.1.1.2　显微分析测试技术及设备

由于民用飞机在高温、高速、腐蚀环境和复杂交变载荷下的工作条件十分恶劣复杂，因此航空产品的设计相对其他工程装备对材料性能的要求更苛刻，要求飞机材料的性能指标更先进。现代航空业要求能制造出安全、可靠、舒适、经济的飞机，因此要设计和生产具有精确内部组织的构件，因为产品的质量不但决定于产品材料的成分，还决定于材料的组织。机体结构材料大量使用高比强度和高比模量的先进材料，如超高强度钢、铝合金、钛合金、复合材料，从而提高飞机的结构效率，降低飞机结构重量系数。因此，用于飞机金属结构材料组织的设计、成型和检测已成为航空业的关键技术。

显微分析是利用显微镜对金相样品进行观察、辨认以确定金属的结构、组织状态和分布的一种分析方法，对特定的微观缺陷进行鉴别、判定，如对晶粒度、非金属夹杂物和显微组织的评级等。有光学显微镜分析（包括偏振光、干涉、明暗视场、相衬、显微硬度等)、电子显微分析(包括扫描电子显微分析、透射电子显微分析、电子探针分析等)、衍射分析、电子能谱分析(包括光电子能谱分析、俄歇电子能谱分析等)等。扫描电子显微分析、能谱分析等对飞机构件的检测分析应用相当广泛,而衍射分析、光电子能谱分析等在对飞机材料的结构分析、晶体缺陷等分析与研究中的应用较多,在这一节里只做简要介绍。

1) 光学金相显微分析技术

金相显微镜是观察金属材料内部显微组织的重要光学仪器,显微镜的发明突破了人类生理的限制,可将视觉延伸到肉眼无法看到的细微结构和组织中去,使得金相组织分析法成为最基本、最重要、应用最广泛的研究方法之一,因此显微镜日益成为航空领域的金相工作者不可或缺的重要工具之一。

金相显微镜按光路形式分有正置式、倒置式两类,试样磨面朝上对着物镜称为正置式,试样磨面朝下对着物镜称为倒置式,虽然结构上有差异,但其组成基本上是相同的,即由光学放大系统、照明系统和机械构架三大部分组成。金相显微镜的光学系统主要由物镜、目镜组成;照明系统由光源、光阑和滤色片等组成(见图 3.1)。进一步细分的模块组合如图 3.2 所示。

图 3.1　正置式金相显微镜组成及光路

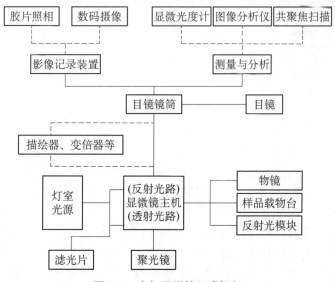

图 3.2　金相显微镜组成框架

金相显微镜观察模式有明场观察、暗场观察、微分干涉观察、偏振光观察。

（1）光学金相试样制备技术。

要进行金相检验，就需制备能用于微观检验的样品——金相试样，金相试样制备是通过取样、镶嵌、研磨、抛光、（浸蚀）等步骤使金属材料成为具备金相观察所要求的样品。

金相样品取样原则：

a. 研究零件显微组织的金相试样应从材料或零件在使用中最重要的部位截取，或是从偏析、夹杂等缺陷最严重的部位截取。

b. 分析损坏原因时，则应分别在损坏的地方与完整的部位截取试样进行对比分析，以探究其损坏或失效的原因。

c. 对于有些产生较长裂纹的部件，则应在裂纹发源处、扩展处、裂纹尾端分别取样，以分析裂纹产生的原因。

取样方向有横截面、纵截面和其他取样方向。

横向取样主要用于观察：试样自中心至边缘组织分布的渐变情况；表面渗层、硬化层、镀层等表面处理的深度及其组织；表面缺陷如裂纹、脱碳、氧化、过烧、折叠等缺陷的深度；非金属夹杂物在整个断面上的分布情况，晶粒度等。

纵向取样主要用于观察：非金属杂物分析，带状组织及共晶碳化物级别，塑性变形引起晶粒组织变形的情况等。

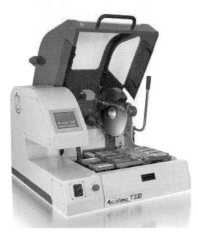

图 3.3 台式手/自动砂轮切割机

金相试样的截取：试样可用手锯、砂轮切割机、显微切片机、化学切割装置、电火化切割机、剪切、锯、刨、车、铣等方法截取，必要时可用气割法截取。硬而脆的金属可以用锤击法取样。不论用哪种方法取样，均应注意避免截取方法对组织的影响，如变形、过热等。根据不同方法应在切割边去除这些影响，也可在切割时采取预防措施，如水冷等。图 3.3 为一种手/自动式砂轮切割机，额定切割深度一般从 50～160 mm 不等。

金相试样的镶嵌：有些金相试样体积很小，外形不规则，或者需检查表面薄层，如渗碳层、氮化层、表面淬火层、金属渗镀层及喷涂层等试样，需要镶嵌制成一定尺寸规格的试件，以便在磨光抛光机上定位夹紧。镶嵌分为热镶嵌和冷镶嵌。热镶嵌是把试样与镶嵌料一起放入钢模内加热加压，冷却后脱膜，这种镶嵌方法是最为有效和快捷的方法。冷镶嵌指在室温下使镶嵌料固化，一般适用于不宜受压的软材料及组织结构对温度变化敏感或熔点较低的材料。热镶嵌是实

验室中用得比较多的一种方法。图 3.4 所示是自动
热压镶嵌机，整个镶嵌过程的各个参数，包括加热温
度、时间、压力和压力保持时间、冷却速度等，均可事
先设定并自动完成。

金相试样的磨制：磨制的目的是将切割及镶嵌好
的样品在砂轮或砂纸上磨平，去除切割粗糙面，以达
到抛光的要求。磨制分为粗磨和细磨，粗磨是在砂轮
或嵌有金刚砂的膜盘上进行，细磨是在粗磨的基础上
在细粒度砂纸上磨制达到适合抛光的程度为止。图
3.5 所示为手动双盘研磨机，图 3.6 为全自动研磨抛
光机。

图 3.4 自动热压镶嵌机

图 3.5 手动双盘研磨机

图 3.6 全自动研磨抛光机

金相试样的抛光：抛光的目的是通过一定表面处理使制备面达到镜面，要求制
备面不能存在任何外来缺陷。抛光的方法有机械抛光、化学抛光、电解抛光。实验
室用得最多的基本是机械抛光。机械抛光是将抛光织物固定在抛光盘上，抛光盘由
电机带动旋转，织物上置有抛光剂，试样以一定压力压在抛光布上。可采用手工或
机械（自动、半自动）抛光。机械抛光的设备与磨光设备基本可以通用，都可以当抛
光机用，只需将研磨的砂纸换成抛光布就可以了。

图 3.7 中碳钢显微组织

（2）光学金相显微组织显示技术。

显微组织显示是选用适当的显示措施
使组织之间反光能力的差别大于 6% ～
8%，以明显区分各种显微组织便于在显微
镜中进行观察的方法。能否将试样抛光面
的显微组织和微小的物理化学差异真实
地、充分地显示出来，直接影响分析结果的
正确与否，因此组织显示是金相分析的重
要环节。图 3.7 为中碳钢的正火显微组
织——珠光体和铁素体组织。有色金属在

飞机金属材料用材中占有重要地位,由于其物理性能及化学性能有各自的特性,制样及组织显示方法有其特殊之处,现简要介绍如下。

a. 铝及其合金。航空铝合金广泛用于飞机主体结构材料,抛光纯铝较难,但抛光铝合金或冷变形加工的样品则相当容易。切割和磨削时要注意尽量减少变形层,磨削时常在 SiC 砂纸上加液体皂的水润滑,末道工序要用 1200 号或更细的新砂纸。如铝合金中有硬相,可用无绒毛织物、粗金刚石粉粗抛,末道工序抛光用氧化镁或氧化铝溶液在天鹅绒上进行,期间可加入少量洗涤剂。有时末道工序抛光用氧化镁稀浆在皮革上用手抛,这种方法费时间,但可以得到高质量的抛光表面。

抛光态下的铝合金可观察到金属间化合物的析出和夹杂物以及疏松和裂纹等缺陷。浸蚀可以更清楚地显示一些细节和抛光态下看不到的组织,常用 HF 酸的稀释水溶液浸蚀。纯铝不受稀硫酸和稀硝酸浸蚀,但受 HCl 水溶液或 HF 酸水溶液浸蚀。铝还受 NaOH 水溶液浸蚀,高纯铝、铸造铝合金的晶粒组织常用阳极化处理来显示,往往还要借助于偏振光。图 3.8 为铝合金组织板材冷变形后,化合物破碎沿压延方向排列,图 3.9 为图 3.8 的偏光组织。

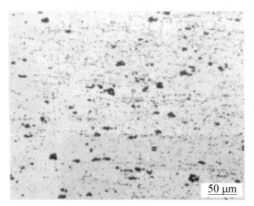

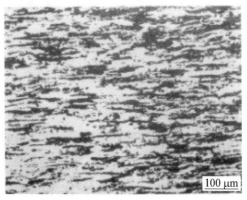

图 3.8　试样经混合酸水溶液浸蚀铝合金腐蚀　图 3.9　试样经电解抛光并阳极覆膜偏振光下
　　　　组织　　　　　　　　　　　　　　　　　　　组织

b. 铜及其合金。铜合金试样抛光时需注意消除划痕,纯铜和单相合金上的细抛光划痕不易消除,但浸蚀抛光很有效。在用细粒金钢石粉抛光前进行浸蚀有好处,目前普遍用振动抛光,也可用化学抛光和电解抛光。抛光试样用于检验铜或铜合金铸件中的缩孔或疏松及轧制合金中的夹杂物。可以用偏振光鉴别 Cu_2O 夹杂物,在白光照明视场下观察呈淡蓝色调,而在暗场观察时能见到真实的宝石红色彩。

铜和铜合金最常用的浸蚀剂是三氯化铁盐酸乙醇溶液。电解浸蚀对铜的铜合金也很有效,改良的硫代硫酸钠水溶液电解浸蚀可显示 α 黄铜的变形情况。着色浸蚀对冷变形加工合金也很有效,电解浸蚀还可以显示 Cu‐Ni 合金的晶粒组织。图3.10 为黄铜金相组织。

图 3.10　黄铜显微组织　120×　　　　图 3.11　钛合金显微组织　200×

c. 钛及其合金。钛及钛合金在飞机上应用可以取得良好的减重效益,目前我国飞机的用钛量达到 15% 左右。纯钛为软质延性金属,渗入杂质或合金元素后变硬、延性降低,故用常规制样方法较困难,特别是纯钛。切割时易产生孪晶,过热则引起相变,尤其对含有 β 相者。钛有吸收氢的可能,不宜用电木粉镶嵌,如存在氢化物,则压力镶嵌时的高温将使氢化物进入固溶体。如需研究合金中的氢化物,则应当用温升较低的冷镶嵌树脂。磨削时可用常规 SiC 砂纸,水润滑,抛光较难,可以先分3~4 步金钢石抛光再加一步浸蚀抛光。图 3.11 所示为在飞机结构上应用较多的 Ti‐6Al‐4V 板材退火组织的显微组织,等轴状的 α 相分布在转变了的 β 相基体上。

d. 镁及其含金。纯镁质地极软,切割及磨削过程中易产生机械孪晶,且易被多种稀有机酸腐蚀,纯镁被水腐蚀缓慢,而镁合金则很快被腐蚀。镁的粉尘可引起火灾,因此必须湿磨,活性低的合金可用水做润滑剂而活性较强者用煤油。镁及其合金的浸蚀剂成分较简单且不活泼,一般的硝酸乙醇溶液和苦味酸乙醇溶液亦可浸蚀,在试样表面沉积一薄层碳可以改善浸蚀后的图像反差。

e. 镍及其合金。镍及其合金对磨削损伤很敏感,所以每一步磨削都要进行彻底。为减少较软的金属和合金的表面畸变层可用振动抛光,也可用化学抛光或电解抛光。镍及其合金的浸蚀剂必须是腐蚀性相当强的酸溶液,晶界的浸蚀相对容易些,但显示晶粒反差很难,故普遍采用电解浸蚀及着色浸蚀方法。

(3) 金相组织与缺陷检验。

航空用金属材料的原材料组织及其缺陷是否符合有关技术条件和文件的规定,

是保证航空产品质量的首要环节。对飞机金属材料常见金相检验项目有：显微组织观察、非金属夹杂物评级、晶间腐蚀检查、晶粒度、脱碳层深度、低倍组织及金属流线观察等。

　　钢中非金属夹杂物是在冶炼和浇铸过程中形成的。它在钢中数量虽少，但由于独立存在于钢中，破坏了钢基体的连续性，因此，对钢的危害较大，其影响程度与非金属夹杂物的性质、形态、分布、数量和尺寸等因素有关。所以，对钢中非金属夹杂物的检测和评定是对飞机材料非常重要的，图 3.12 为钢中的硫化物夹杂。

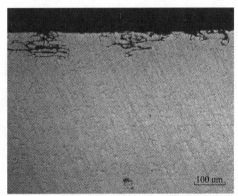

　　　　图 3.12　硫化物夹杂　　　　　　　　　图 3.13　铝合金晶间腐蚀

　　晶间腐蚀是由晶界的杂质或晶界区某一合金元素增多或减少而引起。如铝合金中少量的 Cu、Fe 等化合物在晶界析出，黄铜晶界 Zn 含量较高，不锈钢晶界区贫 Cr 等都会引起晶界腐蚀现象。这种腐蚀会促使晶粒间结合力严重丧失，轻者往往不易发现，而在弯曲时产生裂变，重者可使金属完全破碎、剥落。因此，晶间腐蚀会导致飞机构件在使用中的早期失效，在航空工业中的不锈钢和铝合金的材料中尤为突出，图 3.13 所示为铝合金晶间腐蚀组织。

　　晶粒度表示晶粒大小的程度，晶粒度的大小对航空金属材料的机械性能和工艺性能有很大的影响。图 3.14 为变形铝合金的晶粒形貌。

　　钢的宏观组织分析又称为低倍检验，它是通过肉眼或低倍放大（小于 30 倍）来观察金属材料的组织形貌，检查材料或零件制造过程中的冶金质量，反映各种宏观缺陷。由于低倍检验观察区域大，可了解表面和内部整体的质量情况，而且方法和设备简单，操作方便，所以宏观检验是检查航空产品质量极为重要而不可缺少的手段之一，图 3.15 为材料酸浸后试片上呈锭型偏析缺陷。

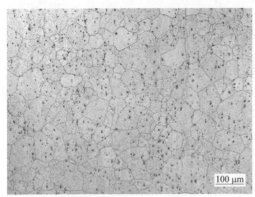
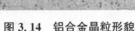

图 3.14 铝合金晶粒形貌

图 3.15 锭型偏析

（4）显微硬度测定技术。

显微硬度分析是利用显微硬度的测定研究和分析合金的组成物或相对性能的影响，是显微分析技术的一种基本手段。最早应用于 20 世纪 30 年代，经过多年的应用和改进，显微硬度试验法在飞机金属材料的研究中得到广泛的应用，由于其压痕面积可小至 $25\,\mu m^2$，因而广泛用于合金显微组织的研究，并已成为一种不可缺少的检测方法。

显微硬度计可以视为由金相显微镜和硬度压入装置两部分组成，如图 3.16 所示。金相显微镜用来观察和确定试样的测定部位，并测量压痕的对角线，压入装置是在一定的负荷下将压头压入选定的部位。

显微硬度有维氏和努氏两种，两种显微硬度测量方法

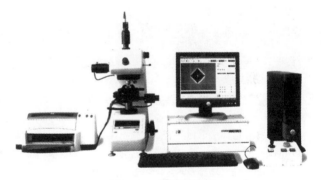

图 3.16 显微硬度计

的主要区别是所采用的压头几何形状不同。维氏压头是一种呈正方形的锥体，其两对相对的锥面夹角均为 $136°$，努氏压头是呈菱面锥体，锥体较长的对角线与较短的对角线的长度比为 $7:1$，其两对锥面夹角分别为 $172°30'$。

进行显微硬度测量的试样应按照金相试样制备要求经磨光、抛光和腐蚀，测试极薄细制品的试样时应制成镶嵌试样，对研磨过程中易发生加工硬化的材料应采用电解抛光。

显微硬度试验已广泛应用于飞机材料性能测试上，如金属材料的镀层检测、镀层质量评定；钢的淬透性硬度检测；零件表面处理后的硬度检测；钛合金的表面污染

物检测等。

2）电子显微分析技术

电子显微分析是基于电子束（波）与材料的相互作用而建立的各种材料现代分析方法,大致情况如表3.2所示。电子显微分析方法以材料微观形貌、结构与成分分析为基本目的。扫描电子显微分析与透射电子显微分析及电子探针分析是基本的、在航空领域得到广泛应用的电子显微分析方法,透射电子显微分析以及俄歇能谱分析,更多的是在飞机材料的研发上得到广泛的应用。

表3.2 电子显微分析方法

方法或仪器	分析原理	检测信号	样品	主要应用
透射电镜（TEM）	透射和衍射	透射电子和衍射电子	薄膜	形貌分析,晶体结构分析,成分分析
高压透射电镜（HVEM）	透射和衍射	透射电子和衍射电子	薄膜	形貌分析,晶体结构分析,成分分析
扫描电镜（SEM）	电子激发的二次电子、背散射电子及吸收电子等	二次电子、背散射电子及吸收电子	固体	形貌分析,晶体结构分析,成分分析
扫描透射电镜（STEM）	透射和衍射	透射电子和衍射电子	薄膜	形貌分析,结构分析,成分分析,断裂过程动态研究
电子探针（EPMA）	电子激发的特征X射线	X光子	固体	形貌分析,表面结构与表面化学分析
俄歇电子能谱（AES）	电子激发俄歇效应	俄歇电子	固体	成分分析
场发射显微镜（FEM）	场致电子发射	场发射电子	针尖状（电极）	晶面结构分析,晶面吸附、扩散和脱附分析
场离子显微镜（FIM）	场电离	正离子	针尖状（电极）	形貌分析,表面缺陷、表面重构、扩散等分析
原子探针-场离子显微镜（AP-FIM）	场蒸发	正离子	针尖状（电极）	FIM的用途,确定单个原子种类,元素分布研究
扫描隧道显微镜（STM）	隧道效应	隧道电流	固体（具有一定导电性）	表面形貌与结构分析,表面力学行为、表面物理与表面化学研究
原子力显微镜（AFM）	隧道效应,针尖原子与样品表面原子的作用力	隧道电流	固体	表面形貌与结构分析,表面原子间力与表面力学性质测定
扫描电子声学显微镜（SEAM）	热弹性效应	声波	固体	材料力学性能与马氏体相变研究,集成电路性能与缺陷分析

（1）扫描电子显微分析技术。

a. 扫描电子显微镜结构。扫描电镜是运用电子束在样品表面上逐点扫描,通过分别收集电子束与样品作用产生的二次电子、背散射电子和透过电子转换而成像。主要由电子束形成系统、成像扫描系统、信号检测系统、真空系统和供电系统四部分组成。其外观及结构原理如图 3.17、图 3.18 所示。

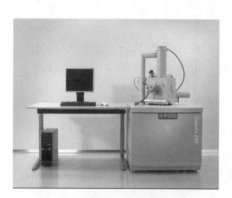

图 3.17　扫描电子显微镜外观

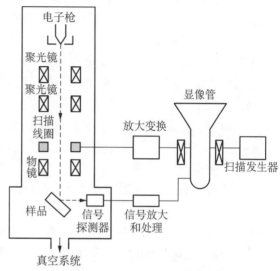

图 3.18　扫描电镜结构原理

b. 扫描电子显微镜的性能特点。扫描电镜是详细研究三维表面形貌及其结构的有力工具。它在许多方面都比光学显微镜和透射电子显微镜优越。

（a）聚焦景深较深,为普通光学仪器的 300 倍,因而可以观察粗糙的样品表面清晰细致的三维形貌图像。

（b）分辨率高,一般设备优于 100Å。

（c）放大倍数可从 20 倍(或更低)连续放大到十几万倍,因此可以从低倍到高倍,从宏观到微观对所有表面情况作详细而细致的观察。

（d）制样简单,所用的样品只需很少,甚至完全不需要特殊的制备,就能进行观察实验。

（e）不破坏样品,在样品的三个方向(X、Y、Z)上,可以任意选择观察部位,并能很容易地获得清晰的图像。

（f）可配置 X 射线能谱仪(EDS)或 X 射线波谱仪(WDS),可直接探测样品表面的微区成分。

c. X 射线能谱仪。能谱仪全称为能量分散谱仪(EDS),它是根据不同元素的 X 射线具有不同的能量这一特点来对检测的 X 射线进行分散展谱,实现对微区成分分析的。目前已成为扫描电镜或透射电镜普遍应用的附件。

X 射线能谱分析是扫描电镜中常用的微区成分分析技术之一。其优点是分析速度快,能在几分钟内把全部能谱同时显示出来(而 X 射线波谱分析一般需要几小时);允许使用微细的电子束进行成分分析,故其分析区域比电子探针小,空间分辨率高;X 射线无须聚焦,对试样高度不敏感,扫描无散焦现象;无机械传动部件,体积小,适于附加到现有的电子光学微观分析仪器上。

d. X 射线波谱仪。波谱仪(WDS)是根据不同元素的特征 X 射线具有不同波长的特点来对样品进行成分分析的,X 射线波谱分析在实际应用中常分为两种方式,即定性分析和定量分析。对于定性分析可用点分析、线分析和面分析方法进行,对于定量分析,在定性分析的基础上,运用数学和物理模型,经大量的计算而得出结果。

同时带有 X 射线能谱和波谱分析装置的扫描电镜是一种非常有效的综合分析仪器,它能很快地给出有关微观形貌、微区化学成分以及晶体结构等方面的显微分析资料和数据。

e. X 射线能谱和 X 射线波谱分析的特点。能谱分析的特点叙述如下:

(a) 分析时电子束电流低,通常可在 $10^{-10} \sim 10^{-11}$ A 的束流下工作,与二次电子像的工作状态一致,所以从二次电子像转换到成分分析时不需要改变电子光学条件,操作很方便。而波谱仪要求在 $10^{-7} \sim 10^{-8}$ A 电流下工作,从图像转换到成分分析时要改变电流。

(b) 分析速度快,完成一只试样的分析仅需要几分钟,波谱仪常需要 30 min 左右。快速分析还可避免因电子束照射时间过长所带来的对试样的污染和损伤。

(c) 接收效率高,由于检测立体角大,没有晶体衍射损失,故接收效率高,适合于低束流下工作和对微量元素的检测。

(d) 能谱仪不用几何分光晶体,不依赖布拉格谱仪分光,所以尽管试样的位置、高度变化,仍可进行元素分析,低倍元素分布图也不会出现因偏离聚焦圆而引起计数损失。对凹凸不平的试样的成分分析,适合于断口表面微区的成分分析。波谱仪需要表面平整试样。

(e) 谱线简单,能谱中不出现波谱分析中常遇到的高级反射线条,使谱线数减少,读谱简单,能全谱显示,适合于计算机处理。

(f) 能谱仪的缺点是分辨力比波谱差,元素峰重叠干扰现象较多,分析时需仔细进行重叠峰的剥离。

波谱分析的特点:

(a) 波谱仪具有高的分辨力,这是波谱仪的主要优点。

(b) 波谱仪可分析铍元素序号以上的轻元素。目前先进的能谱仪也可分析轻元素,但分析灵敏度较差,定量结果误差较大。

（c）波谱仪的主要缺点是对 X 射线的利用率低，故不适合在电子束流低、X 射线强度弱的情况下使用，如凹凸不平的断口试样。

f. 扫描电镜在飞机材料分析和研究中的应用。扫描电镜结合各种附件，其应用范围很广，包括断裂失效分析、产品缺陷原因分析、镀层结构和厚度分析、涂料层次与厚度分析、材料表面磨损和腐蚀分析等，已成为飞机材料与结构性能测试的主要手段。列举如下：

（a）机械零部件失效分析，可根据断口学原理判断断裂性质（如塑性断裂、脆性断裂、疲劳断裂、应力腐蚀断裂、氢脆断裂等），追溯断裂原因，调查断裂是与原材料有关还是与后续加工或使用情况有关等，用扫描电镜对断口观察和分析为航空领域中最主要的应用之一。飞机装配有大量的结构件，在飞行过程中，在载荷、温度、介质等力学因素及环境作用下经常以断裂、腐蚀、磨损、变形四种方式发生失效，其中断裂失效是最主要的失效方式，当断裂发生后，轻者造成飞机的破坏和损失，重则机毁人亡。

（b）材料产品质量和缺陷分析，如连铸坯裂纹、气泡、中心缩孔、材料过烧导致的晶界氧化、轧制过程造成的机械划伤、折叠、氧化铁皮压入及其他缺陷等等。

（c）利用高温样品台，可以观察材料在加热过程中组织转变的过程，研究不同材料在热状态下转变的差异。在材料工艺性能研究方面，可以直接观察组织形态的动态变化，弥补了以前只能通过间接观察方法的不足。

（d）利用拉伸样品台，可预先制造人工裂纹，研究在有预裂纹情况下材料对裂纹大小的敏感性以及裂纹的扩展速度，有益于材料断裂韧性的研究。

（e）利用 EBSD 装置，对小晶粒的织构产品，可在轧制和退火之后，统计各种取向晶粒的比例，研究轧制和退火工艺对织构的影响。又如焊接试样的熔合区为凝固状态的柱状晶，因其是定向生长，存在织构，可用 EBSD 得到各种取向晶粒的分布情况，并可进行统计，这对焊接材料、焊接工艺以及焊接性能的研究又扩展到了晶体学研究的层次。

g. 扫描电镜在飞机结构失效分析中的典型应用。

（a）扫描电镜在断口分析中的应用。扫描电镜是分析微观断口形态最有效最常用的方法。飞机构件失效分析通过断口分析可判断断裂性质，寻找断裂原因，从而提出改进和防止措施。如某飞机在航后检查发现排气格栅有一根叶栅断裂，叶栅为 Ti-6Al-4V 钛合金板材加工而成，断裂叶栅断口经扫描电镜观察，扩展区可见疲劳条带（见图 3.19），其断口属典型的疲劳断裂，疲劳源位于叶栅内表面，从高倍电镜照片可以看出，叶栅内表面发现有多处材料细微缺陷（见图 3.20），此处有可能成为断裂的裂纹源。

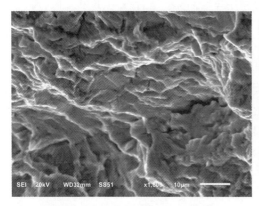

图 3.19　裂纹扩展区的疲劳条带

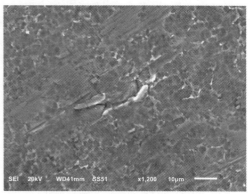

图 3.20　叶栅表面的细微缺陷

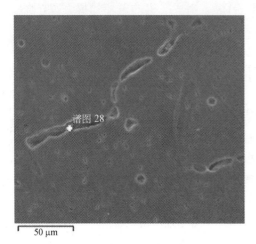

图 3.21　夹杂物微观形貌

（b）X 射线能谱夹杂物分析。当金属材料中存在较多夹杂物时,断裂往往沿夹杂密集处发生。采用扫描电镜分析可清晰观察夹杂的分布情况,并利用能谱仪方便地判断是何种夹杂。如 6061 铝合金棒材经热处理后材料表面出现气泡,经扫描电镜观察材料近表面有大量的串链状不规则灰色颗粒状夹杂物,如图 3.21 所示,对夹杂物作能谱分析结果检测到较多的 C、O 等非金属元素,如图 3.22 所示。由此可说明此气泡是由于挤压时脏物压入导致的非金属夹杂气泡。

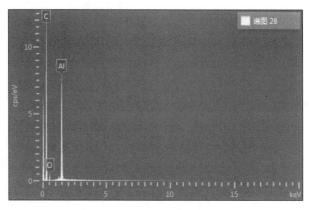

图 3.22　夹杂物能谱分析

h. 新型扫描电镜简介。

(a) 高分辨场发射扫描电镜。使用场发射电子枪的 SEM 叫场发射扫描电镜 (FESEM),场发射电子枪灯丝亮度高、电子束直径小、灯丝发射的电子能量扩展小、真空度高($10^{-7}\sim10^{-8}\,Pa$)。场发射扫描电镜的图像分辨率高,特别是低加速电压分辨率高。对不导电试样,如不导电的纳米材料,不蒸镀导电膜也能在高放大倍率下得到高分辨率图像,可避免镀膜假象。低加速电压能观察到表面更多的细节,并减少试样损伤,是纳米材料与微观结构研究的重要仪器。

(b) 低电压扫描电镜。在扫描电镜中,低电压是指电子束流加速电压在 1 kV 左右。此时,对未经导电处理的非导体试样其充电效应可以减小,电子对试样的辐照损伤小,且二次电子的信息产额高,成像信息对表面状态更加敏感,边缘效应更加显著,能够适应半导体和非导体分析工作的需要。但随着加速电压的降低,物镜的球像差效应增加,使得图像的分辨率不能达到很高,这就是低电压工作模式的局限性。

(c) 低真空扫描电镜。低真空是为了解决不导电试样分析的另一种工作模式。当聚焦的电子束进入低真空样品室后,与残余的空气分子碰撞并将其电离,这些电离后带有正电的气体分子在一个附加电场的作用下向充电的样品表面运动,与样品表面充电的电子中和,这样消除了非导体表面的充电现象,从而实现了对非导体样品自然状态的直接观察,在半导体、冶金等航空材料的分析工作方面有着比较突出的作用。

(d) 环境扫描电镜(ESEM)。上述低真空扫描电镜样品室最高低真空压力为 400 Pa,现在有的设备可使样品室的低真空压力达到 2 600 Pa,也就是样品室可容纳的分子更多,在这种状态下,可配置水瓶向样品室输送水蒸气或输送混合气体,若和高温或低温样品台联合使用则可模拟样品的周围环境,结合扫描电镜观察,可得到环境条件下试样的变化情况。ESEM 对航空产品的非导电材料不需喷镀导电膜,可直接观察,分析简便迅速,不破坏原始形貌;可保证样品在 100% 温度范围内观察,可进行含油、含水样品的观察,能够观察液体在样品表面的蒸发和凝结以及化学腐蚀行为;可进行样品热模拟及力学模拟的动态变化实验研究;也可以研究微注入液体与样品的相互作用等。因为这些过程中有大量气体释放,只能在环境扫描状态下进行观察。

(2) 透射电子显微分析技术。

a. 透射电镜的结构。透射电子显微镜(TEM)可简称透射电镜,用于薄层(一般小于 200 nm)样品微观形貌观察与结构分析。透射电镜由光学系统、真空系统及电源与控制系统三部分组成。电子光学系统是透射电镜的核心,而其他两个系统为电子光学系统顺利工作提供了保障。图 3.23 所示为透射电镜的外观,透射电镜的结构如图 3.24 所示。

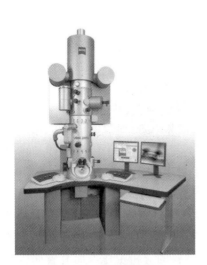

图 3.23 透射电镜外观

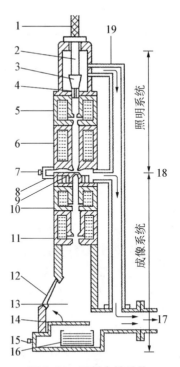

图 3.24 透射电镜结构

1—高压电缆;2—绝缘子;3—栅极和灯丝;
4—阳极;5—聚光镜;6—物镜;7—样品室阀;
8—样品室气锁;9—样品台;10—中间镜;
11—投影镜;12—铅玻璃室;13—投影室;
14—荧光镜;15—照相室门;16—底板暗盒;
17—接真空泵;18—样品平面;19—真空管道

b. 透射电镜在航空材料分析和研究中的应用。

(a) 金相显微组织形态分析。由于光学显微镜分辨力的限制,一些细微的形态特征,如分析 $1\,\mu m$ 以下的精细结构,就需要用电镜来观察。可采用复型方法,这时对金相试样的浸蚀略比做常规金相浅一些。

(b) 现场检验分析中的应用。电镜复型由于是材料表面的复制品,不需要将实物放到电镜中观察,因此适用于一些不能取样的飞机部件现场分析,可在现场对需检验的构件经抛磨浸蚀后做复型,然后带回试验室分析。

(c) 失效分析中的应用。透射电镜在失效分析中的应用主要是对失效件的断口、表面形貌、金相组织等进行分析。断口微观分析除应用扫描电镜外,透射电镜是一种重要的方法。对飞机失效件来讲,断口是珍贵的,在得出分析结论之前不希望破坏,而二次复型可反复做且不损坏断口,又不需要切割试样,可直接在各种不同形状尺寸的断口上做,尤其是对一些体积庞大的构件进行分析时更显其优越性,可避免切割试样和搬运过程中对断口的损伤。

（3）扫描透射电子显微术。

在透射电镜中，高分辨力与试样厚度间的矛盾未能得到很好解决，扫描透射电镜（STEM）的发展为解决这一难题指出了方向。在扫描透射电镜中，采用电子扫描技术，并用透射电子不经过透镜直接成像，就可避免物镜成像的球差、色差等问题，对厚试样也能得到清晰的像。特别是近年来，随着电子技术的发展，硅漂移（SDD）EDX探头的采用，大大加速了数据的采集。特别对于材料晶界偏析、夹杂等曾经难以实现的检测有了巨大帮助。

扫描透射分析的特点：

a. 不用成像透镜，无球差及色差的影响，因此在试样较厚的情况下可得到高分辨力图像；

b. 扫描透射图像可显示衬度小于1％的图像，而透射电镜显示的图像需5％～10％的衬度，故扫描透射对衬度变化较小的试样很有用；

c. 可同时进行选区电子衍射和能谱分析；

d. 扫描透射中由于通过电子放大，故聚焦和校正像散较方便；

e. 扫描透射图像系统分辨力不如透射电镜胶片上图像高。扫描透射穿透力比透射电镜低。

（4）电子探针显微分析方法及应用。

a. 电子探针分析的基本原理。电子探针分析的基本原理是利用经过磁透镜聚焦到直径为$1\mu m$左右的高能电子束（即电子探针上）打在试样表面的分析区域上，激发出这一显微区域内各组成元素的特征X射线，经X射线波谱仪分光后，由X射线检测系统接收并记录各组成元素的特征X射线波长及其强度，根据元素的特征X射线波长可以确定分析部位所含元素的种类，根据检测元素的特征X射线强度还能测出各组成元素的含量。

b. 电子探针在航空材料分析和研究中的应用。电子探针分析技术不仅适合飞机材料的定量成分分析，而且也是对微量元素分布观察的一个重要研究手段。另外，电子探针在对夹杂物、析出相、电镀层、涂层、渗层、扩散层等分析方面最为适宜。如几个微米层厚测定及各层元素定性定量分析，其他仪器不易做到，探针则能胜任此工作，因此电子探针分析技术在航空领域材料研究中具有不可或缺的作用。

3）衍射分析测试技术

（1）X射线衍射分析测试技术。

a. X射线衍射的基本原理。X射线衍射分析法是研究材料的物相和晶体结构的主要方法。当某物（晶体或非晶体）进行衍射分析时，该物质被X射线照射产生不同程度的衍射现象，物质组成、晶型、分子内成键方式、分子的构型、构象等决定该物质产生特有的衍射图谱。X射线衍射方法具有不损伤样品、无污染、快捷、测量精度高、能得到有关晶体完整性的大量信息等优点。因此,X射线衍射分析法作为材料结构和成分分析的一种现代科学方法,已在航空领域的飞机材料研究和生产中广泛应用。

b. X射线衍射在航空材料分析和研究中的应用。X射线衍射具有无损和结构分析的优点,由它的衍射图谱可进行如下基本分析:固体由哪些物质组成(物相定性分析);固体中各物相含量组成(物相定量分析);有多大量的物质是结晶态(结晶度);固体中有多大应力(残余应力分析);构成固体的晶粒大小及分布(晶粒分析);构成固体的晶粒取向(组织结构分析)。本节重点介绍对材料宏观(残余)应力的测定。

残余应力是材料及其制品内部存在的一种内应力,它是指产生应力的各种因素不存在时,由于不均匀的塑性变形和不均匀的相变的影响,在物体内部依然存在并自身保持平衡的应力。金属材料及构件在冷、热加工的过程中,飞机壁板的焊接,喷丸工艺等常产生残余应力,应力的存在对构件的性能有重大影响,如影响其静载强度、疲劳强度、抗应力腐蚀等。适当的残余应力可强化构件,但不适当的残余应力有可能导致构件变形甚至开裂等严重后果。所以,事先检测和了解结构的残余应力对于飞行器的安全是非常必要的。

根据残余应力平衡的范围,可将其分为宏观应力、微观应力和点阵畸变应力三种,分别称为第一类残余应力、第二类残余应力和第三类残余应力。

当残余应力在整个工件范围或相当大的范围内达到平衡时,称宏观残余应力或第一类残余应力。如果存在宏观残余应力,将使晶粒的面间距发生变化,从而使 θ 角变化并使衍射线位移。根据衍射线的位移,可求出晶面间距的变化,再应用弹性力学应力与应变关系,可求出宏观残余应力。

残余应力在一个或几个晶粒范围内变化,称微观残余应力或第二类残余应力。它的存在将使晶格歪扭、弯曲,并将使不同区域、不同晶粒内的同一{hkl}面族的晶面间距有不同的值。即各晶粒同一{hkl}面族的间距分布在 $d_1 \sim d_2$ 范围内,相应由它们产生的衍射线分布在 $\theta_1 \sim \theta_2$ 范围内,从而使衍射谱线变宽。根据衍射线形的变化,可测定微观残余应力。第三类应力是由点缺陷引起的原子尺度上的不平衡,它造成衍射强度的降低。用X射线衍射法测定残余应力的优点是非破坏性试验。

(2)电子衍射分析测试技术。

a. 电子衍射的基本原理。电子衍射分析是利用运动电子束的波动性进行衍射分析。入射电子被样品中各个原子弹性散射,被各原子弹性散射的电子(束)相互干涉,在某些方向上一致加强,即形成了样品的电子衍射波。

依据入射电子的能量的大小,电子衍射可分为高能电子衍射和低能电子衍射。依据电子束是否穿透样品,电子衍射可分为透射式电子衍射和反射式电子衍射。

b. 电子衍射在航空材料分析和研究中的应用。

(a) 相分析。在金相组织中,对于一些常见的相,通过形态就可以确定。但对于某一些相,单从形态是难以确定其结构的,可以用电子衍射进行分析。尤其是对一些细小的或较少的第二相,采用电子衍射分析很有效。

(b) 失效分析中的应用。在分析失效构件断裂原因时,有时需要对某些物相作分析,如断口上腐蚀产物的鉴定,可采用萃取复型方法将腐蚀产物萃取下来进行电子衍射分析。

4) 电子能谱分析

电子能谱分析方法是基于电磁辐射或运动实物粒子(电子、离子、原子等)照射或轰出材料产生的电子能谱(电子产生产额对能量的分布)进行材料分析的方法。

电子能谱分析方法主要类型列于表 3.3,其中光电子能谱(X 射线光电子能谱与紫外光电子能谱)分析与俄歇电子能谱分析是飞机材料分析研究广泛应用的重要电子能谱分析方法。

表 3.3　电子能谱分析方法主要类型

	方法名称	源信号	技术基础	检测信号
光电子能谱	X 射线光电子能谱(XPS 或 ESCA)	X 光子(单色)	样品光电离	光电子
	紫外光电子能谱(UPS 或 PES)	紫外光子(单色)	样品光电离	光电子
俄歇电子能谱	X 射线引发俄歇能谱(XAES)	X 光子	X 光子引发俄歇效应	俄歇电子
	电子引发俄歇能谱(EAES 或 AES)	电子(束)	电子束引发俄歇效应	俄歇电子
离子中和谱(INS)		离子(束)	离子(束)轰击样品,产生俄歇电子	俄歇电子
电子(轰击)能量损失谱(ELS 或 EELS)		电子(束)(单色)	样品对电子的非弹性散射	非弹性散射电子(特征能量)

光电子能谱分析仪由光源、样品室、能量分析器、信号处理与记录系统组成,样品室保持在超高真空($10^{-7} \sim 10^{-9}$ Pa)中。光源发射的 X 射线或紫外线照射安装在样品架上的样品致其光电离,发射的光电子进入能量分析器按能量分类("色散",即测量光电子的能量分布)后由检测器(通道式电子倍增器)接收,再经放大、甄别、整

形并由记录仪记录,获得光电子能谱。现代光电子能谱仪的运行、数据采集和信息处理均由计算机控制完成。

原子从激发态转变到基态时释放出的能量除了以特征 X 射线方式转变外,另一种方式是外层电子跃迁到内层电子空位的同时,将多余的能量传递给另一外层电子,使其脱离原子系统,逸出试样表面成为一种二次电子。俄歇电子能谱仪就是利用这种电子来进行成分分析,由于俄歇电子能量较小,只能是极表层原子激发的俄歇电子可逸出试样表面,故俄歇电子能谱仪属于一种表面分析仪。

俄歇电子能谱也由光源、样品室、能量分析器、信号处理与记录系统组成。俄歇电子能谱仪的特点是,在距表面 0.5～2 nm 范围内,灵敏度高、分析速度快,能探测周期表上 He 以后的所有元素。目前,在航空领域飞机材料的许多课题中,如金属和合金晶界脆断、蠕变、腐蚀、粉末冶金、焊接和扩散连接工艺、复合材料以及半导体材料和器件的制造工艺等,俄歇电子能谱仪的应用十分广泛。

3.1.2 飞机金属材料化学性能测试技术及设备

飞机金属材料的化学测试技术可以准确地分析飞机金属材料中各元素的含量,而飞机金属材料中各元素的含量变化对飞机金属材料的各项性能的变化也有着显著的影响,基于这些影响很多新型的飞机金属材料都是通过优化合金含量,从而不断地优化飞机金属材料的性能。例如,铝锂合金在不断优化合金含量的基础上推出了 2094、2195、2097、2197 等第三代合金,这些合金的共同特点是降低了锂含量和优化了铜等合金元素的含量,从而控制了 Al_3Li 相的析出,解决了第二代合金出现的各向异性显著、抗应力腐蚀能力差等问题。高强铝合金 7085 则是加大锌镁比和适当控制 Fe 和 Si 的含量,使其熔铸性和淬透性好,为特大锻件在 A380 上的应用开辟了道路。随着飞机金属材料的发展变化,化学测试技术和设备也有了很大的发展。化学检测法主要用来测试材料中的元素种类和含量,以确定材料的成分,主要方法包括湿法化学分析法、原子发射光谱分析法、电感耦合等离子体发射光谱法、燃烧/熔融分析法、X 射线荧光分析法、质谱分析法、原子吸收分析法等。各自的适用范围及特点将在下面进行详细介绍。

3.1.2.1 湿法化学分析技术及相应设备

从 1869 年俄国科学家门捷列夫首创的已知 63 种元素的元素周期表雏形,到 20 世纪初经多位科学家多年修订的当代化学元素周期表的建立完成,化学分析方法对新元素的发现起了重要的作用。同时在 20 世纪初,随着工业革命的发展,飞机材料、机械工业、采矿和冶金等都获得了很大的发展,为了适应对金属材料、矿石等的检验要求,以各种玻璃器皿、分析天平、滴定管、容量瓶、移液管等简单分析仪器为主要工具的湿法化学分析应运而生。

　　最初湿法化学分析技术以分析本身的成本低廉见长,而且具有灵活性,因而成为广大分析者所采用而成为飞机材料化学分析技术的主流。但它的优势随着现代飞机材料检测分析仪器性能的不断发展和完善,特别是自动化程度的不断提高而被削弱,但在分析结果的准确度方面它仍保持其不可忽略的优势,这主要是因为分析仪器发出的光信号或电信号与分析物含量或浓度缺乏内在的必然联系,而经典的湿法化学分析是以可化学计量的反应为基础的。因此,在飞机金属材料化学成分仲裁分析和标准参考物的标定时它仍具有不可动摇的地位。

　　湿法化学分析技术主要是采用重量分析法、滴定分析法、分光光度法和电化学分析法。其中,重量分析法主要是采用适当的方法将试样中的待测组分与其他组分分离,然后用称重的方法测定该组分的含量。而根据被测组分分离方法的不同,又可分为沉淀法、电解法和气化法。重量分析法在飞机金属材料分析测试中的应用也很多,如铝合金中稀土元素总量的测定,它是将铝合金试样用氢氧化钠溶液溶解,使得 Al、Mg、Ca、Zn、Si 等得以分离,在 pH2.0 酸度下用草酸丙酮溶液作为沉淀剂沉淀稀土元素,于 900℃将草酸稀土灼烧成氧化物,称其质量。由氧化稀土总量,根据铝合金试样所含各单一稀土相对比例及其氧化物组成,算得稀土元素总量。另外,镁合金中铝含量的检测、锌合金中铜含量的检测、钒合金中铌含量的检测等都是采用重量分析法,重量分析法是一种绝对的分析方法,它是通过直接称量进行分析的,不需要标准物质,且引入误差小,准确度高,但是重量分析法的分析时间一般都很长,而且操作手续烦琐,分析速度较慢。

　　滴定分析法是湿法化学分析的重要组成部分,它广泛应用于金属及其合金、化合物等材料中主成分的测定。滴定分析是将一种已知准确浓度的试剂溶液,滴加到待测物质的溶液中,直到化学反应完成,依据试剂与待测物质间的化学计量关系,通过测量所消耗已知浓度的试剂溶液的体积,求得待测组分的量,所以它又称为容量分析。根据滴定分析所用的化学反应不同,它又可分为酸碱滴定法、沉淀滴定法、络合滴定法和氧化还原滴定法。滴定分析具有简便快速、易于操作、准确度较高的特点,它的相对误差很小,因此可用于多元素的测定。

　　分光光度法是通过被测溶液选择性吸收可见光或紫外光而定量测定被测成分的分析方法,主要采用分光光度计进行检测(见图 3.25),它可用于微量的组分测定,具有灵敏度高、准确度较高、操作简便快速和应用广泛的特点。

　　电化学分析法是将被测组分以适当的形式置于电化学反应装置中,利用电极-溶液界面之间进行的电化学反应,通过检测该电池的某些电参量如电阻、

**图 3.25　精科 723N 型可见
分光光度计外观**

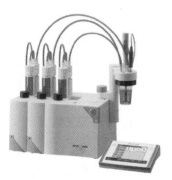

图 3.26　梅特勒 T70 型电位滴定仪

电位、电流或电量等,根据它们与化学量之间的内在联系,分析介质的化学组成,对样品进行定量或定性测定。电化学分析法主要有电位分析法、电解分析法和库仑法等。它具有灵敏度高、选择性好、快速和操作简便的优点。图 3.26 所示为电位滴定仪的外观。

3.1.2.2　原子发射光谱分析技术及相应设备

原子发射光谱分析是利用样品中原子或离子发射的特征光谱或原子吸收的特征光谱的谱线波长和强度,来检测样品中元素的存在及其含量的方法。目前原子发射光谱分析技术广泛用于飞机金属材料的检测中,它可用于飞机材料中的铝合金、钢铁合金、镁合金等金属材料的快速准确分析。

原子发射光谱分析首先要先激发样品的光谱,而光源就是要激发样品光谱的装置,它的作用就是使样品蒸发并使原子激发而发生光辐射。按原子发射光谱分析的光源发展,可将激发光源大致分为火焰、电激发光源、火花光源、激光光源、低气压放电光源等。其中,火焰是最早的光源,主要是通过火焰产生的高温激发样品光谱,用于碱金属及碱土金属的分析,现在已经很少使用。电激发光源是以放电产生的高温激发样品光谱,其中直流电弧也是早期的光源,由于其稳定性差且能耗高现已被淘汰;高频火花由于其功率小,对样品的破坏小,曾被用于局部及薄层分析,现也较少使用;火花光源也是原子发射光谱常用的一种光源,这种光源的主要特征是采用电容放电使电极隙间气体电离而击穿,通常在电极隙间存有少量荷电粒子能使与之碰撞的原子电离,这种电离导致电极间隙突然导通,产生火花放电。与电弧放电比较,火花放电电极物质受热很低,故样品蒸发量小,从而可减小自吸收效应,在光谱分析中获得了广泛的应用。激光光源由于其单色性强,可聚焦于很小的区域,曾被用于微区分析,现也很少使用。低气压放电主要包括辉光放电光源和空心阴极放电光源,其中辉光放电光源主要应用于表层或逐层分析,而空心阴极放电光源主要应用于合金中低熔点及易挥发的痕量元素的分析。

原子发射光谱分析方法按照光谱的检测方式可以分为看谱分析(目视检测光谱)、摄谱分析(照相检测光谱)和光电光谱分析(以光电元件检测光谱)三种。看谱分析法是利用电弧或火花等能源激发被测物质,使被测物质的原子或离子发射出光来,当光进入看谱仪形成按波长次序排列的彩色可见光谱,然后根据各种元素的特征谱线来分析其含量。看谱分析仪器包括交流电弧发生器和看谱镜两部分。交流电弧发生器是由高压高频点火回路及低压大电流回路两部分组成;看谱镜是由一组光学元件组成的光谱仪系统。整套仪器简单适用,价格便宜,体积小,重量轻,操作方便灵活,不仅可以在实验室进行分析检测,而且还可以在户外、施工现场以及对现场设备、装置上的有关部件进行检测。在 20 世纪 80～90 年代曾广泛应用于定性或半定量分析中,但是随着光电光谱技术的发展它的应用越来越少。

摄谱分析法是采用光谱干板记录并保存光谱的分析方法,将光谱干板置于摄谱仪焦面上,接收被分析样品的光谱而感光,再经过显影、定影等处理过程后,得到许许多多黑度不同的光谱线。用光谱投影仪观察谱线的位置及大致强度,可进行光谱定性分析及半定量分析。进一步采用测微光度计测量分析谱线与标样谱线的黑度,可进行光谱的定量分析。

光电光谱分析是采用电激发光源直接激发块状样品光谱,它一般由供氩系统、光学系统、真空系统和检测系统组成。供氩系统由氩气控制电路、电磁阀、气流控制阀等组成,气流量的分配根据分析过程的需要一般有三种情况:①待机状态约为 $0.5\,L/min$,此时电磁阀门关闭,氩气经过固定气流控制阀保持其恒定值。②大流量冲洗,目的是冲击更换样品时带进的空气,此时电磁阀全开,流量一般为 $5～6\,L/min$。③激发状态,中间路电磁阀关闭,另一路与常流量合成 $3～5\,L/min$ 流量,维持正常激发。光学系统一般由聚光镜、入射狭缝、棱镜或光栅、出射狭缝组成,它的作用是将物质发出的光在空间中按一定的规律展开成光谱。真空系统一般采用专用真空泵设备进行抽气,是为了将光谱仪的光学系统置于无氧的空间中,从而可以用来分析真空紫外光谱区 $λ<190\,nm$ 的原子光谱,可解决碳、硫、磷、砷、硼等元素的分析。检测系统是光电光谱仪的核心部分,主要是利用光电转换器件将不同波长的辐射能转化成光电流的信号,光电转换器件主要有光电倍增管和固体成像器件两大类。

基于原子发射光谱技术的设备有很多应用于金属材料的化学分析检测中,如看谱仪、摄谱仪、光电直读光谱仪等。随着金属材料检测的日益复杂和材料检测精度的不断提高,光电直读光谱仪的使用越来越广泛。图 3.27 为光电直读光谱仪。

图 3.27　ARL4460 型光电直读光谱仪

3.1.2.3　电感耦合等离子体发射光谱分析技术及相应设备

电感耦合等离子体发射光谱分析技术是当原子处于基态,即能量最低状态的原子吸收特定能量被激发到高能级后,激发态的电子不稳定,返回基态或较低能级时,将电子跃迁时吸收的特定能量以光的形式释放出来,其中每一种元素都会发出一定波长的谱线(即特征谱线),即通过其特征谱线和该光的强度,测量待测元素的浓度。目前,这种技术可用于分析大部分的飞机金属材料,且因其分析用样品是液体状态,所以它对于样品所需的重量小,可用于分析飞机金属材料中的一些丝材、薄板等特殊形状的材料。

因为原子由低能级跃迁到高能级所需的能量,是由 RF 发生器产生高频电磁能,通过线圈耦合到有氩气气流的炬管,从而产生等离子体而提供的。电感耦合等离子体发射光谱仪就是以等离子炬作为激发光源,使样品中各成分的原子被激发并发射出特征谱线,根据特征谱线的波长和强度来确定样品中所含的化学元素及其含量。

图 3.28　ICP6300 型电感耦合等离子体发射光谱仪

电感耦合等离子体发射光谱仪(ICP)在结构上主要分为样品引入系统、光学系统、电子转换系统三大部分。样品引入系统包括蠕动泵、雾化器、连接管以及光源系统等。光学结构主要包括光源反射镜、狭缝板、中阶梯光栅等分光系统。电子转换系统也称为检测系统,主要包括移动检测器、光电倍增管、电子转换器等信号输出装置。其中 ICP 的检测系统大致分为两大类:单道扫描型和同时扫描型。图 3.28 为 ICP6300 型电感耦合等离子体发射光谱仪的外观照片。

3.1.2.4　燃烧或熔融分析技术及相应设备

在飞机金属材料的化学成分检测中,燃烧或熔融分析技术主要是应用在碳、硫、氢、氮、氧等气体元素的分析,这些元素在高温和试剂作用下可以定量地转化到气相中,形成如下化合物或杂质:CO、CO_2、H_2O、SO_2、H_2S、H_2、O_2、N_2 等,可以用燃烧或熔融分析技术进行检测,如高频加热微压法、脉冲加热色谱法、高频加热库仑法、脉冲加热热导法、脉冲熔融-红外线吸收法等。下面着重介绍高频红外碳硫分析仪和氧氮氢联测仪。

高频红外碳硫分析仪的燃烧加热方式是采用高频感应炉,高频感应炉是利用高频电磁场的作用,在被加热物体内引起感应电动势而产生涡流,使物体内产生热能,将其本身加热至高温成熔融试样进行检测。其所用检测器为红外线吸收检测器,它是以物质分子对红外辐射的吸收特性建立起来的,单原子分子或双原子单质分子均不吸收红外线,但几乎所有化合物在气、液、固态都可吸收红外线,且不同物质有不同的特征吸收波长,并通过红外光谱的吸收曲线可以进行定性和定量的分析。高频红外碳硫分析仪可分析钢铁合金中的碳和硫元素,以及钛合金中的碳元素,对于准确分析碳、硫元素有很大的优越性(见图3.29)。

图 3.29　高频红外碳硫分析仪

氧氮氢联测仪是采用惰性气体脉冲加热熔融方式,将分析样品在惰性气流存在下于石墨坩埚中加热熔融,其中脉冲炉温度可自由设定,并通过一个非接触式的光学温度传感器进行实时监控,用于实现样品的完全分解,反应所生成的 CO、H_2、N_2 等气体分别用红外检测器和热导检测器进行检测(见图 3.30)。

图 3.30　氧氮氢联测仪

3.1.2.5　X 射线荧光分析技术及相应设备

X 射线是 1895 年由德国物理学家伦琴发现的,所以又名伦琴射线,是一种波长短、能量高的电磁波,在遇到晶体时会发生衍射。X 射线是波长为 0.01～11.3 nm 之间的电磁波,短波边以 γ 射线为界,长波边与真空紫外线区域相邻。由于电子技术、超高真空技术及计算机技术的发展,X 射线在现有飞机金属材料分析仪器中得到了广泛的应用,特别对于一些需要进行化学分析的飞机金属零件,它可以在不破坏零件的状态下进行分析,以减少对于飞机金属零件的损耗。

X 射线荧光分析的特点:

(1)分析迅速,分析元素范围广,除少数轻元素外,元素周期表中几乎所有元素都可使用 X 射线荧光分析,目前已扩展到 C、N、F、O 等轻元素。

(2)非破坏性分析,可用于无损分析。X 射线荧光分析在测定中不会引起化学结合状态的改变,同一试样可反复多次测量,结果重现性好。

(3)分析精度高,且可同时测定多个元素,干扰少。

(4)可做表面分析,能测定部位深 0.1 mm 以上的表面层或对镀层厚度进行测定。

(5)X 射线荧光分析难以做到绝对分析,定量分析需要标样。

(6)仪器构造较复杂,价格昂贵,使用受到一定的限制。

图 3.31　X 射线荧光光谱光谱仪

X 射线荧光光谱仪的分析原理是由 X 射线管发射出 X 射线照射到试料,试料中的元素被激发而产生特征谱线,荧光 X 射线通过准直器成为近似平行的多色光束投向晶体时,对于某一选定的晶体和入射角位置,只有一种波长满足布拉格衍射公式,衍射光束在于入射光束成 2θ 角的方向出射,并由位于该方向的探测器所接收,根据测得谱线的波长识别元素,而元素某一特征谱线的强度又与该元素在试料中含量相关,从而可根据谱线强度求得其含量(见图 3.31)。

3.1.2.6　质谱分析技术及相应设备

1898 年 W. 维恩用电场和磁场使正离子束发生偏转时发现,电荷相同时,质量小的离子偏转得多,质量大的离子偏转得少。1913 年 J. J. 汤姆孙和 F. W. 阿斯顿用磁偏转仪证实氖有两种同位素[kg1]Ne 和[kg2]Ne,阿斯顿于 1919 年制成一台能分辨百分之一质量单位的质谱计,用来测定同位素的相对丰度,鉴定了许多同位素。质谱分析的原理是使试样中各组分电离生成不同荷质比的离子,经加速电场的作用,形成离子束,进入质量分析器,利用电场和磁场使发生速度色散——离子束中速度较慢的离子通过电场后偏转大,速度快的偏转小;在磁场中离子发生角速度矢量相反的偏转,即速度慢的离子依然偏转大,速度快的偏转小;当两个场的偏转作用彼此补偿时,它们的轨道便相交于一点。与此同时,在磁场中还能发生质量的分离,这样就使具有同一质荷比而速度不同的离子聚焦在同一点上,不同质荷比的离子聚焦在不同的点上,将它们分别聚焦而得到质谱图,从而确定其质量。

图 3.32　电感耦合等离子体质谱仪

质谱法的仪器种类较多,根据使用范围,常用的有单聚焦质谱仪、双聚焦质谱仪和四极矩质谱仪等。而自 20 世纪 80 年代电感耦合等离子体质谱仪开始应用以来,现在已经在世界各地都有了很大的发展,在飞机金属材料中,它广泛地应用于高纯金属材料的研究与发展,具有谱图简单、检出限低、线性动态范围宽、快速的多元素分析等特点。如图 3.32 所示。

3.1.2.7　原子吸收分析技术及相应设备

20 世纪 70 年代以来,国际标准化组织及世界各国在制定或修订化学分析方法的标准时,都广泛地采用了原子吸收光谱法,以飞机金属材料中应用最为广泛的铝合金为例:ISO 分别于 1977 年和 1981 年发布了 6 个原子吸收光谱分析法,我国在 1985 年发布的 GB6987 中采用了 7 原子吸收光谱分析法,在 1996 年中国航空工业总公司发布的航标 HB7266 中,采用了钾、钠、铁、镁和铜 5 个原子吸收光谱分析法。在几十年的发展中,原子吸收光谱分析法已在世界各地得到了广泛的应用,成为飞机金属材料检测实验室最为重要的技术之一。

原子吸收光谱分析法的特点:

(1) 检出限低。火焰原子吸收法测量大多数金属元素的相对检出限为 $10^{-9}\,\mathrm{g/mL}$ 数量级,无火焰原子吸收法的绝对检出限为 $10^{-13}\,\mathrm{g/mL}$ 数量级。

(2) 精密度高,一般仪器的相对标准偏差为 1%～2%。

(3) 选择性好,元素之间干扰小。

(4) 原子吸收光谱分析法不能对多种元素同时进行测量,若要测量不同的元素,需要改变分析条件和更换光源,分析速度较慢。

原子吸收光谱分析仪器的原理,是通过火焰、石墨炉等方法将待测元素在高温或是化学反应作用下变成原子蒸气;由光源灯辐射出待测元素的特征光,通过待测元素的原子蒸气发生光谱吸收,透射光的强度与被测元素浓度成反比,在仪器的光路系统中,透射光信号经光栅分光,将待测元素的吸收线与其他谱线分开。经过光电转换器将光信号转换成电信号,由电路系统放大、处理,再由 CPU 及外部的电脑分析、计算,最终在屏幕上显示待测样品中微量及超微量的多种金属和类金属元素的含量和浓度。仪器主要由五部分组成:①光源:发射待测元素的锐线光谱;②原子化器:产生待测元素的原子蒸气;③光路系统:分光后分出共振线波长;④电路系统:包括将光信号变成电信号的换能器、放大电路、计算处理等电路;⑤电脑系统。原子吸收光谱仪如图 3.33 所示。

图 3.33　原子吸收光谱仪

3.1.3　飞机金属材料力学性能测试技术及设备

力学性能是指材料在外加载荷作用下或载荷与环境温度的联合作用下所表现的行为。试样所承受的载荷一般采用各种力学参量(如应力、应变、冲击吸收功等)表示,而表征材料力学行为的力学参量的临界值或规定值则称为材料的力学性能指标(如强度、塑形、硬度、断裂韧度、蠕变极限、疲劳极限等)。这些性能在飞机设计制造过程中不仅是结构强度设计的计算依据,而且是评定和选用材料及确定加工工艺的重要依据。

3.1.3.1　拉伸测试技术及设备

金属拉伸试验是力学性能中最基本的试验,也是检验金属材料、表征其内在质量的重要的试验项目之一。金属的拉伸性能既是评定金属材料的重要指标,又是机械制造和工程设计、选材的主要依据。

单向静拉伸试验是在试样两端缓慢地施加载荷,使试样的工作部分受轴向拉力,引起试样沿轴向伸长,直至拉断为止,是应用最广泛的金属力学性能试验方法之一。试验是在单向应力状态、恒定的温度和一定的应变速率条件下进行,常用标准试样进行,它简单、可靠,测量数据精确,能清楚地反映出材料受外力时表现出的弹性变形、弹塑性变形和断裂三个过程,对金属材料尤为明显。

通过拉伸试验可以测定金属材料在单向静拉伸条件下的基本力学性能指标,如弹性模量、泊松比、屈服强度、规定非比例延伸强度、抗拉强度、断后伸长率、断面收缩率、应变硬化指数和塑性应变比等。因此,拉伸试验在机械设计、新材料的研制、材料的采购和验收、产品的质量控制、设备的安全评估等领域应用广泛,试验结果具有重要的应用价值和参考价值。

将拉伸试样安装在材料试验机上,缓慢且均匀地施加轴向力 F,观察并测定试样在外力作用下的变形过程,直至试样断裂为止,如图 3.34 所示。L 为测量伸长用的试样圆柱部分的长度,称为标距。L_0 和 L_1 分别表示试验前试样的原始标距和试验后试样的断后标距。

试验过程中记录外力 F 与试样的绝对伸长量的变化,利用试验机的自动绘图功能可绘出力-伸长曲线,称为拉伸图或拉伸曲线,如图 3.35 所示。图中纵坐标为拉伸力 F,横坐标为绝对伸长量 ΔL。拉伸曲线形象地描绘出材料的变形特征及各阶段受力与变形间的关系,可由该图形的状态来判断材料弹性与塑性好坏,断裂时的韧性与脆性程度以及不同变形下的承载能力。

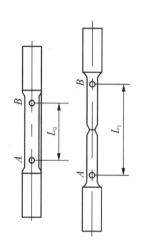

图 3.34 低碳钢试样在拉伸时伸长和断裂过程

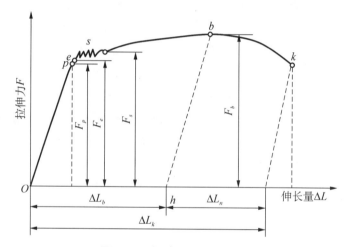

图 3.35 低碳钢力-伸长曲线

由图 3.35 可见,试样伸长随拉伸力增大而增大。拉伸力在 F_p 以下阶段(Op 段),试样在受力时发生变形,在此阶段中拉力和伸长成正比关系,卸除拉伸力后变形能完全恢复,该区段称为完全弹性变形或比例伸长阶段。在曲线的 pe 段,伸长量与载荷不再成正比关系,拉伸曲线不成直线,但试样的变形仍然是弹性的,称为滞弹性变形。此阶段很短,一般不容易观察到。

所加的拉伸力达到 F_e 后,试样开始出现连续均匀的微小塑性变形,这种变形的特征是在卸除拉力后,试样的伸长变形不会完全消失,称为屈服前微塑性变形。这一阶段也很短,而且不容易与滞弹性变形阶段准确区分。之后进入屈服阶段,即外力不增大或变化不大,试样仍继续伸长。曲线上出现平台或锯齿(曲线 es 段),试验机示力盘上的主指针暂停转动或开始回转并往复运动。这种现象表明试样在承受的拉力不继续增大或稍微减小的情况下,变形却继续伸长,这种现象称为材料的屈服,直至 s 点结束。屈服后,金属开始明显塑性变形,试样表面出现滑移带。

在曲线的 sb 段,载荷增大,伸长沿整个试样长度均匀进行,进入均匀塑性变形阶段。同时,随着塑性变形不断增加,试样的变形抗力也逐渐增加,产生形变强化,这个阶段是材料的强化阶段,在这一阶段试样的塑性伸长为 ΔL_b。

在曲线的最高点(b 点),达到最大拉伸载荷 F_b 时,试样开始产生不均匀塑性变形,变形主要集中于试样的某一局部区域,该处横截面积急剧减小,致使载荷下降,最后,载荷为 F_k 时试样断裂。此阶段称为缩颈阶段或局部塑性变形阶段,试样的塑性伸长量为 ΔL_n。

由此可知,低碳钢在拉伸力作用下的变形过程可细分为 6 个阶段,即完全弹性、滞弹性、屈服前微塑性变形、屈服变形、均匀塑性变形和局部塑性变形。正火、退火碳素结构钢和一般低合金结构钢,也都具有类似的力-伸长曲线,只是力的大小和伸长量变化不同而已。

拉力试验机是拉伸试验的主要设备。它主要有加载机构、夹样机构、记录机构和测力、测变形机构 4 部分组成。目前主要分为机械式、液压式、电子万能以及电液式几类。无论试验机是哪一类型,拉伸试验所用的机器应满足以下要求:达到试验机检定的一级精度;有加载调速装置;有数据记录或显示装置;由计量部门定期进行检定。

拉伸试验一般在液压万能试验机或电子万能试验机上进行。液压万能试验机是一种实用性强、用途广的试验机,系列规格有 100 kN、300 kN、600 kN、1 000 kN,当然也有特殊规格,目前为一般力学实验室普遍配套使用。

微机控制的电子万能试验机采用伺服电动机、伺服调速系统及载荷传感器,性能优良、操作简便,能实现高精度、宽范围的测量,但电子万能试验机提供的试验力一般较小。图 3.36 为一台普通电子万能试验机。

图 3.36 电子万能试验机

3.1.3.2 硬度测试技术及设备

硬度是衡量金属材料软硬程度的一种性能指标。硬度是指金属在表面上的不大体积内抗变形或者破裂的能力。表征哪一种抗力,则随试验方法不同而异。硬度试验方法有十几种,基本上可分为压入法和刻划法两大类。在工业生产中广泛应用的布氏硬度、洛氏硬度、维氏硬度和显微硬度等属于压入法硬度。压入法硬度试验,操作迅速方便,又不损坏零件,适用于日常成批检验,同时又敏感地反映出材料的化学成分、组织结构的差异,因而被广泛用来检查热处理工艺质量。

布氏硬度的测量原理如下:对一定直径的硬质合金球,施加一定大小的试验力,压入被试金属的表面,经规定保持时间后,卸除试验力,测量试样表面压痕的直径。

布氏硬度值与试验力除以压痕表面积的商成正比。压痕被看做是具有一定半径的球形,其半径是压头球直径的1/2。

$$HBW = 0.102 \times \frac{F}{S} = 0.102 \times \frac{F}{\pi Dh} (\text{N/mm}^2) \tag{3.1}$$

式中:

HBW 为布氏硬度符号;

F 为试验力,N;

S 为压痕表面积,mm^2;

D 为压头直径,mm;

h 为压痕深度,mm。

式(3.1)中的 πDh 为压痕表面积,这可从压痕表面积和球面积之比等于压痕深度和钢球直径之比的关系里得到。

由上式可知,在 F 和 D 一定的情况下,布氏硬度值的高低取决于压痕深度 h 的大小,两者成反比。压痕深度 h 大,说明金属形变抗力低,故硬度值小,反之,则布氏硬度值大。

布氏硬度的缺点:由于压痕较大,不宜用于某些表面上不允许有较大压痕的成品检验,也不宜用于薄件试验;此外,因需测量压痕直径,所以被测处要求平稳,加上操作和测量都需要较长时间,因此测试效率低。

鉴于布氏硬度存在的缺点,1919 年洛克威尔(S. P. Rocwell)提出了洛氏硬度试验,也是目前最常用的硬度试验方法之一。洛氏硬度和布氏硬度一样,也是一种压入硬度试验。但与布氏硬度不同的是它不是测定压痕的面积,而是测定压痕的深度,以压痕深度表示材料的硬度值。

一般洛氏试验分两类:即洛氏硬度试验与表面洛氏硬度试验。两类试验的很大差别是所使用的载荷不同。对于洛氏硬度试验,初载荷是 10 kgf(98 N),总载荷是 60 kgf(589 N)、100 kgf(981 N)和 150 kgf(1471 N),而对于表面洛氏硬度试验,初载荷是 3 kgf(29 N),总载荷是 15 kgf(147 N)、30 kgf(294 N)和 45 kgf(441 N)。

洛氏硬度按照施加载荷的大小及压头类型分为不同标尺,具体如表 3.4 所示。

表 3.4 洛氏硬度标尺

标度	使用压头	使用载荷/kgf
B	1/16 英寸钢球	100
E	1/8 英寸钢球	100
15T	1/16 英寸钢球	15
A	金刚钻	60
C	金刚钻	150
F	1/16 英寸钢球	60
15N	金刚钻	15

常用硬度测试设备如图 3.37 所示。

3.1.3.3 冲击测试技术及设备

材料的冲击性能是机械性能中很重要的一部分，金属材料在动载荷作用下与静载荷作用下所表现的性能是不同的。在静载荷下表现良好塑性的材料，在动荷下可以呈现出脆性。因此，承受动载荷作用的材料需进行冲击试验，以测定其动荷力学性能。工程上常用冲击弯曲试验来检查产品质量，揭露在静载荷试验时不能揭露的内部缺陷对力学性能的影响，以及用来揭示材料在某些条件下（如低温等）具有脆性倾向的可能性。许多机器的零构件在工作时都要受到冲击载荷的作用，如飞机在着陆、滑跑颠簸、转弯刹车时，都承受冲击载荷。

图 3.37 洛氏硬度机

摆锤冲击试验已经有近百年的历史了。最初试样不开缺口，结果一些韧性高的试样常常冲不断，后来在试样上开一定形状的缺口，这样冲击能量和塑性变形就集中在缺口附近不大的体积内，增大了材料的脆化趋势。由于在试验装置上进行弯曲试验比拉伸试验方便得多，这就形成了目前生产上广泛采用的缺口试样一次摆锤冲击弯曲试验。

将待测定的材料先加工成标准试样。然后在试验机的支座上，将具有一定重量 G 的摆锤举至一定的高度 h_1。使其具有一定的势能 Gh_1，然后将其释放，在摆锤下落最低位置处冲断试样。摆锤冲断试样时失去的能量即冲断试样所做的功。用 A_K 表示。因摆锤剩余的能量使摆锤扬起 h_2 高度，于是有式(3.2)：

$$A_K = Gh_1 - Gh_2 = G(h_1 - h_2) \tag{3.2}$$

其单位用 N·m，即 J 表示。

当用试样的缺口处的横截面积 F_N 去除 A_K 时,既得到所谓冲击值(或冲击韧性值) a_k,即

$$a_k = \frac{A_k}{F_N} \frac{J}{(cm^2)} \qquad (3.3)$$

冲击试验方法和具体技术要求可参阅以下标准:

GB229　金属材料夏比摆锤冲击试验方法

HB5144　金属室温冲击韧性试验方法

GB2106　金属夏比(V 型缺口)冲击试验方法

GB4159　金属低温夏比冲击试验方法

图 3.38　冲击试验机

GB4158　金属艾氏冲击试验方法

HB5278　金属低温冲击韧性试验方法

由于冲击试验的影响因素较多,故对取样有一定的要求,特别要注意取样的方向性。除材料技术条件或其他协议中有规定外,一般规定冲击试样为纵向试样(即沿轧制方向截取),并保证试样不存在加工硬化和因烧割而引起组织变化等现象,因此,烧割截取金属试样时,要留有足够的余量使金属组织不致改变。对于板材、带材,除沿轧制方向截取外,试样缺口轴线还应垂直于轧制方向的表面层。

冲击试验的常用设备如图 3.38 所示。

3.1.3.4　压缩、弯曲、扭转和剪切测试技术及设备

研究金属材料在常温静载荷下的力学性能时,除采用单向静拉伸试验方法外,有时还采用压缩、弯曲、扭转、剪切等不同加载方式的试验方法。采用这些试验方法的目的有二:其一,很多机件或工具在实际服役时常承受轴向压缩、弯矩或扭矩作用,或其上有螺纹、孔洞、台阶等引起应力集中的部位,有必要测定制造这类机件或工具的材料在相应承载条件下的力学性能指标,作为设计和选材的依据;其二,不同的加载方式在试样中将产生不同的应力状态。金属材料在不同应力状态下所表现出的弹性变形、塑性变形和断裂行为不完全相同。因此,采用不同应力状态的试验方法,便于研究金属材料某一方面力学性能的变化。

1) 压缩试验

压缩试验是拉伸试验的反向加载,因此拉伸试验时所定义的各种性能指标和相应的公式对压缩试验都保持相同的形式。所不同的是压缩试样的变形不是伸长而是缩短,截面积不是缩小而是横向增大。

压缩试验的应力-应变曲线有两种情况：①对于塑形金属材料,试样可以被压的很扁而仍然达不到破坏的程度,因此对塑形金属材料很少应用;②对于脆性金属材料或低塑形金属材料,在静拉伸、弯曲、扭转试验中不能较好地显示塑形时,采用压缩试验有可能使它们转为韧性状态,较好地显示塑形,因此压缩试验对于评定脆性金属材料具有重要意义。

一般采用圆柱体试样和正方形柱体试样,试样长度 L 一般为直径或边长的 $2.5\sim3.5$ 倍($L/d = 2.5\sim3.5$)。试样形状与尺寸的设计应保证：在试验过程中标距内为均匀单向压缩;引伸计所测变形应与试样轴线上标距段的变形相等;端部不应在试验结束之前损坏。

压缩试验时,试样端部的摩擦阻力对试验结果影响很大。因此,试样端面应通过精整加工、涂油或涂石墨粉予以润滑,或者采用特殊设计的压头,使端面的摩擦阻力减至最小。另外,脆性材料试验时应在压缩试验装置周围装设安全防护装置,以防试验时试样断裂碎片飞出伤害试验人员或损坏设备。

2) 弯曲试验

弯曲试验不受试样偏斜的影响,可以稳定地测定脆性和低塑性金属材料的抗弯强度,同时用挠度表示塑性,能明显地显示脆性或低塑性金属材料的塑性。所以这种试验很适用于评定脆性或低塑性金属材料,如铸铁、工具钢、渗碳钢、硬质合金钢及陶瓷灯。弯曲试验具有试样形状简单(一般有圆形、方形和矩形三种)、操作方便、不受试样偏斜影响等优点。

做弯曲试验时,将圆柱形或矩形试样放置在一定跨距 L_s 的支座上,进行三点弯曲或四点弯曲加载,通过记录弯曲力 F 和试样挠度 f 之间的关系曲线,确定金属在弯曲力作用下的力学性能。

试样上的外力垂直于试样的轴线,并作用在纵向对称面(通过试样的轴线和截面对称轴的平面)内,试样的轴线在纵向对称面内弯曲成一条平面曲线的弯曲变形称为平面弯曲。平面弯曲的问题比较简单,也是工程实际中最常见的情况。

弯曲试验常用两种加载方法：在支座中点集中加载的方法,称为三点弯曲;通过四点弯曲加载装置的两个加载辊将载荷施加在试样上,称为四点弯曲。

试样弯曲时,一般承受弯矩和剪力。在试样的横截面上一般有弯矩产生的正应力和剪力产生的切应力。

3) 扭转试验

扭转试验是对圆柱形试样施加扭矩 T(使试样两端承受大小相等、方向相反、作用面垂直于试样轴线的力偶),测量扭矩 T 及相应的扭角 ψ,绘制 T-ψ 扭转曲线图,一般扭至断裂,以便测定金属材料的各项扭转力学性能指标。在与试样轴线呈 $45°$ 的两个斜截面上承受最大与最小正应力 σ_1 及 σ_3;在与试样轴线平行和垂直的截面上承受最大切应力 τ,两者比值近于 1。在弹性变形阶段,试样横截面上的切应力和切应变沿半径方向的分布是线性的。当表层产生塑性变形后,切应变的分布仍保持线性关系,但切应力则因塑性变形而有所降低,不再呈线性分布。

扭转试样断裂后,从断裂面的破断情况可判断金属的性能和产生破断的原因(是韧性断裂还是脆性断裂,是正应力引起的破断还是切应力产生的破断)。扭转试验时,圆柱形试样表面的应力状态最大切应力和正应力绝对值相等,夹角成 45°。因此圆柱形试样扭转时,最大切应力发生在靠近试样表面的横截面和径向截面上,而最大正应力则发生在试样表面处与试样轴线成 45° 倾角的斜截面上。由于低碳钢等塑性材料的抗剪强度低于它们的抗拉(压)强度,所以破断发生在切应力最大处,即沿与轴线垂直的横截面发生剪切破断,这种断口平整,有塑性滑移痕迹。对于铸铁等脆性材料,由于它们的抗拉强度比剪切强度低,所以破断在受拉应力最大的部位发生,即沿着与试样轴线成 45° 倾角的螺旋面上发生正断破坏。木材圆柱形试样在扭转时,则沿纵向纤维发生错动破坏。破断的特点是顺着试样的轴线形成纵向剥层或裂纹。这是因为在径向截面上的切应力值与横截面上的相等,然而木材沿木纹方向的剪切强度远比与木纹垂直方向的剪切强度低。金属材料圆柱形试样在扭转时除了上前两种破断形式外,也可能得到木材圆柱形试样所示的第三种破断形式。原因是试样内存在着非金属夹杂物、偏析或金属锻造、拉拔的方向与试样轴线一致时,使试样轴线方向上金属材料的抗剪能力降低,结果试样在受扭后沿纵向破断。

4) **剪切试验**

剪切试验主要有双剪切试验、单剪切试验及冲压剪切试验等,剪切试验数据主要用于紧固件(螺栓、铆钉等)、焊接体、胶接件、复合金属材料及轧制板材等的剪切强度设计。构件在剪切时受力和变形的特点是:作用在构件两侧面上的横向外力的合力大小相等、方向相反、作用线相隔很近,并使各自作用的构件部分沿着与合力作用线平行的受剪面发生错动。剪切试验就是要测定最大错动力和相应的应力。

双剪切试验是以剪断圆柱形试样的中间段方式来实现的,其两侧支承距离应大于等于中间被切断部分直径的 1/2,双剪切试验的特点是有两个处于垂直状态的剪切刀片,下刀片(厚度为被剪切试样的直径大小)平行的放置在上方,上下刀片都做成孔状,其孔径等于试样直径。利用万能拉伸试验机便可进行双剪切试验。

单剪切试验的夹具使用两个剪切刀片,刀片中间带孔,当一个刀片固定不动时,另一个刀片在平行面内移动产生单剪切作用,剪断试样。单剪切试验适合于测定那些长度太短,不能进行双剪切的紧固件的剪切值,包括光杆长度小于直径两倍的紧固件,单剪切试验的准确度低于双剪切试验,但是非常接近,若发现单剪切值有问题时,可以用双剪切值做比较。

剪切试验中更简单的方法是利用冲头-模具法直接从板材或带材中冲出一小圆片的方法,这种方法主要用于铝工业中厚度小于等于 1.8 mm 的金属材料。冲压剪切试验值低于双剪切试验值。冲压剪切试验时要注意,冲头和凹模孔之间的径向间隙为薄板厚度的 12%～14% 时才能获得规则的剪切边缘。

3.1.3.5　疲劳测试技术及设备

工程上有许多机件在服役过程中,由于承受交变应力。即使交变应力低于材料的屈服强度,经过较长时间工作也会发生断裂,这种现象称为金属的疲劳。据统计表明,在机械失效总数中疲劳失效占 80% 以上,所以,研究材料在交变载荷作用下的力学行为、裂纹的萌生和扩展特性评定材料的疲劳抗力和预测机件的疲劳寿命等成为金属力学性能的重要研究课题。

疲劳破坏是指材料在交变应力的反复作用下,经过一定的循环次数后产生突然失效的现象。由于疲劳破坏前材料往往不会出现明显的塑性变形,因此这种破坏容易造成严重灾难性事故。大量由于疲劳问题导致飞机结构失效的事故引起了材料研究者和飞机设计者对疲劳问题的极大关注。疲劳设计准则建立在结构无初始缺陷的基础上,要求结构在使用寿命期内不出现宏观损伤,一旦发现结构关键部位出现宏观可检裂纹,就认为结构已经破坏,材料的疲劳性能数据包括疲劳强度、疲劳极限和 S-N 曲线。

疲劳按其承受交变应力的大小及循环次数的高低,通常分为高周疲劳和低周疲劳两大类。前者表征材料在线弹性范围内抵抗交变应力破坏的能力;后者则表征材料在弹塑性范围内抵抗交变应变破坏的能力。

一般说来,金属的疲劳破坏可分为疲劳裂纹萌生、疲劳裂纹扩展和失稳断裂三个阶段。疲劳破坏有以下特征:

(1)疲劳破坏是在循环应力或循环应变作用下的破坏。

(2)疲劳破坏必须经历一定的载荷循环次数。

(3)零件或试样在整个疲劳过程中不发生宏观塑性变形,其断裂方式类似于脆性断裂。

(4)疲劳断口上明显地分为两个区域,疲劳裂纹扩展区和瞬时断裂区。

图 3.39 为典型疲劳断口,可以很明显地看出表面较平滑并伴有放射线的区域为疲劳裂纹扩展区,表面较粗糙的区域为瞬时断裂区。一般来说高应力水平下疲劳裂纹扩展区占整个断口的比例较小,低应力水平下疲劳裂纹扩展区占整个断口的比

图 3.39　典型疲劳宏观断口

例较大。疲劳裂纹扩展区域的射线归拢处就是裂纹源的位置,在疲劳断口中裂纹源产生的机理是非常重要的,通过分析裂纹源产生的原因可以指导材料的制造工艺或改进加工工艺。

实验室进行疲劳试验时,载荷波形大多数接近正弦曲线。试验中有关加载应力参数之间的关系如图 3.40 所示。

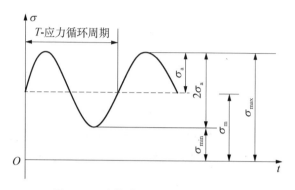

图 3.40　疲劳试验中各加载应力参数

各参量定义如下:

最大应力 σ_{max}——具有最大代数值的应力;

最小应力 σ_{min}——具有最小代数值的应力;

平均应力 σ_{m}——最大应力与最小应力的平均值;

应力幅 σ_{a}——最大应力与最小应力差之半;

应力比 R——最小应力与最大应力之比值。

于是可得到平均应力、应力幅和应力比分别如式(3.4)、式(3.5)和式(3.6)所示。

平均应力
$$\sigma_{m} = \frac{\sigma_{max} + \sigma_{min}}{2} \tag{3.4}$$

应力幅
$$\sigma_{a} = \frac{\sigma_{max} - \sigma_{min}}{2} \tag{3.5}$$

应力比
$$R = \frac{\sigma_{min}}{\sigma_{max}} \tag{3.6}$$

试验频率:单位时间内的加载次数由试验频率表示,通常以 1 秒钟内载荷交变的次数表示。

在交变载荷作用下,金属所承受的交变应力与寿命之间的关系通常用疲劳曲线来描述。在不同应力水平下拟合中值疲劳寿命估计量,并且在各个指定寿命下拟合中值疲劳强度估计量所得到的曲线即 50% 存活率的应力-寿命关系曲线,通常称为

S-N 曲线,如图 3.41 所示。

定义:试样的疲劳寿命取决于施加的应力水平,这种外加应力水平和标准试样疲劳寿命之间关系的曲线称为材料的 S-N 曲线。因为这种曲线通常都是表示中值疲劳寿命与外加应力间的关系,所以也称为中值 S-N 曲线。

S-N 曲线特点:

(1) 外加应力水平越低,试样的疲劳寿命越长;

(2) 右端有一段水平渐进段;

(3) 低于某一应力水平试样不发生断裂。

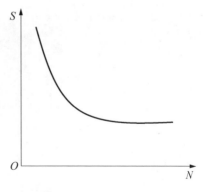

图 3.41 疲劳 S-N 曲线

S-N 曲线上水平部分对应的应力,即为材料的疲劳极限。疲劳极限是材料能经受无限次应力循环而不发生疲劳断裂的最大应力,一般认为试样只要经过 10^7 次循环不破坏,就可以承受无限次循环而不发生破坏。

在任一指定寿命下测定的疲劳强度,一般称为条件疲劳极限。如测定 10^6 条件疲劳极限就是测定 10^6 循环次数对应的疲劳强度。前面所说的疲劳极限实际上也是条件疲劳极限,是指定 10^7 循环次数对应的疲劳强度。

疲劳试验设备一般由试验机架、控制系统、输出系统(反馈系统)、辅助装置等几部分组成。试验设备可以在试样上施加交变载荷。

按不同的加载方式试验机可分为轴线加载疲劳试验机、旋转弯曲疲劳试验机、扭转疲劳试验机等。按加载原理分为机械式、液压式等几类。图 3.42 为电磁谐振式轴向疲劳试验机、图 3.43 为液压伺服式疲劳试验机、图 3.44 为旋转弯曲疲劳试验机。

图 3.42 电磁谐振式轴向疲劳试验机

图 3.43 液压伺服式疲劳试验机

图 3.44　旋转弯曲疲劳试验机

3.1.3.6　持久蠕变测试技术及设备

金属材料在一定的温度和应力状态下会产生蠕变现象,在汽轮机、锅炉、化工设备及航空发动机中,很多零部件在高温和高压条件下运行一段时间后,经常发生塑形变形和断裂失效的问题,随着金属材料服役温度和服役应力的逐步提高,蠕变现象将愈加明显。

在低温下,材料的蠕变现象不明显,只有在某个温度以上,蠕变现象才不容忽视,成为材料失效的一个控制因素。因此,一般认为材料产生蠕变的条件为 $0.3T_m$ K(T_m 为材料的熔点温度,K 为绝对温度)以上,如铅熔点为 327℃(600 K),室温下(20℃,293K)已相当于其 $0.5T_m$,所以铅屋顶在室温下会因自重造成蠕变开裂。当碳钢大于300℃~500℃、合金钢大于300℃~400℃、耐热合金大于600℃、轻合金大于50℃~150℃时,均可能产生蠕变。产生蠕变的另一必要条件是要有应力作用。一般应力均小于材料的抗拉强度,大于材料的弹性极限,当温度比较高的时候,产生蠕变所需应力不但小于材料的抗拉强度,甚至小于屈服极限。

金属的蠕变包括广义蠕变和狭义蠕变。广义蠕变是指固体受到外力作用时,其变形随时间增加的现象;狭义蠕变是指在恒定温度和恒定载荷作用下,材料随时间产生变形的现象。广义蠕变描述了金属蠕变的现象,未描述出发生蠕变的必要条件;而狭义蠕变则便于试验研究蠕变现象的本质。

金属的蠕变过程一般用蠕变曲线(见图 3.45)来描述,分成三个典型阶段:①减速蠕变阶段。在该阶段,形变产生的加工硬化增加了蠕变阻力,使蠕变速率降低;②恒速蠕变阶段或稳态蠕变阶段。该阶段形变硬化增加的蠕变阻力与回复降低的蠕变阻力持平;③加速蠕变阶段。该阶段样品出现颈缩、空洞和裂纹等缺陷,蠕变速度急剧增加,直至样品断裂。

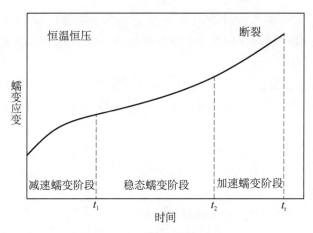

图 3.45 典型的蠕变曲线

蠕变变形主要受温度和应力的影响,其变形机理包括位错滑移、位错攀移形成亚晶、晶界的滑动和迁移、晶格扩散等方式实现。对于金属材料来说,主要有两种:位错蠕变以及扩散蠕变。通常人们从原子或者空位的扩散出发来研究解释蠕变的宏观行为。在一定的温度和应力之下,处于拉应力与压应力之间的晶界会产生原子晶间位错,导致点阵滑移以及晶界扩散,逐渐形成原子或者空位扩散流。

在实际蠕变过程中,金属材料在应力以及温度作用下发生蠕变激活,影响蠕变过程不再是单一的因素,蠕变过程总应变速率是各个单独蠕变机制所引起的应变速率总和。蠕变过程将由多个蠕变机制共同作用,产生最高应变速率的蠕变机制将成为总的蠕变速率的主导因素。图 3.46 为蠕变机制图谱,从图中可以看到,在同一温

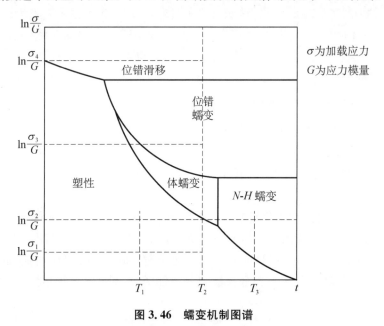

图 3.46 蠕变机制图谱

度与应力情况下,蠕变机制都不是唯一的,往往有多个蠕变机制共同作用。

具体而言,蠕变变形机制(通常由应变指数 n 与应变激活能 Q 来表征蠕变变形的主控机制)有如下几种:

(1)位错滑移机制:在高应力与低温度下,通常是位错蠕变机制控制着稳态蠕变速率,其特征常数 $n > 3$,蠕变激活能 Q 与晶格自扩散激活能或者位错管道扩散激活能接近。

(2)位错攀移机制:通常在较高应力以及中等温度情况下,位错攀移机制是蠕变变形的主控机制,其特征参数 n 在 $3\sim20$ 之间,蠕变激活能 Q 与晶格自扩散激活能或者位错管道扩散激活能接近。

(3)低应力蠕变:在低应力高温度条件下,表现出低应力蠕变的特征。低应力蠕变包含有含有扩散蠕变、Harper-Dorn 蠕变以及晶界滑移,其中扩散蠕变又包括 Nabarro-Herring 蠕变和 Coble 蠕变。

目前国内采用的蠕变试验方法主要有 GB/T2039、HB5151 和美国标准 ASTM E139,可以根据不同的测试要求选择相应的试验方法进行测试。在实际试验中,进行蠕变试验的主要有两种目的:一种是通过试验确定已选定材料在用它所做零件的工作条件下的蠕变抗力;另一种是对一种新材料的蠕变特性做全面鉴定,即温度和应力在一定范围内波动,来求得蠕变抗力和这些条件的关系。

目前,在国内广泛使用的蠕变试验机主要有两类:一类是杠杆式蠕变试验机,包括机械式持久蠕变试验机和半机械半电子式持久蠕变试验机,主要通过杠杆加载砝码施加试验力值;另一类是微控电子式持久蠕变试验机,力传感器和伺服电机通过 PID 程序控制加载试验力。按最大加载试验力分主要有 30 kN、50 kN、80 kN、100 kN 几种型号的蠕变试验机,蠕变试验机要求在设计使用范围内力值相对误差不大于±1%,示值相对变动度不大于 1%,试验加载系统必须保证在整个试验过程中负荷恒定,加载系统应具有准确的拉力中心,试验机上下夹头拉杆之间额试验力同轴度应不超过 15%。

3.1.4 飞机金属材料的无损检测技术及设备

3.1.4.1 飞机金属材料无损检测技术特点

无损检测是采用渗透、磁粉、涡流、射线、超声等无损的方法,对零件内部的孔隙、夹杂、裂纹等缺陷进行检测的技术手段。无损检测对于保证零件的寿命和飞机的安全性十分重要。

在对飞机金属材料或构件进行无损检测时,其目的是多种多样的。不论在什么情况下,都必须首先搞清楚究竟要检测什么,随后才能确定应该采用怎样的检测方法和检测规范来达到预定的目的。为此,必须预先分析被检工件的材质、成型方法、加工过程和使用经历,必须预先分析缺陷的可能类型、部位、方向和性质,随后再选择最恰当的检测方法。

无损检测是要确定最大的缺陷尺寸 a_u。有大于 a_u 的缺陷时,所有的工件都必须报废。由于测量技术有一定误差,所以测得的最大缺陷尺寸达某一尺寸 a_m 时,工件就成为废品,其中 $a_m < a_u$。

如果判废缺陷尺寸的测量值选得太小,势必造成过多的工件报废,不必要地提高了成本。然而,如果选择得太大,那么很多工件会失效,同样也会提高成本,甚至可能危及安全生产。因此,对于最低成本来说,a_m 值有一个最佳的选择。

关于无损检测结果的可靠性,一般说来,不管采用哪一种检测方法,要完全检查出结构的异常部分是不可能的。虽然经过无损检测得到了"没有缺陷"的信息,也不应该认为一定没有缺陷。另外,测得缺陷的种类、形状、大小和方位等信息,很可能由于所用的检测方法的不同而有所差异。

无损检测的结果必须与一定数量的破坏性检测结果相比较,才能建立可靠的基础并得到合理的评价。而这种比较的时间必须是评定质量最适当的时间。例如,当考虑到热处理所引起的质量变化时,必须在热处理之前和之后分别进行无损检测。显然,在热处理之前的无损检测是对原材料制造工艺或对焊缝焊接工艺的检查;而在热处理之后的无损检测,无论如何都是对热处理工艺操作的检查。因此,有时还要采用不同的检测方法,所以必须明确规定在什么时间、用什么方法进行检测。例如,对高强度钢焊缝延迟裂纹的检查必须在焊接以后放置一昼夜以上才能进行。

对无损检测结果的评定,只应作为对材料或构件的质量和寿命的依据之一,而不应仅仅据此做出片面结论。当然,同时采用几种检测方法,以便让各种方法互相取长补短,从而得到更多的信息也是很重要的,但还应利用有关材料的、焊接的、加工工艺的知识综合起来进行判断。总之,无损检测与评价技术是有关物理、化学、机械、冶金和材料科学与断裂力学等高度综合性的技术。

无损检测的范围非常广泛。在客观上,受检对象千差万别。例如,从尺寸上来说有大容器、大设备和大型结构件,也有尺寸很小的机械零件、电子器件等;从材料上来说有金属材料、非金属材料;从制造工艺上来说,有轧制、锻造、冲拔、铸造、焊接、粘接、粉末冶金、热处理、表面处理和机械加工等;从被检件的形状来说,有规则的,如板材、棒材和管材等;有不规则的,如形状各异的零件或组件;从生产数量来说,有成批生产的,也有小批量或单件生产的。此外,缺陷的位置也不一样,有内部的、表面的和近表面的。缺陷的形状和性质也不相同,有体积型的,也有平面状的。从被检件的状态来说,又可分为静态检测和运行中设备的在线实时检测等。不同的检测方法发展应用于不同的检测目的。所有这些无损检测方法可以说都是很重要的,且往往又是互不相干的,也就是说在诸多的无损检测方法中,没有哪一种方法是万能的。不同的方法各有特点,也各有一定的局限性,因此很难互相代替。

根据被检对象的重要性,需要用来描述材料和构件中缺陷状态时使用的数据相应地有多有少,而且任何一种无损检测方法都不可能给出所需要的全部信息,因此,从发展的角度来看,有必要使用一个检测系统。这就是说要用两种或多种无损检测方法,才能比较满意地达到检测目的。对大型复杂设备的检验就更是如此。例如,对飞机金属结构的在役检测就同时应用了着色法、磁粉法、涡流法、超声法、γ射线照相法,或视频光纤内窥镜,以及声发射检测等方法。

任何一种无损检测方式,都包括以下5个基本要素:

(1)要有一个源,它提供适当的检测介质或激励被检物体产生某种特殊的运动。

(2)探测介质或特殊的运动方式受到被检物体的结构异常(不连续或某种变异)而引起变化。

(3)要有一个探测器,它检测出检测介质或特殊运动方式的变化。

(4)记录和显示装置,以便指示或记录由探测器发出的信号。

(5)解释这些信号的方法。

这5个要素——源、变化、探测、指示和解释,是所有无损检测方法所共有的。由源所提供的探测介质与被检物体相互作用形成多种物理场,如声场、热场、电场、磁场和电磁辐射场等。电磁辐射场包括了紫外线、可见光、红外线、微波、X射线和γ射线等。各种物理场与被检物体之间相互作用,可以产生多种信号。目前,对这些信号中所包含的信息只有一少部分被利用和认识。这不仅是由于使用的仪器不够完善,而且在很大程度上是由于理论的缺乏和对信号本身带有的信息认识不足所致。进一步充分利用这些信息正是今后无损检测发展和努力的方向。目前,较完善的声发射检测系统已能够处理声发射率、声发射总数、振幅、幅度分布、波形、能量、频谱、时差及声源位置坐标等多种表征参数。

3.1.4.2 飞机金属材料渗透检测技术及设备

1)金属材料渗透检测的特点与应用

液体渗透检测是较早使用的非破坏性检测方法之一。由于早期使用的液体渗透检测方法灵敏度不高,一直没有得到广泛的应用。随着航空工业的发展,非磁性材料如铝、镁、钛合金等大量使用,提出了更高的无损检测要求,从而促进了渗透检测方法的发展。

液体渗透检测按显示缺陷的不同可分为荧光法和着色法。它们又按渗透液的清洗方法不同,分为水洗型、后乳化型和溶剂清洗型三类。按显像剂的状态不同还可分干粉法和湿粉法等。无论使用哪种方法,都只能检测材料和构件中开口在表面的缺陷,对隐藏于内部的缺陷,渗透法是无能为力的。

液体渗透检测法原理简单,操作容易,方法灵活,适应性强,可以检测各种材料,且不受工作几何形状、尺寸大小的影响,对小零件可以采用浸液法,对大设备可以采用刷涂或喷涂法,一次检测便可以探查任何方向的缺陷。因此,应用十分广泛。

液体渗透检测的基本操作步骤是：清洗受检工件表面，使其干燥；在受检表面上施加渗透液，除去多余的渗透液；施加显像剂，然后观察。对于着色法，在日光或灯光下用肉眼或借助 10 倍以下的放大镜观察；对于荧光法，需要在暗室或暗棚中在紫外线灯的照射下进行观察。

液体渗透检测对表面裂纹有很高的检测灵敏度。它的缺陷是操作工艺程序比较复杂，不能发现非开口于表面的皮下缺陷、内部缺陷和夹渣，检验缺陷的重复性较差。

2）渗透检测的原理和方法

（1）渗透检测的基本原理。

液体渗透检测的基本原理是由于渗透液的润湿作用和毛细现象而进入在工件表面开口的缺陷，随后被吸附和显像。渗透作用的速度和深度与渗透液的表面张力、内聚力、黏附力、黏度以及渗透时间、材料表面状态、缺陷的类型与大小等因素有关。

细管内液面的高度和形状随液体对管壁润湿情况不同而变化的现象叫做液体的毛细现象。

管内凹液面下有一个指向液体外的附加压强，它迫使管内液体上升，其高度为

$$h = \frac{4\alpha\cos\theta}{d\rho g} \tag{3.7}$$

式中：α 为液体表面张力系数；θ 为液体与管壁的接触角；d 为毛细管直径；ρ 为液体密度；g 为重力加速度。若液体完全润湿管壁，则 θ 角为零。如果液体不润湿管壁，则管内液面下降的高度同样由上式表示。

润湿液休在间距很小的两平行板间也会产生毛细现象。其液面上升的高度恰为毛细管内同样液体上升高度的 1/2，即

$$h = \frac{2\alpha\cos\theta}{d\rho g} \tag{3.8}$$

式中：d 为平行板间的距离。

在实际渗透检测中，渗透液对工件表面点状缺陷如气孔、疏松、缩孔等漏管的渗透，就相当于液体在细管内的毛细作用；而对表面上裂纹、分层等缺陷的渗透，就相当于液体在间距很小的两平行板间的毛细作用。显像剂是由微米量级的白色粉末和易挥发的化学试剂组成的。粉末中的微小颗粒可以形成无数毛细管，缺陷内的渗透液很容易在这种毛细管中上升。所以，显像剂吸附缺陷中渗透液的过程也是一种毛细现象。

（2）飞机金属材料荧光渗透检测。

对荧光渗透液的要求是荧光亮度高、渗透性好、检测灵敏度高，易于清洗、无毒

无味、不腐蚀材料、挥发性低、化学稳定性好。荧光液主要由荧光物质、溶剂和渗透剂组成,还含有适量的表面活性剂,助溶剂、增光剂和乳化剂等。增光剂起中和熄光物质或"串激"作用。荧光物质是在紫外线照射下能够通过分子能级跃迁而产生荧光的物质。产生荧光的过程必须满足两个条件,其一是该物质的分析必须具有与照射光线相同的频率,即具有一个吸收结构,其二是吸收了与其自身特征频率相同的能量的分析,必须具有高的荧光效率。荧光效率表示所产生荧光的量子数与吸收入射光的量子数的比值。不同的荧光物质产生的荧光波长不完全一样,因此颜色也有差异。通常采用的紫外线波长为 365 nm,黄绿色荧光的波长为 550 nm,这种颜色在暗处衬度高,人眼感觉最敏锐。

荧光显像剂分为快干性和水洗性两种。一般常用水洗性中的干粉显像法。干粉显像有利于获得最高灵敏度和显示亮度。常用的白色粉末是经过干燥处理的氧化镁粉。施加干粉可用喷粉球、喷粉枪或压缩空气喷粉柜等。荧光湿粉显像剂与着色显像剂基本相同。

在荧光检测实际操作中,渗透方法主要是浸液法,渗透时间通常为 15～20 min。后乳化型渗透液的乳化时间 1～5 min。显像时间通常为渗透时间的一半。观察在暗室或暗棚中进行。在紫外线灯照射下,裂纹图像两头尖中间较粗,有的带分枝呈羽毛状轮廓。折叠呈细长线条。疏松为密集的大小亮点,铸造针孔为分散的细小亮点,渣孔则为不规则的较大亮点。采用高强度紫外线光源可以提高灵敏度。通常使用的紫外线灯其辐照度为 8～10 W/m²。

3.1.4.3　飞机金属材料磁粉检测技术及设备

1)飞机金属材料磁粉检测的特点与应用

磁粉检测也是应用较早的一种无损检测方法。它具有设备简单、操作方便、速度快、观察缺陷直观和有较高的检测灵敏度等优点,在工业生产中应用极为普遍。

磁粉检测是利用导磁金属在磁场中(或将其通以电流以产生磁场)被磁化,并通过显示介质来检测缺陷特性的一种方法。显然,磁粉检测法只适用于检测铁磁性材料及其合金。铁磁性材料主要是铁、镍、钴和它们的合金。由于铁磁质具有磁畴结构,在外磁场的作用下,磁畴从无序状态转变为有序状态,从而显示出很强的磁性。外磁场除去以后,铁磁质仍能保留部分磁性。当铁磁质的温度超过居里点时,铁磁性消失,成为顺磁质。

钢是铁碳合金,它的磁性来自铁元素。在钢的组织中、铁素体、渗碳体、珠光体、马氏体都具有一定的磁性,但具有面心立体结构的奥氏体型不锈钢没有磁性。由于钢和铁是工业的主要原料,所以磁粉检测也就有了广泛的应用。

磁粉检测法可以检测材料和构件的表面和近表面缺陷,对裂纹、发纹、折叠、夹层和未焊透等缺陷极为灵敏。一般来说,采用交流电磁化可以检测表面下 2 mm 以内的缺陷,采用直流电磁化可以检测表面下 6 mm 以内的缺陷。

磁粉检测设备有固定式、移动式和手提式三种。对各种大小不同的零部件、结构件、装置和设备都可以进行检测。建立磁场的方式有恒磁法和电磁法,前者使用永久磁铁,后者利用电流的磁场。显示介质主要是磁粉和磁悬液。

2）磁粉检测的原理和方法

（1）磁粉检测的基本原理。

在磁导率不同的两种介质的界面上,磁感应线的方向会发生改变,这与光和声波的折射相似,称为磁感应线的折射。若两种介质的磁导率相差悬殊,例如铁和空气,磁感应线折射进入空气后几乎垂直于界面,从而引起磁场路径的改变,导致部分磁通泄漏于钢材表面,形成漏磁场。

磁介质中磁场的分布情况与磁介质的性质和形状等因素有关,很难用解析形式表达,通常引入一个辅助的物理量 H,称为磁场强度。它也可以用磁感应线形象地进行描述。

磁介质在外磁场作用下,它的磁感性强度 B 与外加磁场强度 H 有如式（3.9）所示的关系：

$$B = \mu H \tag{3.9}$$

式中：H 的单位为 A/m；B 的单位为特斯拉（T）；μ 是磁导率,单位为 H/m。物质磁导率与真空磁导率之比为相对磁导率 μ_r。对于铁磁性物质 $\mu_r \geqslant 1$,其数值在几百和几万的范围内。铁磁物质还具有磁滞回线特性。

当零件磁化时,在零件中就有磁感应线通过。对没有缺陷的工件,磁化后磁感应线均匀分布。当工件有缺陷时,就会在缺陷处发生磁感应线外泄现象,即产生漏磁通,形成一对局部磁极。这种局部磁极便吸引磁粉形成磁粉图。根据磁痕的形象和尺寸就可以判别缺陷的位置、大小、形状和性质。

（2）磁粉检测方法。

磁粉检测按照不同的分类方法,可以分为以下几类：按检测技术分,有连续法（附加磁场法）和剩磁法；按磁化电流性质分,有交流磁化法和直流磁化法；按磁化场的方向分,有周向磁化和纵向磁化；按显示介质的状态和性质分,有干粉法、湿粉法和荧光磁粉法；按磁化方法分,有直接通电法、局部磁化支杆法、中心导体法、线圈法、磁轭法、复合磁化法和旋转磁场法等。

3.1.4.4 飞机金属材料涡流检测技术及设备

1）飞机金属材料涡流检测的特点与应用

涡流检测是建立在电磁感应基础上的,它利用在交变磁场作用下不同材料会产生不同振幅和相应的涡流来检测铁磁性和非铁磁性材料的物理性能、缺陷和结构情况的差异。对于铁磁性材料,通常将其磁化到饱和状态,再按非铁磁性材料进行检测。

涡流检测法只能检测金属材料和构件的表面和近表面缺陷。在检测时并不要求探头与工件接触,这为实现高速自动化检测提供了条件。涡流法是一种间接的测量方法,影响涡流变化的因素很多,因此,对仪器指示值与工件结构特征之间的关系必须仔细研究。涡流检测法可以一次测量多种参数,例如,对管材的涡流检测,可以检查缺陷的特征,此外,还可以测量管材的内径、外径、壁厚和偏心率等。

涡流检测在工业生产中的应用已十分广泛。特别在有色金属工厂,例如铝管、铜管的自动化生产线上,直接用涡流在线检测控制产品质量。具体说来,涡流检测的应用主要有以下几个方面:

(1)能测量材料的电导率、磁导率,检测晶粒度、热处理状况、材料的硬度和尺寸等。

(2)能检测出材料和构件中的缺陷,例如裂纹、折叠、气孔和夹杂等。

(3)金属材料或零件的混料分选。通过检查其成分、组织和物理性能的差异而达到分选的目的。

(4)测量金属材料上的非金属涂层、铁磁性材料上的非铁磁性材料涂层和镀层的厚度等。

(5)在无法进行直接测量的情况下,可用涡流方法无损测量金属箔、板材和管材的厚度,测量管材和棒材的直径等。

2)涡流检测的原理和方法

(1)涡流检测的基本原理。

在涡流检测中,试样放在线圈中后接近线圈。由线圈产生一个交变磁场 H_a,在 H_a 的作用下金属试样上感应出涡流,涡流产生一个次级磁场 H_s,它与磁场 H_a 相互作用,导致原磁场发生变化,使线圈内的磁通改变,从而使线圈的阻抗发生变化。工件内部的所有变化(如尺寸、电导率、磁导率、组织结构等)都会改变涡流的密度和分布,从而改变线圈的阻抗。

测试线圈的阻抗可用两个分量表示,电阻 R 和感抗 X_L。空载线圈的阻抗可用阻抗图上的点 P_0 来描述。当一个金属试样接近线圈时,由于试样中涡流的作用,线圈的阻抗会发生变化,从 P_0 点移到 P_1 点。这个变化取决于试样的特性和装置的特性。试样的特性有电导率、磁导率、尺寸和缺陷等。装置的特性有测试频率 f,探头的尺寸和形状,工件与探头的距离等。通过检测阻抗的变化,不仅可以测定试样的电导率、磁导率和尺寸特征,而且还可以测出裂纹的大小和方向。这样,通过涡流检测,对试样的物理性质,如合金成分、热处理状态、硬度、表面淬硬层深度、结构缺陷的大小和方向,以及试样的尺寸特征等都能进行测定,这就是涡流检测的基本原理。

当然,在进行涡流检测时,由于影响因素复杂,除了试样本身的特性如磁导率、电导率、尺寸和结构缺陷外,还有试样中应力和试样温度的影响,此外还有试验线圈交变磁场频率、试样线圈的大小和形状以及线圈与试样的间距的影响等,所以,涡流检测信号的分离和提取并不是一件容易的事情。

当线圈中通以交变电流时,在试样中感应的涡流存在着一种趋肤效应,它使得涡流集中到最靠近线圈的工件表面。趋肤效应随着测试频率 f、工件的电导率 Σ、磁导率 μ 数值的增加而减少,这种减小通常按指数规律下降;而涡流的相位差随着深度的增加成正比地增加。

涡流渗透深度是一个重要的参量。在涡流检测时,渗透深度太小,只能检测浅表面缺陷;在涡流测厚时,渗透深度太小,只能测量很薄试样的厚度。

平面电磁波产生的涡流的相位角,随着在工件内深度的增加按下式变化: $\theta = x/\delta$。δ 为标准渗透深度,x 为工件内深度值。这说明相位角随着深度的增加成正比地增加。当深度为一个标准渗透深度时,涡流相位滞后 I_{rad}。

趋肤效应在涡流阻抗图上也会得到相应的反应。

(2) 涡流检测方法。

a. 相位分析。这种方法是测量感应涡流场和测试线圈电压在时间相位上的净变化和振幅的变化。为了进行相位分析,通常要有相移系统和相敏检波电路。相敏电路可以把两个具有相位差的信号分开。当 $U_{参} \geqslant U_{入}$ 时,则有

$$U_{出} = k \mid U_{入} \mid \cos \phi \tag{3.10}$$

式中: $U_{出}$ 为相敏检波电路的输出直流电压;$U_{入}$ 为输入信号;$U_{参}$ 为相位可任意改变的参考信号;ϕ 为 $U_{入}$ 与 $U_{参}$ 的相位差。

b. 调制分析。同时测量涡流场的相位和振幅变化率的方法叫做调制分析,相位和振幅变化率的测量是在试样相对于测试线圈移动的情况下进行。由于检测时探头与工件之间的相对运动,在测试线圈上产生调制频率。它取决于相对运动的速度和试样中物理性质变化的快慢。例如,缺陷信号比较短促产生高频成分较丰富的调幅波;尺寸变化、表面状态、金属成分、热处理状态等产生以低频成分为主的调幅波。

c. 幅度分析。通常涡流检测信号随着缺陷的增大而增大,一些不影响使用性能的小缺陷可以不必记录。这可以通过幅度鉴别器把小缺陷的信号抑制掉,使幅度鉴别器的鉴别电平调到刚好超过允许标准的缺陷信号通过。实际上就是设置一个门槛电平。

3.1.4.5　飞机金属材料射线检测技术及设备

1) 飞机金属材料射线检测的特点与应用

X 射线检测是基于材料表面与内部的构成与形状的不同而造成对 X 射线强度衰减的不同,根据穿透材料的 X 射线强度分布情况来检测材料内部的缺陷,常采用的方法是胶片照相法。

X 射线检测与其他常规无损检测技术相比,具有以下特点:

（1）适用于几乎所有材料，而且对零件形状及其表面粗糙度均有严格要求。

（2）能直观地显示缺陷影像，便于对缺陷进行定性、定量和定位。

（3）检测结果可以长期保存。

（4）检测技术和检验工作质量可以监督。

（5）对气孔、夹渣、疏松等体积型缺陷的检测灵敏度较高，对平面缺陷的检测灵敏度较低。

2）射线检测的原理和方法

X射线检测是利用物质在密度不同、厚度不同时对X射线的衰减程度不同，如果物体局部区域存在缺陷或结构存在差异，它将改变物体对X射线的衰减，使得不同部位透射射线强度不同，从而使零件下面的底片感光不同的原理，实现对材料或零件内部质量的照相探伤。

当X射线穿过密度大的物质，如金属或非金属材料时，射线被吸收得多，自身衰减的程度大，使底片感光轻；当射线穿过密度小的缺陷（空气）时，则被吸收得少，衰减小，底片感光重。这样就获得反映零件内部质量的X射线底片。

射线对缺陷的检验能力与缺陷在射线透射方向上的尺寸、其线衰减系数与物体的线衰减系数的差别、散射线的控制情况等相关。只要这些方面具有一定的值，则缺陷将产生一定的物体对比度，它就可以被射线检验出来。

3）射线检测的设备

工业射线照相检测中使用的低能X射线机，由四部分组成：射线发生器（X射线管）、高压发生器、冷却系统、控制系统。按照X射线机的结构，通常分为三类：便携式X射线机、移动式X射线机、固定式X射线机。

X射线机的核心器件是X射线管，它主要由阳极、阴极和管壳构成。X射线管实际上就是一只在高电压下工作的真空二极管，它有两个电极：一个是用于发射电子的灯丝，作为阴极，另一个是用于接受电子轰击的靶材，作为阳极，它们被密封在高真空的玻璃或陶瓷外壳内。

射线照相常用的其他设备和器材包括增感屏、像质计、观片灯等。

3.1.4.6　飞机金属材料超声检测技术及设备

1）飞机金属材料超声检测的特点与应用

超声检测技术主要是基于超声波在工件中的传播特性（如超声波在通过材料时能量会损失，在遇到声阻抗不同的两种介质形成的界面时，会发生发射与折射，在传播过程中会产生散射与衍射等）而实现的。其工作原理是：首先激励声源产生超声波，采用一定的方式（如水耦、干耦等）使超声波进入待检工件；然后超声波在待检工件中传播并与工件材料及其内部存在的缺陷相互作用，使得超声传播方向、相位或能量幅值等特征发生改变；然后通过超声波检测设备接收改变后的超声波，分析超声波能量分布（声压分布）、频率改变等现象；最后，根据分析处理得到的超声波特征,评估工件内部是否存在缺陷及缺陷的特征。

2)超声检测的原理和方法

(1)超声检测的原理。

在超声检测中使用的波长为毫米数量级,因而超声波具有良好的方向性,可以定向发射;超声检测频率远高于声波,而能量(声强)与频率平方成正比,因此超声波的能量很大;超声波属于机械波,具有波动特性(叠加、干涉、散射、衍射,满足惠更斯原理),会在两种不同介质的界面上产生反射和折射;超声波在大多数介质中传播时,传播能量损失小,传播距离大,穿透能力强。

超声检测的基本依据是检测超声波传播过程中声场的改变,对其进行分析和处理,来评估材料内部特征。超声声场是指介质中超声波存在的区域,声压和声强是描述声场的物理量。声阻抗则是表征声波在界面上的行为的一个重要参数。

声压:在声波传播的介质中,某一点在某一时刻所具有的压强与没有声波存在时该点的静压强之差。超声场中,每一点的声压是一个随时间和距离变化的量,超声检测仪荧光屏上脉冲的高度与声压成正比,因此通常读出的信号幅度比等于声场中的声压比。在超声检测中,声压的大小反映出缺陷的大小。

声强:指在垂直于声波传播方向的平面上,单位面积上单位时间内所通过的声能量,在同一介质中,超声波的声强与声压的平方成正比。

声阻抗:超声声场中任一点的声压与该处质点振动速度之比称为声阻抗,声阻抗直接表示介质的声学性质,超声波在两种介质组成的界面上的反射和透射能量分配由两介质的声阻抗决定。

(2)超声检测通用技术。

超声检测主要是采用垂直入射脉冲反射法或穿透法,耦合方式有水浸法、喷水法或接触法。

a. 接触式脉冲反射法。脉冲反射法是由超声波探头采用单发单收的工作方式,先发射超声脉冲到试件内部,遇到缺陷时会产生缺陷回波,遇到试样底面时会产生底面回波,通过分析缺陷反射回波和底面反射回波的特性来评估试样内部的缺陷特性。

检测过程中,一般将缺陷回波与底波结合起来分析,相互印证。缺陷回波的幅值能大体反应试样内缺陷的大小,而缺陷回波距离始波的距离则能反映出缺陷的埋深信息。

采用接触法检测,操作简便,成本低,便于灵活机动地适应各种场合;探头与试样直接耦合,入射声能损失少,可以提供较高的穿透能力和较高的检测灵敏度。但是接触式脉冲反射法因为始波的存在,近表面分辨力差,纵向检测盲区较大;而且受试样表面因素影响,不利于实现扫查的自动化,受操作人员影响因素较大。故而,根据不同试样的检测需求,也采用超声液浸脉冲反射回波法进行检测,特别是采用聚焦探头检测,有利于提高检测灵敏度和分辨率。

b. 喷水式脉冲穿透法。穿透法检测时是两个探头相对放置,采用一发一收的激励接收方式,发射探头激励超声波经过耦合剂进入试样内部,超声波在试样内传播后穿透出去,由放置于另一端的超声接收探头接收超声透射波,通过超声透射波的能量变化来判断试样内部缺陷的情况。当试件内部没有缺陷时,超声波穿透试件后衰减小,则接收到的超声波信号较强;如果试件内部有小缺陷存在,声波被缺陷部分遮挡,接收换能器收到较弱的超声波信号;若试件中有效缺陷面积大于声束截面积,全部声束被缺陷遮挡,则接收探头收不到超声信号。

3) 超声检测的设备

超声检测仪是超声检测的主体设备,它的作用是产出电振荡并施加于换能器,激励探头发射超声波,同时接收来自于探头的电信号,将其放大后以一定的方式显示出来,从而得到被检工件中有关缺陷的信息。为了提高检测可靠性,航空业一般采用自动扫查和记录的超声检测系统。

超声自动检测系统通常由超声检测仪、探头、机械扫查器、电气控制、水槽和记录设备等构成。探头沿 X、Y、Z 三个方向运动,针对盘轴件采用带转盘的系统。

3.1.4.7 飞机金属材料其他无损检测技术

1) 液晶无损检测技术

液晶态是介于晶体和无定形液体之间的一种中间态,它既有液体的流动性,又有光学上的各向异性。具有液晶态的物质称为液晶物质。液晶可分为近晶相、向列相和胆甾相三种类型。

液晶无损检测技术主要利用液晶的温度效应。把液晶膜作为温度敏感元件,并以此来显示缺陷图像。由于缺陷的存在,热传导产生不均匀性,工件表面产生温度梯度。如果缺陷及其周围部分所对应的表面温差正好等于某种液晶的变色温差 δ_t 时,则在一定观察角时,缺陷处显示一种颜色,周围良好区域显示另一种颜色。从而依据可见二维彩色图像和时间变化,便可以检查工件表层下的缺陷。

液晶法可用于胶接电焊零件、铝铝金属胶接等粘接测量。最近还用于金属材料的疲劳、范性流变和断裂过程的研究等。

2) 光纤无损检测技术

(1) 光纤目视检测。

光导纤维可分为玻璃光纤、塑料光纤、液芯光纤和晶体光纤等,它是制作各种纤维光学元件的基本单元。包层型光纤是由高折射率的光导芯和低折射率的包层组成。光纤传输信息具有光能损失小、分辨率高、传输容量大、不受电磁干扰、重量轻、成本低等优点。新近发展起来的集成光路技术,把光源、光波导、光开关、光放大器和光学接收器件等,以微型薄膜结构制作在一块衬底上,成为单片微型集成光路,具有光和电两种功能,且体积小、功耗低、效率高,应用前途十分广泛。

(2)光纤裂纹检测。

它的基本原理是,结构件金属材料上的微小裂纹及其应力发展,能够使粘贴在金属表面上的光纤发生断裂,从而使光纤中传输的光中断。这就表明结构件上的应力超过了某一危险值,必须立即采取措施进行维修,以免发生破坏性事故。

光纤裂纹检测技术是结构件进行断裂预报的有效手段。在使用中,当金属中产生裂纹引起光纤断裂并使光学信息中断时,可立即由光电装置检出并由电子仪器显示。纤维破裂点有光线射出,即可确定断裂部位。若使用一系列具有不同断裂阀值的光纤,成排地粘贴在被检构件上,当接续的光纤相继断裂时,可以显示出裂纹的扩展情况。

光纤裂纹检测技术已开始长期监测飞机上重要结构件疲劳裂纹的产生和扩展。

3.2　飞机复合材料测试技术与设备

复合材料广义上是指由两种或两种以上不同性质的材料,通过物理或化学的方法,在宏观(微观)上组成具有新性能的材料。在民用飞机领域,复合材料一般指由碳纤维作为增强体,由高性能树脂作为基体的先进复合材料,也称为碳纤维增强树脂基复合材料。在本节中所述的"复合材料"特指这种材料。这种复合材料的比强度和比模量性能高于传统的铝合金等航空结构材料,因此成为当代航空航天领域主要发展的结构材料之一。以代表当代民用飞机领先水平的 B787 和 A350 为例,这两个型号的复合材料结构用量均已达到或超过总体结构重量的 50%。由于复合材料的应用在经济性、环保性等多方面的优势,复合材料用量多少已经成为衡量当代先进民用飞机先进程度的重要指标之一。

从测试角度来看,民用飞机复合材料与金属材料的检测有一定的区别。首先复合材料是有机物,很多性能的测试需要依赖有机物分析测试装备,如红外光谱仪(IR)、动态热机械分析仪(DMA)、差示扫描量热仪(DSC)、流变仪、黏度计等。其次,复合材料是各向异性材料,材料相同、尺寸相同、成分相同但增强体方向不同的试验件力学性能有很大的差异,当增强体方向平行于测试受力方向时,其力学性能有可能达到常规金属性能的几倍甚至几十倍;当增强体方向垂直于测试受力方向时,其力学性能甚至不足常规金属材料的百分之一。这就需要测试人员在试验件取样制样、试样装载、测试装备选择以及测试范围设定时重点注意。第三,复合材料的成型过程会使材料发生化学变化,导致材料的性状和性能都发生很大的变化,因此复合材料性能测试的内涵更加丰富,包括原材料各组分的性能和成型后复合材料的性能,这就需要开展复合材料测试工作的机构有针对性地开展建设工作。第四,成型后的复合材料在进行力学性能测试时不存在屈服过程,性能到达极限后会突然下降，应注意相关数据采集与人员防护。

对于当前的民用飞机主制造商来说，95％以上的复合材料零部件都是采用预浸料铺贴固化成型的。因此对于预浸料性能——包括未固化的预浸料与固化后的预浸料层压板——的关注程度远高于构成预浸料的组分材料，即纤维和树脂各自单独的性能。相对于飞机主制造商、复合材料的原材料供应商更关心纤维和树脂各自的性能，他们致力于通过改进预浸料的组分材料的性能，提升预浸料的性能，从而满足飞机主制造商关于预浸料的性能需求。

除预浸料铺贴工艺外，有小部分零部件采用液体成型工艺，采用这种工艺的飞机主制造商，更多地关注纤维和树脂各自单独的性能，如工艺性能和力学性能。

3.2.1 飞机复合材料组分材料的分析测试技术及设备

复合材料中的组分材料指的是作为基体的树脂材料、作为增强体的碳纤维材料以及纤维编织而成的织物。从飞机制造商的角度来说，更关注的是基体材料与增强体材料的使用性能及其性能的批次稳定性，而对于材料精细结构、配方组分比例等则并非关注的重点。这一特点显著地表现在飞机制造商制定的材料规范（material specification）中，材料规范中规定的大多是材料的使用性能，凡是能够达到规范要求性能的材料都可能进入规范的供应商清单，而这些进入供应商清单的产品有可能配方组分、生产工艺都各不相同，但都能达到飞机制造商对于原材料的性能要求。

3.2.1.1 纤维增强体的分析测试技术及设备

民用飞机主制造商关注的纤维增强体的性能主要包括物理性能和力学性能，物理性能包括纤维密度、单位重量长度/支数、纱线捻度、上浆剂含量、每厘米纱线数目、碳织物单位面积重量；力学性能主要是拉伸强度、拉伸模量和断裂伸长率。

1）纤维密度

纤维密度不仅是纤维制造中最重要的质量控制参数，也是纤维复合材料孔隙含量测定需要的重要参数。纤维密度还可用作识别纤维的判别参数，通常，通过测量纤维代表性样品的体积和称重来测定密度，然后综合这些值间接地完成密度计算。用一个质量分析天平，很容易测量质量。但是测定体积，有几种方法可使用。最普遍的方法是使用简单的阿基米德方法（排水法），采用密度天平。以下方法是实践证明行之有效的一种方法。

使用 ASTM D 3800 中概述的操作步骤，全部的称量结果精确到 0.001g，首先在空气中称量金属丝质量（W_1）；第二步，在液体中称量金属丝质量（W_2），液体为试剂级邻二氯苯或三氯乙烯，金属丝应该被液体完全浸润，表面无气泡。第三步，在空气中与金属丝一起称量至少 0.3g 的纤维样品（W_3）。第四步，在液体中称取纤维样品和金属丝（W_4）。则纤维试样的密度为

$$f = \frac{(W_3 - W_1)d}{(W_3 - W_1) - (W_4 - W_2)} \tag{3.11}$$

式中：d 为浸润液体的密度；$W_3 - W_1$ 为空气中试样重量；$W_4 - W_2$ 为液体中试样重量。

在这种测试方法中，核心的设备为密度天平，如图 3.47 所示，使用时首先将待测物体放入天平的提篮内，天平所显示的数值对应样品在空气中的重量，之后将液体倒入天平下方的液体杯中，将待测物放置于天平的提篮内，天平所显示的数值即对应去掉液体浮力后样品的质量，通过阿基米德原理和已知的液体密度，即可测得试样的密度。

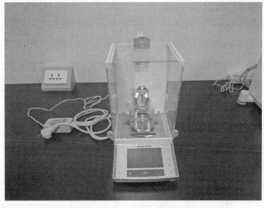

图 3.47　密度天平

2）单位质量长度/支数

支数一般表示为单位质量的长度，支数的倒数为线密度，表示为单位长度的质量。测量支数所使用的设备为常规的天平和尺，采用以下方法测定支数。

称量不少于 2.743 m 长的纤维，结果精确到 1 mm（L），称量试样质量，结果精确到 1.0 mg（W），由式（3.12）计算支数：

$$支数(m/kg) = L/W \times 10^6 \tag{3.12}$$

3）纤维捻度

图 3.48　纱线捻度仪

捻度定义为纤维或其他纺织纱束中单位长度绕轴捻回的圈数。有时为了改善纤维的操作性能需要增加纤维捻度，有时为了提高纤维束的分散性需要降低纤维的捻度，捻度测试可以使用纱线捻度仪（见图 3.48），可以按照 ASTM D 1423 所述的直接计数方法进行测量。

首先取试样，碳纤维股丝取样长度 250 mm 或 500 mm；取样数量 20 根。

再根据试样名义长度设定夹钳隔距，校纱线捻度仪的零位。以 0.5 cN/tex 预加张力夹持试样。启动捻度仪退捻，直到完全退捻（完全退捻判断方法：分析针可以从不旋转的夹钳处平移到旋转的夹钳处）。

记录试验数据，捻/米。重复测试至要求根数纱线，测量结果取平均值。

4）上浆剂含量

上浆剂的种类和含量对于碳纤维与树脂基体的结合强度有着举足轻重的影响，

很多原材料生产商对于上浆剂的制造工艺与配方都具有严格的技术保密规定。而上浆剂的含量则是直接影响纤维后续与树脂结合的关键参数,一般用质量百分数来表达,可以采用如下的方法进行测定。

第一步,取约 4.572 m 纱线或 125 mm×125 mm 织物并称重,结果精确到 1.0 mg(W);第二步,将纱线或织物试样放入装有约 75 mL 丙酮的 250 mL 烧杯或长颈瓶中,至少回流 8 h;回流后,倒出溶剂;第三步,用丙酮漂洗纤维,把全部溶剂收集在一个容器内;第四步,蒸发含有上浆剂的溶剂并称量容器和残留的上浆剂(W_1);由 W_1 减去容器质量得到萃取的上浆剂质量(W_2);干燥并称量经萃取的纤维(W_3);由下式计算上浆剂质量百分数:

$$上浆剂质量百分数 = \frac{1-W_3}{W} \times 100\% \tag{3.13}$$

试验的准确性可以通过(W_2+W_3)来检查。如果试验的准确性良好,(W_2+W_3)应等于 W。如果(W_2+W_3)的和小于 W 的 85%,应复测。

5) 每厘米纱线数目

每厘米纱线的数目一般是在经向和纬向上分别统计 12.7 cm 长度上的纱线数量,每厘米纱线的结果精确到 0.1 根,结果应为 5 次测量结果的平均值。

6) 碳织物单位面积质量

测量织物单位面积质量时,首先量取至少 125 mm×125 mm 织物对其进行精确面积测量,结果精确到 1 mm²(S),之后按照上浆剂含量的测试方法进行测试,第一步对其进行称重,结果精确到 1.0 mg(W);第二步,将纱线或织物试样放入装有约 75 mL 丙酮的 250 mL 烧杯或长颈瓶中,至少回流 8 h,回流后,倒出溶剂;第三步,用丙酮漂洗纤维,把全部溶剂收集在一个容器内;第四步,蒸发含有上浆剂的溶剂并称量容器和残留的上浆剂(W_1);由 W_1 减去容器质量得到萃取的上浆剂质量(W_2);干燥并称量经萃取的纤维(W_3)。按照下式计算织物的单位面积质量:

$$织物单位面积质量 = \frac{W_3}{S} \tag{3.14}$$

试验的准确性可以通过(W_2+W_3)来检查。如果试验的准确性良好,(W_2+W_3)应等于 W。如果(W_2+W_3)的和小于 W 的 85%,应复测。

7) 拉伸强度、拉伸模量和断裂伸长率

碳纤维的拉伸强度、拉伸模量和断裂伸长率可以通过同一个试验进行测定,是碳纤维最重要的力学性能。需要注意的是,此处的碳纤维拉伸性能指的是碳纤维复丝的拉伸性能,即丝束的拉伸性能,并非单丝的拉伸性能。碳纤维极限拉伸强度、拉伸弹性模量以及断裂延伸率可通过 GB3362 或 ASTM D 4018 来进行测试。测试所用的试验设备为力学性能试验机、引伸计与常规的拉伸夹具(能保证试样受拉时对中)、鼓风干燥箱(能够加热到需要的温度,使框架上的已经浸润树脂的纤维固化,温度控制精度为±2℃)。

测试时每组需要测试 10 个试样,其中有效试样应不少于 6 个。测定碳纤维复丝拉伸性能用的试样的形状及尺寸如图 3.49 所示。试样制备时,首先使用环氧树脂浸渍碳纤维复丝制得试样。剪取一根约 500 mm 长的复丝,用手拿住两端浸入胶液中,根据复丝的粗细及上胶情况,使其在胶液中往返一次或数次,甚至浸泡几分钟。浸过胶的复丝,抖去多余的胶液,加一定的张力,固定在框架上,使复丝横向拉直绷紧在框架上,在室温下晾干。把固定着复丝的框架放在鼓风干燥内进行固化。按图 3.39 尺寸截取复丝。试样应均匀浸胶、光滑、平直、无缺陷。制得的试样树脂含量控制在 35%~50%。为使浸渍树脂对拉伸性能的影响减至最低,应满足以下要求:①树脂应与纤维相容;②固化后试样中树脂的数量(树脂含量)应是产生有用试验试件所需的最低量;③纱、纱束、无捻粗纱或纤维束的单丝应是准直的;④树脂的应变能力应显著地高于长丝的应变能力。

浸胶完成后的试样需要贴加强片才能进行后续的测试,1 k,3 k 碳纤维复丝试样,按图 3.39(a)粘贴加强片,加强片为 0.2~0.4 mm 厚的纸板。6 k,12 k 碳纤维复丝试样,按图 3.39(b)粘贴加强片,加强片为 1~1.5 mm 厚的纸板或金属板。可用任何室温固化的胶黏剂粘贴加强片。

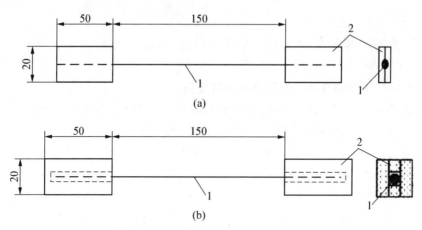

图 3.49　碳纤维复丝拉伸性能试样形状及尺寸(单位:mm)

1—碳纤维复丝试样;2—加强片

测量合格试样在加强片之间的试样长度,精确到 0.5 mm。试样装入试验机的夹头,要求复丝和夹头的加载轴线相重合,加载速度为 1~20 mm/min,对试样施加初始载荷(约为破坏载荷的 5%),检查并调整试样及应变测量仪表,使系统处于正常工作状态。启动试验机和数据记录或采集设备,测试试样直至破坏,得到破坏载

荷 P。

试验件的破坏无论在明显内部缺陷处、出现在夹具内或者距离夹紧处的距离小于 10 mm，都视为无效的破坏模式，同一批试验件应该至少有 6 个有效数据。

按照式(3.15)计算碳纤维复丝拉伸强度：

$$\sigma_t = \frac{P \cdot \rho_f}{t} \times 10^{-6} \tag{3.15}$$

式中：σ_t 为拉伸强度，MPa；P 为破坏载荷，N；ρ_f 为复丝的密度，kg/m^3；t 为复丝的线密度，kg/m。

拉伸弹性模量按照式(3.16)进行计算：

$$E_1 = \frac{\Delta P \cdot \rho_f}{t} \frac{L}{\Delta L} \times 10^{-9} \tag{3.16}$$

式中：E_1 为拉伸弹性模量，GPa；ΔP 为由应力-应变曲线初始直线段上截取的载荷值，N；ρ_f 为复丝的密度，kg/m^3；t 为复丝的线密度，kg/m；L 为加强片之间的试样长度，mm；ΔL 为加强片之间的试样长度对应于 ΔP 的变形增量，mm。

断裂伸长率按照式(3.17)计算：

$$\varepsilon_t = \frac{\Delta L_b}{L} \times 100\% \tag{3.17}$$

式中：ε_t 为断裂伸长率，%；ΔL_b 为断裂伸长，mm；L 为加强片之间的试样长度，mm。

3.2.1.2 树脂基体的分析测试技术及设备

同纤维一样，民用飞机主制造商对于树脂基体的性能更多地关注其使用性能及其稳定性，对每批次树脂配方是否一致给予高度的关注，而对于具体化学构成细节关注度较低。另外，树脂的使用性能更多地体现在固化后树脂的力学性能方面，因此在树脂性能的测试过程中，试样固化与制备是非常重要的步骤。树脂基体的分析测试范围主要包括树脂基体的化学组分分析测试、树脂基体固化反应特性分析、树脂基体物理性能分析、物质基体的耐热性能及热稳定性以及树脂浇铸体的力学性能等。

1）化学组分分析测试

化学组分分析主要包含组分元素和官能团的分析、光谱分析、色谱分析。

组分元素分析可以采用 X 射线荧光分析、原子吸收光谱、原子发射光谱、中子活化分析等，除了能分析得到树脂中含有哪些基本元素的信息，还可以确定各元素在树脂中的组成比例。官能团的分析方法主要包括常规化学滴定分析、电位滴定分析、电量分析、放射分析等。如前所述，组分元素分析和官能团的分析可以得到树脂组分的定量信息,但对于飞机主制造商来说并不十分关注,因此能够进行定性分析与批次比对的光谱和色谱分析在主制造商控制树脂质量方面使用最为广泛,尤其是光谱分析中的主要有红外光谱分析(IR)与色谱分析中的高效液相色谱(HPLC)(有时也称为高效液相色谱)。

(1) 红外光谱分析原理与设备。

红外光和可见光一样都是电磁波,是波长介于可见光和微波之间的一段电磁辐射区。现在已经知道的电磁波包括了波长从 $10^{-12} \sim 10^6$ cm 之间的多种形式,按波长由小到大顺序依次分成宇宙射线、γ 射线、X 射线、紫外线、可见光、红外线、微波以及无线电波,其中的红外光波长范围为 $0.75 \sim 1000 \mu m$。红外光又可依据波长范围进一步分成近红外、中红外和远红外三个波区,根据分子对它们的吸收特征也可称作泛音区、基频区和转动区。其波长和波数界限如表 3.5 所示。

表 3.5　红外光特性表

名称	波长/μm	波数/cm^{-1}
近红外(泛音区)	$0.75 \sim 2.5$	$13334 \sim 4000$
中红外(基频区)	$2.5 \sim 25$	$4000 \sim 400$
远红外(转动区)	$25 \sim 1000$	$400 \sim 10$

中红外区能够很好地反映分子内部所发生的各种物理过程以及分子结构方面的特征,对解决分子结构和化学组成中的各种问题最为有效,因而中红外区是红外光谱中应用最广的区域,一般所说的红外光谱大都是指这一范围的光谱。

当样品收到频率联系变化的红外光照射时,分子吸收某些频率的辐照,产生分子振动能级和转动能级从基态到激发态的跃迁,使相应于这些吸收区域的透射光强度减弱。以记录红外光的透过率($T\%$)或吸光度(A)为纵坐标,以红外光的波数$\bar{\nu}$或波长 λ 为横坐标,图 3.50 即为所得的聚乙烯的红外光谱图。

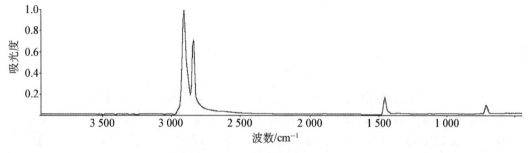

图 3.50　聚乙烯红外光谱

红外光谱图一般要反映 4 个要素,即吸收谱带的数目、位置、形状和强度。由于每个基团的振动都有特征振动频率,在红外光谱中表现出特定的吸收谱带位置,并以波数表示,因此,红外光谱图中吸收峰在横轴的位置、吸收峰的形状和强度可以提供化合物分子结构信息,用于物质的定性和定量分析。在鉴定化合物时,谱带位置(波数)常常是最重要的参数。如羟基的吸收波数在 $3\,650\sim3\,700\ \text{cm}^{-1}$,而水分子的吸收在较低的波数 $3\,450\ \text{cm}^{-1}$ 左右。关于谱带的形状,如果所分析的化合物较纯,则它们的谱带较尖锐,对称性好。若所分析的样品为混合物,则会出现谱带的重叠、加宽,对称性也被破坏。对于晶体固态物质,其结晶的完整性程度也会影响谱带形状。

$$透射百分比\ T\% = I/I_0 \times 100\% \tag{3.18}$$
$$吸光度\ A = \lg(1/T) = \lg(I_0/I) = kb \tag{3.19}$$

式(3.18)和式(3.19)中:A 为吸光度;I_0、I 为入射光和透射光的强度;T 为透过率;b 为样品厚度(cm);k 为吸收系数(cm^{-1})。

红外光谱的特点是:一方面官能团特种吸收频率的位置基本上是固定的;另一方面它们又不是绝对不变的,其频率可以唯一反映分子的结构特点,从而使红外光谱成为结构分析的重要工具。同时,如果不同批次产品的树脂有一致的特种吸收频率,则可以表明不同批次材料的官能团结构是一致的。这对于主制造商确定树脂的质量稳定性非常重要。

红外光谱在树脂应用分析中的另一个重要作用是可以进行树脂的固化度测定,即根据树脂体系中反应官能团在固化前后的特征峰相对强度变化计算固化度。采用该方法需要两个特征峰,一是不受其他基团特征峰影响的反应基团特征峰,二是不受其他特征峰影响、相对稳定的内标峰。例如在环氧树脂固化反应过程中,$915\ \text{cm}^{-1}$ 环氧基团为特征吸收峰,$1\,500\ \text{cm}^{-1}$ 苯环特征峰作为内标峰,两峰的面积分别为 S_{915}、$S_{1\,500}$,$S_{915}/S_{1\,500}$ 作为环氧基团的特征吸收峰的相对强度。固化反应前后环氧基团特征峰的相对强度分别为 $(S_{915}/S_{1\,500})_0$ 和 $(S_{915}/S_{1\,500})_t$,则树脂的固化度为

$$\alpha = 1 - (S_{915}/S_{1\,500})_t/(S_{915}/S_{1\,500})_0 \tag{3.20}$$

(2) 高效液相色谱分析原理与设备。

要理解高效液相色谱,首先应理解色谱。色谱法的最早应用是用于分离植物色素,其方法是这样的:在一玻璃管中放入碳酸钙,将含有植物色素(植物叶的提取液)的石油醚倒入管中。此时,玻璃管的上端立即出现几种颜色的混合谱带。然后用纯石油醚冲洗,随着石油醚的加入,谱带不断地向下移动,并逐渐分开成几个不同颜色的谱带,继续冲洗就可分别接得各种颜色的色素,并可分别进行鉴定。色谱法

也由此而得名。

在色谱法中存在两相,一相是固定不动的,称为固定相;另一相则不断流过固定相,称为流动相。色谱法的分离原理就是利用待分离的各种物质在两相中的分配系数、吸附能力等亲和力的不同来进行分离的。

使用外力使含有样品的流动相(气体、液体)通过一固定于柱中或平板上、与流动相互不相溶的固定相表面。当流动相中携带的混合物流经固定相时,混合物中的各组分与固定相发生相互作用。由于混合物中各组分在性质和结构上的差异,与固定相之间产生的作用力的大小、强弱不同,随着流动相的移动,混合物在两相间经过反复多次的分配平衡,使得各组分被固定相保留的时间不同,从而按一定次序由固定相中先后流出。与适当的柱后检测方法结合,实现混合物中各组分的分离与检测。

对于复合材料树脂基体,使用最多的是高效液相色谱。经典的液相色谱法其流动相是在常压下进行的,而高效液相色谱分析的流动相采用高压泵输送,而且采用了新型的固定相,分离效率高。

高效液相色谱仪与普通的液相色谱仪不同之处在于:高压、高速、高效、高灵敏度。高压:液相色谱法以液体为流动相(称为载液),液体流经色谱柱,受到阻力较大,为了迅速地通过色谱柱,必须对载液施加高压。一般可达 $150 \sim 3.5 \times 10^4 \text{kPa}$。高速:流动相在柱内的流速较经典色谱快得多,一般可达 $1 \sim 10 \text{mL/min}$。高效液相色谱法所需的分析时间较之经典液相色谱法少得多,一般少于 1h。高效:近来研究出许多新型固定相,使分离效率大大提高。高灵敏度:高效液相色谱仪已广泛采用高灵敏度的检测器,进一步提高了分析的灵敏度。如荧光检测器灵敏度可达 10^{-11} g。另外,用样量小,一般为几微升。

根据分离机制的不同,高效液相色谱法可分为下述几种主要类型:液-液分配色谱法、液-固色谱法、离子交换色谱法、离子对色谱法、离子色谱法、空间排阻色谱法。用于树脂分析大多采用液-固色谱法。

液-固色谱法流动相为液体,固定相为吸附剂(如硅胶、氧化铝等)。这是根据物质吸附作用的不同来进行分离的。其作用机制是:当试样进入色谱柱时,溶质分子(X)和溶剂分子(S)对吸附剂表面活性中心发生竞争吸附(未进样时,所有的吸附剂活性中心吸附的是 S),可表示如下:

$$X_m + nS_a = X_a + nS_m \tag{3.21}$$

式中:X_m 为流动相中的溶质分子;S_a 为固定相中的溶剂分子;X_a 为固定相中的溶质分子;S_m 为流动相中的溶剂分子。

当吸附竞争反应达平衡时:

$$K = \frac{[X_a][S_m]}{[X_m][S_a]} \tag{3.22}$$

式中：K 为吸附平衡常数。

根据上述原理制成的高效液相色谱仪主要有进样系统、输液系统、分离系统、检测系统和数据处理系统。

a. 进样系统。一般采用隔膜注射进样器或高压进样间完成进样操作，进样量是恒定的。这对提高分析样品的重复性是有益的。

b. 输液系统。该系统包括高压泵、流动相贮存器和梯度仪三部分。高压泵的一般压强为 $1.47 \sim 4.4 \times 10^7$ Pa，流速可调且稳定，当高压流动相通过层析柱时，可降低样品在柱中的扩散效应，可加快其在柱中的移动速度，这对提高分辨率、回收样品、保持样品的生物活性等都是有利的。流动相贮存器和梯度仪，可使流动相随固定相和样品的性质而改变，包括改变洗脱液的极性、离子强度、pH 值，或改用竞争性抑制剂或变性剂等。这就可使各种物质（即使仅有一个基团的差别或是同分异构体）都能获得有效分离。

c. 分离系统。该系统包括色谱柱、连接管和恒温器等。色谱柱一般长度为 $10 \sim 50$ cm（需要两根连用时，可在两者之间加一连接管），内径为 $2 \sim 5$ mm，由优质不锈钢或厚壁玻璃管或钛合金等材料制成，柱内装有直径为 $5 \sim 10~\mu m$ 粒度的固定相（由基质和固定液构成）。固定相中的基质是由机械强度高的树脂或硅胶构成，它们都有惰性（如硅胶表面的硅酸基因基本已除去）、多孔性和比表面积大的特点，加之其表面经过机械涂渍，或者用化学法偶联各种基因（如磷酸基、季氨基、羟甲基、苯基、氨基或各种长度碳链的烷基等）或配体的有机化合物。因此，这类固定相对结构不同的物质有良好的选择性。

另外，固定相基质粒小，柱床极易达到均匀、致密状态，极易降低涡流扩散效应。基质粒度小，微孔浅，样品在微孔区内传质短。这些对缩小谱带宽度、提高分辨率是有益的。

再者，高效液相色谱的恒温器可使温度从室温调到高于室温的适当温度，通过改善传质速度，缩短分析时间，就可增加层析柱的效率。

d. 检测系统。高效液相色谱常用的检测器有紫外检测器、示差折光检测器和荧光检测器 3 种，一般树脂检测可用紫外检测器。

紫外检测器。适用于对紫外光（或可见光）有吸收性能样品的检测，其特点为适用面广（如蛋白质、核酸、氨基酸、核苷酸、多肽、激素等均可使用）；灵敏度高（检测下限为 10^{-10} g/mL）；线性范围宽；对温度和流速变化不敏感；可检测梯度溶液洗脱的样品。

示差折光检测器。凡具有与流动相折光率不同的样品组分，均可使用示差折光检测器检测。目前，糖类化合物的检测大多使用此检测系统。这一系统通用性强、操作简单,但灵敏度低(检测下限为 10^{-7} g/mL),流动相的变化会引起折光率的变化,因此,它既不适用于痕量分析,也不适用于梯度洗脱样品的检测。

荧光检测器。凡具有荧光的物质,在一定条件下,其发射光的荧光强度与物质的浓度成正比。因此,这一检测器只适用于具有荧光的有机化合物(如多环芳烃、氨基酸、胺类、维生素和某些蛋白质等)的测定,其灵敏度很高(检测下限为 $10^{-12} \sim 10^{-14}$ g/mL),痕量分析和梯度洗脱作品的检测均可采用。

e. 数据处理系统。该系统可对测试数据进行采集、贮存、显示、打印和处理等操作,使样品的分离、制备或鉴定工作能正确开展。

2) 树脂基体固化反应特性分析

热固性树脂体系的固化反应特性是复合材料固化工艺的制订依据。这些固化反应特性包括固化反应温度参数、反应热熔、凝胶时间等。使用设备对热固性树脂体系的固化反应特性分析结果,对飞机主制造商的工艺规范制订有举足轻重的作用。

固化过程的热分析手段主要有差示扫描热分析(DSC)、差热分析(DTA)、动态介电分析仪(DETA)、热失重分析仪(TGA)。其中 DSC 和 DTA 是分析树脂体系固化反应特征的常用表征技术,它们主要检测热固性树脂固化反应的反应热和反应温度等,也可以表征树脂的分解、氧化降解反应等。对于热固性树脂体系,DSC 和 DTA 主要为树脂体系提供固化反应起始温度、反应峰温度、反应热熔以及固化反应峰的峰形等参数。DETA 可以通过树脂介电性能的变化来反映树脂的物理状态变化,如从固态变为流动状态、从流体状态因固化反应转变为固态等状态的变化。TGA 主要用于研究固化反应过程中有质量变化的反应,如酚醛树脂的固化反应。

(1) 差示扫描量热法原理与设备。

差示扫描量热法的基本原理是在程序控制温度条件下,测量输入给样品与参比物的功率差与温度关系的一种热分析方法。针对差热分析法是间接以温差(ΔT)变化表达物质物理或化学变化过程中热量的变化(吸热和放热),且由于差热分析曲线的影响因素很多而难以定量分析的问题,发展了差示扫描量热法。

试样和参比物必须分别装填在加热器中,且应有单独的传感器(热电偶或热敏电阻)以电阻丝供热,控制升温速率,以使试样和参比物保持相同的温度。由于热阻的存在,参比物与样品之间的温度差(ΔT)与热流差之间成一定的比例关系。样品热效应引起参比物与样品之间的热流不平衡,所以在一定的电压下,输入电流之差与输入的能量成比例,得出试样与参比物的热熔之差或反应热之差(ΔE)。

将 ΔT 对时间积分,可以得到热熔 $\Delta H = K \int_0^t \Delta T \mathrm{d}t$($K$ 为修正系数,称为仪器常

数)。以纵坐标表示试样相对于参比物能量的吸收比例,该比例取决于差示扫描量热法试样的热容,横坐标表示时间(t)或温度(T)得到 DSC 图谱。图 3.51 为典型的环氧树脂 DSC 图谱。

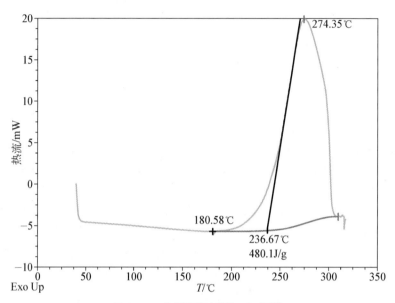

图 3.51 典型环氧树脂 DSC 图谱

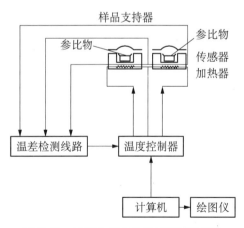

图 3.52 功率补偿式的差示扫描量热仪

目前有两种差示扫描量热仪,即功率补偿式和热流式,功率补偿式使用更为普遍。图 3.52 为功率补偿式的差示扫描量热仪示意图,含有功率补偿放大器、样品池与参比物池。样品池与参比物池下装有各自的热敏元件和补偿加热器。热分析过程中,当样品发生吸热(或放热)时,通过对样品(或参比物)的热量补偿作用(即供给电能),维持样品与参比物温度相等($\Delta T = 0$)。补偿的能量及相当于样品吸收或放出的能量。即 $\Delta H = K' \Delta W$,其中:ΔH 为热焓变化量;ΔW 为(补偿电)功率的变化量;K' 为校正常数。

典型的差示扫描量热曲线以热流率($\mathrm{d}H/\mathrm{d}t$)为纵坐标,以时间(t)或温度(T)为横坐标,即 $\mathrm{d}H/\mathrm{d}t$-t 曲线,如图 3.53 所示,图中,曲线离开极限的位移即代表样品吸收或放热的数量(mJ/s),而曲线中峰谷所包围的面积即代表热量的变化。因而差示扫描量热发可以测量样品在发生物理或化学变化时的热效应。考虑到样品发生热量变化时,除变化传导到温度传感装置以实现样品或参比物的热量补偿外,尚有一部分传导到温度传感装置以外的地方,因为差示扫描量热曲线上吸热峰或放热峰面积实际上仅代表样品传导到温度传感器装置的那部分热量变化,故样品真实的热量变化与曲线峰面积的关系为:

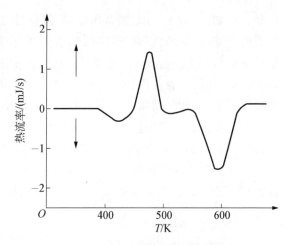

图 3.53 典型的差示扫描量热曲线

$m\Delta H = KA$,其中: m 为样品质量; ΔH 为单位质量样品的焓变; A 为与 ΔH 相应高的曲线峰面积; K 为修正系数,称为仪器常数,由于 K 的存在,即使是同样条件下,同样质量的样品,在不同的 DSC 设备上测试,其峰面积也不尽相同。如果已知 ΔH 的样品测量与 ΔH 相应的 A,就可以求得仪器常数 K。

　　用差示扫描量热法可以对树脂固化度进行的表征。固化度是指树脂中已经参与固化反应的活性官能团占应该参与固化反应的活性官能团的百分比。热分析法的主要依据是:由于树脂的固化反应均有反应热放出,而且对于同一类反应,其固化反应热与固化反应程度呈正比。因此利用热分析法测定固化树脂的残余热,可以测定树脂的固化度。

$$\alpha = \Delta H_t / \Delta H_0 \tag{3.23}$$

式中: ΔH_0 为总反应放热; ΔH_t 为一定时间时的反应热。

　　(2) 差热分析法(DTA)原理与设备。

　　在热分析仪器中,差热分析仪(DTA)是使用得最早、最为广泛的一种热分析仪器。差热分析是在程序控制温度下,测量样品与参比物之间的温度差与温度关系的一种热分析方法。在实验过程中,将样品与参比物的温差作为温度或时间的函数连续记录下来。其基本特征是采用示差热电偶,以一端测温,另一端记录并测定试样与参比物之间的温度差,以达到了解试样在升温或降温过程中的热变化,以鉴定未知试样的目的。DSC 与 DTA 工作原理有着明显的差别:DTA 只能测试 ΔT 信号,无法建立 ΔH 与 ΔT 之间的联系;DSC 测试 ΔT 信号,并建立 ΔH 与 ΔT 之间的联系。

　　由物理学可知,具有不同自由电子束和逸出功的两种金属相接触时会产生接触电动势。如图 3.54 所示,当金属丝 A 和金属 B 焊接后组成闭合回路,如果两焊点的温度 t_1 和 t_2 不同就会产生接触热电势,闭合回路有电流流动,检流计指针偏转。接触电动势的大小与 t_1、t_2 之差成正比。如把两根不同的金属丝 A 和 B 以一端相焊接(称为热端),置于需测温的部位;另一端(称为冷端)处于冰水环境中,并以导线与检流计相连,此时所得热电势近似与热端温度成正比,构成了用于测温的热电偶。如将两个反极性的热电偶串联起来,就构成了可用于测定两个热源之间温度差的温差热电偶。将温差热电偶的一个热端插在被测试样中,另一个热端插在待测温度区内不发生热效应的参比物中,试样和参比物同时升温,测定升温过程中两者温度差,就构成了差热分析的基本原理。

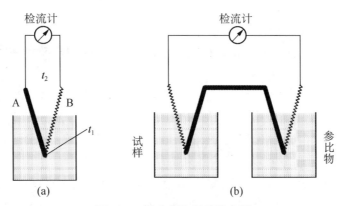

图 3.54　热电偶和温差热电偶

(a) 热电偶　(b) 温差热电偶

　　差热分析仪一般由加热炉、试样容器、热电偶、温度控制系统及放大、记录系统等部分组成。装置如图 3.55 所示。

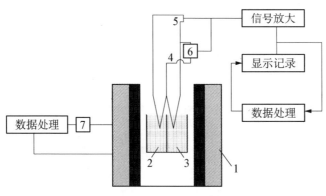

图 3.55　差热分析装置

1—加热炉;2—试样;3—参比物;4—测温热电偶;5—温差热电偶;
6—测温元件;7—控温元件

加热炉是加热试样的装置。作为差热分析用的电炉需要满足以下要求：炉内应有一均匀温度区，以使试样能均匀受热；程序控温下能以一定的速率均匀升(降)温，控制精度要高；电路的热容量要小，以便于调节升温和降温速度；炉子的线圈应无感应现象，以防对热电偶产生电流干扰；炉子的体积要小、质量要轻，以便于操作和维修。

根据发热体的不同，可将加热炉分为电热丝炉、红外加热炉和高频感应加热炉等形式。按炉膛的形式可分为箱式炉、球形炉和管状炉，其中管状炉使用最为广泛。若按炉子放置的形式又可分为直立和水平两种。作为炉管的材料和发热体的材料应根据使用温度的不同进行选择，常用的有镍铬丝、康钛丝、铂丝、铂铑丝、钼丝、硅碳棒、钨丝等，使用温度范围从 900℃ 到 2000℃ 以上。

为提高仪器的抗腐蚀能力或试样需要在一定的气氛下观察其反应情况，可在炉内抽真空或通以保护气氛及反应气氛。

用于差热分析的试样通常是粉末状。一般将待测试样和参比物先装入样品坩埚后置于样品支架上。样品坩埚可用陶瓷质、石英玻璃质、刚玉质和钼、铂、钨等材料。作为样品支架的材料，在耐高温的条件下，以选择传导性能好的材料为宜。在使用温度不超过 1300℃ 时可采用金属镍或一般耐火材料作为样品支架。超过 1300℃ 时则以刚玉质材料为宜。

热电偶是差热分析中关键的原件。要求热电偶材料能产生较高的温差电动势并与温度呈线性关系，测温范围广，且在高温下不受氧化及腐蚀；电阻随温度变化要小，导电率要高，物理稳定性好，能长期使用；便于制造，机械强度高，价格便宜。

热电偶材料有铜-康铜、铁-康铜、镍铬-镍铝、铂-铂铑和铱-铱铑等。一般中低温(500～1000℃)差热分析多采用镍铬-镍铝热电偶，高温(>1000℃)时可用铂-铂铑热电偶。

热电偶冷端的温度变化将影响测试结果，可采用一定的冷端补偿法或将其固定在一个零点，如置于冰水混合物中，以保证准确的测温。

温度控制系统主要由加热器、冷却器、控温元件和程序温度控制器组成。由于程序温度控制器中的程序毫伏发生器发出的毫伏数和时间呈线性增大或减小的关系，可使炉子的温度按给定的程序均匀地升高或降低。升温速率要求在 1～100℃/min 的范围内改变，常用的为 1～20℃/min。该系统要求保证能使炉温按照给定的速率均匀地升温或降温。

信号放大系统的作用是将温差热电偶所产生微弱的温差电势放大，增幅后输送到显示记录系统。

显示记录系统的作用是把信号放大系统所检测到的物理参数对温度作图。可采用电子电位差记录仪或电子平衡电桥记录仪、示波器、X-Y 函数记录仪以及照相式的记录方式等数字、曲线或其他形式直观地显示出来。

(3) 热重分析法原理与设备。

热重分析法(TG)是测量试样的质量变化与温度或时间关系的一种技术。如熔融、结晶和玻璃化转变之类的热行为试样无质量变化,而分解、升华、还原、热解、吸附、蒸发等伴有质量改变的热变化可以用热重法来测量。

热重分析法又分为等压质量变化测定和等温质量变化测定两种。等压质量变化测定又称为自发气氛热重分析,是在程序控制温度下,测量物质在恒定挥发物分压下平衡质量与温度关系的一种方法。该方法利用试样分解的挥发产物所形成的气体作为气氛,并控制在恒定的大气压下测量物质随温度的变化情况,其特点就是可减少热分解过程中氧化的干扰。等温质量变化测定是在恒温条件下测量物质质量与温度关系的一种方法。该方法每隔一定温度间隔将物质恒温至恒重,记录恒温恒重关系曲线。该法准确度高,能记录微小失重,但比较费时。

动态法又称为非等温热重分析法,分为热重分析和微商热重分析。热重和微商热重分析都是在程序升温的情况下,测定物质质量变化与温度的关系。微商热重分析又称导数热重分析,它是记录热重曲线对温度或时间一阶导数的一种技术。由于动态非等温热重分析和微商热重分析简便实用,又利于与 DTA、DSC 等技术连用,因此广泛地应用在热分析技术中。

热重分析仪分为热天平式和弹簧秤式两种。

a. 热天平式热重分析仪。热天平与常规分析天平一样,都是称量仪器,但因其结构特殊,使其与一般天平在称量功能上有显著差别。它能自动、连续地进行动态称量与记录,并在称量过程中能按一定的温度程序改变试样的温度,而且试样周围的气氛也是可以控制或调节的。

热天平由精密天平和线性程序控温加热炉组成,如图 3.56 所示。天平在加热过程中试样无质量变化时能保持平衡状态,有质量变化时,天平就失去平衡,并立即由传感器检测并输出天平失衡信号。这一信号经测重系统

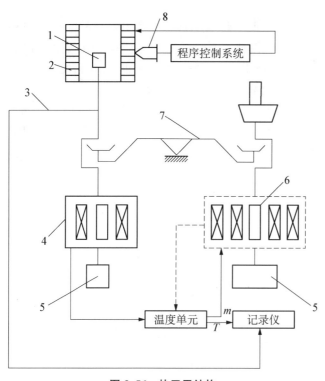

图 3.56 热天平结构

1—试样支持器;2—炉子;3—测温热电偶;4—传感器(差动变压器);5—平衡锤;6—阻尼及天平复位器;7—天平;8—阻尼信号

放大后用以自动改变平衡复位器中的电流,使天平重新又回到初始平衡状态即所谓的零位。通过平衡复位器中的线圈电流与试样质量变化成正比。因此记录电流的变化即能得到加热过程中试样质量连续变化的信息。而试样温度同时由测温热电偶测定并记录。于是得到试样质量与温度(或时间)关系的曲线。热天平中阻尼器的作用是维持天平的稳定。天平摆动时,就有阻尼信号产生,这个信号经侧重系统中的阻尼放大器放大后再反馈到阻尼器中,使天平摆动停止。

b. 弹簧秤式热重分析仪。弹簧秤的原理是胡克定律,即弹簧在弹性限度内其应力与形变呈线性关系。由于一般的弹簧因其弹性模量随温度变化,容易产生误差,因此采用随温度变化小的石英玻璃或退火的钨丝制作弹簧。其测量灵敏度高。但由于石英玻璃式弹簧的内摩擦力极小,一旦受到冲击振动就难以衰减,因此易受外界干扰。同时为了防止加热炉的热辐射和对流所引起的弹簧的弹性模量的变化,弹簧周围装有循环恒温水等装置。弹簧秤法利用弹簧的伸长与重量成比例的关系,所以可利用测高仪读数或者利用差动变压器将弹簧的伸长量转换成电信号进行自动记录。如图 3.57 所示。

3) 树脂基体物理特性表征

树脂基体物理特性有流变特性、密度、挥发分含量、吸湿率、燃烧性能等几个方面。其中树脂流变性能直接影响复合材料成型工艺,对于复合材料树脂基体的流变性能的表

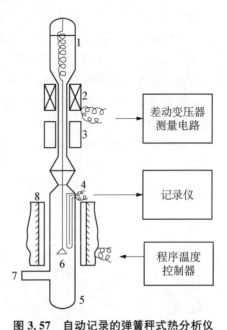

图 3.57 自动记录的弹簧秤式热分析仪

1—石英弹簧;2 差动变压器,3 磁阻尼器;4—测温热电偶;5—套管;6—样品皿;7—通气口;8—加热炉

征可以使用旋转式流变仪与毛细管黏度计,树脂在固化过程中,随着树脂黏度和形态的变化,其介电常数、介电损耗角等电性能参数也随之变化。因此,动态介电分析仪(DETA)也能表征树脂黏度和物理状态的变化。

(1) 旋转式流变仪原理与设备。

旋转式流变仪具有不同的测量头系统,最常见的有三种形式:同轴圆筒、平行板和椎板式测量头系统。旋转式流变仪一般的使用方法有两种:一种是控制输入应力,测定产生的剪切速率,这类仪器命名为"控制应力流变仪(CS)",具体的工作方式就是在转轴上先施加一定的扭矩,然后测定样品为抵抗这个外加的扭矩而产生的剪切速率;另一种是控制输入剪切速率,测定产生的剪切应力,这类仪器命名为"控制速率流变仪(CR)",其工作方式是试样以固定的速率转动,然后额定维持

这个速率所需要的外加扭矩值。现在一些新型的流变仪可以具备上述两种工作方式。

同轴圆筒流变仪:树脂基体试样放置于内筒和外筒的缝隙之间,其中一个圆筒以恒定速率相对于另一个圆筒转动。通过一定的角速度来旋转内筒或外筒,使试样发生剪切。一般外圆筒是固定的,便于用夹套控制温度;内圆筒由马达控制。

平行板流变仪:与同轴圆筒式相似,也是一个平板固定,另一个平板相对转动,聚合物样品放置在上下两个平行平板之间。

椎板流变仪:椎板式流变仪可以用来测定许多黏性聚合物液体如黏性聚合物熔体的黏度。聚合物熔体放置在椎板和圆形平板之间的缝隙内。锥角 α 指的是椎体表面和水平板表面间的夹角,锥角 α 通常是很小的($1°\sim5°$)。椎板流变仪也是固定一个板不动,另一个板以恒定的角速度旋转。由于锥角很小,可以近似认为椎板间的液体中剪切速率处处相等。

旋转流变仪测量头的类型以及适用范围如表 3.6 所示。

表 3.6　旋转流变仪测量头的类型

	同轴圆筒流变仪	平行板流变仪	椎板流变仪
示意图			
公式	$\dot{\gamma}=\dfrac{R_0^2+R_i^2}{R_0^2-R_i^2}\omega$ $\tau=\dfrac{R_0^2+R_i^2}{4\pi lR_0^2R_i^2}M$	$\dot{\gamma}=\dfrac{R\omega}{D}$ $\tau=\dfrac{2M}{\pi R^3}$	$\dot{\gamma}=\dfrac{\omega}{\alpha}$ $\tau=\dfrac{3M}{2\pi R^3}$
适用范围	用于中等黏度的液体	用于测试高黏度样品以及具有一定屈服值的样品	用于高剪切速率的试验

注:转矩 $M(\text{g}\cdot\text{m})$;剪切速率 $\dot{\gamma}(\text{s}^{-1})$;剪切应力 $\tau(\text{Pa})$;转子角速度 $\omega(\text{rad/s})$。

(2) 毛细管流变仪原理与设备。

可变压力型的毛细管流变仪在实验室测试中应用最为广泛,这种流变仪设计精巧,在测定高聚物熔体时应用最为广泛,与其他测定高聚物黏度的仪器相比,其优点是可以在较宽的范围调节剪切速率和温度,得到十分接近于加工条件的流变学物理量,而且仪器结构简单,易于操作。除了测定黏度外,毛细管流变仪还可以用来观察高聚物的熔体弹性和不稳定流动现象,对高聚物熔体流动中产生的各种现象进行进一步深入的定量研究。毛细管流变仪的结构一般为柱塞式。通过在柱塞上施加一定的压力,使料筒中的高聚物熔体发生流动。

一台可变压力型毛细管流变仪的结构如图3.58所示。一般由以下几个主要部分组成。

a. 主体部分:毛细管、料筒、压杆(柱塞)、加热炉、测力传感器。

b. 温控装置:热电偶、温控仪表。

c. 机械传动:电机、齿轮箱、速度控制。

d. 记录:记录仪、计算机数据采集与处理。

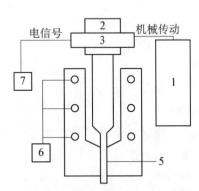

图 3.58 毛细管流变仪的结构组成

1—压杆速度控制系统;2—齿轮箱;3—测力传感器;4—压杆;5—毛细管;6—控温系统;7—记录仪及数据处理系统

试样装入料筒中,上加柱塞,试样恒温后,柱塞以恒定速度下降,对试样施加载荷,使试样从毛细管中挤出,试样黏滞阻力的大小由施加的荷重反映,其荷重由测力传感器检测,并加以记录。柱塞压下速度 v 乘以柱塞横截面积 S 可得体积流速 Q,荷重 F 除以柱塞横截面积 S 得压强 p($Q = vS$,$p = F/S$)。

高聚物的流动性由黏度来表征。牛顿流体的黏度只与温度有关,高聚物多数不是牛顿流体,其黏度不仅与温度有关,还依赖于剪切速率,毛细管流变仪检测到的是不同柱塞下降速度 v(cm/min)时所施加的挤压载荷 F。

牛顿流体剪切应力 $\tau_牛$ 与 F 的关系为

$$\tau_牛 = \frac{D}{\pi d_p^2 L} F \tag{3.24}$$

剪切速率 $\gamma_牛$ 与柱塞下降速度 v 的关系为

$$\dot{\gamma}_牛 = \frac{2}{15} \frac{d_p^2}{D^3} v \tag{3.25}$$

非牛顿指数为

$$n = \frac{\mathrm{d}(\lg\tau_牛)}{\mathrm{d}(\lg\gamma_牛)} = \frac{\Delta(\lg\tau_牛)}{\Delta(\lg\gamma_牛)} = \frac{\lg\tau_{牛,i+1} - \lg\tau_{牛,i}}{\lg\gamma_{牛,i+1} - \lg\gamma_{牛,i}} \tag{3.26}$$

式中:$n=1$ 为牛顿流体;$n>1$ 为胀塑性流体,切力变稠;$n<1$ 为假塑性流体,切力变稀。

非牛顿切变速率为

$$\dot{\gamma}_{\text{非牛}} = \frac{3n+1}{4n}\dot{\gamma}_{\text{牛}} \tag{3.27}$$

表观黏度为

$$\eta_a = \frac{\tau_{\text{牛}}}{\dot{\gamma}_{\text{非牛}}} \tag{3.28}$$

式中：d_p 为柱塞直径，cm；D 为毛细管直径，cm；v 为柱塞下降速度，cm/min；L 为毛细管长度，cm。

4）其他物理性能的表征

其他树脂的物理特性主要有树脂密度、挥发分含量、树脂基体吸湿率以及燃烧性能。

测试树脂基体的密度的常用方法有 5 种，分别为浸渍法、比重瓶法、浮沉法、密度梯度柱法和密度计法。其中浸渍法、浮沉法、密度计法浸渍法要求试样采用浇铸或机械加工制备。试样表面需平整清洁，无裂缝、无气泡，浸渍的液体采用蒸馏水或其他不与试样作用的液体。比重瓶法适用于粉、粒、膜等试样，要求试样内部无杂质和气泡。浮沉法、密度梯度柱法、密度计 3 种方法除可以测定采用浸渍法测试的试样之外，还可以测试颗粒状试样。

树脂基体挥发分含量的测试可以采用热失重分析（TGA），或者参考 ASTM 标准方法。其中，ASTM D 4526"气相色谱确定聚合物中挥发分方法"提供了定量或定性测量热塑性聚合物中挥发分的测试方法。ASTM D 3530"碳纤维预浸料挥发份含量的测定"也可以扩展到大多数热固性树脂基体的挥发分含量的测定。

树脂基体吸湿率决定着复合材料的吸湿率，并直接影响复合材料的耐湿热性能、绝缘性能、介电损耗等性能。需要注意的是，树脂基体吸湿率的大小不仅与树脂本身有关，而且与试样的形状、比表面积以及加工手段有关。具体实验方法可以参考 GB/T1034。

评价树脂基体燃烧性能的实验方法主要包括极限氧指数法（GB/T2406）、炽热棒法（GB/T2407）和烟密度法（GB/T8323）。另外，在 CCAR25 D 分部中，规定了座舱内部设施燃烧性能的要求，在 CCAR25 附录 F 中有明确的测试要求。

3.2.1.3 预浸料的分析测试技术及设备

预浸料是纤维与树脂经过初步复合而成的半成型的原料，预浸料的性能更多地由预浸料固化后的层压板来进行表征。对预浸料性能的分析测试主要用于民用飞机主制造商对原材料供应商所提供预浸料产品的质量控制。

预浸料的性能包括物理性能、化学性能、工艺性能三个方面，物理性能包含树脂含量、挥发分含量、单位面积纤维质量、流动度。化学性能主要指的是树脂的各项化学性能，可以采用分析树脂化学性能的方法。工艺性能包含材料的黏性、凝胶时间。

　　树脂含量是预浸料中树脂、固化剂和各种改进剂的总和,以它们所占质量的百分数表示,测试方法主要有萃取法、溶解法、灼烧法三种方法。萃取法是将试样放在萃取器中,用适当的溶剂进行萃取,使预浸料中的树脂完全溶解。根据实验前后试样质量的变化,计算预浸料的树脂质量含量。溶解法是将试样放入溶剂中,经过一段时间,使预浸料中的树脂完全溶解。根据实验前后试样质量的变化,计算预浸料的树脂质量含量。灼烧法是将试样放入坩埚,在马弗炉中灼烧,烧尽预浸料中的树脂。根据实验前后试样质量的变化计算预浸料的树脂质量含量。萃取法和溶解法不适用于其增强材料在溶剂中有增重或减重及 B 阶段程度高的预浸料。灼烧法只适用于玻璃纤维及其织物的预浸料。具体测试的标准有 ASTM D 3529。

　　单位面积纤维质量(纤维面重)表示预浸料所含的纤维量。该量的测试可以与树脂含量的测试同时进行,将树脂含量测试时所得试样的纤维质量除以试样面积即可得到单位面积纤维质量。

　　预浸料中的挥发分主要来源于树脂中的小分子物质以及在制备预浸料时残余的溶剂(通常采用湿法制造时更为明显)。挥发分含量过高将会使成型后的复合材料孔隙率偏高,性能下降。测定方法是将试样在一定条件下加热,根据加热前后试样的质量损失计算挥发分含量,并以其所占的百分数表示。测试时一般使用有通风循环系统的烘箱,有利于挥发份的顺利排出。挥发分的测试方法可以参考 ASTM D 3530。

　　树脂流动度是成型时树脂的流动能力的表征。流动性不足,树脂难以向纤维之间渗透,制品往往出现缺陷,流动性过大,可能会导致产品流胶严重,制品尺寸与树脂含量受到影响。流动度测试方法可以参考 ASTM D 3531,使用两片一定大小的预浸料按照要求铺贴,并在预浸料上下放置指定的吸胶材料,并在一定的温度和压力下保持至树脂完全凝胶时,树脂流出量所占预浸料质量的百分比即为树脂的流动度。

　　预浸料的化学性能分析与树脂基本相同,包括红外光谱、高效液相色谱与热学性能分析,其中热学性能分析与纯树脂的区别在于,预浸料中的碳纤维性能较稳定,在计算参与热学反应的材料质量时,应注意将碳纤维部分去除。不同种类的树脂 DSC 曲线有可能区别很大,图 3.59 和图 3.60 是两种不同的树脂基体预浸料的 DSC 测试曲线,图 3.59 中的树脂配方有两个明显的放热峰,证明在这两个温度下分别发生了两次放热的化学反应。图 3.60 中的树脂配方在放热开始之前有一个短暂的吸热过程,证明该反应在引发阶段存在吸热过程。

　　凝胶时间是确定复合材料固化过程中加压时机的重要参数。通常的凝胶时间测定方法为"探针法"。也就是将凝胶加热至测试温度后,加入少量树脂,并开始计时,同时不断用探针状工具拨动树脂,开始是树脂的分子量较小,探针不能从树脂中挑起丝状树脂;当树脂反应至分子量足够大时,探针能从树脂中挑起丝状树脂;反应

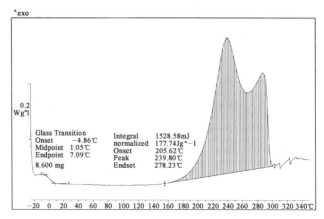

图 3.59　某预浸料的 DSC 曲线 1

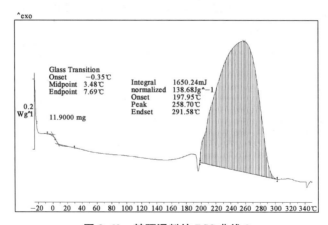

图 3.60　某预浸料的 DSC 曲线 2

继续进行,树脂逐步从线性分子结构向三位网络状结构发展时,探针又转变到不能从树脂中拔出丝状树脂,这时树脂就达到了凝胶点。该方法操作简单,设备要求不高,同时其准确度也较好。

3.2.2　层压板测试技术及设备

3.2.2.1　层压板物理化学性能测试技术及设备

层压板的物理化学性能测试可以提供有关复合材料性能方面的信息。与力学性能测试相比,层压板的物理化学性能测试具有所需试样小、分散性小、所能得到的信息较为全面和测试成本低等特点。常用于表征层压板性能的物理化学试验项目包括固化后单层厚度、纤维体积含量、面孔隙率、玻璃化转变温度和固化度等。

1) 固化后单层厚度

复合材料零件的厚度是一个重要的性能,其直接与复合材料的力学性能和装配容差相关。复合材料零件的厚度由铺层的层数、树脂含量、纤维体积含量和孔隙含量所控制。实际上,树脂、纤维和孔隙的比例从一层到另一层可能有些变化,这个变化的数值很大程度上随工艺参数而改变。确定固化后单层厚度一般包括在几个部位测量层压板(板件或零件)厚度、取厚度的平均值并除以铺层中的层数。层压板厚度可直接(采用仪器,如千分尺)或间接(用超声波仪器方法)进行测量。

SRM 10R - 94 是仅有的现行测量固化后的单层厚度的标准。该方法规定要用球面千分尺在层压板表面上至少 10 处取出厚度读数,建议不要从接近边缘 25 mm 处取读数,计算层压板的平均厚度再除以层数以获得固化后单层平均厚度。

2) 纤维体积含量

纤维体积含量是复合材料细观力学分析、计算和设计中的一个重要参数,其大小对复合材料的力学性能有较大的影响。目前测定纤维体积含量的方法主要有树脂溶解法、烧蚀法和计算机图像法等。

(1) 树脂溶解法。

树脂溶解法的基本原理为采用适当的溶剂将树脂基体溶解,从而得到增强纤维的质量,根据纤维密度计算出纤维体积,从而得到纤维体积含量。根据树脂的不同,采用的溶剂可以为浓硝酸、硫酸和过氧化氢的混合物、乙烯乙二醇和氢氧化钾的混合物,但所采用的溶剂不能对增强纤维造成损害。纤维体积含量按下式计算:

$$V_g = \frac{m_2}{\rho_f V_c} \times 100\%$$ (3.29)

式中:V_g 为层压板的纤维体积含量,%;V_c 为层压板试样的体积(可由排水法直接测得),cm³;m_2 为树脂溶解后试样剩余质量,g;ρ_f 为纤维密度,g/cm³。

树脂溶解法是计算纤维体积含量最直接的方法,但若纤维能够被溶剂溶解或损伤或树脂不完全溶解等因素会造成结果偏差,由于使用强氧化剂,该方法具有一定的危险性。

(2) 煅烧法。

煅烧法测定纤维体积含量适用于增强纤维不能燃烧的复合材料,例如玻璃纤维、玄武岩纤维等,其测试原理是称取一定质量的复合材料试样,在指定的温度下烧蚀,然后再称量剩余试样,试样烧蚀前后质量差即为树脂的质量,再经过换算可得纤维体积含量,该方法要求使用马弗炉进行试样的烧蚀。纤维体积含量按下式 3.30 计算:

$$V_g = \frac{m_2 \rho_c}{m_1 \rho_f} \times 100\%$$ (3.30)

式中:V_g 为层压板的纤维体积含量,%;m_1 为煅烧前试样质量,g;m_2 为煅烧后试样剩余质量,g;ρ_c 为层压板试样密度,g/cm³;ρ_f 为纤维密度,g/cm³。

煅烧法是计算纤维体积含量最直接的方法,此方法的缺点是试验复杂,并且试验过程对试样进行完全破坏,树脂炭化不完全,造成计算结果偏大,并且试验具有一定的危险性。

(3) 密度法。

密度法测定纤维体积含量主要适用于由一种增强纤维或者几种密度相同的增强纤维构成的复合材料,测定时只需要测定复合材料的体积密度、增强纤维的体积密度和树脂的体积密度,便可以计算出此材料的纤维体积含量,其计算公式如下:

$$V_f \rho_f = \rho_c V_c - \rho_r (V_c - V_f) \tag{3.31}$$

即:

$$V_g = \frac{\rho_c - \rho_r}{\rho_f - \rho_r} \times 100\% \tag{3.32}$$

式中:ρ_c 为层压板试样密度,g/cm³;ρ_f 为纤维密度,g/cm³;ρ_r 为树脂密度,g/cm³。

密度法是间接计算纤维体积含量的一种方法,此方法的优点是不对试样进行破坏,对试样的形状和规则程度要求不大,但要求试样内部不能含有气泡,否则计算结果会偏小;气泡越多,计算结果越不准确。当试样为不规则形状时,可用阿基米德原理,用浮力法测定试样的体积,再计算试样密度 ρ_c。

(4) 图像分析法。

图像分析方法提供了一个测量纤维体积的技术,并且同时提供了关于空隙体积在层压板的位置和沿厚度方向纤维分布信息。其基本假设是,纤维在随机界面上的二维分布代表了纤维的体积分布。该方法要求使用金相试样制备设备、放大倍数为400 倍以上的光学显微镜、图像采集和分析软件。

3) 面孔隙率

碳纤维增强树脂基复合材料以其优异的比强度特性在航空领域得到了广泛应用。然而,加工复合材料时的常见问题是形成如纤维变形、夹杂物、孔隙等缺陷,而在这些缺陷中孔隙是最重要的缺陷,这主要是因为孔隙的产生是很难避免的,而且孔隙的存在会对复合材料的力学性能产生非常不利的影响。面孔隙率的测定主要是采用显微照相法。

在配有细格子圆盘的显微镜下观察经抛光的试样断面,对孔隙落在细格交叉点上的点进行计数,则面积孔隙率为

$$P_S = N_S / N_T \tag{3.33}$$

式中:N_T 为显微镜下所有细格交叉点数;N_S 为有孔隙存在的细格交叉点数。

或者由所有断面内的所有孔隙的总面积与断面面积的百分比表示,即为

$$P_S = S_S/S_T \tag{3.34}$$

式中：S_T 为所观察断面面积；S_S 为所观察断面内孔隙的总面积。

采用显微镜照相法可以知道孔隙的形状、大小及分布，是目前孔隙率检测方法中精度较高的，但由于其检测的是局部断面的孔隙率，只能按统计方法求试样整体的孔隙率，在实际应用中常用该方法作为无损检测法的对照试验。

根据 GB3365—1982《碳纤维增强塑料孔隙含量检验方法》可以测量层压板的孔隙特征。碳纤维复合材料层压板的孔隙率、孔隙的形状和尺寸是通过显微观察得到的。采用环氧树脂镶嵌试样，然后用 400、600、800、1500 号碳化硅防水砂纸按由粗到细的顺序进行打磨，每次打磨之后用高速水流进行清洗，最后在抛光机上用 $1\,\mu m$ 金刚石抛光膏进行抛光，这样即完成了一次表面处理。表面处理完成后在显微镜下观察拍照（采用 VNT‑100 金相显微镜），一个截面拍完后，将试样按上述方法磨去一定厚度，再次进行表面处理并对新的截面观察拍照，重复上述操作过程直至达到所需截面数为止。对每个试样进行 3 次表面处理，经过图像分析得到每张照片的孔隙率，最后取所有照片得到的孔隙率的平均值作为该试块的面积孔隙率。

4）玻璃化转变温度

玻璃化转变是复合材料中树脂基体从玻璃态到高弹态的转变或者从高弹态到玻璃态的转变。玻璃化转变温度用 T_g 表示。玻璃化转变前后，复合材料的力学性质、热力学性质等都发生明显变化。干态玻璃化转变温度是复合材料耐热性的指标，湿态玻璃化转变温度是复合材料耐湿热环境性能的指标，因此玻璃化转变温度 T_g 无论是在理论上还是应用上都是复合材料的一个重要参数。测量复合材料 T_g 的主要方法有 DMA 法、DSC 法和 TMA 法等。

（1）DMA 方法。

动态热机械分析仪（dynamic mechanical analysis，DMA）是在程序温度控制下测量物质在承受振荡性负荷（如正弦负荷）时模量和力学阻尼随温度变化的一种仪器。

DMA 是通过分子运动的状态来表征材料的特性，分子运动和物理形态决定了动态模量（刚度）和阻尼（样品在振动中的损耗的能量）。对样品施加一个可变振幅的正弦交变应力作用时，将产生一个预选振幅的正弦应变，对黏弹性样品的应变响应会滞后一定的相位角 δ。DMA 技术把材料黏弹性分为两个模量：一是储能模量 E'，它与试样在每周期中贮存的最大弹性成正比，反映材料黏弹性中的弹性成分，表征材料的刚度；二是损耗模量 E''，它与试样在每周期中以热的形式消耗的能量成正比，反映材料黏弹性中的黏性成分，表征材料的阻尼。材料的阻尼也称力学损耗（damping of materials），用 $\tan\delta$ 表示，材料在每周期中损耗的能量与最大弹性贮能之比，等于材料的损耗模量 E' 与贮能模量 E'' 之比。

图 3.61 显示了采用 DMA 方法测试 T_g 的曲线，DMA 采用升温扫描，由辅助环境温度升至最终熔融温度，$\tan\delta$ 展示出一系列的峰，每个峰都会对应一个特定的松弛过程。由 DMA 可测出相位角 $\tan\delta$、损耗模量 E'' 与贮能模量 E' 随温度、频率或时间变化的曲线，不仅给出宽广的温度、频率范围的力学性能，还可检测材料的玻璃化转变、低温转变和次级松弛过程。常用的 DMA 设备有 TA 公司的 Q800、Perkin-Elmer 公司的 DMA 8000、梅特勒-托利多公司的 DMA/SDTA861 等。

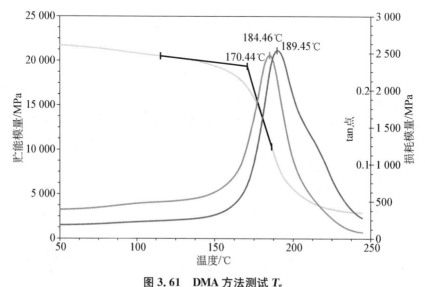

图 3.61　DMA 方法测试 T_g

（2）DSC 方法。

由于复合材料的热容在玻璃化转变时发生变化，差示扫描量热法（DSC）可用于测定 T_g。玻璃化转变时根据热流量与温度的关系发生的偏移进行测定的。大多数 DSC 设备都配备了直接用于计算 T_g 的软件。但是，DSC 测定纯树脂的 T_g 较为容易，但在复合材料试样中树脂含量较少，并且树脂交联度越高，热容变化越小，因此 DSC 方法较难测定高交联度固化的复合材料的 T_g 值。常用的 DSC 设备有 TA 公司的 Q2000、Perkin Elmer 公司的 DSC 8000/8500、梅特勒-托利多公司的 DSC 1 等。

5）固化度

对于复杂零件或较大厚度的零件，由于不均匀固化、固化不完全或非同步固化等问题会造成复合材料内部残余应力，从而造成复合材料性能下降，因此复合材料固化程度的表征变得越来越重要。

热分析技术通常用于树脂基复合材料的固化度测量，包括测量残余固化放热程度曲线的差示扫描量热法（DSC）或动态热分析（DTA）等方法。DSC 测量放热率（dH/dt）或试样相对于参比物的热焓变化；而 DTA 测量试样和参比材料之间的温差(ΔT)。通过监测升温过程中材料放出的随温度或时间而变的热量,能够得到关于固化范围和固化动力学信息。由于 DSC 的所需试样量较小,一般为 10 mg,因此可以通过测试多个试样获得较为稳定的数据。

3.2.2.2　层压板力学分析测试技术及设备

复合材料通常用作主要的承载结构,因此弹性模量、强度、断裂韧性等都是非常重要的性能。复合材料的基本力学性能数据不仅可用于力学分析和结构设计,而且能对复合材料的质量进行控制,对工艺方法进行评价和筛选。复合材料的力学性能主要与纤维性能、纤维表面特征、基体性能和界面性质等因素有关,同时还依赖于工艺过程。到目前为止,已经有很多种复合材料试验方法,其中有些方法业已比较成熟,并制订出相应的试验标准;而有些方法因复合材料的复杂性尚不够成熟,仍处在探索研究阶段。基于以上原因,本节仅介绍较成熟的试验测试方法,着重介绍拉伸、压缩、剪切、弯曲、疲劳性能和冲击试验等几个常用试验方法。

1) 拉伸

拉伸试验是最主要的一种复合材料力学性能试验方法。拉伸试验可以获得的复合材料力学性能参数主要包括纵向拉伸模量 E_1、横向弹性模量 E_2、横向拉伸强度 σ_1、纵向拉伸强度 σ_2 和泊松比 υ 等。

复合材料常用的拉伸试验方法是 ASTM D 3039《聚合物基复合材料拉伸性能的标准试验方法》。在该方法中,通常利用楔形或液压夹头通过试件端部的机械剪切界面把拉伸应力施加到试件上,并且可以通过采用应变计或引伸计来确定材料弹性模量,常用的拉伸试样如图 3.62 所示。试样端部的加强片可用厚度为 1~2 mm 正交铺层的玻璃纤维增强塑料板或厚度为 1~3 mm 的铝片。两侧加强片在胶接中应对称,胶接剂固化温度应不高丁试样板材成型温度。试样制备中不允许损伤试样纤维。在一根试样上可同时测量拉伸模量、拉伸强度和泊松比。

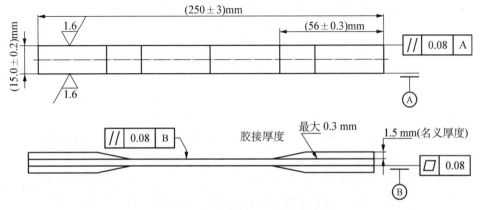

图 3.62　复合材料层压板拉伸试样

测定拉伸强度时,试验加载速度通常为 $2\,mm/min$,测定拉伸弹性模量的应变范围通常为 $1\,000\sim3\,000\,\mu\varepsilon$。拉伸性能分别按式(3.35)~式(3.39)计算。

拉伸强度为

$$\sigma = \frac{P_{\max}}{S} \tag{3.35}$$

式中:σ 为拉伸强度,MPa;$P_{\max}$ 为失效载荷,N;S 为试样表面面积,mm^2。

拉伸模量为

$$E = \frac{\Delta P \cdot l}{S\Delta l} \tag{3.36}$$

式中:E 为拉伸模量,GPa;ΔP 为载荷-变形曲线或载荷应变曲线上的初始直线段的载荷增量,kN;Δl 为与 ΔP 对应的标距 l 内的变形增量,mm;S 为试样表面面积,mm^2。

泊松比为

$$\nu = -\frac{\varepsilon_2}{\varepsilon_1} \tag{3.37}$$

$$\varepsilon_1 = \frac{\Delta l_1}{l_1} \tag{3.38}$$

$$\varepsilon_2 = \frac{\Delta l_2}{l_2} \tag{3.39}$$

式中:ν 为泊松比;ε_1,ε_2 分别为与 ΔP 对应的纵向(L 向)应变和横向(T 向)应变;l_1、l_2 分别为纵向和横向测量标距,mm;Δl_1、Δl_2 分别为与 ΔP 对应的标距 l_1、l_2 的变形增量,mm。

影响拉伸试验结果的重要因素主要包括:

(1)夹持。通常用"摩擦夹头"夹持复合材料试样,载荷通过夹持面传递给试样;夹头面采用锯齿状或十字形沟槽;手动或液压方式施加夹持力;过大的夹持力会扭曲端部垫片边缘材料的外层纤维,从而降低破坏载荷;夹持力不足会使试样滑动,导致受夹的试样表面被撕裂。

(2)对中。很小尺寸的未对中及产生的弯曲会产生较大的局部应力,通过以下方法可以减小试样未对中带来的影响:①坚固地将夹头安装在一个刚性的框架上,从而保证在机器上"固定"对中,需要保证机器的较高精确性;②将一个夹头安装在万向节上,允许它自行对中;③使用 ASTM 和 ISO 建议的方法,检查试验机的对中(在试样上贴有三个应变片)。

(3)加强片。加强片可以提供合适的夹持面,传递载荷给下面被测材料以及保护试样外层纤维。加强片材料要求足够软,使试验机的牙口能够压入并紧紧地咬住垫片;并要求足够强,可将载荷传递给试样。加强片一般选择复合材料。

2）压缩

理想的结构材料，既需要在拉伸载荷，也需要在压缩情况下具有高的比刚度和比强度。在复合材料力学性能试验中，压缩强度可能是最难测量的。这是由于试样形状、尺寸和加载中的微小变化，都可能会导致载荷的偏心，引起试样屈曲或过早破坏，使压缩强度测不准确。因此复合材料的压缩性能一直是研究热点，现已存在许多测试受压复合材料的方法。对复合材料进行压缩试验，要采用适当仪器测定压缩模量、泊松比、极限压缩强度和破坏应变。测定这些性能需要通过采用专门设计的试验夹具：①在试件工作段要引入均匀的单轴应力状态；②要使应力集中最低；③要使得使用和加工尽可能简单。已有研究表明，对于同一材料体系的压缩强度，当采用不同的试验方法测定时其结果是不相同的。对于结果的差异性有着显著影响的参数包括制造工艺、纤维方向、加工精度、加强片类型、试验夹具、试件在试验夹具中的放置不当、夹具在试验机中的放置不当以及试验程序不当等。

压缩试验方法主要分为三类：①通过剪切将载荷引入试件工作段；②通过直接压缩（端部加载）将载荷引入试件工作段；③通过端部加载与剪切联合将载荷引入试件工作段。ASTM D3410 和在 ASTM D5467 主要通过剪切将载荷引入至试件工作段。ASTM D695 和 SACMA SRM‐1R‐94 采用端部加载。ASTM D6484 是一个联合加载试验方法。下面重点介绍较为常用的 ASTM D695 和 SACMA SRM‐1R‐94 方法。

ASTM D695 由 ASTM D‐20 委员会制订，用于无增强和增强刚性塑料的压缩试验，试验采用具有夹具支持的平直狗骨形试件（见图 3.63）。有研究表明，此试验方法不适用于测定高模量复合材料的压缩强度。为修正 ASTM D695 试验方法以便适用于高模量复合材料，已经采用了带加强片的直边试样，并且增加了用于支持夹具‐试件装配的 L 形基座（见图 3.64）。这些修正包含在了 SACMA SRM 1 R 中，该方法留了 ASTM D695 方法的简单夹具，但利用带加强片直边试件来测定压缩强度而且采用 L 形基座来支持夹具‐试件装配。但该方法必须用无加强片的单独试件来测定模量。

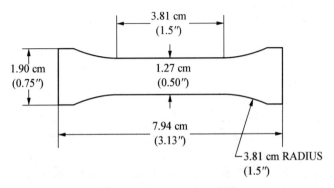

图 3.63　ASTM D695 试样

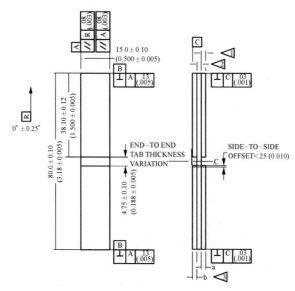

图 3.64   修正的 ASTM D695 试样

试验中加载速度为 $1\sim2\,\mathrm{mm/min}$，各性能参数的计算类似于拉伸试验，不同的是在计算式中是压缩载荷。影响压缩实验结果的因素如表 3.7 所示。

表 3.7   影响压缩试验结果的因素

试验方法	试验设备	试样制备	试验员
载荷施加方法	载荷传感器	试板制备方法	试样尺寸测量
剪切	位移传感器	固化周期	检查对中
端部压缩/剪切混合方法	应变片	固化设备	破坏模式的评价
端部压缩	夹具表面平行度	加强片粘接性能	有效/无效破坏的判定
试样几何尺寸	压缩夹具的对中	加强片的对称性	模量测试方法
宽度		加工时的对中性	
非夹持长度		试样尺寸精度	
厚度		试样表面粗糙度	
加强片材料			
玻璃纤维增强复合材料			
碳纤维增强复合材料			
铝片			

3）剪切

剪切试验是为了确定复合材料系统的极限剪切强度、极限剪切应变和剪切模量。目前测定平面内剪切性能的试验方法，普遍认为有四种：±45°单轴拉伸，偏轴

$10°$单轴拉伸,V形缺口梁剪切、轨道剪切试验(包括双轨和三轨),扭转试验(薄壁管扭转法和实心圆杆扭转法)等。用于测定横向(面外)剪切性能的试验方法主要有短梁剪切、双缺口梁和V形缺口梁剪切等。

(1) $\pm45°$拉伸剪切试验。

ASTM D3518规定了利用$\pm45°$层压板拉伸试验得到聚合物基复合材料面内剪切响应的试验方法。此试验方法具有测试试件简单、不需要夹具以及能用引伸计或应变计进行应变测量的优点。应当注意,此试验方法所测得的初始剪切模量比较准确,然而剪切强度却并不准确,这是由于各层均处于二向应力状态所致,正应力的存在对剪切强度的影响较大。另外,各层间的相互作用也对破坏起了一定的作用。

(2) V形缺口梁剪切。

ASTM D5379是利用V形缺口梁法测定复合材料剪切性能的试验方法,适用于复合材料的V形缺口梁剪切试验。试样及夹具如图3.65所示。

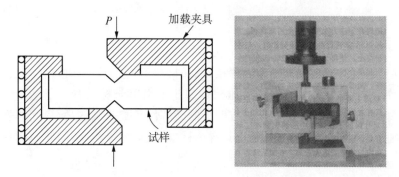

图3.65　V形剪切受力情况与试验夹具

在此方法中,试样为高度比厚度大的梁,在长度中点上下两侧边缘各切一个$90°$切口,切口深为梁高的$20\%\sim25\%$。从图中可以看出,在切口之间局部区域内产生均匀剪切状态。具有中央对称V形缺口矩形平直片条形式的材料试件在试验机中由专用夹具来进行加载。夹具两个半部之间的相对位移使缺口试件受载。通过在试件的中部(远离缺口处)沿加载轴线放置并与加载轴线成$\pm45°$的两个应变计元件,便可测定材料的剪切响应。

剪应力为

$$\tau = \frac{P}{h\omega} \tag{3.40}$$

式中:P为极限载荷;h为试样厚度;ω为两缺口间距离。

(3) 短梁剪切。

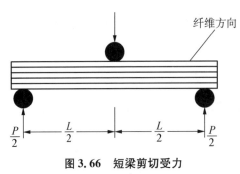

图 3.66 短梁剪切受力

短梁剪切试验已成为一种广泛用于测量纤维增强复合材料抗层间破坏性的方法,但需对用于短梁试验的三点弯曲试样的跨高比 L/h 进行合理的设计,要求试样不会发生弯曲拉伸破坏,而只发生横向剪切破坏。ASTM D2344 是采用短梁法测定平行纤维复合材料表观层间强度的试验方法,该方法用于测量单向纤维增强复合材料的层间(面外)剪切强度。用于该试验的试件为由平直层压板切出的比较厚的短梁(见图 3.66)。该试件所受的支持使其成为一个简支梁且载荷作用于试件跨度的中点。通过采用短、厚"梁",力图减小弯曲应力而加大面外剪应力。

短梁剪切获得层间剪切强度按下式计算:

$$\tau_{\max} = \frac{3P}{4bh}$$

(3.41)

式中:P 为极限载荷;h 为试样厚度;b 为试样宽度。

短梁剪切试验通常仅用于定性测试,例如材料工艺的研发和控制。尽管没有现行标准,作为定性控制试验,采用层压板构型比采用单向材料更为普遍。短梁剪切试验的局限性包括已知应力状态具有明显的破坏性且是三维的,所得到的强度是面外剪切强度的估测值;破坏模式常常具有多种模式;无模量响应,因此不能获得模量和应力-应变数据。

4)弯曲

弯曲试验是一种控制材料质量和材料鉴定试验,它并不能给出材料性能数据。ASTM D790《未增强和增强塑料及断裂韧性电绝缘材料的弯曲性能》最初是为塑料编制的,但后来它经修改并用于复合材料。复合材料弯曲试验可以采用三点弯曲,也可以采用四点弯曲(见图 3.67),对于高模量复合材料通常采用四点弯曲加载。

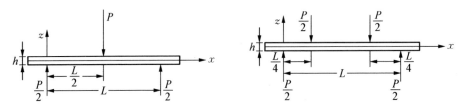

图 3.67 弯曲试验受力

采用简支梁两点加载测定单间纤维增强复台材料曹曲模量和弯曲强度。梁试件尺寸及加载情况如图3.68所示,为了保证弯曲中试样在最外层纤维首先破坏,推荐跨厚比为16、32 及 40。试样宽度宜在 $10\sim15\,\mathrm{mm}$ 范围,跨厚比对于玻璃纤维增强复合材料为 16 ± 1,碳纤维增强塑料为 32 ± 1。

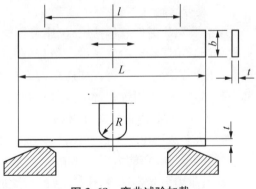

图 3.68 弯曲试验加载

测定弯曲强度时,加载速度可由下式算出:

$$v = \frac{zl}{6d} \tag{3.42}$$

式中:z 为跨距重点处外层纤维应变速率,一般取 $1\%/\mathrm{min}$;l 为跨距;d 为试样厚度。

试验中,调节跨距时精确到 $0.5\,\mathrm{mm}$,加载压头的轴线应位于支座中间,且与支座相平行。试样长度方向与支座和加载压头相垂直。将测量变形的仪表置于跨距中点处,与试样下表面接触,施加初载(约为破坏载荷的5%),检查和调整仪表,使整个系统处于正常状态。测定模量和载荷-挠度曲线时,采用分级加载,级差为破坏载荷的 $5\%\sim10\%$,直到挠度达到所需测定的数值,记录各级载荷与相应的挠度值,自动记录装置可连续记录。

测定的各种性能按下式计算(三点弯曲):

弯曲强度为

$$\sigma_{\mathrm{f}} = \frac{3P_{\max}l}{2bd^2} \tag{3.43}$$

弯曲模量为

$$E_{\mathrm{f}} = \frac{l^3 m}{4bd^3} \tag{3.44}$$

上两式中:$P_{\max}$ 为破坏载荷;l 为跨距;d 为试样厚度;b 为试样宽度;m 为载荷-挠度曲线斜率。

三点弯曲试验与四点弯曲试验比较,四点弯曲试验似乎更佳,因为在四点弯曲试样中部处于纯弯曲状态。应当指出,弯曲试验获得的强度值总是大于单向拉伸强度值,其中以三点弯曲试验强度最高。这是由于三点弯曲试样中最大拉应力只出现在梁中点的最外层表面;而四点弯曲中,最大拉应力发生在介于两加载点之间的中段区域内的最外层表面处;而单向拉伸整个试样横截面处均处于最大拉力的作用下。最大拉应力分布的区域越小,实测的强度值越大。

5) 疲劳性能

复合材料疲劳性能包括拉-拉疲劳性能,压-压疲劳性能和拉-压疲劳性能。疲劳性能测试主要测定中值条件疲劳极限和中值应力-寿命曲线(中值 S - N 曲线)。然而,在疲劳领域,还没有找到通用的方法由单向试件数据来预估层压板特性。因此,对于每一种应用铺贴情况,建立疲劳设计值变为一个独特的问题。ASTM D3479《定向纤维、树脂基复合材料拉-拉疲劳》是一个一般性试件的试验方法。其实,对于大多数通用的飞机复合材料结构,如果已经彻底地和成功地解决了所有静强度的问题,抗疲劳能力不会变成一个制约因素。

对纤维增强复合材料,在拉-拉疲劳试验中,采用直条拉伸试样,这种方法适用于任何正交异性的对称的层板,且这种方法有两种选择方案:等值应力幅度和等值应变幅度。与标准拉伸试验一样,用应变片或引伸计监测应变,如果试验中试样的温度有变化,还需监测温度。而对于压-压疲劳和拉-压疲劳试验则采用小标距试样(见图 3.69),以防止压缩失稳现象发生。若采用大标距压缩试样进行压-压疲劳或拉-压疲劳试验,则必须增加抗失稳装置。

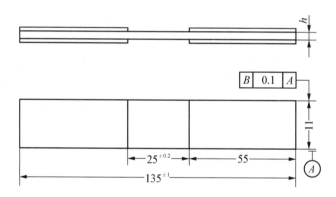

图 3. 69　小标距直条压缩试样

复合材料疲劳试验一般采用电液伺服式材料疲劳试验机进行试验。这种试验机载荷读数准确、误差小。工作频率选用 15 Hz 或实际工作频率。若采用共振式疲劳试验机,工作频率一般控制在 60 Hz 为宜。复合材料疲劳试验的其他辅助设备还有环境控制箱、工作状态测量设备(动态参数测量和记录设备)和损伤探测设备等。复合材料的疲劳试验是一项复杂的课题,同时,复合材料的疲劳试验技术还处于初期阶段,因此其载荷的选择、试样尺寸设计和试验数据的处理都存在一些困难,还需要进行大量的研究和探讨。

6) 冲击后压缩强度

纤维增强复合材料层合结构的层间韧性较差,在受低速冲击后容易引起分层,损伤将严重削弱结构的压缩强度,对结构安全性形成潜在的威胁。作为主承力结构用复合材料,要求有足够的损伤容限。所以研究复合材料层合板的低速冲击损伤及剩余压缩强度(CAI 值)具有重要的意义。

复合材料结构冲击损伤的特点主要体现在对损伤的敏感性、损伤的隐蔽性、损伤的危害性以及损伤机理的复杂性。具体来讲就是复合材料层间强度低,对冲击作用比较敏感,在受到外来物冲击后很容易出现损伤,并且往往表面损伤很小,甚至观测不到,而内部和冲击内表面往往损伤严重,结果使复合材料冲击后的压缩强度大幅度下降,甚至不到无损结构的 40%,同时整个损伤过程是动态不可见的,很难对冲击损伤有一个定性的判断。一般来说,描述冲击损伤的参数主要有损伤面积、损伤尺寸、凹坑深度和冲击后压缩强度。目前,评估层压板冲击后压缩性能的试验标准主要有 ASTM D7136/D7137,下面主要介绍该标准要求的冲击后压缩强度试验测试方法。

ASTM D7136 中的试样是一个 100 mm×150 mm 的准各向同性层压板(见图3.70)。如果准备在冲击后用 C 扫描,则应进行初始的 C 扫描作为比较的基准。试件被夹持到一个铝合金支持底座上,座上有 76.2 mm×127 mm 的开孔。然后用一个直径 15.75 mm 的半球形锤头,按照该试件厚度要求的冲击能量,从所需要的高度冲击试件。

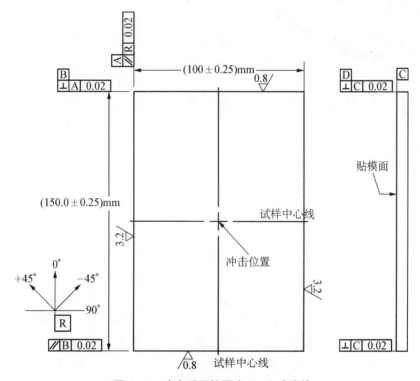

图 3.70　冲击后压缩强度(CAI)试验件

　　通常选定的冲击能量水平是 6.7 J/mm,按标志点和试件之间的任何行程来校正速度测量。试验中,必须避免对试件的回弹冲击。如果在试验期间采用仪器设备,就可计算实际的冲击能量,并记录冲击力与时间的关系。采用超声扫描检测冲击过的试件,记录分层的区域形状。

　　压缩试验用压缩载荷夹具来保证在所希望的平面内轴向加载,该方法需采用 4 个轴向应变片测量应变,试验速度是 1 mm/min。

　　CAI 按下式计算:

$$F^{\mathrm{CAI}} = \frac{P}{tw} \tag{3.45}$$

式中: P 为载荷; t 为试样厚度; w 为试样宽度。

3.2.3　夹层结构的分析测试技术及设备

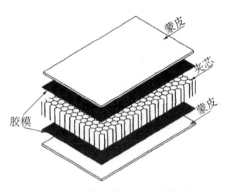

图 3.71　典型蜂窝夹层结构件

夹层结构复合材料是航空航天领域应用最为广泛的材料之一,其由高强、高模的面板和轻质芯材组成。通常用黏结剂(包括胶膜)将上、下面板与芯材胶接成为整体刚性结构,或者直接注塑或模压获得夹芯结构。根据芯材的不同,夹层结构主要包括蜂窝夹层、泡沫夹层及新型夹层结构(如 X-core 夹层结构)等。蜂窝夹层结构是目前应用最为广泛的夹层结构(见图 3.71),其芯材主要为 Nomex 蜂窝和铝蜂窝;泡沫夹层结构中的芯材多为闭孔硬质泡沫,即聚甲基丙烯酰亚胺(PMI)泡沫,PMI 泡沫是拉伸和剪切比强度和比刚度最高的泡沫芯材。

　　与传统材料相比,夹层结构复合材料重量轻、刚性大,充分发挥了复合效应的优越性。夹层结构复合材料是由各组分材料经过复合工艺形成的,但它并不是由几种材料简单的复合,而是按复合效应形成新的性能,这种复合效应是夹层结构复合材料仅有的。例如当夹层结构承受弯曲载荷时,上蒙皮被拉伸,下蒙皮被压缩,芯子传递剪切力。从力学角度分析,它与工字梁很相似,面板相当于工字梁的翼缘,芯材相当于工字梁的腹板。不同的是芯材与面板不是同一材料,芯材是分散的,而不是集中在腹板上。由于轻质夹芯的高度比面板高出几倍,剖面的惯性矩随之四次方增大,且面板有夹芯支持不易失稳。但由于夹层结构复合材料通常由面板和芯材胶结而成,在成型过程中存在着材料的物理和化学变化,过程非常复杂,因此构件的性能对工艺方法、工艺参数、工艺过程等依赖性大,同时也由于在成型过程中很难准确地控制工艺参数,所以,一般来说夹层结构复合材料构件的性能分散性也是比较大的。

3.2.3.1 平面拉伸

夹层结构平面拉伸试验采用 ASTM C297 标准。载荷通过与试验面板粘结的夹具传递给试样,因此,该夹具的刚度必须足以维持粘结面为平面。本试验中,任何发生在夹具与面板界面上的失效都不可接受,另外,必须确保夹具与试样对齐,图 3.72 为拉伸试验装置图。加载速率为 $0.5\,\text{mm/min}$,试样尺寸为 $60\,\text{mm} \times 60\,\text{mm}$。

图 3.72 平面拉伸/压缩试验

夹层结构拉伸强度按下式进行计算:

$$\sigma_t = \frac{P_{\max}}{S} \tag{3.46}$$

式中:σ_t 为拉伸强度(MPa);$P_{\max}$ 为极限拉伸载荷;S 为试样面积。

3.2.3.2 平面压缩

平面压缩测试实质与平面拉伸很相似,平面压缩试验采用 ASTM C365,用于测定夹层芯材面外压缩强度和模量,并研究其在压缩载荷下的失效机理。试验装置较简单,上端为固定加载平板,下加载端采用球面自适应平板加载,以确保载荷垂直于试样表面,并且均匀受力。静态压缩试验加载速率为 $0.5\,\text{mm/min}$,试样尺寸为 $60\,\text{mm} \times 60\,\text{mm}$。平面压缩强度计算与平面拉伸强度计算相同。

压缩模量按下式计算:

$$E_c = \frac{\Delta P \cdot h_c}{\Delta h_c \cdot A} \tag{3.47}$$

式中:E_c 为芯材压缩模量,MPa;h_c 为试样芯材厚度,mm;ΔP 为线性段载荷增量,N;Δh_c 为对应 ΔP 的变形增量,mm。

3.2.3.3 侧压性能

蜂窝夹层结构承受侧压时,充分体现了夹层结构的力学特性,不论是有效芯材还是无效芯材,均直接与面板和芯子的力学性能有关。侧压强度来源是面板,但面板很薄,承受不了大的压缩载荷,全靠芯子的支持,才使面板避免屈曲失稳,因而承受较大的载荷。由于芯子的强弱不同,面板仍要发生局部皱曲失稳或芯子剪切失稳,侧压破坏形式主要有普通弯曲,剪切弯曲,面板起波纹,面板与芯子分离、起皱纹等几种,如图 3.73 所示。

夹层结构的极限强度分析,实质上是一个稳定性分析,其强度不像拉伸强度那样符合混合定律,面板没有芯子的支持是承受不了多大载荷,极易失稳的,由于芯子的支持才使面板发挥了作用,由于航空用面板较薄,芯子的强弱不同,在进行夹层结

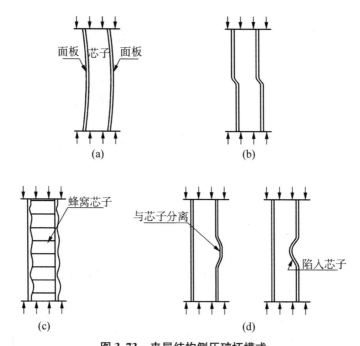

图 3.73　夹层结构侧压破坏模式

（a）普通弯曲　（b）剪切弯曲　（c）面板起波纹　（d）面板起皱纹

构侧压试验时,主要有芯子剪切失稳、面板皱曲失稳和面板与芯子分层开裂破坏三种形式。

　　侧压强度测试时需将试样装在支撑夹具上,使试样中面受压,施加载荷,直至试样破坏。测量侧压模量时,需在试样两侧未支撑部分安装引伸计,获得应力-应变曲线,两侧应尽量对称。侧压强度和模量的计算同平面压缩性能测试一致。

（a）　　　　（b）

图 3.74　剪切试验

3.2.3.4　剪切性能

　　复合材料夹层结构的剪切试验是公认的复杂试验,没有一个严格精确的试验标准。目前用得较多的有拉压剪切标准（ASTM C273）,该标准规定的试样尺寸可以减小剪应力以外的其他次应力,在试样中间区域可以产生均匀的剪应力。

　　根据试验标准的规定,加载直线必须尽可能通过夹层结构试样对角线,如图 3.74 所示。为使剪切载荷沿试样宽度均匀分布,拉/压头作用在夹具端部,加载速率为

0.5 mm/min,试样的长(对应 L 向)和宽(对应 W 向)分别为 150 mm 和 60 mm。试验过程中,利用引伸计记录两加载金属板沿长度方向的相对位移。剪切强度按下式计算：

$$\sigma_\tau = \frac{P_{\max}}{lw} \tag{3.48}$$

式中：$P_{\max}$ 为极限载荷；l 为试样长度；w 为试样宽度。

剪应变 γ 和剪切模量 G_c 分别按下两式计算：

$$\gamma = \frac{\delta}{h_c} \tag{3.49}$$

$$G_c = \frac{\Delta\tau}{\Delta\gamma} = \frac{\Delta P \cdot h_c}{\Delta\delta \cdot A} \tag{3.50}$$

两式中：δ 为引伸计读数,mm；ΔP 为载荷-位移曲线上线弹性段的载荷增量值,N；h_c 为试样厚度,mm；$\Delta\delta$ 为对应 ΔP 的引伸计长度增量值,mm。

实际上,剪切模量 G_c 即 τ-γ 曲线失效前线弹性段的斜率。

3.2.3.5　弯曲性能

夹层结构的弯曲试验是在夹层结构试样上施加载荷,形成弯矩,使试样的表面弯曲。试样所受到的应力较为复杂,上面板承受压缩压力,下面板承受拉伸应力,面板中间的芯子承受剪切应力。夹层结构的弯曲试验,根据加载方式的不同可以分为三点弯曲和四点弯曲(见图 3.75)。

三点弯曲测试试样应为长方形,宽度为 75 mm,长度为 200 mm,跨距为 150 mm。加载速率通常为 6 mm/min。

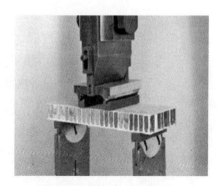

图 3.75　四点弯曲示意图

三点加载采用下式计算芯子最终剪切强度(四点弯曲的计算公式请参考 ASTM CC93)：

$$F_s^{\text{ult}} = \frac{P_{\max}}{(d+c)b} \tag{3.51}$$

式中：F_s^{ult} 为芯子最终剪切强度,MPa(psi)；$P_{\max}$ 为失效前的最大载荷,N(lb)；t 为面板厚度,mm(in)；d 为夹层结构厚度,mm(in)；c 为芯子厚度,mm(in) $(c = d - 2t)$；b 为夹层结构宽度,mm(in)。

按下式计算面板强度：

$$\sigma = \frac{P_{\max}}{2t(d+c)b} \tag{3.52}$$

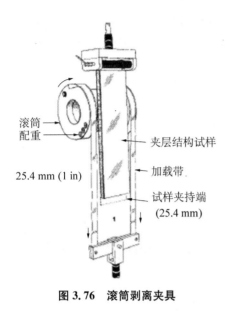

滚筒配重

25.4 mm (1 in)

夹层结构试样

加载带

试样夹持端
(25.4 mm)

图 3.76　滚筒剥离夹具

式中：σ 为面板强度，MPa(psi)；t 为面板厚度，mm(in)；S 为跨距长度，mm(in)。

3.2.3.6　滚筒剥离强度

滚筒剥离强度是夹层结构用滚筒剥离试验测得的面板与芯子分离时单位宽度上的抗剥离力矩。制件在固化过程中，通过测试滚筒剥离强度随炉件的单位宽度上的抗剥离力矩，根据滚筒剥离强度的数值来判断蒙皮材料与芯材的固化胶接质量。滚筒剥离设备包括滚筒、柔性加载带和试样夹持器。合格测试设备如图 3.66 所示。滚筒外半径为 51.00 mm，凸缘半径（包括柔性带一半厚度）比滚筒半径大 12.70 mm。试验加载速率为（25.40 ± 2.54）mm/min。

剥离强度按下式计算：

$$\overline{T} = \frac{(r_o - r_i)(F_p - F_o)}{W} \tag{3.53}$$

式中：$\overline{T}$ 为滚筒剥离强度；r_o 为滚筒凸缘半径与 1/2 加载钢带厚度之和；r_i 为滚筒半径与 1/2 面板厚度之和；F_p 为测得载荷；F_o 为克服滚筒扭矩所需载荷；W 为试样宽度。

3.2.4　复合材料无损检测技术及设备

复合材料是两种或两种以上不同性质的材料，通过物理或化学的方法，在宏观上组成具有优良性能的材料，各种材料在性能上互相取长补短，产生协同效应，使复合材料的综合性能优于原组成材料而满足各种不同的需求。复合材料的主要组分是增强材料和基体材料，根据基体材料的不同，复合材料可以分为聚合物基复合材料、金属基复合材料和无机非金属基复合材料三大类。其中，由高性能连续纤维和树脂基体组成的先进树脂基复合材料（属于聚合物基复合材料），是目前在航空领域应用最广泛的复合材料。

复合材料构件成型过程极其复杂，既有化学反应，又有物理变化，许多工艺变量的微小差异都会造成结构内部的各种缺陷产生，使得产品质量呈现明显的离散性，缺陷的存在往往是不可避免的。而这些缺陷的存在会严重影响复合材料构件的使用性能，缺陷如果进一步扩展更会造成不可挽回的损失，因而需对其进行必要的无损检测，以保证复合材料构件的质量。

目前应用的无损检测方法主要有目视法、超声检测、X 射线检测、声发射法、激光全息、红外检测等。其中,超声检测、X 射线检测、红外热波成像检测是目前应用最为广泛且非常有效的复合材料无损检测。

3.2.4.1 复合材料超声无损检测技术

复合材料构件多为薄板类结构,缺陷多与表面平行,沿平面延伸分布,特别适合于用超声波来进行检测。对于复合材料层压板类结构,超声检测的主要目的是检测其分层、裂纹、气孔及孔隙率等内部缺陷;对于夹层结构,则除了上述层压板内部缺陷之外,还需特别注意检测蒙皮与芯体之间的脱粘情况。

1) 超声无损检测技术基本原理

超声无损检测技术主要是基于超声波在工件中的传播特性(如超声波在通过材料时能量会损失,在遇到声阻抗不同的两种介质形成的界面时,会发生反射与折射,在传播过程中会产生散射与衍射等)而实现的。其工作原理是:首先激励声源产生超声波,采用一定的方式(如水耦、干耦等)使超声波进入待检工件;然后超声波在待检工件中传播并与工件材料及其内部存在的缺陷相互作用,使得超声传播方向、相位或能量幅值等特征发生改变;然后通过超声波检测设备接收改变后的超声波,分析超声波能量分布(声压分布)、频率改变等现象;最后,根据分析处理得到的超声波特征,评估工件内部是否存在缺陷及缺陷的特征。

(1) 超声波基础知识。

人们把能引起听觉的机械波称为声波,频率为 $20 \sim 20\,000\,\text{Hz}$;频率低于 $20\,\text{Hz}$ 的称为次声波;频率高于 $20\,000\,\text{Hz}$ 的称为超声波。超声波是频率很高、波长很短的机械波,在超声检测中使用的波长为毫米数量级,因而超声波具有良好的方向性,可以定向发射;超声检测频率远高于声波,而能量(声强)与频率平方成正比,因此超声波的能量很大;超声波属于机械波,具有波动特性(叠加、干涉、散射、衍射、满足惠更斯原理),会在两种不同介质的界面上产生反射和折射;超声波在大多数介质中传播时,传播能量损失小,传播距离大,穿透能力强。

超声检测的基本依据是检测超声波传播过程中声场的改变,对其进行分析和处理,来评估材料内部特征。超声声场是指介质中超声波存在的区域,声压和声强是描述声场的物理量。声阻抗则是表征声波在界面上的行为的一个重要参数。

声压:在声波传播的介质中,某一点在某一时刻所具有的压强与没有声波存在时该点的静压强之差,用 P 表示。超声场中,每一点的声压是一个随时间和距离变化的量,其基本公式为

$$P = -\rho c \omega A \sin \omega \left(t - \frac{x}{c} \right) \tag{3.54}$$

式中: ρ 为介质的密度; c 为介质中的声速; ω 为角频率; A 为质点的振幅; x 为距

离;t 为时间。我们将 $\rho c\omega A$ 称为声压的振幅,通常将其简称为声压,用符号 p 表示($p=\alpha\omega A$)。超声检测仪荧光屏上脉冲的高度与声压成正比,因此通常读出的信号幅度比等于声场中的声压比。在超声检测中,声压的大小反映出缺陷的大小。

声强:指在垂直于声波传播方向的平面上,单位面积上单位时间内所通过的声能量,常用 I 表示:

$$I=\frac{1}{2}\rho cA^2\omega^2=\frac{p^2}{2\rho c} \tag{3.55}$$

由式(3.55)可见,在同一介质中,超声波的声强与声压的平方成正比。

声阻抗:超声声场中任一点的声压与该处质点振动速度之比称为声阻抗,常用 Z 表示:

$$Z=\frac{P}{u}=\frac{\rho c\omega A}{\omega A}=\rho c \tag{3.56}$$

由式(3.56)可见声阻抗的大小等于介质的密度与介质中声速的乘积。声阻抗直接表示介质的声学性质,超声波在两种介质组成的界面上的反射和透射能量分配由两介质的声阻抗决定。

(2)超声波与界面的作用。

当超声波从一种介质传播到另一种介质时,在两种介质的分界面上,一部分能量反射回原介质内,称为反射波;另一部分能量透过界面在另一种介质内传播,称为透射波。在界面上声能的分配和传播方向的变化都遵循一定的规律。

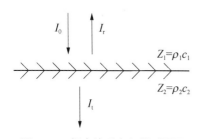

图 3.77　超声波垂直入射到界面

a. 超声波垂直入射到平界面上时的反射和透射。如图 3.57 所示,当一列入射声波(设其声压为 P_0 声强为 I_0)垂直入射到介质 I 和介质 II 的界面上时,会产生一列反射声波(设其声压为 P_r 声强为 I_r)和一列透射声波(设其声压为 P_t 声强为 I_t)。

界面上反射声波声压 P_r 与入射声波声压 P_0 之比,称为界面的声压反射率,用 r 表示,即 $r=P_r/P_0$;界面上透射声波声压 P_t 与入射声波声压 P_0 之比,称为界面的声压透射率,用 t 表示,即 $t=P_t/P_0$。同理,有声强反射率 $R=I_r/I_0$ 和声强透射率 $T=I_t/I_0$。

在界面两侧的声波,满足以下两个条件:①界面两侧的总声压相等,即 $P_0+P_r=P_t$;②界面两侧质点振动速度幅值相等,即 $(P_0-P_r)/Z_1=P_t/Z_2$。将声压反射率 r 声压透射率 t 引入公式,可得下两式:

$$r = \frac{P_r}{P_0} = \frac{Z_2 - Z_1}{Z_2 + Z_1} \qquad (3.57)$$

$$t = \frac{P_t}{P_0} = \frac{2Z_2}{Z_2 + Z_1} \qquad (3.58)$$

用界面两侧介质的声阻抗来表征超声传播过程中反射与透射的能量分配情况。同理,可得下两式:

$$R = \frac{I_r}{I_0} = \frac{P_r^2}{P_0^2} = r^2 = \left(\frac{Z_2 - Z_1}{Z_2 + Z_1}\right)^2 \qquad (3.59)$$

$$T = \frac{I_t}{I_0} = \frac{Z_1}{Z_2} \frac{P_t^2}{P_0^2} = \frac{Z_1}{Z_2} t^2 = \frac{4Z_1 Z_2}{(Z_2 + Z_1)^2} \qquad (3.60)$$

b. 超声波斜入射到平界面上时的反射、折射和波型转换。当超声波以相对于界面入射点法线一定的角度,倾斜入射到两种不同介质的界面上时,会产生反射、折射和波型转换等现象。

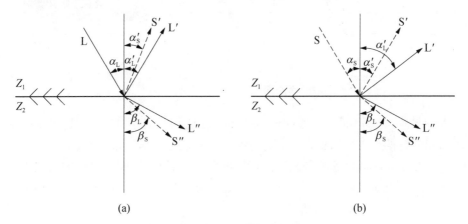

图 3.78　超声波斜入射到界面

如图 3.60(a)所示,当纵波 L 倾斜入射到界面时,除产生反射纵波 L′和折射纵波 L″外,产生反射横波 S′和折射横波 S″,各种反射波和折射波方向符合反射、折射定律:

$$\frac{\sin \alpha_L}{C_{L1}} = \frac{\sin \alpha_L'}{C_{L1}} = \frac{\sin \alpha_S'}{C_{S1}} = \frac{\sin \beta_L}{C_{L2}} = \frac{\sin \beta_S}{C_{S2}} \qquad (3.61)$$

式中:C_{L1} 和 C_{S1} 为第一介质中的纵波声速和横波声速;C_{L2} 和 C_{S2} 为第二介质中的纵波声速和横波声速;α_L 和 α_L' 为纵波入射角和纵波反射角;β_L 和 β_S 为纵波折射角和横波折射角;α_S' 为横波反射角。

同理,当横波倾斜入射到界面时,如图 3.78(b)所示,除产生反射横波 S′和折射横波 S″外,也会产生反射纵波 L′和折射纵波 L″,并满足相似关系。

(3) 超声检测的显示方式。

超声无损检测技术可以将试样内部情况以图像的方式直观地反映出来,最常见的超声信号显示方式为 A 型显示、B 型显示和 C 型显示,简称为 A 扫描、B 扫描和 C 扫描。其中 A 型显示是最基本的显示方式,直观的以回波信号的方式反映试样内部情况,B 型显示和 C 型显示均是在 A 扫信号的基础上实现的,采用不同的电子门针对 A 扫描信号不同信号范围进行信号提取成像成二维图形。

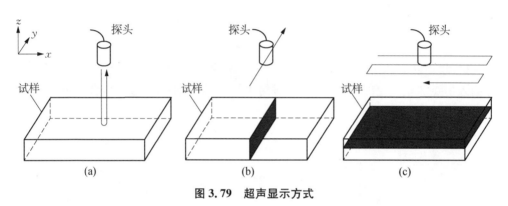

图 3.79　超声显示方式

(a) A 型显示　(b) B 型显示　(c) C 型显示

A 型显示(amplitude modulation display)是将超声信号的幅度与传播时间的关系以直角坐标的形式显示出来,横坐标为时间,纵坐标为信号幅度,是一种幅度调制型的波形显示。时间反映的是超声波传播的距离,而信号幅度则反映的是超声波声压大小。A 型显示表示的是超声探头固定在某点,激励超声波信号与试样相互作用后的回波信号,如图 3.79(a)所示。

B 型显示(drightness modulation display)是将超声探头在试件表面沿一条扫查轨迹扫查时的距离作为一个轴的坐标,另一个轴的坐标是声传播的时间,是超声检测的一个纵向截面图,可以从图中看出缺陷在该截面的位置、取向与深度,如图 3.79(b)所示。

C 型显示(constant depth display)是超声波探头在试件表面作二维扫查,C 扫图像的二维坐标对应超声波探头的扫查位置,将某一深度范围的 A 扫描信号用电子门选出,以电子门内的峰值或绝对值等参量进行超声扫查成像,得到的是试样内某一深度范围内情况的二维显示,可以直观地查看试样内部缺陷分布情况及大小情况,可以通过电子门的设置来改变关注的试样深度情况,如图 3.79(c)所示。

2）超声检测通用技术

复合材料多为薄板类结构，其内部缺陷多与表面平行，沿平面延伸分布，因此目前复合材料的超声检测主要是采用垂直入射脉冲反射法或穿透法，耦合方式有水浸法、喷水法或接触法。其中，接触式脉冲反射法和喷水式脉冲穿透法是对碳纤维树脂基复合材料缺陷检测的最常用的超声检测技术。

（1）接触式脉冲反射法。

脉冲反射法是由超声波探头采用单发单收的工作方式，先发射超声脉冲到试件内部，遇到缺陷时会产生缺陷回波，遇到试样底面时会产生底面回波，通过分析缺陷反射回波和底面反射回波的特性来评估试样内部的缺陷特性。

如图 3.80 所示，其中 T 为始波，F 为缺陷回波，B 为底波。当试样内有小缺陷时，在始波与底波之间会出现幅值较小的缺陷波，而当试样内有大缺陷时，缺陷波明显增大，底波消失。检测过程中，一般将缺陷回波与底波结合起来分析，相互印证。缺陷回波的幅值能大体反映试样内缺陷的大小，而缺陷回波距离始波的距离则能反映出缺陷的埋深信息。

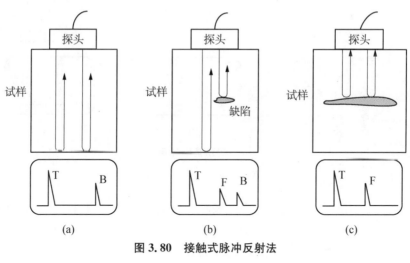

图 3.80　接触式脉冲反射法

（a）无缺陷　（b）小缺陷　（c）大缺陷

采用接触法检测，操作简便，成本低，能灵活机动地适应各种场合；探头与试样直接耦合，入射声能损失少，可以提供较高的穿透能力和较高的检测灵敏度。但是接触式脉冲反射法由于始波的存在，近表面分辨力差，纵向检测盲区较大；而且受试样表面因素影响，不利于实现扫查的自动化，受操作人员影响因素较大。故而，根据不同试样的检测需求，也采用超声液浸脉冲反射回波法进行检测，特别是采用聚焦探头检测，有利于提高检测灵敏度和分辨率。

（2）喷水式脉冲穿透法。

穿透法检测时是两个探头相对放置，采用一发一收的激励接收方式，发射探头激励超声波经过耦合剂进入试样内部，超声波在试样内传播后穿透出去，由放置于另一端的超声接收探头接收超声透射波，通过超声透射波的能量变化来判断试样内部缺陷的情况。如图 3.81 所示，当试件内部没有缺陷时，超声波穿透试件后衰减小，则接收到的超声波信号较强；如果试件内部有小缺陷存在，声波被缺陷部分遮挡，接收换能器收到较弱的超声波信号；若试件中有效缺陷面积大于声束截面积，全部声束被缺陷遮挡，则接收探头收不到超声信号。

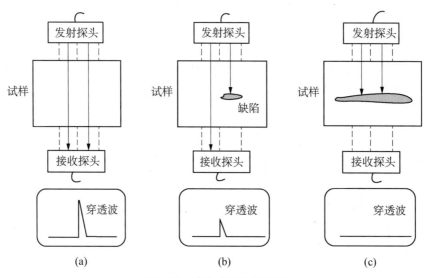

图 3.81　喷水式脉冲穿透法

（a）无缺陷　（b）小缺陷　（c）大缺陷

采用穿透法检测时，不会存在纵向检测盲区的问题，不会漏检近表面缺陷，穿透法相对于脉冲反射法声程短，界面损失小，比较适合碳纤维复合材料薄板类构件的检测，而且一般碳纤维复合材料中的宏观缺陷尺寸都比较大，易检出。但是穿透法要求两个探头准确对中，对设备要求较高；穿透法关注的是穿透波的能量变化情况，丢失了诸如缺陷埋深等信息；另外，穿透法对小缺陷不敏感。

3）超声检测设备

（1）超声波探头。

超声波探头是实现声、电转换的装置，又称超声换能器或传感器。它能发射超声波和接收超声回波，并转换成相应的电信号。当前超声检测中采用的超声检测换能器主要有压电换能器、磁致伸缩换能器、电磁超声换能器和激光换能器。其中最常见的是压电换能器，其关键部件是压电晶片。

图 3.82 为压电式探头结构,其核心部分为压电晶片,利用压电效应实现声、电转换。

(2)超声检测仪。

超声检测仪是超声检测的主体设备,它的作用是产生电振荡并施加于换能器,激励探头发射超声波,同时接收来自于探头的电信号,将其放大后以一定的方式显示出来,从而得到被检工件中有关缺陷的信息。

a. A 型脉冲反射式超声检测仪。常规超声探伤仪通常采用 A 型显示,即脉冲回波显示。在示波管荧光屏上,横坐标代表超声传播时间,纵坐标代表回波高度即超声振幅。对同一均匀介质,由于传播时间与缺陷深度成正比,故回波位置可以确定缺陷深度。

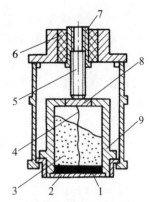

图 3.82 电式探头结构

1—压电片;2—保护膜;3—吸收块;4—接线;5—导线螺杆;6—绝缘柱;7—接触座;8—接线片;9—压电片座

A 型脉冲反射式超声检测仪具有简便灵活、成本低等优点,但显示的波形仅是探头所在探伤面上一点的探伤结果。整个探伤面的检查结果是在最后靠探伤人员的记忆来完成,因此缺乏直观性,也不便于记录和存档。

b. C 型自动超声检测设备。为了提高检测可靠性,对一定批量生产的具有特定形状规格的材料和零件,一般采用自动扫查、自动记录的超声检测系统。

超声自动检测系统通常由超声检测仪、探头、机械扫查器、电气控制、水槽和记录设备等构成。针对平面件采用简单的三轴扫查系统,扫查器可带探头沿 x、y、z 三个方向运动,针对盘轴件采用带转盘的系统,针对大型复合材料构件一般采用穿透法喷水检测系统。图 3.83(a)是水浸式反射法的检测系统,图(b)是大型穿透法喷水检测系统。

(a)

(b)

图 3.83 超声穿透法检测系统

(a)水浸式反射法 (b)喷水式穿透法

4) 超声检测新技术

由于传统的超声检测存在一系列问题。如脉冲反射法存在检测盲区,对于表面及近表面的缺陷难于检测;形状复杂的试样对检测的实施有较大影响;某些材料对超声波衰减过大,使得检测困难;而且一般需要耦合剂等。为了解决这些问题,很多的超声检测新技术因此涌现了,如相控阵超声检测技术、激光超声检测技术和空气耦合检测技术。

(1) 相控阵超声检测技术。

在复合材料结构的无损检测中,超声检测是应用最广泛的方法之一。目前超声C扫描检测技术广泛用于大型复合材料结构的检测中。然而,超声C扫描是逐点检测,检测效率不高,对复杂形状构件难以实现声束全覆盖,存在漏检现象,这将严重影响复合材料复杂结构与形状构件在大型客机制造中的应用。

相控阵超声检测技术采用多声束扫描成像技术,换能器是由多个相互独立的晶片组成的阵列单元,在发射电路激励下以可控的相位激发出超声波,来调整声束焦点的位置和偏转的方向,超声回波转化成电信号也以可控的相位合成,从而实现缺陷的检测。与传统的超声检测技术相比,相控阵超声检测技术具有以下特点和优势:

采用电子方式控制声束聚焦和扫描,可以在不移动或少移动探头的情况下进行快捷的扫查,提高检测速度;

具有良好的声束可达性,能对复杂几何形状的工件进行探查;

通过优化控制焦点尺寸、焦区深度和声束方向,可使检测分辨力、信噪比和灵敏度等性能得到大幅提高。

因此,利用相控阵超声检测技术实现复合材料结构复杂结构与形状的快速无损检测,能够大幅提高复合材料复杂结构与形状构件的制造质量控制能力,并提高生产效率,对保证我国大型客机的技术先进性和运营安全性具有重要作用。

a. 相控阵超声检测基本原理。基于惠更斯原理设计的相控阵超声阵列换能器,是由多个相互独立的压电晶片(每个晶片称为一个阵元)组成的阵列。采用该阵列换能器检测时,通过控制各个通道的发射和接收延迟时间,实现检测声束的控制,即实现声束聚焦位置和偏转方向的变化。

具体来说,可以分成相控阵发射和相控阵接收。相控阵发射是用电子技术调整阵元的发射相位和超声强度,以实现焦点位置和聚焦方向的动态大自由度调节。相控阵发射时,调整各个阵元发射信号的波形、幅度和相位延迟,使各阵元发射的超声子波束在空间叠加合成,形成发射声束聚焦和声束偏转等效果,如图3.84所示。

相控阵接收是相控阵发射的逆过程,它是用电子技术或数字信号处理技术对阵元接收到的超声检测信号进行相控逆处理,以获得缺陷信号的位置与特征信息。相

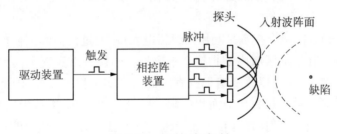

图3.84　相控阵发射

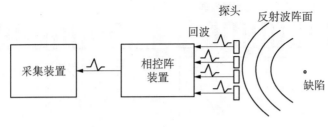

图3.85　相控阵接收

控阵接收时,换能器发射的超声波遇到目标后产生回波信号,其到达各阵元的时间存在差异。按照回波到达各阵元的时间差对各阵元接收信号进行延时补偿,然后相加合成,就能将特定方向回波信号叠加增强,而其他方向的回波信号减弱甚至抵消,如图3.85所示。

b. 相控阵超声检测的基本扫查方式。相控阵超声检测时,往往需要对物体内的某一区域进行成像,所以,必须进行声束扫描。相控阵超声检测的常见扫查形式有线形扫查、扇形扫查和动态深度聚焦。

(a) 线形扫查。线形扫查是在不同的时间对不同组的阵元进行激发来形成电子扫查。通过多路高频电脉冲,按相同的聚焦法则触发每一组阵元,声束则以恒定角度沿阵列换能器的长度方向进行扫描。图3.86所示的是线形扫查,即把若干发射阵元作为一组,通过依次改变阵列换能器内的阵元作用位置,不移动阵列换能器而只利用电子扫描改变超声波发射位置。

这样,通过多路技术以相同的聚焦规则沿阵列来实现阵列换能器不动,而压电晶片

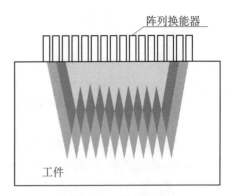

图3.86　线形扫查

激发的超声波沿着阵列换能器的长度方向平移扫描,实现声束快速覆盖检测区域。

(b)扇形扫查。扇形扫查是利用同组压电元件,通过控制阵列换能器的波束偏转来实现超声波在扇形区域内的扫描。扇形扫查不仅可以实现不同聚焦深度的扫描以增加扫查范围,还可以改变扇形扫查区的大小实现扫查需要,因此扇形扫查比常规探头检验更能适应扫查接触面积受限的区域。图 3.87 所示为扇形扫查,即通过控制发射阵元组的发射时间,自由改变超声波入射角来实现超声波在扇形区域内的扫描。

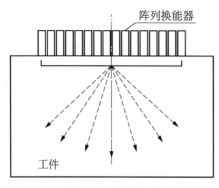

图 3.87　扇形扫查

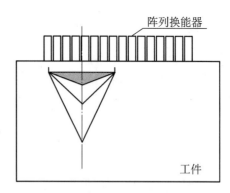

图 3.88　动态深度聚焦

(c)动态深度聚焦。动态深度聚焦,是采用发射脉冲单点聚焦,而把不同的聚焦法则应用到接收回波上,使返回的声束在预定范围内的多个点上重新聚集,如图 3.88 所示。该方式具有聚焦法则相对简单,检测速度快的特点,而且由于接收时可以设置多个焦点位置,因此,图像分辨率高,可以获得较好的检测结果。

(2)激光超声检测技术。

a. 激光超声检测系统概述。激光超声检测技术是利用激光来产生和接收超声波实现材料特性和缺陷检测的先进技术。它是一项综合光、热、声、电多门学科的新型超声检测技术,该技术以激光激发并接收超声波,具有非接触、复杂结构适应性好、缺陷识别与表征能力强、检测效率高等技术特点,并且具有很强的大型复杂结构现场检测能力。

b. 激光超声检测系统的组成。工业用的激光超声检测系统主要由激发系统、测量系统、机械系统、控制系统等部分组成。具体如图 3.89 所示。

c. 激光超声检测技术的激发原理。激光超声的激发是利用激光在材料中产生超声波,当一束脉冲激光辐照材料表面时,材料表层介质吸收光能并转化为热能,激光辐照区的材料温度瞬时升高,产生热膨胀作用形成超声波,或材料局部温升超过

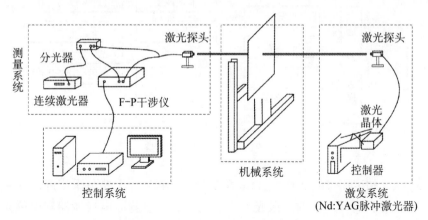

图 3.89 激光超声检测系统的组成

熔点出现烧蚀现象,材料表层局部介质瞬时气化蒸发,产生一垂直表面的反作用力,形成超声波,如图 3.90 所示。

激光超声的激发主要有热弹激发和热烧蚀激发两种机理。

当材料受激光脉冲辐照表面上的光功率密度远小于材料的损伤阈值时,材料因吸收光

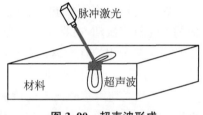

图 3.90 超声波形成

能而加热,由于热弹效应而激发超声振动。这种情况下,热弹效应是主要的激发机理。

当激光脉冲的光功率密度超过材料表层介质的熔化阈值时,受辐照区内的材料将发生气化而飞离表面,形成垂直于材料表面的法向反作用力,产生超声振动。这种情况下,热烧蚀效应是主要的激发机理。

在热弹激发和热烧蚀激发区之间的区域,是一个热弹-热烧蚀混合激发区,即激光超声的热弹-热烧蚀混合激发。这时的激光超声源既不使材料表面有明显的损伤,又有较大的超声激发效率,因此实际上这是无损检测的最理想的工作区域。

d. 激光超声检测技术的测量原理。激光超声信号的测量方法可分为接触式和非接触式测量两大类。具体如图3.91所示。

(a) 激光超声信号的接触式测量。接触式测量是采用压电晶片、压电陶瓷、PVDF 压电薄膜等直接与材料耦合,测量激光脉冲在材料内产生的超声信号。这是一种简单又灵活的测量方法,但耦合情况的变化会直接引起灵敏度及频响的变化。

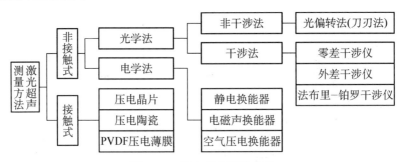

图 3.91 激光超声测量方法

(b) 激光超声信号的非接触式电学法测量。电学法主要是采用静电换能器和电磁声换能器测量材料表面的激光超声振动位移。尽管静电换能器和电磁声换能器还需很靠近被测材料表面,但它们仍是很有效的宽带非接触式测量方法。此外,具有非接触特点的空气压电换能器也可用于测量激光超声振动。

(c) 激光超声信号的非接触式光学法测量。光学法是利用激光束来测量材料表面的激光超声振动,通常又可分为非干涉和干涉测量两种。目前,在激光超声检测技术中主要采用的有光偏转测量(刀刃技术)、零差(迈克尔逊)干涉仪、外差干涉仪及法布里-珀罗干涉仪 4 种。

(d) 激光超声检测技术的检测方法。激光超声对固体检测的 4 种基本方式是直透式、斜透式、单边式及单边脉冲回波。如图 3.92 所示。

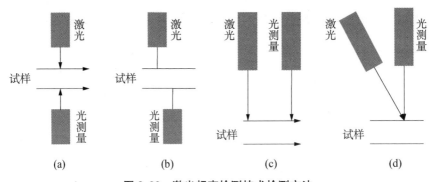

图 3.92 激光超声检测技术检测方法

(a) 直透式检测　(b) 斜透式检测　(c) 单边式检测　(d) 单边脉冲回波检测

透射式检测法分为直透式检测和斜透式检测两种[见图 3.92(a)、(b)]。直透方式尤其适合于热烧蚀激发时,用纵波检测;斜透方式更适合于热弹激发时的检测以及采用横波检测。两种透射式检测法都是根据激光超声与材料缺陷相互作用产生的能量衰减变化表征材料缺陷。

单边式检测法是基于瑞利波及声时差的检测技术[见图 3.92(c)]。单边法主要用于检测材料的表层缺陷。利用声表面波与材料表层缺陷相互作用产生的声波传播路径变化表征缺陷,并根据声时差定征缺陷。

单边脉冲回波式检测法是基于脉冲回波的检测技术[见图3.92(d)]。单边脉冲回波法利用脉冲声波与缺陷相互作用产生的反射回波表征缺陷,或利用材料底面反射回波的能量衰减变化表征缺陷。

(e) 激光超声检测技术的工业应用。目前,美、加等发达国家已研制出多套激光超声检测系统,并将其成功应用于各类金属及复合材料构件的检测与评价,在大幅提高产品制造质量控制能力的同时,取得了显著的经济效益。

美国洛克希德·马丁公司研制的 Laser UT 激光超声检测系统,已用于 F-22、F-35 战斗机及其他新型飞机各类零部件的检测与评价,如图3.93所示。

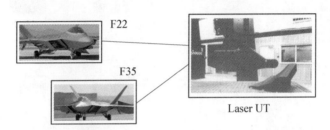

图3.93　美国洛克希德·马丁公司的 Laser UT 检测系统

美国 iPhoton 公司研制出 iPLUS 激光超声检测系统具备快速检测大型复杂构件的技术能力。目前,欧洲空中客车公司已配置该系统,用于 A380 大型宽体客机及其他新型飞机的复合材料构件检测与评价。

此外国内的激光超声检测系统也取得了很大成果,如北京航空航天大学先进无损检测技术研究所研制出 BLUT 激光超声检测系统。BLUT 系统能够实现各类金属及复合材料板材的高精度检测成像。图3.94为该系统检测的陶瓷基复合材料的 C 型图像,可以清晰地辨别缺陷。

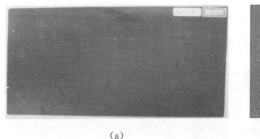
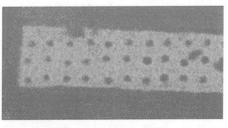

(a)　　　　　　　　　　　　　　　　　　(b)

图3.94　陶瓷基复合材料的 C 型图像

(a)陶瓷基复合材料板材　(b)板材 BLUT 系统 C 型成像

（3）空气耦合超声检测技术。

a. 基本原理。空气耦合超声检测技术是一种以空气作为耦合介质的新型非接触式无损检测方法，不存在换能器的磨损，可实现快速扫查。该方法除了在超声耦合方面较传统的声学检测方法有一定特殊性外，在声学无损检测原理上没有本质差异，可应用于不能使用耦合剂的材料检测方面。

空气耦合超声检测系统包括空气耦合超声换能器、信号发生器、功率放大器、扫描架、接收信号前置放大器等。常用的检测方法包括穿透法、脉冲回波法、同侧斜入射检测法。由于穿透式检测方法获得的信号直观，接收信号信噪比高，是目前普遍应用的检测手段。典型的穿透式空气耦合超声检测系统如图 3.95 所示。

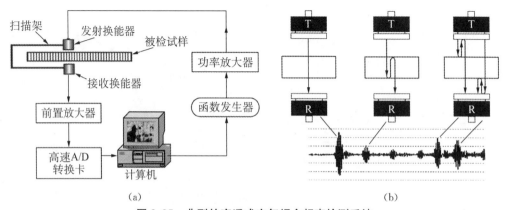

图 3.95 典型的穿透式空气耦合超声检测系统

（a）穿透式空气耦合超声检测系统构成　（b）穿透式声波传播路径示意图

进入 21 世纪，快速高效无损检测技术已成为国外航空装备研发和制造的重要发展方向，是快速制造技术的一个重要内容。非接触、空气耦合式超声检测方法是快速无损检测技术的重要发展方向之一。它可以实现真正的非接触检测，另外，空气耦合超声检测容易实现纵波到横波、板波和瑞利波等的模式转换，研究表明，对于复合材料的检测，横波、板波和瑞利波比纵波的灵敏度高。因此，空气耦合超声检测的这一优点有利于解决复合材料的检测和材料特性的表征，尤其在蜂窝夹芯/泡沫夹芯复合材料、多孔陶瓷基复合材料、耐高温碳纤维增强碳基复合材料的检测方面具有显著优势。

b. 检测应用。国外已将空气耦合超声检测技术用于某些复合材料板的检测，可以检测出脱粘、脱层、气孔、夹杂和纤维断裂等缺陷，可以解决某些传统液体耦合超声检测方法不能解决的问题。美国爱荷华州立大学无损检测中心和印度 GE 全球研究中心合作，利用压电陶瓷空气耦合换能器，开展了复合材料零部件的缺陷检测和修复评价的研究工作，并研制了相应的空气耦合超声扫描系统，在飞机零部件阵地探伤中得以使用；英国伦敦大学利用空气耦合超声检测方法对潜艇用玻璃纤维增强型复合材料的损伤和退化进行检测和评价，获得了用水耦合超声检测方法得不到的效果；丹麦国家实验室和丹麦工业大学合作，利用空气耦合超声穿透法对海军舰艇用层状叠合复合材料板进行检测，结果显示该技术方法可以检测出上述材料板中的脱粘。

北京航空航天大学在空气耦合超声检测技术方面开展大量研究工作，目前已经在数字信号处理技术、新型检测方法研究方面取得较大研究成果。已将建立的空气耦合超声检测系统应用于碳纤维/玻璃纤维增强复合材料、耐高温 C/C 复合材料、陶瓷基纤维增强刹车盘等的检测研究方面，采用适当的数字信号处理技术，能大大增强接收信号信噪比，获得理想的检测结果。相关应用成果如图 3.96～图 3.99所示。

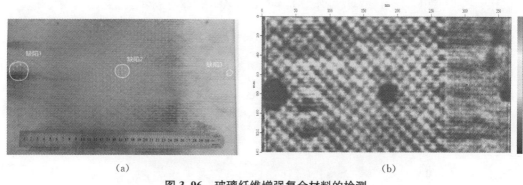

(a)   (b)

图 3.96　玻璃纤维增强复合材料的检测

(a) 玻璃纤维增强复合材料试样　(b) 400 kHz 空气耦合超声检测结果

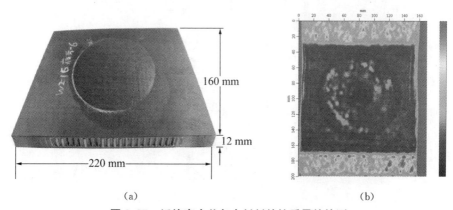

(a)   (b)

图 3.97　纸蜂窝夹芯复合材料粘接质量的检测

(a) 纸蜂窝夹芯复合材料试样　(b) 225 kHz 空气耦合超声检测结果

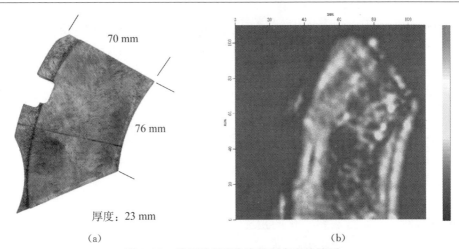

(a)　　　　　　　　　　　　　　　　　　(b)

图 3.98　碳纤维增强陶瓷基刹车盘的检测

（a）碳纤维增强陶瓷基刹车盘试样　（b）400 kHz 空气耦合超声检测结果

(a)

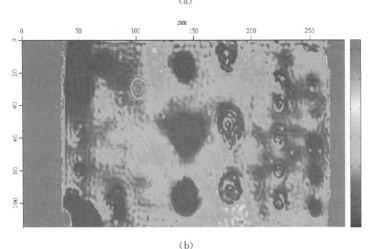

(b)

图 3.99　C/C 复合材料的检测

（a）C/C 复合材料试样　（b）400 kHz 空气耦合超声检测结果

3.2.4.2 复合材料 X 射线照相无损检测技术

X 射线检测是基于复合材料表面与内部的构成与形状的不同而造成对 X 射线强度衰减的不同,根据穿透材料的 X 射线强度分布情况来检测材料内部的缺陷,常采用的方法是胶片照相法。

X 射线检测与其他常规无损检测技术相比,具有以下特点:

(1) 适用于几乎所有材料,而且对零件形状及其表面粗糙度均没有严格要求;

(2) 能直观地显示缺陷影像,便于对缺陷进行定性、定量和定位;

(3) 检测结果可以长期保存;

(4) 检测技术和检验工作质量可以监督;

(5) 对气孔、夹渣、疏松等体积型缺陷的检测灵敏度较高,对平面缺陷的检测灵敏度较低。

1) 基本原理

X 射线检测是利用物质在密度不同、厚度不同时对 X 射线的衰减程度不同,如果物体局部区域存在缺陷或结构存在差异,它将改变物体对 X 射线的衰减,使得不同部位透射射线强度不同,从而使零件下面的底片感光不同的原理,实现对材料或零件内部质量的照相探伤。

当 X 射线穿过密度大的物质,如金属或非金属材料时,射线被吸收得多,自身衰减的程度大,使底片感光弱;当射线穿过密度小的缺陷(空气)时,则被吸收得少,衰减小,底片感光强。这样就获得反映零件内部质量的 X 射线底片。

以图 3.100 中模型为例对 X 射线检测的原理进行说明。

图 3.100 中,T 为工件厚度;ΔT 为缺陷在射线束方向的尺寸;μ 为工件的线吸收系数;μ' 为缺陷的线吸收系数;I_0 为入射线强度;I_D、I_D' 分别为透射的一次射线强度;I_S、I_S' 分别为散射线强度;I、I' 分别为透射线强度。

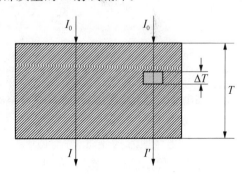

图 3.100　X 射线检测材料模型

假设 X 射线平行入射。则有

$$I = I_D + I_S \tag{3.62}$$

$$I' = I_D' + I_S' \tag{3.63}$$

当 ΔT 很小时,可近似为

$$I_S = I_S' \tag{3.64}$$

按射线衰减规律,式(3.62)、式(3.63)可转化为式(3.65)和式(3.66):

$$I = I_0 e^{-\mu T} + I_S \tag{3.65}$$

$$I' = I_0 e^{-\mu(T-\Delta T)} e^{-\mu'\Delta T} + I_S \tag{3.66}$$

令

$$\Delta I = I' - I \tag{3.67}$$

$$n = I_S / I_D \tag{3.68}$$

则有

$$I = (1+n)I_D \tag{3.69}$$

综合式(3.65)、式(3.66)和式(3.69),得

$$\Delta I = I_0 e^{-\mu T} \left[e^{(\mu-\mu')\Delta T} - 1 \right] \tag{3.70}$$

$$\Delta I \approx I_D (\mu - \mu') \Delta T \tag{3.71}$$

$$\frac{\Delta I}{I} = \frac{(\mu - \mu')\Delta T}{1+n} \tag{3.72}$$

从式(3.72)可以看出,射线对缺陷的检验能力与缺陷在射线透射方向上的尺寸、其线衰减系数与物体的线衰减系数的差别、散射线的控制情况等相关。只要这些方面具有一定的值,则缺陷将产生一定的物体对比度,它就可以被射线检验出来。

进而,当$\mu' \leqslant \mu$时,可得射线检测基本原理关系式为

$$\frac{\Delta I}{I} = \frac{\mu\Delta T}{1+n} \tag{3.73}$$

射线强度差异是底片产生对比度的根本原因,$\dfrac{\Delta I}{I}$称为主因对比度。该关系式给出一个小的厚度差对应物体对比度之间的关系。

2) 射线与物质的相互作用

当 X 射线射入物体后,将与物质发生复杂的相互作用。这些作用从本质上说是光子与物质原子的相互作用,包括光子与原子、原子的电子及自由电子、原子核的相互作用。其中主要的作用是光电效应、康普顿效应、电子对效应和瑞利散射。由于这些相互作用,一部分射线被物质吸收,一部分射线被散射,使得穿透物质的射线强度减弱。

(1) 光电效应。

射线在物质中传播时,如果入射光子的能量大于轨道电子与原子核的结合能,入射光子与原子的轨道电子相互作用,把全部能量传递给这个轨道电子,获得能量的电子克服原子核的束缚成为自由电子,入射光子消失,这种作用过程称为光电效应。在光电效应中,释放的自由电子称为光电子。如图3.101所示。

发生光电效应时,处于激发态的原子退激的过程有两种:

一种是外层电子向内层跃迁来填补空缺,使原子回到低能稳定状态,伴随着发射标识 X 射线(又称次级 X 射线、荧光 X 射线);另一过程是原子的激发能也可能交给外壳层电子,使它从原子中发射出来,这种电子称为俄歇电子。

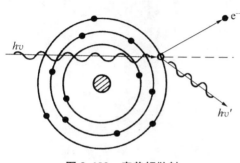

图 3.101 光电效应

(2)康普顿效应。

康普顿效应由美国物理学家康普顿首先发现,我国物理学家吴有训在证实这种现象和其规律性的研究方面做出了重要的贡献。

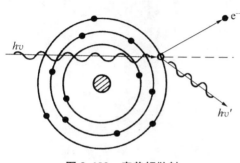

图 3.102 康普顿散射

入射光子与受原子核束缚较小的外层轨道电子或自由电子发生的相互作用称为康普顿效应,也常称为康普顿散射。如图 3.102 所示。

在这种相互作用过程中,入射光子与原子外层轨道电子碰撞之后,它的一部分能量传递给电子,使电子从原子的电子轨道飞出,这种电子称为反冲电子,同时,入射光子的能量减少,成为散射光子,并偏离了入射光子的传播方向。反冲电子和散射光了的方向都相关于入射光子的能量,随着入射光子能量的增加,反冲电子和散射光子的偏离角都减少。

(3)电子对效应。

能量高于 1.02 MeV 的光子入射到物质中时,与物质的原子核或电子发生相互作用,光子放出全部能量,转化为一对正、负电子,这就是电子对效应。在电子对效应中,入射光子消失,产生的正、负电子对在不同方向飞出,其方向与入射光子的能量相关。如图 3.103 所示。

(4)瑞利散射。

瑞利散射是入射光子与原子内层轨道电子作用的散射过程。在这个过程中,一

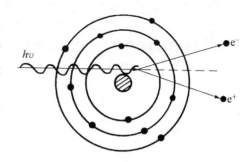

图 3.103 电子对效应

个束缚电子吸收入射光子后跃迁到高能级,随即又释放一个能量约等于入射光子能量的散射光子,光子能量的损失可以不计。简单地说,也可以认为这是光子与原子

发生的弹性碰撞过程。

瑞利散射发生的可能性与物质的原子序数和入射光子的能量相关,与原子序数的平方近似成正比,并随入射光子能量的增大而急剧减小。在入射光子能量较低(例如 0.5～200 keV)时必须注意瑞利散射。

3) 设备与器材

(1) X 射线机。

工业射线照相检测中使用的低能 X 射线机,由 4 部分组成:射线发生器(X 射线管)、高压发生器、冷却系统、控制系统。按照 X 射线机的结构,通常分为 3 类,便携式 X 射线机、移动式 X 射线机、固定式 X 射线机。如图 3.104 所示。

图 3.104　X 射 线 机

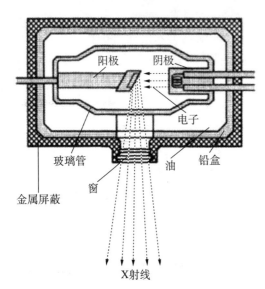

X射线

图 3.105　X 射线管

X 射线机的核心器件是 X 射线管,普通 X 射线管的基本结构如图 3.105所示。它主要由阳极、阴极和管壳构成。X 射线管实际上就是一只在高电压下工作的真空二极管,它有两个电极:一个是用于发射电子的灯丝,作为阴极,另一个是用于接受电子轰击的靶材,作为阳极,它们被密封在高真空的玻璃或陶瓷外壳内。

按照产生电子的方式,X 射线管可分为充气管和真空管两类;根据密封材质不同,可分为玻璃管、陶瓷管和金属陶瓷管;根据用途不同,可分为医疗 X 射线管和工业 X 射线管;根据密封方式不同,可分为开放式 X 射线管即在使用过程中需要不断抽真空,密闭式 X 射线管即生产 X 射线管时抽真空到一定程度后立即密封,使用过程中无需再次抽真空。

X 射线管供电部分至少包含有一个使灯丝加热的低压电源和一个给两极施加高电压的高压发生器。当钨丝通过足够的电流使其产生电子云,且有足够的电压(千伏等级)加在阳极和阴极间,使得电子云被拉往阳极。此时电子以高能高速的状态撞击钨靶,高速电子到达靶面,运动突然受到阻止,其动能的一小部分便转化为辐射能,以 X 射线的形式放出,以这种形式产生的辐射称为轫致辐射。

改变灯丝电流的大小可以改变灯丝的温度和电子的发射量,从而改变管电流和 X 射线强度的大小。改变 X 光管激发电位或选用不同的靶材可以改变入射 X 射线的能量或在不同能量处的强度。由于受高能电子轰击,X 射线管工作时温度很高,需要对阳极靶材进行强制冷却。虽然 X 射线管产生 X 射线的能量效率十分低下,但是在目前,X 射线管依然是最实用的 X 射线发生器件,已经广泛应用于 X 射线类仪器。

(2)工业射线胶片。

射线胶片的结构如图 3.106 所示,射线胶片与普通胶片除了感光乳剂成分不同外,其他的主要不同是射线胶片一般是双面涂布感光乳剂层,而普通胶片是单面涂布感光乳剂层,射线胶片的感光乳剂层厚度远大于普通胶片的感光乳剂层厚度。

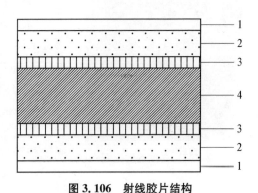

图 3.106 射线胶片结构
1—保护层;2—感光乳剂层;3—结合层;4—片基

a. 片基。片基是胶片的骨架,是感光乳剂层的支持体,厚度为 0.175~0.3 mm,材料一般是醋酸纤维、涤纶(强度高,适用自动冲洗)。

b. 结合层。结合层用来黏结感光乳剂层和片基。材料采用明胶、水、润湿剂、防静电剂等。

c. 感光乳剂层。感光乳剂层主要由溴化银微粒($0.5\sim10\,\mu\text{m}$)组成,还包括明胶(使银颗粒分布均匀、略有增感作用)、碘化银(改善感光性能,$\leqslant5\%$),以及少量防灰雾剂、稳定剂、坚膜剂等。

d. 保护层。保护层是一层胶质膜,用来防止感光乳剂层受到污损和摩擦。

射线照相常用的其他设备和器材包括增感屏、像质计、观片灯等。

3.2.4.3 复合材料激光错位散斑无损检测技术

1)概述

激光是一种单色、具有高方向性和高相干性的光源,当它照射在粗糙物体的表面时,物体的表面产生漫反射,此时表面每一点都可以看成一个点光源,从物体表面反射的光在空间相干叠加,就会在整个空间发生干涉,形成随机分布的、或明或暗的斑点,这些斑点称为激光散斑。

随着全息干涉法的发展,人们对散斑做了更深入的研究,发现虽然这些斑点的大小和位置的分布是随机的,但所有斑点的综合是符合统计规律的,在同样的照射和记录条件下,一个漫反射表面,对应着一个确定的散斑场,即散斑场与形成此散斑场的物体表面是一一对应的。在一定的范围内,散斑场的运动是与物体表面上各点的运动一一对应的,这就启发了人们可以根据对散斑运动的检测,来获得物体表面运动的信息,从而计算位移、应变和应力等一些力学量。这种方法发展很快,因为它除了具备全息干涉法的非接触式,可以遥感、较直观,能给出全场情况等一系列优点外,还具有光路简单,对试件表面要求不高,对试验条件要求较低(如不需要防振),计算方便,精度可靠,灵敏度可以在一定范围内选择等特点。

图 3.107　典型的散斑图

2)激光散斑干涉原理

(1)激光散斑的产生。

当物体的漫反射表面被相干光(如激光)照射时,漫反射的光波在物体表面的前方相互干涉,由于漫反射光的相位逐点不同,从而形成随机分布的亮点和暗点,统称为散斑,典型的散斑如图 3.107 所示。

要形成散斑必须具备以下两个条件:

a. 必须有能发生散射光的粗糙平面,为了使散射光比较均匀,则粗糙表面的深度必须大于波长。

b. 入射光线的相干度要足够高,如激光。

(2)激光散斑干涉的原理。

物体发生变形,散斑也随之发生变化,它们之间有着一一对应的关系。把物体表面变形前后所形成的两个散斑图分别拍摄成像,图像上的每个小区域和物体表面的小区域一一对应,当此区域足够小时,图像上对应的小区域内的两个散斑图几乎完全相同,只是错开了一个与物体表面位移有关的小的距离,这时各个斑点都成对出现。其错开的距离和方位,代表所对应的物体表面小区域的移动。用数字图像处理的方法,对所拍摄的图像进行分析,就可以得到物体表面的位移或应变的分布。

(3)激光散斑的分类。

散斑的测量方法有很多,归纳起来有两类:一类叫散斑照相,也叫单束光散斑干涉;另一类叫散斑干涉,包括双光束散斑干涉和错位散斑干涉,以及在错位散斑干涉基础上发展出来的电子错位散斑干涉。不同散斑测量方法的测量范围和精度如

表3.8所示。由于光学无损检测中所用的特种加载技术仅使构件产生微小变形(位移量为光波波长量级),无损检测所选用的散斑测量方法一般为散斑干涉。已实际为工业界接受的主要是错位散斑干涉。

表3.8 散斑测量范围与精度

光波波长/500 nm	测量下限 $d/\mu m$	测量上限 $d/\mu m$	精度(1/10 条纹)/μm
散斑照相	3.6	36~72	0.36
散斑干涉	0.4	6~9	0.04

a. 单光束散斑干涉技术。单光束散斑干涉技术又称为散斑照相。用激光照射有漫反射表面的物体,在变形前和变形后分别对记录介质曝光一次,即得到二次曝光散斑图。将记录介质直接置于物体表面记录得到的为客观散斑图,若通过透镜成像得到的称为主观散斑图。单光束散斑干涉技术原理如图3.108所示。

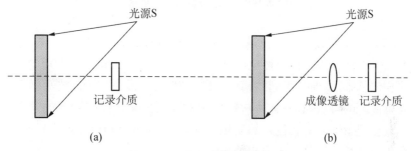

图3.108 单光束散斑图的记录

(a) 客观散斑 (b) 主观散斑

单光束散斑干涉技术具有结构简单、操作方便、可做非破坏性测量等优点。它主要用于面内位移的测量,可以用于测量结构位移、变形,物体表面的平动、倾斜和应变。例如,孔周的应变集中,蜂窝夹层板的变形,平面问题的应变和断裂力学实验中的位移场等。此外,条纹的变化与照明方向无关,因此可以使用发散光照明,从而消除对被测物体尺寸的限制。

b. 双光束散斑干涉技术。根据测量面内位移和离面位移的不同,双光束干涉分别按图3.108(a)和(b)布置光路。图3.108(a)中两束相干光对称地照明物体表面,每一束光都由物体表面漫反射,产生一个散斑场,两个散斑场叠加之后在记录介质上成像。图3.108(b)中一束相干光通过分束镜同时照射到被测物体和参考反射镜上,从两个表面反射的光形成的散斑场叠加在记录介质上成像。

变形前后散斑的亮度分布的细节完全相同的区域,称为相关部分;反之,则称为不相关部分。可以采用适当的方法，把相关部分的干涉条纹显示出来，从而了解物体表面的全场变形状况。

　　双光束散斑干涉可以用于测量板的变形和振动、轮胎的无损检验以及测量人的耳膜在各种声响下的振动等。

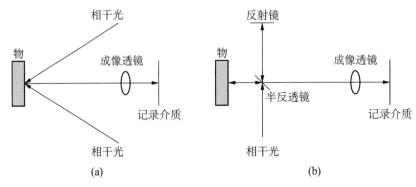

图 3.109　双光束散斑图的记录

　　c. 错位散斑干涉技术。错位散斑干涉又称错位照相，本质上是一种允许观察全场表面的光学干涉方法。错位散斑的基本原理是散斑照相和错位机理的结合，它是在散斑照相的基础上，通过不同的错位元件，把单光束散斑变为双光束散斑，因而它具有双光束散斑的特点，必须在两次曝光中对应的散斑还没有分开的基础上，比较双光束光波在记录平面上相位差的变化，物体应变与这个相位差的变化相联系。凡光程差变化为波长整数倍处出现相关条纹。

　　散斑剪切光路布置与单光束散斑测量相同，只是紧贴着照相机的镜头前面放置一玻璃光楔，光楔的角度很小，如图 3.110 所示。由于物面上一点在错位照相机像面上产生一对侧向错位像，这种方法称为错位照相。当物体用相干光（相干光可以视为是具有干涉能力的光）照明时，两幅错位图像彼此干涉，产生一幅随机干涉

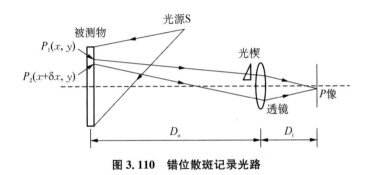

图 3.110　错位散斑记录光路

图——散斑图,当物体变形时,散斑图稍许变化。借助双曝光把变形前后的两幅散斑图叠加,则可形成一幅描述物体表面位移导数的条纹图。物体中的缺陷通常产生应变集中,而应变集中则转化成条纹图异常——特征条纹。通过识别特征条纹即可检出缺陷,散斑图如图 3.111 所示。

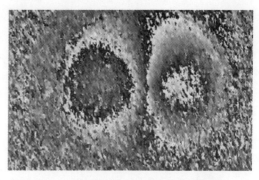

图 3.111　典型的剪切散斑——蝴蝶斑

　　d. 电子错位散斑干涉技术。电子错位散斑干涉技术是继电子散斑干涉技术后发展起来的一种测量位移导数的新技术。电子散斑由于用 CCD 记录信息,而一般的 CCD 摄像机也可以做到用每帧 1/30 s 的速度记录,因此对于防振的要求比起全息干涉等激光检测方法要低得多。电子错位散斑使用的是单光束,由两个错位的像产生干涉,光路简单,对减振要求很低,可以完全脱离防振台,在工程环境条件下也能得到很好的测量结果,是一种具有很强实用性的检测技术,使现场实时检测成为可能,同时测量位移导数时能自动去除刚体位移,并且有对缺陷受载后的应变集中十分灵敏的特点。除此之外,它与电子散斑干涉不同,由于直接获取位移一阶导数,减少了因对位移进行数值微分来获得应变而导致的数据计算误差,从而提高了测量精度。基于上述特点,电子错位散斑干涉是一种很好的无损检测方法,目前在光学无损检测技术中占有非常重要的地位。设备也已商品化。图 3.112 为电子错位散斑的光路系统。

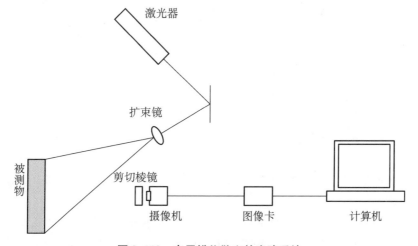

图 3.112　电子错位散斑的光路系统

3）激光散斑检测技术的激励加载方式

使用激光散斑干涉技术对试件进行有效检测的关键在于根据受检试件的材质和结构特征，找到一种有效的激励加载方法，使受检试件在该种载荷作用下，其缺陷影响到整体变形的分布，通过激光散斑干涉的检测方法，显现出它的特征干涉条纹——缺陷判据。

（1）温度差加载方法。

温度差加载方法又称为热加载法。利用热源对受检试件加热，试件受热后产生热应力发生热变形。试件中存在缺陷的部位，热传导受阻，形成热量堆积。其缺陷对应的表面温度较周围的高，因而对应的表面变形较周围的大（突变）。这种突变变形的位移量只要是与波长同量级的，都能采用散斑干涉检测，以特征干涉条纹（缺陷判据）显示出来。

热源通常采用红外加热器、石英灯、碘钨灯（卤素灯）、电阻加热器直接照射试件加载，或采用电吹风、热空气喷射器直接吹喷试件加载。此外，也可采用易挥发的液体喷洒在试件上，如喷液氮、干冰等降温加载。

热波加载方法为温度差加载方法的一种，使用红外热波对试件表面进行加热是目前应用较成熟且使用较多的热加载方式，当物体内部存在缺陷时试件的热场将发生变化，进而改变其整体变形的分布。

使用热波加载时，根据所检测对象材料的不同可选择单面加载和背面加载两种方法。所谓单面加载是指加热和检测在被测试件的同一面进行，这种加载方法比较适合非金属类单面导热性能较差的材料。背面加载方法是指加热和检测在被测试件的两个相反的平面同时进行，此加载方法主要在检测金属类导热性能较好的材料时选用。此类材料在加热检测时选用加载和检测同时进行，一般在检测一面进行热波加载在另一面进行散斑检测，检测结束后停止加载。

（2）压力差加载方法。

压力差加载方法，通常又分正压（增压）和负压（抽真空）加载方法。受检试件在环境压力变化下，其表面状态发生变化，产生变形。试件中存在缺陷的部位，因其对应的表面结构特征（深度或厚度）的变化，表面所产生的变形也随之变化，较之周围发生变形突变。同理，这种突变变形的位移量只要是波长级的，都能采用散斑干涉检测，以特征条纹（缺陷判据）显示出来。

正压（增压）加载方法，通常将待检试件通过气泵或水泵增压，使其结构内部充有高压气体或液体。该方法适用于压力容器、燃烧室等高强结构件的焊接或铸造质量缺陷检测。

负压（抽真空）加载方法，通常将受检试件放置在带有玻璃窗口的真空室中，或者在试件表面上附着密闭且带有玻璃窗口的真空室，通过真空泵排除气体形成负压。该方法适用于蜂窝夹层结构件、叠层结构件（如橡胶轮胎、固体药柱包覆层）的脱粘缺陷检测。

（3）振动加载方法。

振动加载方法，通常将频率信号发生器的信号经功率放大作用在激振器（激励源）上，并通过激振器与受检试件耦合作用，迫使试件产生受迫振动。振动加载方法显示试件缺陷常有两种形式：一种是试件整体共振；另一种是唯有缺陷区对振动的响应或唯有非缺陷区对振动的响应。不同形式的选择应视具体问题具体分析。

振动加载方法，通常适用于对扩散连接、钎焊和胶接的金属、复合材料的轻型薄层的叠层结构试件检测，也可以用于对空心薄壁结构试件的壁厚变化检测。其优点在于，振动加载的频率通常低于 100 kHz，因而可提高检测的可行性。

其局限性在于振动加载需要针对受检试件的结构形状，采用专用的激励源，缺少通用性。对于振动阻尼较大而不易形成稳定振动的试件，则不能采用振动加载方法检测。

超声波加载方法是振动加载的一种，这种声加载是以声频和中等的超声频进行的（通常低于 100 kHz）。其原理为超声波在传播路径中，由于缺陷的存在，引起超声的附加衰减，从而在缺陷处产生能量的堆积，使局部温度上升，从而引起缺陷部位产生变形。振动加载方法显示试件缺陷常有两种形式：一种是试件整体共振；另一种是唯有缺陷区对振动的响应或唯有非缺陷区对振动的响应，采用哪种形式应具体问题具体分析，超声波由超声发生器激励生成，超声发生器由超声换能器和超声电源组成。

（4）机械力加载方法。

机械力加载方法，通常包括机械拉伸、弯曲、扭转和集中力等方法的使用。受检试件的缺陷（如裂纹、开裂点）在机械力的作用下，其表面变形产生位移（偏重于面内位移）突变，使特征干涉条纹的曲率发生不连续变化或间断。只要机械作用力适当，都能采用散斑干涉检测，以特征干涉条纹（缺陷判据）显示出来。

机械力加载方法，通常用来检测金属、陶瓷、混凝土等试件的裂纹缺陷。对裂纹缺陷检测的灵敏度与裂纹的取向有关，如果力的方向使裂纹产生张开位移，则裂纹容易发现；反之，则裂纹不易发现。

（5）冲击力加载方法。

冲击力加载方法采用摆锤、自由落体、弹射弹头、定点爆破等方法对试件产生冲击力，使试件产生应力波的传播。在应力波传播过程中，遇到有缺陷时其传播速度变慢，使应力波形发生变化；适时拍摄的脉冲散斑图，都能显示出试件缺陷的特征干涉条纹。此外，也有采用高能脉冲激光辐射热冲击试件，使其产生热应力波的传播，同样可拍摄得到显示缺陷的特征干涉条纹。

（6）微波加载方法。

微波加载方法,采用电磁微波辐射器辐照某些含有一定水分的复合材料,当含水量超标(存在缺陷)时,微波加热产生微小变形位移。只要这种变形位移量是波长级的,都能采用散斑干涉检测,以特征干涉条纹(缺陷判据)显示出来。微波加载装置使用方便,但需防护微波泄漏辐射。

4) 激光散斑检测的发展现状

散斑干涉技术测量由于具有非接触、高精度和全场等优点,一直为人们所重视,尤其是大量地应用于表面变形的测量。它采用 CCD 或 TV 摄像机采集相干散斑干涉场的光强信息,信号经过处理后就以条纹图的形式显示在图像监视器上。条纹可代表物体表面的振动模式、离面位移、面内位移、位移导数及物体形状的等值线,它们的获得依赖不同的光路布置。

它综合了现代发展的三大技术:激光技术、视频技术和计算机数字图像处理技术,对防震的要求不高,完全可以走出实验室进入现场测试;并且电子散斑条纹图可以以数字形式存入存贮介质中,便于条纹后处理,这使得激光散斑技术在无损检测领域的应用将会越来越广。

3.2.4.4　复合材料红外热波成像无损检测技术

红外辐射又称红外光,在自然界中只要物体本身具有一定温度(高于绝对零度),都能辐射红外光。例如电机、电器、炉火甚至冰块都能产生红外辐射。

红外光和所有电磁波一样,具有反射、折射、散射、干涉、吸收等特性。能全部吸收投射到它表面的红外辐射的物体称为黑体;能全部反射的物体称为镜体;能全部透过的物体称为透明体;能部分反射、部分吸收的物体称为灰体。严格地讲,在自然界中,不存在黑体、镜体与透明体。

1) 基本原理

热波(thermal wave)理论与传统的热传导理论一样,都致力于描述媒介中温度场的分布和变化。但热波理论对热在传输过程中的波动性描述加深了人们对热传导现象的认识。热波理论研究的侧重点是研究周期、脉冲、阶梯等变化性热源与媒介材料及媒介的几何结构发生相互作用时所产生的温场变化现象。它不仅方便地引出了诸如不同频率的热波在界面的反射、散射、趋肤深度等物理概念,而且直接衍生了一门实用学科——热波无损检测(thermal wave nondestructive evaluations)。由于不同媒介材料表面及表面下的物理特性和边界条件会影响热波的传输,而这些影响又以某种方式反映在媒介材料表面的温场变化上,因此通过控制加热和测量材料表面的温场变化,将可以获取材料的均匀性信息以及其表面下的结构信息,从而达到检测和探伤的目的。目前,测量表面温场最直接、最快速的方法是红外热波技术,所以热波检测又常称为红外热波检测。

红外热波检测的理论基础是黑体辐射理论,即一切物体在温度高于绝对零度(−273℃)时都要向外发出红外热辐射(即红外线)。红外线可分为 4 部分,即近

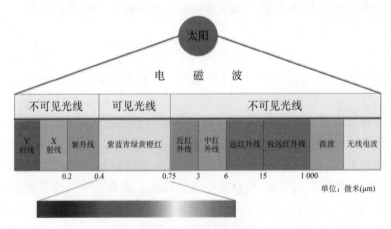

图 3.113 电 磁 波 谱

红外线,波长为 $0.75\sim3.0\,\mu m$;中红外线,波长为 $3.0\sim6.0\,\mu m$;远红外线,波长为 $6.0\sim15.0\,\mu m$;极远红外线,波长为 $15.0\sim1\,000\,\mu m$。图 3.113 为完整的电磁波谱。

红外热波检测技术针对被检物材质、结构和缺陷类型及检测条件,设计不同特性的热源(热风、闪光灯、卤素聚光灯、超声波、电磁微波等),并用计算机和专用软件控制进行周期、脉冲等函数形式的加热,采用现代红外成像技术对时序热波信号进行捕捉和数据采集,采用软件技术实现对实时图像信号的处理和分析,最终达到检测缺陷的目的。

值得指出的是,由于应用热波原理并采用主动性控制加热,红外热波检测技术与传统的被动式热成像检测是有本质区别的。

红外热波检测技术把物体辐射或反射的红外波段图像转换成可见光波段人眼可观察的图像。根据斯特藩-玻尔兹曼定律,红外辐射的强度(单位面积向半球方向发射的全波长辐射功率)可表示为

$$W = \varepsilon\sigma T^4 \tag{3.74}$$

式中:ε 为灰体发射系数;σ 为斯蒂芬-玻尔兹曼常数 $(5.66\times10^{-8}\mathrm{W}\cdot\mathrm{m}^{-2}\cdot\mathrm{K}^{-4})$;$T$ 为绝对温度。

在复合材料制造过程中,因制造工艺不合理使固体复合材料中产生缺陷时,缺陷尺寸相对于物体整个表面而言所占比例很小,所以,均匀加热缺陷部位时,为了使问题简化,缺陷附近区域的热传导可以用固体一维热传导(沿板厚方向)模型代替,如图 3.114 所示。

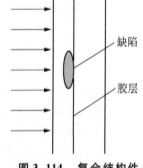

图 3.114 复合结构件缺陷一维热传导模型

根据固体热传导方程,简化后缺陷部位的一维热传导方程可表示为

$$\rho c = \frac{\partial T}{\partial t} = k\nabla^2 T \tag{3.75}$$

式中:ρ 为密度;c 为热容,k 为热传导系数;∇ 为 Laplace 算子;T 为温度;t 为时间。

如果复合结构件内存在缺陷,采用适当的热加载方式加热构件表面时,热波在构件内部传播,并在其内部扩散,由于试件内部存在着裂纹、气孔、分层等缺陷,这将引起试件的热传导、热容量等性能的改变,经过一定的时间,由于热流被缺陷阻挡,就会在缺陷附近发生热量堆积,而这些热量的堆积必定会以不同的温度分布反映出来,使得有缺陷区域的表面温度不同于没有缺陷区域对应的表面的温度,当用红外探测器扫描或观察试件表面时,红外热像仪就可以测定工件表面的温度分布状况,在试件加热或冷却过程中探测出物体表面温度变化的差异,进而判明缺陷的存在与否及其大小和位置。

红外热波检测系统包括热激励系统,红外热成像系统,红外图像处理及分析系统。以光热辐射作为激励的系统结构如图 3.115 所示。

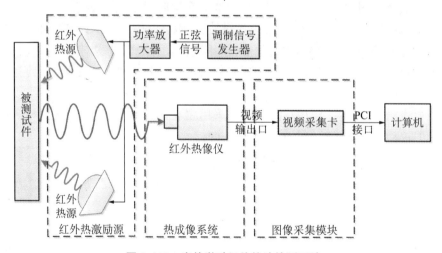

图 3.115　光热激励红外热波检测系统

2)技术特点

红外热波检测技术具有如下特点。

(1)适用面广:可用于所有金属和非金属材料。

(2)速度快:每次测量一般只需几十秒钟。

(3)观测面积大:根据被测对象和光学系统,一次测量可覆盖至平方米面积量级。对大型检测对象还可对结果进行自动拼图处理。

（4）直观：测量结果用图像显示，直观易懂。

（5）定量：可以直接测量到深度、厚度，并能做表面下的识别。

（6）单向、非接触：加热和探测在被检试件同侧，且通常情况下不污染也不需接触试件。

（7）设备可移动、探头轻便：十分适合外场、现场应用和在线、在役检测。

3）检测方法

红外热波检测针对不同被测材质、结构和缺陷类型以及特定的检测条件，设计不同的外部热源。根据外部热源加载方式和热波信号采集处理方式的不同，主动红外热波检测技术可分为脉冲加热红外热波检测技术、锁相调制加热红外热波检测技术、超声振动加热红外热波检测技术和电磁加热红外热波检测技术。

（1）脉冲加热红外热波检测技术。

脉冲加热红外热波检测技术采用脉冲闪光灯作为热源，获取被测物体脉冲相位数据，对数据进行处理后可实现对缺陷深度的测量；提取图像相位频率信息后，根据热波频率与传导深度的关系可实现缺陷深度的检测。

脉冲加热红外热波检测技术是研究最多、应用最广的技术之一，但是该技术还是存在一些局限性，比如测试试件厚度有限，对热源的均匀性要求高，与检测试件的结构有关，只适用于平板试件检测，不适于复杂形状的试件检测等。

（2）锁相调制加热红外热波检测技术。

锁相调制加热红外热波检测技术采用辐射强度按正弦规律变化的激励源加热，在加热周期的特定时刻采集多幅红外图像，计算得到物体表面各点温度变化的幅值图和相位图。被测物体表面温度以加载频率振荡变化，其幅值、相位与材料的性质、缺陷的位置有关。幅值图与局部光和表面红外特征成比例，而相位图的相位信息与缺陷深度具有对应关系，通过计算此相位和幅值可确定缺陷的特征。

锁相调制红外热波检测技术弥补了脉冲红外热波检测技术的不足，既能检测缺陷形状，也能检测缺陷深度，改善了红外热成像抗噪声干扰能力，提高了检测灵敏度。

（3）超声振动加热红外热波检测技术。

超声振动加热红外热波检测技术采用超声波作为外部激励源，对试件激发超声振动时，试件中缺陷或不均匀区域由于热弹效应和滞后效应而获得选择性加热，使得该区域热量变化通过试件表面温度异常变化表现出来，通过红外热像仪提取缺陷信息，可显著提高对金属、陶瓷和复合材料等的浅表层的疲劳裂纹和冲击损伤的内部应力等的红外检测灵敏度。

该技术的优势在于不用考虑非均匀加热问题，即使试件有非常复杂的几何形状,也可设计合适的声发射头进行热激励。同时由于超声波衰减比较低,对于某些材料,声波能够在距离激发源较远或较深的地方产生有效激励,可对更深的内部裂纹进行检测,并且该技术还能发现被测试件中的闭合裂纹。

(4)电磁加热红外热波检测技术。

电磁加热红外热波检测技术是近几年国际上刚刚出现的一种新型红外热波无损检测技术,目前对该技术的研究报道还不多,在国内更是空白。

电磁加热红外热波检测技术是基于电磁感应原理和涡流效应提出的。该技术的创新之处在于采用电磁激励的方式对待测物体进行加热。

该技术的优势在于可以根据检测对象的不同,选择不同波形、频率,从而达到最佳的检测效果;其次是非接触,故不存在激励源与试件因耦合不稳定而造成检测重复性差的问题;此外,可对试件进行局部的激励检测,因而基本不用考虑激励的均匀性问题。

4)主要应用

红外热波检测主要应用于航空航天、电力、铁路桥梁、大型机械装备、石油管道、压力容器等的无损检测。

(1)对航空器、航天器铝蒙皮的加强筋开裂与锈蚀的检测,机身蜂窝结构材料、碳纤维和玻璃纤维增强多层复合材料缺陷的检测、表征、损伤判别与评估。

(2)火箭液体燃料发动机和固体燃料发动机的喷口绝热层附着检测。涡轮发动机和喷气发动机叶片的检测。

(3)新材料,特别是新型复合结构材料的研究。对其从原材料到工艺制造、在役使用研究的整个过程中进行无损检测和评估;加载或破坏性试验过程中及其破坏后的评估。

(4)多层结构和复合材料结构中,脱粘、分层、开裂等损伤的检测与评估。

(5)各种压力容器、承重和负载装置表面及表面下疲劳裂纹的探测。

(6)各种粘接、焊接质量检测,涂层检测,各种镀膜、夹层的探伤。

(7)测量材料厚度和各种涂层、夹层的厚度。

(8)表面下材料和结构特征识别与表征。

(9)运转设备的在线、在役监测。

红外热波检测技术可以应用于多种材料、结构的产品检测,该项技术的应用可以为工艺分析提供参考信息,可用于产品设计、加工制造、成品检测等各个方面。但是该方法对结构复杂的产品需要高效的数学计算模型;受加热设备的限制检测深度还不够深;对缺陷的分辨率不够高,不及超声C扫描;用于某些金属试件检测时,外表面需进行抗反射处理。此外,外部热源发射头的设计和制造,必须根据不同构件裂纹产生部位的形状特点和原位检测要求,综合考虑通用性、便携性、内部可达性问题。热流注入方向将直接影响检测结果及检测灵敏度,要针对不同导热系数、不同材质、不同结构的缺陷选择合适的热流注入方向;外部加热方式及加热能量与加热时间控制正确与否最终影响主动红外热波损伤缺陷检测灵敏度的高低。

3.3　飞机其他非金属材料的分析测试技术及设备

非金属材料主要是以高分子为基础,包括橡胶、密封剂、塑料、纺织品材料、复合材料、胶黏剂、油料以及涂料等八类材料,由于具有密度小,重量轻等优点,在航空航天上的应用日益广泛。因篇幅问题,本节主要简单介绍密封剂、涂料、油料和胶黏剂、橡胶、塑料和纺织材料。

3.3.1　密封剂

密封剂是一种功能材料,用于飞机机身、机翼整体油箱、机身结构密封、座舱及其他部位的密封和结构防腐蚀密封,运载火箭、宇宙飞船结构的密封,阻止液体和气体不合理的流动,保证油密、气密、水密的要求。密封体系的密封可靠性,取决于密封结构的设计形式与密封剂的性能。

在军用、民用飞机、导弹等有关工作能力保障系统、整机稳定性和安全保障以及防腐蚀系统工程都有赖于航空密封剂的发展。因此美、法、德、俄、日等国家和相关研究机构研制了在高温、低温燃油、润滑油、液压油、酸雨、海水、湿气阳光等综合因素作用下,长期保证飞行器结构密封的各类航空密封剂。国内的相关机构也根据需要研制了一系列的各类密封剂,但与世界先进水平相比还有一定的差距。

3.3.1.1　密封剂的物理性能测试技术及设备

1) 流淌性

流淌性是表征密封剂涂覆后,保持自身形状的能力,这一性能主要是保证缝外胶及紧固件罩封用胶的密封形状和尺寸等。常见的试验方法有 HB5243—1993, AS 5127/1C 等。使用的设备有电子天平,刮刀,秒表,流淌试验仪。图 3.116 为流淌性试验装置示意图,图3.117 为试验装置的组装图。

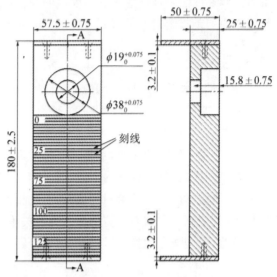

图 3.116　流淌性试验装置

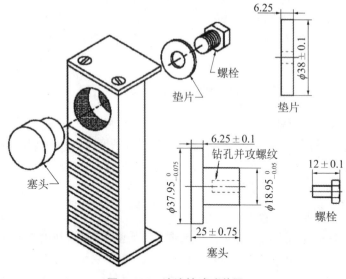

图 3.117　流淌性试验装置

2）不粘期

配置好的密封剂,随着硫化程度的增加逐渐达到不粘手或不粘某些材料的最短时间,这段时间称为不粘期。

3）施工期

施工期主要是指密封剂配制后能保持适合于装配要求塑性的最长时间。常用的方法有黏度法和挤出速率。黏度法的设备主要是旋转黏度计,以 cp,p 为单位;挤出速率主要是指密封剂配置好后在规定的时间内密封剂至少挤出多少,以 g/min 为单位。

4）硫化期

硫化期是指密封剂配置好后,达到一定硬度所需的时间。测试方法主要是ASTM D2240－05（2010）,GB/T531.1—2008,常用的设备是邵氏硬度计,如图3.118、图 3.119 所示。

3.3.1.2　密封剂的力学性能测试技术及设备

在结构密封剂中,有缝内密封、缝外密封、机身外部接缝启动平滑过渡等,在飞机机身、机翼整体油箱的密封要求高,无论哪种密封形式,密封剂都会受到各种应力的作用,其中剥离黏结力及剪切黏结力至关重要。常见的力学性能主要有180°剥离强度试验,T 型强度试验,剪切强度试验等。

1）180°剥离

用密封剂粘柔性织物与刚性板材,硫化后将自由端的柔性物质翻转180°,在规

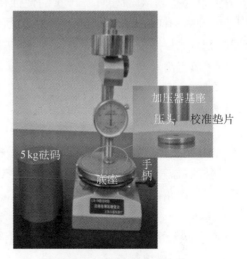

图 3.118　邵氏 A 硬度计　　　　　　图 3.119　邵氏 D 硬度计

定的条件下,以 180°方向从刚性试板上剥开时的负荷。常见的试验方法主要有
MIL-S-8802C, MIL-S-430, AMS3276E, AS5127/1C, HB5249—1993。

2) T 型剥离

当两个被粘物表面呈 T 型胶接时,在规定的剥离条件下,胶接件分离时的负荷。
常见的试验方法主要有 HB5248—1993。

3) 剪切强度

拉力作用于一对单接试片,测出其破坏时的剪切力。常见的测试方法
AMS3276E, HB5250—1993。常用的测试项目主要是 180°剥离,剪切强度在密封剂
中测试较少。力学性能主要的测试设备均是拉力试验机。

3.3.2　涂料

涂料,传统称为"油漆",这类材料可以采用不同的施工工艺,涂覆在物体表面
上,形成粘附牢固、具有一定强度、连续的固态薄膜。这种通过施工形成的薄膜
称为涂膜,又称为漆膜或涂层。这种在物体表面上涂覆涂料的施工过程称为
涂装。

涂料对于航空工业来说,是飞行器工业中的一种不可缺少的非金属材料,涂料
工业也同样是化工中一个重要的行业。

在航空工业,涂装后的飞机表面平整光滑,可改善空气动力性能;发动机上使用
涂料还可以起到封气、封油作用;特种飞机上涂上反雷达侦察,吸收雷达波的涂料,
可避免敌人发现,另外还有防红外线拍照涂料等。

航空产品对涂料的要求是由产品所处环境条件决定的。在炎热的湿热地带或
者在亚热带地区,气温较高,空气潮湿,涂层必须要经受湿热的考验;沿海地带,空气

中含有大量的盐雾,对涂层具有严重的侵蚀作用;而严寒的冬季,涂层还会经受冷、热剧变的冲击;有时,如飞机还会遇到砂石、雨滴、冰雹等的磨蚀,由于飞行时产生的振动和变形,涂层还要受到挠曲等;此外,涂层还会接触到各种有机油料、化学物质,因此,对于航空涂料而言,根据涂料所能发挥的作用及要求,涂料涂覆在物体表面上形成的涂膜,一般应具备下列基本特性:良好的保护性,优良的附着强度,施工性,对石油液体(燃油、润滑油、液压油)具有稳定性,很好的有机物理特性及较好的耐气候性。

3.3.2.1　涂料的物理性能测试技术及设备

对盛样容器和取样器械,应不受产品侵蚀,不与产品反应等,还应具有光滑表面,无尖锐的内角或凹槽。

1) 桶外观检查及开启

检查桶有无外观缺陷或可见的损漏,如损漏严重应舍弃。小心地打开桶盖,勿搅动桶内产品。目视检查通过后,取样,测试。

2) 密度的测试

测涂料产品密度的目的,主要是控制产品包装容器中固定容器的质量,在检测产品遮盖力时有重要意义,以便了解在施工时单位容积能涂覆的面积。目前密度测定的标准有 GB/T6750—2007,ISO2811—2011,ASTM D1475 - 13 等。

密度的定义:在规定的温度下,物体单位体积的质量,单位为 g/cm^3,g/mL,lb/gal。常用的设备有电子分析天平;比重杯/比重瓶;恒温水浴。

计算公式为

$$D_m = \frac{W - w}{V} \tag{3.76}$$

式中:D_m 为密度,g/mL;W 为试样及容器质量,g;w 为容器质量,g;V 为容器体积,mL。

也可表示为

$$D = \frac{(W - w)K}{V} \tag{3.77}$$

式中:D 为密度,lb/gal;K 为常数,8.345 4;W,w 及 V 与式(3.76)中的意义相同。

3) 挥发物含量和不挥发物含量

挥发物含量指涂料施工后挥发到空气中的部分,不挥发物含量指的是涂料组分中经施工后留下称为漆膜的部分,这两个指标是涂料生产中正常的质量控制项目之一,它的含量高低对形成的漆膜的质量和涂料使用的价值有直接的关系,同时对保护环境,减少挥发物对大气污染也有密切的联系。测试方法主要有 GB/T1725—

2007，GB/T6751—1986，ISO3251—2008，ASTM D2369‑10，ASTM D1644‑01 (2012)。常用的设备有电子分析天平、烘箱、玻璃干燥容器、铝箔等。

4）黏度

黏度是涂料产品的重要指标之一，是测定涂料聚合物分子量大小可靠的方法。涂料的黏度直接影响施工性能、漆膜的流平性、流挂性。

液体的黏度是指液体分子间相互作用而产生阻碍其分子间相对运动能力的量度。也称为内摩擦力。通常以对流体施加的外力（剪切力、拉伸力）与产生流动速度梯度的比值表示。通常剪切力与剪切速度梯度的比值称为剪切度，通称动力黏度，国际单位帕·秒（Pa·s）[习惯用 P（泊），CP（厘泊），1 Pa·s＝10 P，1 mPa·s＝1 CP]。动力黏度与密度的比值称为运动黏度，国际单位是平方厘米每秒（cm^2/s）（习惯用厘斯 1 cst＝1 mm^2/s）。测试方法主要有 GB/T1732—1993，GB/T6753.4—1998，GB/T9751.1—2008，ISO2431：2011，ASTM D1200‑10（2014），ASTM D4212‑10（2014）。常用设备有 Zahn 杯、Ford 杯、ISO 杯、KU 黏度计等。图 3.120 显示了 Zahn 杯的形貌。

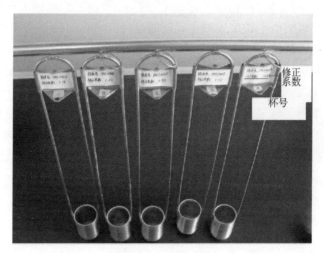

图 3.120　Zahn 杯

5）细度

涂料的细度是指色漆的颜料和体质、颜料颗粒的大小或分散的均匀程度。其检测是涂料铺展为厚度不同的薄膜，观察在何种厚度下显现出颜料的粒子，即称为该涂料的细度。

色漆中使用的颜料和体质颜料，应该是以微小的颗粒均匀地分散在涂料中，当涂十几道几十微米厚的薄膜时，涂层表面应平整光滑，不能有颜料或机械杂质等颗粒物体显现出来，所以色漆的细度是重要的内在质量之一，对成膜质量，漆膜光泽，耐久性，贮存稳定性均有很大影响。颗粒细，分散程度好，颜料能较好地被润湿。当

图 3.121　刮板细度计

然也不是越细越好,过细则影响涂膜附着力,底、面漆要求是不一样的,面漆一般要求细度为 $20\sim40\,\mu m$,底漆或防锈漆一般为 $40\sim60\,\mu m$,目前涂料细度的测定基本都采用刮板细度计,测试方法 GB/T1724—1979,GB/T6753.1—2007,ASTM D1210‐05(2014),以微米(μm)表示。图 3.121 显示了刮板细度计的形貌。

3.3.2.2　涂料的化学性能测试技术及设备

1)酸值测定

中和 1g 产品的不挥发物中的游离酸所需氢氧化钾的质量。测试方法见 GB/T6743—2008,以酚酞做指示剂,用氢氧化钾-乙醇溶液进行滴定。常用设备为电子天平、滴定管、锥形瓶、电位滴定仪等。

2)皂化值

皂化是指有机酸衍生物生成碱金属盐的过程。皂化值是指产品中和 1g 不挥发物皂化时所消耗氢氧化钾的质量。本方法是以氢氧化钾溶液与试样共沸皂化,以盐酸滴定过量的氢氧化钾而测得的皂化值。常用设备有电子天平、滴定管、锥形瓶等。

3)稀释剂组分

样品及其被测组分气化后,随载气同时进入色谱柱,利用被测定的各组分在气固或气液两相的吸附或溶解、脱附或解析等物化性质的差异,在柱内形成组分迁移速度的差别而进行分离。分离后的各组分先后流出色谱柱,进入检测器,由数据处理系统记录色谱图及相应数据。各组分的保留值和色谱峰面积或相应的峰高值分别作为定性和定量的依据。主要采用气相色谱仪进行测试。图 3.122 展示了气相色谱仪的组成结构。

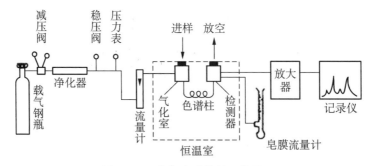

图 3.122　气相色谱仪的工作原理

3.3.2.3　涂料的漆膜性能测试技术及设备

为漆膜检测的结果准确可靠,需要制备符合要求的漆膜,根据实验项目的要求,选择正确的试板材质、表面处理、环境温湿度等要求。

1)镜面光泽

也就是漆膜表面将投射其上的光线向一个方向反射出去的能力,通常称为光泽。常用的试验方法有 GB/T9754—2007,ISO2813—2014,ASTM D523-14 等。涉及的设备是光泽仪。

2)厚度

漆膜厚度是一项重要的控制指标,漆膜厚薄不均或者未达到规定的要求,对漆膜性能将产生较大的影响。常用的试验方法有 GB/T1764—1979 ASTM D1400,常用的设备有杠杆千分尺或磁性测厚仪(见图 3.123)等,以微米为单位。

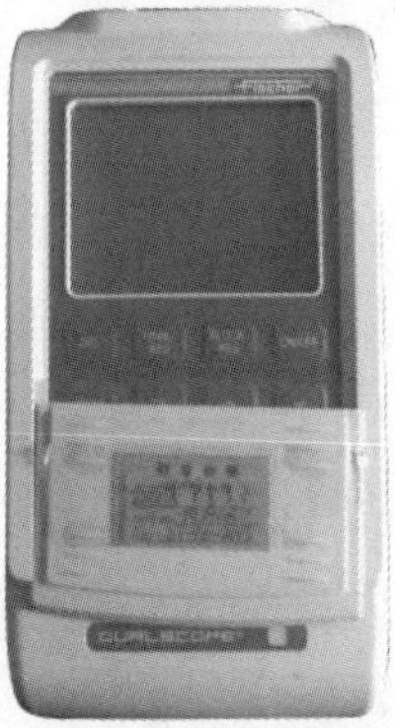

**图 3.123　FMP40
型涂层
测厚仪**

3)遮盖力

遮盖力是指将色漆均匀地涂刷在物体表面,由于漆膜对光的吸收、反射和散射而使底材颜色不再呈现出来的能力。常用的试验方法有 GB/T1726—1979,ASTM D2805-11 等,设备有遮盖力仪。

4)弯曲试验

这个试验是在标准条件下,漆膜绕圆柱或锥形轴弯曲时,测试抗开裂或抗从金属试板上剥离的能力,主要有圆柱轴法和锥形轴法,试验方法有 GB/T6742—2007,GB/T11185—2009,ASTM D522-13,设备即圆柱轴弯曲试验仪或锥形弯曲测试仪(见图 3.124)。

图 3.124　锥形轴试验仪 　　　　　　　图 3.125　铅笔硬度

5)漆膜硬度试验

这个试验是漆膜表面对作用在其上的另一个硬度较大的物体表现出来的阻力,主要有摆杆硬度法、铅笔硬度法、划痕硬度等。试验方法主要有 ASTM D3363-05 (2011),图 3.125 展示的是铅笔硬度计。

6）附着力试验

附着力试验指漆膜与被涂漆物件表面通过物理化学作用结合在一起的牢固程度，是漆膜考核指标中较常见的试验项目。主要的试验方法有 GB1720—1979，GB9286—1998，ISO2431：2011，ASTM D3359-09 等。

7）耐液体试验

这个试验是将漆膜试板浸没在液体中，放置一定的时间周期，随着漆膜与液体接触，漆膜会发生起泡、变色、结合力下降等破坏现象，这将直接影响到涂料的使用寿命。

通常，漆膜浸完液体后，再次进行铅笔硬度、附着力等试验，进而考察漆膜是否符合要求。

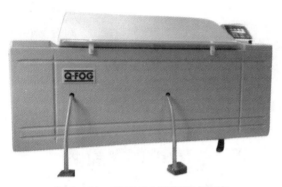

图 3.126　CCT1100 型盐雾试验箱

8）耐盐雾试验

耐盐雾试验主要考察漆膜试板耐盐雾能力，与耐液体试验相似，在盐雾试验箱中放一定周期，通常以 24 h 为周期，在规定的试验周期结束时，从试验箱中取出，查看试板表面的破坏情况。

耐热性试验、耐湿热试验等与耐盐雾和耐液体类似，主要的测试设备是盐雾试验箱（见图 3.126）。

3.3.3　油料

石油产品中的航空燃料和润滑剂，在航空工业中有着重要的用途，它们虽然不是航空结构材料，但在航空材料中却占据着重要的地位。燃油为航空汽油和喷气燃料等材料的总称，它不仅是飞机的动力源，又是润滑油、液压油及许多部件、设备的优良冷却剂，并兼作燃油系统摩擦部件的润滑剂，对于现代大型远程飞机、燃油重量超过飞机总重量的 50%，而燃油消耗费用也占航空材料直接开支费用的一半以上。航空润滑剂为飞机、发动机及其附件所用润滑材料的总称。因使用部位和工作条件截然不同，润滑剂的作用、状态和性能要求差别也很大，通常分为航空液压油、润滑油、润滑脂及干膜润滑剂等。润滑材料是飞机全部活动部件正常工作的保证，润滑条件的好坏，不仅影响安全工作，也关系到飞机发动机的总寿命和翻修寿命，选择优质润滑剂，是航空产品延寿的重要条件之一。本节主要介绍喷气燃料、润滑油、液压油、润滑脂等的常见试验项目。

3.3.3.1　油料的物理性能测试技术及设备

1）密度

密度是指在规定温度下，单位体积内所含物质的量，通常以 g/cm^3，或 g/mL，或

kg/m³ 表示。喷气燃料密度的大小通常影响到飞机油箱中燃料的储备量,燃料的密度越大,在油箱的相同容积中装入的燃料量就越多,续航能力就越大。

航空汽油和喷气燃料测试的方法主要有 GB/T1884—2000,GB/1885,ASTM D1298 - 12b,ASTM D4052 - 11 等。涉及的设备主要有石油密度计、恒温水浴、温度计等。另外,数字式密度计也越来越多的应用于燃油中,如图 3.127 所示。

图 3.127 数字式密度计

2) 馏程

馏程主要是用来判定油料中轻馏分、重馏分组成的多少,轻馏分燃料起动和燃烧性能好,但在低压及高温条件下易蒸发和产生气阻,着火安全性能也较差。重馏分燃料的优缺点与之相反。测试方法主要有 GB/T6536—2010,ASTM D86 - 12 等。涉及的主要设备有蒸馏试验器、温度计等。图 3.128 展示了燃气加热型蒸馏仪器装置。

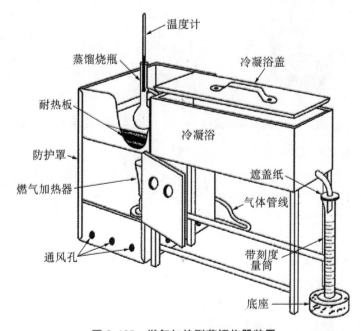

图 3.128 燃气加热型蒸馏仪器装置

3) 冰点

冰点是喷气燃料使用时的重要质量指标之一。发动机经常在高空低温条件下工作,油料中出现结晶后,立即使供油状态恶化,甚至将滤油器堵塞,供油减少,进而破坏正常供油,甚至使发动机停车。常用的方法有 GB/T2430—2008,ASTM D2386‐06,设备有双壁玻璃试管、搅拌器、温度计等。图 3.118 显示了冰点测试仪的结构。

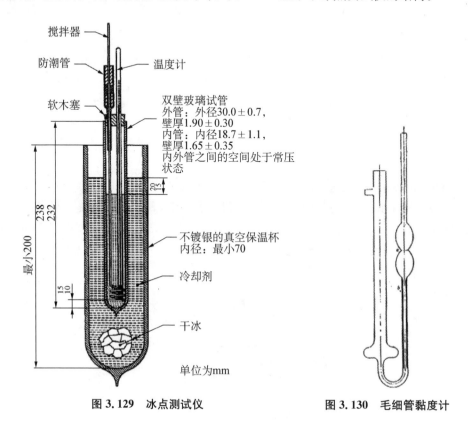

搅拌器
防潮管
温度计
软木塞
双壁玻璃试管
外管:外径30.0±0.7,
壁厚1.90±0.30
内管:内径18.7±1.1,
壁厚1.65±0.35
内外管之间的空间处于常压
状态
20
15
238
232
最小200
不镀银的真空保温杯
内径:最小70
冷却剂
15
10
干冰
单位为mm

图 3.129　冰点测试仪　　　　　　　图 3.130　毛细管黏度计

4)运动黏度

运动黏度是油料重要的质量指标,正确选择一定黏度的油料,可以保证发动机稳定可靠的工作状况。随着黏度的增大,会降低发动机的功率,增加燃料消耗。常用的试验方法有 GB265—1988,ASTM D445‐15,涉及的设备有恒温浴槽、黏度计。图 3.130 展示了毛细管黏度计的结构。

5)润滑脂的锥入度

锥入度测量如下:按规定的负荷,在 25℃时,将椎体组合件从针入度计上释放,使椎体下落 5 s,并测定其沉入试样的深度。以 1/10 mm 表示。锥入度分为不工作锥入度、工作锥入度、延长工作锥入度。

测试方法主要有 GB269—1991,ASTM D217‐10,常用的设备有针入度计、润滑脂工作器、恒温水浴、秒表等。图 3.131 是针入度计的样例。

6)固体颗粒污染度

固体颗粒污染度常规的试验主要是用自动颗粒计数器来进行测量,设备的主要

图 3.131　针入度仪

图 3.132　自动颗粒计数器

原理有光阻法,常用方法有 GJB380.4A—2004,评级标准有 NAS/b38—2011,GJB420B—2006,AS4059F 等,测试设备如:自动颗粒计数器(见图 3.132)。

7) 喷气燃料热氧化安定性试验

　　飞机飞行时由于与空气摩擦生热,使飞机表面温度上升,油箱内燃料的温度也上升,可达 100℃ 以上。在这样高的温度下,燃料中的不安定组分更容易氧化而生成胶质和沉淀物。这些胶质沉积在热交换器表面上,导致冷却效率降低;沉积在过滤器和喷嘴上,则会使过滤器和喷嘴堵塞,并使喷射的燃料分配不均,引起燃烧不完全等。因此,对长时间作超声速气行的喷气燃料,要求具有良好的热安定性。

　　喷气燃料的热安定性主要取决于其化学组成。研究表明,喷气燃料中的饱和烃生成的沉淀物很少,而加入芳香烃后沉淀物就成十倍地增多;而燃料中的胶质和含硫化合物也会使其热安定性显著变差,使产生的沉淀物量增加。热氧化安定性的测试方法有 ASTM D3241‑14b,GB9169—2010。主要的测试设备是热氧化安定性试验机,如图 3.133 所示。

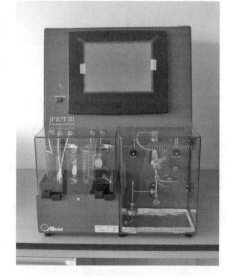

图 3.133　JFTOT Mark Ⅲ 型热氧化安定性试验机

3.3.3.2　油料的化学性能测试技术及设备

1）总酸值

油料中的酸值是油料中含有酸性物质的指标。中和 1g 油料中的酸性物质所需的氢氧化钾毫克数，称为总酸值。所测的酸值，是有机酸和无机酸的总值。

总酸值的主要测试方法有用沸腾乙醇抽出试样中酸性成分，然后用氢氧化钾乙醇溶液进行滴定的方法；电位滴定法；异丙醇甲苯混合液的方法，用氢氧化钾异丙醇溶液滴定的方法等。

常用的测试标准有 GB264—1983，ASTM D664 - 11a，ASTM D9714 等。常用的设备有电子天平、滴定管、可调节电炉、自动电位滴定仪等。

图 3.134　泰克闭口杯

2）闪点

在规定条件下，加热油料，当油料温度达到某一温度时，油料的蒸气和周围空气的混合气一旦与火焰接触，即发生闪火现象，最低发生闪火的温度称为闪点。主要有闭口闪点和开口闪点两种方法。

常用的方法有 GB/T261—2008，GB/T3536—2008，ASTM D93 - 15，ASTM D56 - 05（2010），ASTM D92 - 12b 等，常用的设备有克利夫兰开口杯、泰克杯法（见图 3.134）、宾斯基闭口杯。

3）铜片腐蚀

将已磨光的铜片浸没在一定量的试样中，并按照产品要求加热到指定温度，保持一定的时间。待试验周期结束时，取出铜片，洗涤后与标准色板进行比较，判定腐蚀的级别。

常用的方法有 GB5096—1985，ASTM D130 - 12，ASTM D4048 - 10 等。常用的设备有试验弹、恒温浴（见图 3.135）、试管、铜片、标准色板（见图 3.136）等。

4）烃含量测定

烃含量主要是用荧光指示剂吸附的方法来进行测试。

试样中各种烃类根据吸附能力强弱分离成芳烃、烯烃和饱和烃。荧光燃料也和烃类一起选择性分离，使各种烃类区域界面在紫外灯下清晰可见。根据吸附柱中各类烃色带区域的长度计算出每种烃类的体积百分含量。主要试验方法有 ASTM D1319 - 14，GB/T11132—2008，设备有吸附柱、标尺、紫外光源、电动振动器等。

5）润滑油中元素分析

在早期检测时发现金属元素含量过高，为避免出现意外故障而造成停机，所以

图 3.135　试验恒温加热浴

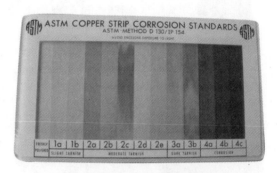

图 3.136　铜片腐蚀标准色板

对飞机进行定期或连续的检测,发现故障征兆时进行有针对性的维修。常见的测试技术主要有原子吸收光谱测试,电感耦合等离子体原子发射光谱法(ICP – AES)。主要的设备是转盘电极原子发射光谱仪。原理:应用转盘电极技术,通过受控的圆弧放电,将油液样品中的磨损金属和污染物蒸发和激发,选定的分析谱线和一个或多个参考谱线的发射光谱能量被光电倍增管、电耦装置或其他适当的检测器收集、储存。将检测到的元素的发射光强和校准标准中该元素的实测光强对比,检测油样中的存在的元素浓度就可以计算出来。试验方法有 ASTM D5185 – 13,ASTM D6595 – 00(2011),ASTM D6728 – 11。

3.3.4　胶黏剂

胶黏剂又称为黏合剂或黏结剂,简称胶。它是指能把两种物体通过黏附作用牢固粘接在一起的物质。因胶黏剂是由高分子、材料力学性能、界面化学等多个学科互相交织而发展起来的,它具有其他材料不能代替的性能,所以在航空航天领域中不断扩大其应用。

3.3.4.1　胶黏剂的物理性能测试技术及设备

1)相对密度

在某一温度下胶黏剂的相对密度为该温度下胶黏剂的密度与同容积水的密度的比值,即该温度下一定容积胶黏剂的质量与水的质量之比。常用的方法有 GB/T1033.1—2008,ASTM D792 – 13 等。设备有电子天平、恒温水浴等。

2)黏度

液体在流动时,在其分子间产生内摩擦的性能,称为黏度,与密封剂的测定方法相似。常见的测试方法主要有 ISO2555—2000,ASTM D1084 – 08 等。主要的测试设备主要有 Brookfield 黏度计(国内又称为旋转黏度计,见图 3.137)。

图 3.137　Brookfield 黏度计

3）不挥发物含量

不挥发物含量是指在胶黏剂在一定温度下，经过一定时间烘干后剩余物质量与试样质量的比值百分数，又称为固体含量。测试方法通常有 GB/T2793—1995，常用的设备有电子天平、烘箱等。

3.3.4.2　胶黏剂的力学性能测试技术及设备

1）剪切强度试验

剪切强度又称为抗剪强度，是指黏接体在单位面积上所能承受平行于胶接面的最大负荷，它是胶黏剂胶接强度的主要指标，是胶黏剂力学性能的最基本试验之一。按其黏接体的受力方式又分为拉伸剪切、压缩剪切，扭转剪切与弯曲剪切等 4 种。常见的方法有 ASTM D1002 - 10，常用的设备是电子拉力机。

2）拉伸强度试验

由两根方的或圆的棒状被粘物对接构成的接头，其胶接面和试样纵轴垂直，拉伸力通过试样纵轴传至胶接面，直至破坏。以试样破坏时的载荷为试验结果。

3）剥离强度试验

在航空产品的实际使用中，胶接接头不仅受到拉伸应力与剪切应力作用，有时还会受到线应力作用。因此对胶黏剂来讲它应有好的抗线应力的能力。

剥离是一种胶接接头常见的破坏形式之一。其特点是胶接接头在受外力作用时，力不是作用在整个胶接面上，而是集中在接头端部一个非常狭窄的区域，这个区域似乎是一条线，胶黏剂所受到的这种应力，就是我们在前面所讲的线应力。当作用在这一条线上的外力大于胶黏剂的胶接强度时，接头受剥离力作用便沿着胶接面而发生破坏。

根据试样的结构和剥离结构的不同，它又分为 5 种：T 剥离、90°剥离强度、180°剥离强度、Bell 剥离强度（浮滚剥离）和爬鼓剥离强度。主要的测试设备是拉力试验机。

4）扭矩强度试验

本试验方法适用于螺纹胶接件用胶黏剂，常用的是厌氧胶黏剂，以对它的胶接强度作出评价，即判断厌氧胶黏剂的螺纹连接可靠性。由螺栓与螺母胶接构成的试样，使胶接面承受一定的扭矩，测定试样发生相对运动时的转动扭矩。破坏扭矩是指螺母和螺栓之间开始发生相对位移时所测出的转动扭矩。最大拆卸扭矩是指将螺母松动后转动一圈中的最大转动扭矩，平均拆卸扭矩是指将螺母松动 1/4、1/2、3/4 及 1 圈时的转动扭矩平均值。

3.3.5 橡胶

橡胶是一种天然或合成的高分子弹性体,在小应力下产生高弹性变形。橡胶材料应用到航空工业有较长的历史。在早期,就有飞机轮胎等制品。随着新橡胶弹性体的不断出现,他们除了具有高弹性外,还具有耐高低温、耐介质、耐老化等优点。在飞机上的气动、液压、燃油与滑油系统,为了保证系统内正常工作压力与工作条件,防止漏油、漏气,就采用了垫片、O 型圈、油封与皮碗等。由于篇幅有限,本小结主要介绍两种检测技术。

3.3.5.1 橡胶密度测定试验

硫化橡胶密度是指在一定温度下单位体积的硫化橡胶的质量。根据阿基米德定律,用天平称量橡胶试样在空气中和水中的质量,即可计算出橡胶的密度。常用的方法有 GB/T533—2008,设备有电子天平等。该方法不适用于海绵橡胶和有气泡的橡胶零件。

3.3.5.2 橡胶拉伸强度测定试验

把一定形状的硫化橡胶试样放在拉力试验机上,以一定的速度连续拉伸到断裂位置。读取力的最大值,计算拉伸强度。常见的方法有 GB/T528—2008,ASTM D412‑15a。设备是拉力试验机。

3.3.6 塑料

塑料是以合成或天然的高分子化合物为主体成分,大部分含有增塑剂、填充剂以及颜料等,而且在加工过程中能流动成型的材料。目前,塑料的品种繁多,且已经广泛用于社会生活的各个方面。在民用飞机上主要用于飞机的内饰件和透明件,内饰件主要有衬垫、座椅、窗框、行李架和黏贴装饰材料等,透明件主要有机头罩、座舱盖、风挡、透明隔板、形状各异的舷窗、旅客采光灯罩以及各种飞机的航行灯罩等。以下介绍塑料的密度及弯曲性能测定方法。

3.3.6.1 塑料的密度测定试验

塑料密度测试方法主要有浸渍法测试密度,液体比重瓶法和滴定法,因在前几节介绍过浸渍法和液体比重瓶法测密度,本节重点介绍滴定法。用两种不同密度的浸渍液配制成与试样具有相同密度的浸渍液,然将试样放入浸渍液中,使试样长久漂浮在液体中,不浮起也不下沉,则该浸渍液的密度就是试样的密度。

3.3.6.2 塑料弯曲性能测试试验

试样在两个支点的支撑下,用一点或两点对试样施加静态载荷,测定其静态弯曲性能。常见的方法有 GB/T9341—2008,设备是拉力试验机。

3.3.7 纺织材料

纺织材料是由纺织纤维经加工而成的。在飞机上主要应用于飞机盖布、航空救生服,飞机拦阻网等。这里纺织材料主要介绍其阻燃性能试验。阻燃性能主要测试方法有垂直法,水平法,45°倾斜试验。常见的方法见 CCAR25 部中的附录 F。

垂直法原理:将一定尺寸的试样置于规定的燃烧器上点燃,测量规定点燃时间后,试样的续燃时间、阴燃时间、损毁长度、滴落物焰燃时间等。

水平法原理:将一定尺寸的试样置于规定的燃烧器上点燃,测量规定点燃时间后,试样的火焰蔓延速率。

45°倾斜试验原理:将一定尺寸的试样置于规定的燃烧器上点燃,测量规定点燃时间后,试样的焰燃时间、阴燃时间以及试样是否被烧穿。

3.4 飞机元件、组合件及全尺寸结构检测技术及设备

3.4.1 飞机元件试验中常用的配套设备、仪器以及相关技术

材料、元件级试验在标准试验机上进行,一般在试验过程中同步记录试验件的载荷-位移(总位移)曲线;同时用引伸计测量试验有效段伸长量并做同步记录;用应变仪实时测量应变,并对测量数据进行同步记录;记录试验件初始损伤载荷及破坏最大载荷。所用技术为应变测量技术及位移测量技术。下面详细介绍试验中用到的一些仪器和设备,为保证试验的质量与试验件安全,试验前必须由计量中心对这些仪器进行检定/校准合格,并在使用期内,方可进行正式试验。

3.4.1.1 试件尺寸测量仪器

1)千分尺和卡尺

为测量试样长度、宽度和厚度,应使用千分尺。对非规则面,如层压板的真空袋一侧,千分尺应使用名义直径为 4～6 mm 的球形触头;而对机加过的端面或很光滑的贴模面则使用平触头。

测量可检损伤直径,应使用尺寸适当的卡尺。

量具的精度应保证试样宽度和厚度读数在 1% 以内。对一般的试样几何尺寸,测量厚度时要求量具的精度高于 ±0.0025 mm,而测量长度、宽度和损伤尺寸时要求量具的精度不低于 ±0.025 mm,测量孔和紧固件的直径,其精度应高于 ±0.008 mm。

2)角度测量装置

用于测量试样的缺口角度。精度要求与试验方法相关,如 ±0.5° 或 ±1°。

3)半径测量装置

用于测量试样的缺口半径。精度要求与试验方法相关,如 ±0.025 mm 或 ±0.25 mm。

4)曲率半径测量装置

测量缺口根部曲率半径。精度要求 ±0.25 mm 以内。

5)挠度测量装置

测量加载跨中央的试件挠度,应当在试验过程中自动连续记录挠度。测量精度

为预期最大位移的±1%。

6）凹坑深度指示器

可用度盘式深度表、深度千分表、三脚架支持的深度计，或用经过适当标定的位移传感器。测量探头应带有一个直径曲率半径为 8.0mm 的球形头。对于深度测量，要求量具精度为±0.025mm。

3.4.1.2　应变/位移测量设备

1）数据采集设备

需要能记录应变和位移数据的设备，根据试验具体要求确定。

2）粘贴式电阻应变计

应变片的选择要基于试验方法和试验材料类型而综合考虑。与试样的连接不应对试样表面产生损伤。应对电阻应变计、表面准备和胶黏剂进行选择，以便在规定的试验环境对所测材料提供最佳的性能。

通常的应变片工作段长度为 1.5～6mm，电阻为 350Ω，应变范围 3%或更大，有合适的环境电阻和热膨胀系数。

（1）结合试验方法，对应变片有效长度的要求也会不同，例如，对于拉伸试验应变计有效长度不能小于 3mm；而对于压缩试验，应变片的有效长度最好为 3mm 或更小（1.5mm）；对 V 形轨道剪切方法，推荐采用 1.5mm 应变片。

对于机织层压板试验，应变计的有效长度至少应大于机织物的特征重复单元。

对于缝合复合材料，应变片的长度和宽度至少分别等于缝合行距和缝合针距。

（2）推荐采用温度补偿方法。最好能采用伴随试样进行热应变补偿。

（3）注意应变片横向灵敏度引起的误差，当误差超过 1%时，需修正。

3）引伸计

引伸计的标距根据试验具体要求确定。在特定试验速度下，引伸计不应有惯性滞后，并且引伸计的重量不应该影响系统对中。对于大多数使用情况，引伸计标距应在 10～50mm 范围之内。

3.4.1.3　环境试验设备

1）环境试验箱

对不同于实验室大气环境的试验环境需要环境试验箱，该环境箱应能在力学试验期间，使试验件保持在所需的试验环境中。试验温度变化保持在±3℃以内，所需的湿度变化保持在±3%以内。

2）浸润箱

当要对材料在非实验室环境下进行预浸润时，需要有可进行温度/蒸汽水平控制的环境浸润箱。浸润箱应能监控，或采用自动连续监控，或采用人工定期监控。浸润箱应能使所需的温度变化保持在±3℃以内，所需的相对湿度变化保持在±3%以内。

3.4.1.4　其他仪器

1）天平或秤

测量试样质量或冲击头质量。试样质量在 $5\sim50\,g$ 内,天平精度要求为 $0.1\,mg$;试样质量大于 $50\,g$,天平精度要求为 $1.0\,mg$。对于冲击头质量,测量精度在 $\pm5\%$ 以内。

2）扭力扳手

如果采用受力矩的紧固件,可以采用扭力扳手来拧紧接头紧固件。扭力扳手应能够确定施加的力矩在给定值的 $\pm10\%$ 以内。

3）支持夹具

一些试验需要借助支持夹具来完成,例如,测量剪切性能的轨道剪切方法和 V 形缺口梁方法;对于压缩载荷试验,一般使用支持夹具保证试样不失稳。

3.4.2　飞机全尺寸试验测控设备

为了满足飞机耐久性和损伤容限试验的多加载点、飞续飞载荷谱的施加、协调和控制要求,通常采用计算机控制的电液伺服自动协调加载系统。为了满足试验过程中的应变测量和监控,必须具有精度高、速度快的数据采集系统,该系统精度优于 5%,采集速度不低于 $6\,000$ 次/秒。本节仅就控制系统的有关问题逐一说明。

3.4.2.1　对电液伺服自动协调加载系统的要求

（1）系统能够满足静力和疲劳试验协调加载的控制要求。

（2）系统具有载荷信息设定、信息反馈的记忆功能,由于某种原因试验中断,能够存储该停机时刻前的一段时间内的各加载点的指令信息和输入信息,以便分析停机原因、加载情况等,同时再次启动试验时,系统能够自动地按照载荷谱的顺序继续加载过程。

（3）系统具有防止超载的保护功能,包括手动保护和自动保护,即极限保护、超差保护。

（4）系统具有方便的人机对话和信息自动连续显示功能;系统便于操作,能够用数字、图形显示加载和反馈的时间历程、误差状态及其他。

（5）整个系统的精度优于 1%。

3.4.2.2　系统工作原理

电液伺服自动协调加载系统包括三大部分:

1）液压系统

压力源、管路系统、伺服阀(制作元件)、液压保护系统及其他元件。

2）电气系统

计算机(控制元件)、A/D 板、D/A 板、电源、测力计(反馈元件)及其他元件。

3）机械系统

作动筒（加载元件）、机械保护元件及其他元件。

目前常用的控制原理有两种，一种是模拟闭环控制，一种是数字模拟控制。模拟控制的原理是依靠计算机执行软件产生静/疲试验所需的载荷谱信号，经 D/A 转换器输出作为指令信号。在模拟闭环的作用下，试验件所承受的载荷经过载荷传感器转换成模拟信号，再经数据放大器输出，反馈到加法器，与指令信号比较产生误差，放大器控制液压伺服机构使得试件受力；A/D 转换器把来自数据放大器输出的反馈电压信号转变成计算机能识别的数字信号，该数字信号与计算机内部指令比较后给出执行信息。从而实现在模拟闭环作用下的载荷控制。

载荷保护是载荷对应的电压值超出给定的门槛电压值时切断液压油源，使系统处在停机状态。

数字控制与模拟闭环控制方法大致相同，其主要区别是数字控制时 PCD 调节由微机执行，无需过多的外围元件。

载荷协调施加过程是步进踏步式，即每时每个加载点所施加的载荷循环按同一比例，如 1/10 或 1/20 或 1/50 或 1/100（$P_{max} \rightarrow P_{min}$）等分逐步施加，其中先到达指定值的加载点踏步等待其他加载点都达到同一比例的台阶后，同步进到下一个台阶，以保证达到指定值时每个加载点都是协调的。分的台阶愈多，试验愈平稳，控制精度愈高，试验速度愈低，反之亦然。但是，试验速度是与整个系统的参数配置、系统噪声相关的，速度高了容易引起振动，试验调试时只能选择系统平稳的较高速度。卸载时大多仍然采用步进踏步式逐级卸载。

3.4.3　试验保护系统

结构耐久性和损伤容限试验风险是很大的。无论是设计环节还是试验环节都可能对试件造成非正常损伤甚至造成试件的非正常破坏。回顾一下国内外结构耐久性和损伤容限试验中的非正常损伤和破坏是很有意义的，通常包含以下情况：

控制不当出现正反馈失控而造成试件结构破坏。

控制线断开失控，加载点施加不正常载荷。

输入载荷指令错误，如输入载荷少了小数点，正、负号错误致使加载点施加不正常载荷甚至导致试件结构破坏。

作动筒、力传感器不匹配，加载误差造成试件结构破坏。

充气保护失灵，充气口堵塞造成超压，导致试件结构破坏。

连接件破坏，加载作动筒、杠杆掉下来，砸坏试件结构。

卸载不同步，造成附加弯曲致使结构破坏，这种情况出现在对结构整体弯矩有卸载作用的加载点突然快速卸载的情况。

悬空试件姿态失控，造成过大的附加载荷。

此外还有试件运输、吊装及其他人为因素造成试件结构损伤等。

为了防止试验中由于偶然因素造成控制失灵而超载，引起结构破坏，整个试验设备中要设置多重保护系统。主要措施包括：

（1）加载作动筒、力传感器、液压系统的匹配。

设备匹配是为了保证试验和加载精度。

在设置作动筒、力传感器时量程要匹配，千万不能小载荷和大的力传感器匹配，否则，加载误差过大甚至会造成结构破坏。如果作动筒匹配的话，可以限制压力源的压力，使作动筒能够施加的最大载荷不超过最大载荷的 20%～30%。

（2）液压保护。

液压保护的目的是保证试验的安全。

在试验中用到的液压保护还有载荷限制阀。作动筒给试件施加的载荷是由作动筒两腔的压力控制的，载荷限制阀的作用是如果超过设定的压力差，阀打开，使作动筒两腔的压力串通，从而卸载，其载荷误差可控制到 10%。由于作动筒两腔的面积是不一样的，所以载荷不可能卸到零，如果作动筒不匹配，小载荷用大作动筒施加，即使是两腔串通，其载荷值可能比要求的载荷还要大得多，载荷限制阀起不到保护作用。为了应付特殊的紧急情况，设有应急开关，该开关控制整个系统回油。

（3）电器保护。

电器保护的目的主要是保证载荷施加的精度。电器保护包括超差保护，极限保护，手动保护三种。

a. 超差保护。是加载过程中步进台阶的载荷保护，通常设置为 2%，即就是说本台阶要求的（设定的）载荷值减去反馈值除以要求的（设定的）载荷值的绝对值大于 2%时系统保护。

b. 极限保护。是每级载荷的最大（最小）值保护，即每级载荷要求值（设定值）减去反馈值比要求的（设定值）载荷值的绝对值大于 5%时系统保护。

c. 手动保护。是一种根据人为要求的系统保护。

（4）机械保护。

机械保护的主要目的是保证试验安全。包括作动筒，连接杆、杠杆等的保护。

a. 作动筒的拉压极限保护。这种保护限制作动筒的行程。根据每个加载点处试件的变形大小，给作动筒设置限位块和限位拉杆，以变形量限制载荷。

b. 连接杆、杠杆保护。在试验过程中，由于疲劳，可能会造成连接件破坏。由于整个连接件的重量是相当重的，一旦掉下来会对试件造成严重损伤，所以必须保护。

（5）飞行姿态保护。

这种保护主要是对全机悬空试验而言的。由于受试产品的制造误差、加载误差、试验设备安装误差、控制测量线路的重量等因素会造成全机的不平衡,因此要增加一定数量的约束点和被动点,来平衡这些误差。平衡被动点的设置要求是能够承受 x、y、z 方向的力和力矩,各被动点只限制一个方向的变形,该变形限制对全机试验影响是很小的,平衡效率高对结构局部影响小。为了防止由于偶然因素引起飞机姿态变化,必须设置以下保护措施:

a. 载荷保护。试验测得各种工况的各被动点的力传感器输出的值,根据该值设置允许的最大值,当传感器的输出值等于设置的允许值时保护。

b. 变形保护。在飞机姿态最敏感的地方安装位移传感器,试验测得各种工况的各位移传感器的变形值,根据该值设置允许的变形值,当位移传感器的输出值等于设置的允许的变形值时保护。

(6) 充气保护。

充气超载破坏是非常危险的。如果出现结构无裂纹而超压破坏,不仅对试验件局部而且会由于第二次破坏给整个结构造成灾难性破坏,由于压缩气体存储的能量很大,会像炸弹一样对周围设备、人员造成伤害。其保护措施主要有以下几个方面:

a. 气源。气源容积大,通气管道粗,气源压力小(当然比所需的内压大),既能加快充压速度,又能减少风险。

b. 放气通道畅通,保护通常可设两类。一类是放气保护,可同时采用电磁开关式,控制信号来自压力传感器和高压保护阀的机械式开关;另一类是断绝气源保护,即压力传感器的保护信号通过计算机,直接截断气源。

c. 应变信号控制。在试件应变敏感区贴应变片,设置保护值,通过计算机控制放气和切断气源。

参 考 文 献

[1] 廖晓玲. 材料现代测试技术[M]. 北京:冶金工业出版社,2013.

[2] 任颂赞,叶俭,陈德华. 金相分析原理及技术[M]. 上海:上海科学技术文献出版社,2013.

[3] 李立碑,孙玉福. 金属材料物理性能手册[M]. 上海:机械工业出版社,2011.

[4] 曹春晓. 一代材料技术,一代大型飞机[J]. 航空学报,2008,29(3):701 - 706.

[5] 马冲先. 中美金属材料标准分析方法的最新进展[J]. 理化检测 - 化学分册,2012(10):1247 - 1256.

[6] 杨守杰,戴圣龙. 航空铝合金的发展回顾与展望[J]. 材料导报,2005,19(2):76 - 80.

[7] 杨春晟,李国华,徐秋心. 原子光谱分析[M]. 北京:化学工业出版社,2010.

[8] 刘英,臧慕文. 金属材料分析原理与技术[M]. 北京:化学工业出版社,2009.

[9] 司卫华. 金属材料化学分析[M]. 北京:机械工业出版社,2009.

[10] 中国航空工业集团公司力学性能检测人员资格鉴定委员会. 力学性能测试[M]. 北京,2013,5.

[11] 王学武. 金属力学性能[M]. 北京:机械工业出版,2010.

[12] 机械工业理化检验人员技术培训和资格鉴定委员会. 力学性能试验[M]. 上海：上海科学普及出版社,2003.

[13] 魏文光. 金属的力学性能测试[M]. 北京：科学出版社,1980.

[14] 高镇同,熊俊江. 疲劳可靠性[M]. 北京：北京航空航天大学出版社,2000.

[15] 高镇同,等. 疲劳性能试验设计和数据处理[M]. 北京：北京航空航天大学出版社,1999.

[16] 北京航空材料研究所. 航空金属材料疲劳性能手册[M]. 1981.

[17] 李家伟,陈积懋. 无损检测手册[M]. 北京：机械工业出版社,2002.

[18] 美国无损检测学会. 美国无损检测手册[M].《美国无损检测手册》译审委员会译. 上海：世界图书出版社,1994.

[19]《国防科技工业无损检测人员资格鉴定与认证培训教材》编审委员会编. 渗透检测[M]. 北京：机械工业出版社,2004.

[20]《国防科技工业无损检测人员资格鉴定与认证培训教材》编审委员会编. 磁粉检测[M]. 北京：机械工业出版社,2004.

[21]《国防科技工业无损检测人员资格鉴定与认证培训教材》编审委员会编. 射线检测[M]. 北京：机械工业出版社,2004.

[22]《国防科技工业无损检测人员资格鉴定与认证培训教材》编审委员会编. 超声检测[M]. 北京：机械工业出版社,2004.

[23]《国防科技工业无损检测人员资格鉴定与认证培训教材》编审委员会编. 涡流检测[M]. 北京：机械工业出版社,2004.

[24] 邵泽波,等. 无损检测试验指导[M]. 吉林：吉林科学技术出版社,1991.

[25] ASM. Metals Handbook, Ninth Edition. Volume 17. Nondestructive Evaluation and Quality Control [M]. 1989.

[26] 航空工业科技词典：航空材料与工艺[M]. 北京：国防工业出版社,1982.

[27] 李成功,傅恒志,于翘,等. 航空航天材料[M]. 北京：国防工业出版社,2002.

[28] 张善勇,等. 材料分析技术[M]. 北京：科学出版社,2010.

[29] 王晓春,张希艳. 材料现代分析与测试技术[M]. 北京：国防工业出版社,2012.

[30] 张美珍. 聚合物研究方法[M]. 北京：中国轻工业出版社,2013.

[31] 陈祥宝. 聚合物基复合材料手册[M]. 北京：化学工业出版社,2004.

[32] 王培铭,许乾慰. 材料研究方法[M]. 北京：科学出版社,2005.

[33] J. M. 霍奇金森. 先进纤维增强复合材料性能测试[M]. 白树林,戴兰宏,张庆明,译. 北京：化学工业出版社,2005,41 - 42

[34] CHM - 17 协调委员会. 复合材料手册·聚合物基复合材料(第一卷)：结构材料的表征指南[M]. 汪海,沈真,译. 上海,上海交通大学出版社,2014.

[35] 杜善义. 复合材料细观力学[M]. 北京：科学出版社,1998.

[36] 沈观林. 复合材料力学[M]. 北京：清华大学出版社,2006.

[37] 过梅丽. 高聚物与复合材料的动态力学热分析[M]. 北京：化学工业出版社,2002.

[38] 石宝,张林彦. 玻璃纤维复合材料纤维体积含量的测定方法[J]. 上海纺织科技,2012,40(9)：61 - 62.

[39] 赵景丽. 蜂窝夹层结构复合材料的性能研究[D]. 西安：西北工业大学,2002.

[40] 冯若. 超声手册[M]. 南京：南京大学出版社,1999.

[41] 郑世才. 射线检测[M]. 北京：机械工业出版社,2004：3 - 7.

[42] 李俊杰,韩焱,王黎明. 复合材料 X 射线检测方法研究[J]. 弹箭与制导学报,2008(2)：215 - 217.

[43] 张彦飞,刘亚青,杜瑞奎,等. 复合材料液体模塑成型技术 LCM 的研究进展[J]. 塑料. 2005 (2)：31 - 35.

[44] 王任达. 全息和散斑检测[M]. 北京：机械工业出版社,2004：1 - 4.

[45] 鲍晓宇. 相控阵超声检测系统及其关键技术[D]. 北京：清华大学,2003：15 - 20.

[46] 周正干,魏东. 空气耦合式超声波无损检测技术的发展[J]. 机械工程学报,2008,44(6)：10 - 14.

[47] 曾令可,吴卫生. 复合材料的红外无损检测[J]. 激光与红外,1996(2)：80 - 84

[48] 邬冠华,林俊明,任吉林,等. 声振检测方法的发展[J]. 无损检测. 2011(2)：35 - 41.

[49] 张冬梅,等. 树脂基复合材料无损检测标样制备的研究[J]. 航空制造技术,2011(20).

[50] 苗蓉丽,赖忠惠,章菊华. 橡胶与密封剂[M]. 北京：化学工业出版社,2014.

[51] 李凤兰,于献,马永福. 油料与涂料[M]. 北京：化学工业出版社,2014.

[52] 喻国生,杨国腾,章菊华. 胶黏剂[M]. 北京：化学工业出版社,2014.

[53] HB5249—1993. 室温硫化密封剂 180°剥离强度试验方法[S]. 1993.

[54] ASTM D2240 - 05(2010). Standard Test Method for Rubber Property-Durometer Hardness [S]. 2010.

[55] GB/T531. 1—2008. 硫化橡胶或热塑性橡胶压入硬度试验方法 第 1 部分：邵氏硬度计法 (邵尔硬度)[S]. 2008.

[56] AS5127/1C. Aerospace Standard Test Methods for Aerospace Sealants Two-Component Synthetic Rubber Compounds [S].

[57] HB5249—1993. 室温硫化密封剂 180°剥离强度试验方法[S]. 1993.

[58] AMS3276E. Sealing Compound, Integral Fuel Tanks and General Purpose, Intermittent Use to 360 ℉(182℃) [S].

[59] HB5250—1993. 室温硫化密封剂剪切强度试验方法[S]. 1993.

[60] HB5248—1993. 室温硫化密封剂"T"形剥离强度试验方法[S]. 1993.

[61] ASTM D1475 - 13. Standard Test Method For Density of Liquid Coatings, Inks, and Related Products [S].

[62] GB/T1725—2007. 色漆、清漆和塑料 不挥发物含量的测定[S]. 2007.

[63] ASTM D2369 - 10. Standard Test Method for Volatile Content of Coatings [S].

[64] ASTM D1644 - 01(2012). Standard Test Methods for Nonvolatile Content of Varnishes [S]. 2012.

[65] GB/T1732—1993. 漆膜耐冲击测定法[S]. 1993.

[66] GB/T6753. 4—1998 色漆和清漆用流出杯测定流出时间[S]. 1998.

[67] ISO 2431：2011. Paints and varnishes—Determination of flow time by use of flow cups [S]. 2011.

[68] ASTM D1200 - 10(2014). Standard Test Method for Viscosity by Ford Viscosity Cup [S]. 2014.

[69] ASTM D4212 - 10 Standard Test Method for Viscosity by Dip-Type Viscosity Cups [S].

[70] GB/T1724—1979 涂料细度测定法[S]. 1979.

[71] GB/T6753. 1—2007 色漆、清漆和印刷油墨研磨细度的测定[S]. 2007.

[72] ASTM D1210 – 05（2014）. Standard Test Method for Fineness of Dispersion of Pigment-Vehicle Systems by Hegman-Type Gage [S]. 2014.

[73] GB/T9754—2007 色漆和清漆　不含金属颜料的色漆漆膜的 20°、60°和 85°镜面光泽的测定 [S]. 2007.

[74] ISO2813：2014. Paints and varnishes-Determination of gloss value at 20 degrees，60 degrees and 85 degrees [S]. 2014.

[75] ASTM D523 – 14. Standard Test Method for Specular Gloss [S].

[76] GB/T1764—1979 漆膜厚度测定法[S]. 1979.

[77] GB/T1726—1979 涂料遮盖力测定法[S]. 1979.

[78] ASTM D2805 – 11. Standard Test Method for Hiding Power of Paints by Reflectometry [S].

[79] GB/T6742—2007. 色漆和清漆　弯曲试验（圆柱轴）[S]. 2007.

[80] GB/T11185—1989 漆膜弯曲试验（锥形轴）[S]. 1989.

[81] ASTM D3363 – 05（2011）. Standard Test Method for Film Hardness by Pencil [S]. 2011.

[82] GB/T1720—1979. 漆膜附着力测定法[S]. 1979.

[83] ASTM D3359 – 09. Measuring Adhesion by Tape Test [S].

[84] GB/T1884—2000. 原油和液体石油产品密度实验室测定法（密度计法）[S]. 2000.

[85] ASTM D1298 – 12b. Standard Test Method for Density，Relative Density（Spcific Gravity），or API Gravity of Crude Petroleum and Liquid Petroleum Products by Hydrometer Method [S].

[86] ASTM D4052 – 11. Standard Test Method for Density，Relative Density，and API Gravity of Liquids by Digital Density Meter [S].

[87] GB/T6536—2010. 石油产品常压蒸馏特性测定法[S]. 2010.

[88] ASTM D86 – 12 Standard Test Method for Distillation of Petroleum Products at Atmospheric Pressure [S].

[89] GB/T2430—2008. 航空燃料冰点测定法[S]. 2008.

[90] ASTM D2386 – 06（2012）. Standard test method for freezing point of aviation fuels [S]. 2012.

[91] ASTM D445 – 15. Standard Test Method for Kinematic Viscosity of Transparent and Opaque Liquids（and Calculation of Dynamic Viscosity）[S].

[92] GB/T269—1991. 润滑脂和石油脂锥入度测定法[S]. 1991.

[93] ASTM D217 – 10. Standard Test Methods for Cone Penetration of Lubricating Grease [S].

[94] NAS1638—2011. Cleanliness Requirements of Parts used in Hydraulic Systems [S]. 2011.

[95] GJB380.4A—2004. 航空工作液污染测试　第4部分：用自动颗粒计数法测定固体颗粒污染度[S]. 2004.

[96] GJB420B—2006. 航空工作液固体污染度分级[S]. 2006.

[97] ASTM D3241 – 15. Standard Test Method for Thermal Oxidation Stability of Aviation Turbine Fuels（JFTOT Procedure）[S].

[98] GB/T9169—2010. 喷气燃料热氧化安定性测定法（JFTOT 法）[S]. 2010.

[99] GB/T261—2008. 闪点的测定　宾斯基-马丁闭口杯法[S]. 2008.

[100] ASTM D974 – 14. Standard Test Method for Acid and Base Number by Color-Indicator Titration [S].

[101] GB/T261—2008. 闪点的测定　宾斯基-马丁闭口杯法[S]. 2008.

[102] ASTM D56 – 05（2010）. Standard Test Method for Flash Point by Tag Closed Cup Tester

[S]. 2010.

[103] GB/T3536—2008.石油产品闪点和燃点的测定　克利夫兰开口杯法[S]. 2008.

[104] ASTM D92 - 12b. Standard Test Method for Flash and Fire Points by Cleveland Open Cup Tester [S].

[105] ASTM D130 - 12. Standard Test Method for Corrosiveness to Copper from Petroleum Products by Copper Strip Test [S].

[106] ASTM D4048 - 10. Standard Test Method for Detection of Copper Corrosion from Lubricating Grease [S].

[107] ASTM D1319 - 15. Standard Test Method for Hydrocarbon Types in Liquid Petroleum Products by Fluorescent Indicator Adsorption [S].

[108] GB/T11132—2008.液体石油产品烃类的测法荧光指示剂吸附法[S]. 2008.

[109] ASTM D5185 - 13 Standard Test Method for Multielement Determination of Used and Unused Lubricating Oils and Base Oils by Inductively Coupled Plasma Atomic Emission Spectrometry (ICP - AES) [S].

[110] ASTM D792 - 13 Standard Test Methods for Density and Specific Gravity (Relative Density) of Plastics by Displacement [S].

[111] ISO 2555：2000. Plastics-Resins in the liquid state or as emulsions or dispersions-Determination of apparent viscosity by the Brookfield Test method [S]. 2000.

[112] ASTM D1084 - 08. Standard Test Methods for Viscosity of Adhesives [S].

[113] GB/T2793—1995.胶黏剂不挥发物含量的测定[S]. 1995.

[114] ASTM D1002 - 10. Standard Test Method for Apparent Shear Strength of Single-Lap-Joint Adhesively Bonded Metal Specimens by Tension Loading (Metal-to-Metal) [S].

[115] GB/T533—2008.硫化橡胶或热塑性橡胶　密度的测定[S]. 2008.

[116] GB/T528—2008 [S]. 2008.

[117] GB/T9341—2008.塑料弯曲性能的测定[S]. 2008.

[118] 黄玉广,张荣,邹小英.塑料与纺织材料[M].北京：化学工业出版社,2014.

4　飞机材料的检测

4.1　飞机材料检测实验室的管理

　　飞机材料检测实验室是为了满足航空产品的各种试验而建立的,其主要工作是对航空产品各项性能指标进行测试,为航空产品的设计、制造提供依据,检测结果的准确可靠直接影响产品的设计、制造与质量。国际上对校准/检测实验室资格的确认大多使用 ISO/IEC17025:2005《检测和校准实验室能力的通用要求》,该标准中规定了 15 个管理要素和 10 个技术要素,它对加强实验室质量管理,提高校准/检测质量,均有积极促进作用。目前,飞机材料检测试验室主要依据 ISO/IEC17025:2005《检测和校准实验室能力的通用要求》,即(CNAS-CL01—2006)检测和校准实验室能力认可准则的 25 个要素建立相应的管理体系,下面着重介绍管理体系中对实验室人员、设施和环境、结果报告的相关要求。

　　ISO/IEC17025:2005《检测和校准实验室能力的通用要求》从 5 个方面规定了实验室管理者对各类人员的教育和培训责任;还从 7 个方面对实验室管理人员、技术人员和关键岗位人员的工作描述进行了具体规定,并从技术能力、经验、所需专业知识、教育培训、工作职责和公正性等方面对检测实验室的人员提出了严格的要求。因为在影响实验室检测质量的诸多因素中,人员的检测能力是比较重要的因素,实验室水平的高低,很大程度上取决于检测人员的素质和水平。有计划地开展人员的培训,重视对人员培训结果的考核、效果的评价,确保检测人员的资格和能力,符合要求的才能授权上岗。

　　ISO/IEC17025:2005《检测和校准实验室能力的通用要求》还从 5 个方面规定了有利于正确实施实验工作的能源、照明和环境等条件。强调实验室必须确保设施和环境条件不会使实验结果无效,也不得对所要求的测量质量产生不良影响,否则必须停止检测和校准。

　　ISO/IEC17025:2005《检测和校准实验室能力的通用要求》从 9 个方面规定了实验室应如何以书面形式准确、清晰、明确和客观地报告检测和校准结果,明确了书面报告的基本内容、格式、具体要求、传送方式以及修改要求,且强调指出,报告既要包括客户要求的、说明检测或校准结果所必需的和所用方法要求的全部信息,还必须有唯一标识。

4.2 飞机金属材料的检测

4.2.1 金属材料的出厂检验和入厂复验

出厂检验一般是指产品在出厂之前为保证出货产品满足客户要求所进行的检验,经检验合格的产品才能予以放行出货。出厂检验一般实行抽检,出厂检验结果记录有时根据客户要求需提供给客户。

材料供应商将检验合格的材料交付给客户后,客户应按照采购合同要求,对接收的材料进行接收检查,检查的项目包括材料出厂检验报告、包装、材料尺寸、公差、外观质量以及标识标记等。同时客户应按照相关材料规范的要求,对接收材料的性能进行复验。通常入厂复验项目与供应商出厂检验项目相同。在某些情况下,考虑到检验成本和周期控制,入厂复验时也可从出厂检验项目中挑选一些尤为关键的项目来进行检验。

民用飞机上常用的金属材料包括铝合金、钛合金、钢材及少量的铜合金等。对于铝合金,出厂检验和入厂复验项目一般以化学成分、常规力学性能和无损检测为主;钛合金和钢材的出厂检验和入厂复验项目除了化学成分、力学性能和无损检测以外,通常还需进行金相组织的检测;铜合金的出厂检验和入厂复验项目一般以化学成分、常规力学性能为主。

各类金属材料典型的出厂检验和入厂复验项目如表 4.1、表 4.2、表 4.3 和表4.4所示,试验标准按相关材料规范。

表 4.1　铝合金出厂检验和入厂复验典型试验项目

材料牌号	材料状态	制品类型	试验项目						
			化学成分	拉伸	弯曲	电导率	疲劳裂纹扩展	断裂韧性	无损检测
2024	O/T3/T4/T351/T3511	板材棒材型材	√	√					√
2024HDT	T351	板材	√	√		√		√	√
2060	T3E43	板材	√	√					√
	T8E30		√	√			√	√	√
2099	T83	型材	√	√					√

（续表）

材料牌号	材料状态	制品类型	试验项目						
			化学成分	拉伸	弯曲	电导率	疲劳裂纹扩展	断裂韧性	无损检测
2196	T8511	型材	✓	✓					✓
2198	T8	板材	✓	✓					✓
2524	T3	板材	✓	✓	✓				✓
6061	T4/T6/T451/T651	板材	✓	✓					✓
6156	T4/T6	板材	✓	✓					✓
7050	T7451	板材	✓	✓		✓		✓	✓
7050	T74511/T76511	型材	✓	✓		✓			✓
7055	T7751	板材	✓	✓				✓	✓
7055	T76511	型材	✓	✓		✓			✓
7075	O/T6/T651	板材棒材型材	✓	✓					✓
7075	T7351	板材	✓	✓					✓
7075	T7351	型材棒材	✓	✓		✓			✓
7075	T73/T76/T73510/T73511/T74511/T76510/T6511	型材	✓	✓		✓			✓
7075	T76/T7651	板材	✓	✓		✓		✓	✓
7085	T7651	板材	✓	✓		✓			✓
7150	T77511	型材	✓	✓				✓	✓
7449	T7651	板材	✓	✓					✓
7475	T7351	板材	✓	✓		✓		✓	✓
7475	T761	板材	✓	✓		✓			✓

表 4.2　钛合金出厂检验和入厂复验典型试验项目

材料牌号	材料状态	制品类型	试验项目							
			化学成分	拉伸	弯曲	断裂韧性	低倍组织	高倍组织	表面污染	无损检测
Ti-6Al-4V	退火	板材	√	√	√			√		√
	β退火	板材	√	√		√			√	√
	固溶	板材	√	√				√	√	√
	固溶时效	棒材	√	√			√	√	√	√
	退火	锻件	√	√			√	√	√	√
CP-3	退火	板材	√		√			√	√	√

表 4.3　钢材出厂检验和入厂复验典型试验项目

材料牌号	制品类型	试验项目										
		化学成分	拉伸	硬度	弯曲	低倍组织	高倍组织	脱碳	自由铁素体	显微夹杂物	晶粒度	无损检测
A286	板材	√	√	√	√						√	√
PH13-8Mo	棒材 板材	√	√			√					√	√
15-5PH	板材	√	√	√	√							√
	棒材	√	√						√			√
17-4PH	板材	√	√	√	√							√
	棒材	√	√			√	√					√
17-7PH	板材	√	√	√	√							√
300M	棒材	√	√	√		√		√		√	√	√
301	板材	√	√		√							√
321	棒材	√	√	√								√
	板材	√	√									√
431	棒材	√	√	√			√					√
440C	棒材	√	√			√				√	√	√
4130	棒材	√	√			√		√				√
	板材	√	√	√	√			√				√
4140	棒材	√	√	√								√
4340	棒材	√	√		√					√	√	√
	板材	√	√									√
9310	棒材	√	√	√		√				√	√	√

表 4.4 铜合金出厂检验和入厂复验典型试验项目

材料牌号	制品类型	试验项目			
		化学成分	拉伸	硬度	电导率
C11000	板材	√	√	√	√
C17200	板材	√	√		
C64200	棒材	√	√	√	
C72900	板材	√	√	√	

4.2.2 飞机金属材料的金相检测

4.2.2.1 低倍组织检验

1）概述

通常民用飞机金属材料低倍组织检验依据的国际和国家通用标准包括 ASTM E340《Standard Test Method for Macroetching Metals and Alloys》、GB/T226《钢的低倍组织及缺陷酸蚀检验法》和 GB/T3246.2《变形铝及铝合金制品低倍组织检验方法》等。

本部分主要介绍金属材料金相低倍检验试样的浸蚀和评判方法，包括试验环境条件、仪器设备及化学试剂、试样要求、浸蚀要求、结果评判、试验报告要求等内容。

2）环境条件

试验一般在(25±15)℃范围内进行。若另有规定，则试验在规定的温度范围内进行。

3）仪器设备及化学试剂

（1）用于加热浸蚀剂的设备，如可调温电炉等。

（2）用于盛装浸蚀剂的容器，如耐酸、耐碱坩埚、塑料容器等。

（3）用于监测浸蚀剂温度的工具，如温度计。

（4）用于量取化学试剂的容器，如量杯等。

（5）用于配制浸蚀剂的化学试剂，如盐酸、硝酸、氢氟酸、氢氧化钠等，这些化学试剂均应达到分析纯或以上级别。

（6）用于测量环境条件的仪器，如温湿度记录仪等。

试验过程中起测量用途的仪器设备均需要经过计量合格，并处于有效期内方可使用。

4）试样的制备

试样截取的部位、大小、数量等应按照相关产品标准、技术规范或供需双方的约定进行。对于民用飞机用锻件、型材、棒材等产品，通常情况下是取其指定部位的横截面以用于检查该产品的冶金质量。试样加工时，一般将试样的整个横截面完整切削下来,然后修正表面粗糙度。切削或磨削过程必须去除由取样造成的变形和热影响区以及裂缝等加工缺陷,同时需充分冷却,避免材料过热、过烧。

对加工完成后的试样进行检查,包括取样位置、方向、表面粗糙度等。通常情况下,试样表面粗糙度应达到如下标准:对于钢材和钛合金,表面粗糙度不低于 $R_a1.6\,\mu m$;对于铝合金,表面粗糙度不低于 $R_a3.2\,\mu m$。

5)试样的浸蚀准备

采用毛刷沾水,加适量去污粉或洗涤剂,刷洗清除待测试面的污渍,并用水冲洗干净。根据相关产品标准选择配制好的浸蚀剂,或按配比配制适量浸蚀剂。根据试样类型和尺寸选择合适的盛装容器。

6)试样的浸蚀

将试样浸没在浸蚀剂中,待检验面不得与盛器或其他试样接触,确保待检验面的每一部分均能够充分接触浸蚀剂。

浸蚀的时间和温度应符合相关产品标准的要求。当相关标准中没有规定或规定的时间和温度区间较大时,应注意观察,选择规定范围中、下限的时间和温度,适时取出试样进行刷洗、检查,避免浸蚀过度。试样洗刷后如发现浸蚀过浅,应继续浸蚀,直至达到符合要求的程度。若洗刷后发现试样浸蚀过深,必须重新加工试样,重新浸蚀。

7)常用浸蚀剂和浸蚀方法

浸蚀剂的选用、配制和浸蚀方法应根据相关产品标准或技术规范中的要求实施。无特别规定时,可选用表 4.5 中的常用配方。

表 4.5　低倍检验常用浸蚀剂配方

适用材料	浸蚀剂成分	浸蚀时间 /min	浸蚀温度 /℃	出光液	出光时间 /min	出光温度
铝合金	(15~25)%氢氧化钠水溶液	10~30	室温	(20~30)%硝酸水溶液	1~3	室温
碳钢合金钢	50%工业盐酸水溶液	5~40	60~80	—	—	—
钛合金	100 mL HNO₃ 50 mL HF 850 mL H₂O	5~20	室温	—	—	—

8)结果评判

待试样浸蚀、冲刷、吹干后立即观察测试面,以免测试面氧化变色,影响评判结果。按照相关产品标准或技术规范要求对产品的低倍组织及缺陷进行评判,并记录其状态。主要缺陷一般有:疏松、缩孔、偏析、气泡、翻皮、白点、夹杂、裂纹等。典型的金相低倍试样如图 4.1 所示。

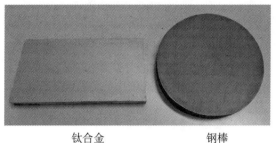

钛合金　　　　　　　　钢棒

图 4.1　典型金相低倍试样

9）试验报告

通常情况下，试验报告应至少包括如下信息：

（1）对产品的描述，如材料类型、状态等。

（2）浸蚀剂、浸蚀时间、浸蚀温度等。

（3）组织及缺陷评判结果。

4.2.2.2　高倍组织检验

1）概述

试样的高倍组织检验包括浸蚀前的检验和浸蚀后的检验。浸蚀前主要检验试样中的夹杂物、裂纹、孔隙等缺陷及发现磨制过程中所引起的缺陷，浸蚀后主要观察试样的组织形貌、评定晶粒度、测定组织尺寸等。

通常情况下，民用飞机金属材料高倍组织检验依据的通用标准包括但不限于表4.6 中的内容。

表 4.6　高倍组织检验常用标准

检验类型	常用标准	标 准 名 称
试样制备	ASTM E3	Standard Test Method for Macroetching Metals and Alloys
试样浸蚀	ASTM E407	Standard Practice for Microetching Metals and Alloys
晶粒度	ASTM E112	Standard Methods for Determining Average Grain Size
	GB/T6394	金属平均晶粒度测定方法
非金属夹杂物	ASTM E45	Standard Methods for Determining the Inclusion Content of Steel
	ASTM E768	Guide for Preparing and Evaluating Specimens for Automatic Inclusion Assessment of Steel
	GB/T10561	钢中非金属夹杂物含量的测定　标准评级图显微检验法
脱碳	ASTM E1077	Standard Test Methods for Estimating the Depth of Decarburization of Steel Specimens
	ASTM E384	Standard Test Method for Knoop and Vickers Hardness of Materials
	GB/T224	钢的脱碳层深度测定法

本部分主要介绍金属材料晶粒度的评定、钢中非金属夹杂物的评定以及脱碳层深度的测定方法,包括试验环境条件、仪器设备及化学试剂、试样制备、浸蚀要求、评定和测定要求、试验报告要求等内容。其他组织检验类型在本部分不做介绍,可参见具体的产品标准和相关金相检验通用标准。

2）环境条件

试验一般在(25±15)℃范围内进行。若另有规定,则试验在规定的温度范围内进行。

3）仪器设备及化学试剂

(1)用于切割试料的设备和工具,如金相切割机、手工锯等。

切割机应有足够有效的冷却装置,用于降低切割产生的高温,避免试样过热。切割机械应有可靠的定位装置,用于保证切割后的试样横截面满足垂直度要求。

包括手工工具在内的用于试样切割、修正、打磨的夹具和刀具应能够避免造成材料的过度变形。

(2)用于镶嵌金相试样的设备,如金相热镶嵌机等。

镶嵌机的压紧力应能使镶嵌粉料与试样密实贴合。热镶嵌机的温度控制装置应可靠、灵敏,既能保证镶嵌料固化,又避免试样过热。

(3)用于磨抛金相试样的设备,如金相预磨机、抛光机等。

预磨机和抛光机应有流水冷却、冲洗。转盘运转应平稳,便于试样垂直均匀的磨削,金相砂纸和抛光布应能平坦牢固地附于转盘上。

(4)用于量取化学试剂的容器,如量筒、量杯、烧杯等。

(5)用于配制浸蚀剂的化学药品,均应达到试剂级或以上级别。

(6)用于观察金相试样高倍组织的仪器,如光学显微镜。

(7)用于测量环境条件的仪器,如温湿度记录仪等。

试验过程中起测量用途的仪器设备均需要经过计量合格,并处于有效期内方可使用。

4）试样的制备

(1)取样。

从相关产品标准或技术规范中获取取样位置、大小、数量等相关信息。切割试样时必须使试样充分冷却,避免造成材料组织的过热和试样的过度变形,且不应产生待检验表面的损坏而导致错误评估。用于表面层观测的横截面试样在切取时应注意保持垂直度。同时切割多个试样时应做好标识,以防止混淆。

(2)镶嵌。

通常情况下,需要对脆的、易碎的或形状不规整的试样以及断口或需要检查边缘部位的试样进行镶嵌。镶嵌操作不能损坏待检验表面或试样。镶嵌时应充分压紧,使试样表面与镶嵌料之间无间隙,以利于保持边缘,确保所检验的整个区域聚焦在要求的放大倍数下。

镶嵌后检查试样镶嵌方向和位置,检查粉料是否压紧密实,确认合格后在试样上烙印编号,做好标识。多个试样镶嵌在一起时或要检验特殊区域时,应做好标记以便于后续的鉴别。

(3)预磨。

首先对镶嵌后的试样进行粗磨,主要是磨平不规则或损伤的切割面。应磨去试样上足够深度的材料,直至去除切割造成的损坏层。预磨过程应保持足够流量的水进行冷却和冲洗,并不断变换磨削方向,保持均匀磨削,保持磨面平坦。

经粗磨后的试样清洗后转至数种不同号数的金相砂纸上磨制,砂纸从粗到细,每换一道砂纸时,试样需转 90°方向。每道砂纸磨完,要保证将上一道砂纸留下的磨痕全部去除,同时确保试样磨面平整以及新磨痕均匀一致。

(4)机械抛光。

磨制好的试样清洗后进行抛光。抛光布应平整地、绷紧地压在抛光盘上,抛光磨料要均匀地涂抹或喷洒在抛光布上。抛光时确保试样与旋转的抛光布轻微贴合,并不断变换抛光试样的方向,同时不断保持润滑和冷却。

抛光后试样边缘不允许有倒圆、卷边。待检验面应无影响评估的过热、污痕和擦伤等,当用肉眼观察时,待检验面应光亮无划痕。可用流水和酒精对抛光后的试样面进行清洗,以去除待检验面所粘附的污渍。清洗后吹干供观察或腐蚀。

(5)浸蚀。

a. 浸蚀剂的配制。对需进行组织观察的试样进行组织显示性浸蚀,浸蚀剂的选用、配制和浸蚀方法应根据相关产品标准或技术规范中的要求实施。无特别规定时,可选用表 4.7 中的常用配方。

表 4.7　高倍检验常用浸蚀剂配方(在室温下使用)

适用材料	浸蚀剂成分	浸蚀时间/s	用途
合金钢	(2~5)%硝酸酒精 (2mL~5mL HNO_3、95mL~98mL 乙醇)	(5~60)	偏析、晶粒度、显微组织等
钛合金	15mL HF、35mL HNO_3、950mL H_2O	(10~30)	显微组织、晶粒度等
铝合金	10mL HF、15mL HCl 25mL HNO_3、950mL H_2O	(10~20)	偏析、晶粒度、显微组织、晶粒流线等
镍基合金	250mL 丁醇、250mL HCl、 25g $CuCl_3$·$2H_2O$	(10~20)	偏析、晶粒度、显微组织等
耐蚀钢	10g $FeCl_3$、20mL HCl、 5mL HNO_3、40mL H_2O	(10~20)	偏析、晶粒度、显微组织等

配制浸蚀剂时应先了解有关安全注意事项,穿戴劳防用品,按顺序操作,防止爆炸、灼伤、烫伤。一旦有化学试剂溅在皮肤上,应马上用水冲洗被溅部位。

通常盛放浸蚀剂的容器上应标明浸蚀剂的成分、浓度、配制日期、保存的注意事项及使用的防范事项、有效期等信息。腐蚀剂有效期一般为一年,如在有效期内已不能显示材料的真实组织,则需重新配制浸蚀剂。

b. 浸蚀要求。可采用将试样浸入浸蚀剂并缓慢搅动试样或试剂的方法或用沾有经搅拌过的浸蚀剂的棉花轻轻擦拭试样面的方法对试样进行腐蚀。

浸蚀时间视材料的性质、浸蚀剂浓度、检验目的及高倍检验的放大倍数而定,以能够在显微镜下清晰观察到材料的组织为宜。浸蚀完毕后立即用流动的水冲洗,再用酒精洗净吹干。若浸蚀程度不足,可继续浸蚀或重新抛光后再浸蚀;若腐蚀过度,则需重新对试样磨制抛光后再浸蚀。

浸蚀后的试样表面应无扰乱现象,如污痕、加工痕迹、研磨痕迹、擦伤、外来物和过热等。若有,可采用反复多次抛光并浸蚀的方法去除。若扰乱现象过于严重以致不能全部去除时,试样需重新磨制。

浸蚀好的试样不宜长时间暴露在空气中,应尽快置于显微镜下观察,根据相关产品标准或技术规范要求对试样进行检查分析,组织判别。

典型的金相高倍试样如图 4.2 所示。

图 4.2　典型金相高倍试样

5) 组织检验

为保证检验的准确性,要正确操作使用显微镜。在显微镜下观察时,一般先用 50 或 100 倍的倍率对整个试样进行扫描,确定需要的评判区域,然后根据相关产品标准或技术规范的规定,选用合适的放大倍率对某些细节进行仔细观察和评判。

(1) 晶粒度的评定。

评定晶粒度的方法一般有比较法、面积法和截点法三种。对于等轴晶组成的试样,使用比较法评定晶粒度既方便又实用,对于要求较高精度的晶粒度的测定,可以使用面积法或截点法。截点法较面积法简捷,且对于拉长的晶粒组成试样更为有效。

测定晶粒度时,应认识到晶粒度的测定并不是一种十分精确的测量。因为金属组织是由不同尺寸和形状的三维晶粒堆积而成,通过该组织的任一截面(检验面)上分布的晶粒大小均不相同,因此在检验面上不可能有绝对尺寸均匀的晶粒分布,也不可能有两个完全相同的检验面。若有争议时,截点法应是仲裁的方法。

在高倍组织中晶粒尺寸和位置都是随机分布,因此,只有不带偏见地随机选取3个有代表性的视场测量晶粒度才具有代表性,甚至有时需增加更多的视场数量以满足精度要求,视场的选择应分布在尽可能大的检验面上。

a. 比较法。比较法不需计算任何晶粒、截点或截距,而是与标准系列评级图进行比较,评级图有的是标准挂图,有的是目镜插片。用比较法评估晶粒度时一般存在一定的偏差(±0.5 级)。

使用与相应标准系列评级图相同的放大倍数,选择评定区域,将晶粒与目镜插片中给出的标准晶粒度等级直接进行比较,或与相应标准系列评级图进行比较,选取并记录与插片或标准系列评级图中最接近的晶粒度级别数 G。

b. 面积法。面积法是计算已知面积内晶粒个数,利用单位面积内晶粒数 N_A 来确定晶粒度级别数 G。该方法的精确度是所计算晶粒数的函数。通过合理计数可实现 ±0.25 级的精确度。

将已知面积(通常使用 $5\,000\,\text{mm}^2$)的圆形测量网格置于晶粒图形上,选用网格内至多能接活不超过 100 个晶粒(建议 50 个晶粒为最佳)的放大倍数 M,然后计算完全落在测量网格内的晶粒数 $N_{内}$ 和被网格所切割的晶粒数 $N_{交}$,则该面积范围内的晶粒数为

$$N = N_{内} + \frac{1}{2}N_{空} - 1 \tag{4.1}$$

式中:$N_{内}$ 为网格内的晶粒数;$N_{交}$ 为被网格所切割的晶粒数。

通过测量网格范围内晶粒数 N 和观测用的放大倍数 M,可按照式(4.2)计算出实际试样检验面上单位面积内晶粒数为

$$N_A = \frac{M^2 N}{A} \tag{4.2}$$

式中:M 为所使用的放大倍数;A 为所使用的测量网格面积,mm^2;N 为放大倍数为 M 时,使用面积为 A 的测量网格范围内的晶粒数。

则有晶粒度级别数 G 的计算为

$$G = 3.321\,928\lg N_A - 2.954 \tag{4.3}$$

式中:N_A 为单位面积内晶粒数。

c. 截点法。截点法是计算已知长度的测量线段(或网格)与晶粒界面相交截

部分的截点数 P，利用单位长度截点数 PL 来确定晶粒度级别数 G。截点法分为直线截点法和圆截点法，圆截点法又细分为单圆截点法和三圆截点法。截点法的精确度是计算的截点或截距的函数，通过有效的统计结果可达到±0.25级的精确度。

首先按照下式计算试样检验面上晶粒截距的平均值 $\bar{l}$：

$$\bar{l} = \frac{L}{MP} \tag{4.4}$$

式中：L 为所使用的测量线段（或网格）长度，mm；M 为所使用的放大倍数；P 为测量网格上的截点数。

然后按照下式计算晶粒度级别数 G：

$$G = (-6.643856\lg\bar{l}) - 3.288 \tag{4.5}$$

推荐使用 500 mm 测量网格，如图 4.3 所示。

（a）直线截点法。在晶粒图像上，采用一条或数条直线组成测量网格，选择适当的测量网格长度和放大倍数，以保证最少能截获约 50 个截点，根据测量网格所截获的截点数来确定晶粒度（见图 4.3）。

计算截点时，测量线段终点不是截点不予计算。终点正好接触到晶界时，记为 0.5 个截点。测量线段与晶界相切时，记为 1 个截点。明显与三个晶粒汇合点重合时，记为 1.5 个截点。

对于明显的非等轴晶组织，通过对试样 3 个主轴方向的平行线束来分别测量尺寸，以获得更多数据。图 4.3 中的任一条 100 mm 线段，可在同一晶粒图像中标记"+"处平行位移 5 次来使用。

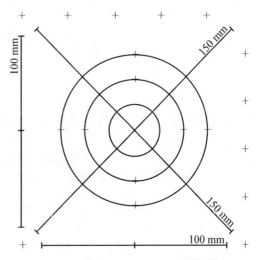

图 4.3　截点法用 500 mm 测量网格

周长总和为 250 + 166.7 + 83.3 = 500 mm
三个圆的直径分别为 79.58 mm、53.05 mm、26.53 mm
直线总长：100 + 100 + 150 + 150 = 500 mm

（b）单圆截点法。使用的测量网格的圆可为任一周长，通常使用 100 mm、200 mm 和 250 mm，也可使用图 4.3 所示的圆。

选择适当的放大倍数，以满足每个圆周产生 35 个左右截点。测量网格通过 3 个晶粒汇合点时，记为 2 个截点。

(c) 三圆截点法。测量网格由 3 个同心等距、总周长为 500 mm 的圆组成,如图 4.3 所示。测量网格通过 3 个晶粒汇合点时,记为 2 个截点。选择适当的放大倍数,使 3 个圆的网格在视场上产生 50～100 个截点。通常测量任意选择的 5 个不同视场,可获得 400～500 个总截点数,以满足精度要求。

d. 晶粒度的表示方法。通常情况下,晶粒度是以晶粒度级别 G 来表示。

若发现试样中存在晶粒不均匀现象,经全面观察后,如是个别现象,可不予计算。如为普遍现象,则应计算出不同级别晶粒在视场中各占面积的百分比。若晶粒所占的面积不少于视场面积的 90%,则只记录这一种晶粒的级别数。否则,应测定各部分晶粒所占的百分比,并分别使用不同级别数来表示该试样的晶粒度,例如:6级 80%,3 级 20%。

e. 试验报告。通常情况下,试验报告应至少包括如下信息:

(a) 对产品的描述,如材料类型、状态等。

(b) 晶粒显示方法。

(c) 晶粒度级别数或各种晶粒度及其所占的百分比。

(2) 钢中非金属夹杂物的评定。

a. 分类。根据夹杂物的形态和分布,一般可将非金属夹杂物分为 A(硫化物类)、B(氧化铝类)、C(硅酸盐类)、D(球状氧化物类)、DS(单颗粒球状类)5 大类。非金属夹杂物的评定是将所观察的视场与标准评级图谱进行对比,分别对每类夹杂物进行评级。

b. 评级界限。通常评级图的级别 i 从 0.5 级到 3 级,级别随着夹杂物的长度、数量或直径的增加而增加,具体划分界限如表 4.8 所示。各类夹杂物的宽度划分界限如表 4.9 所示。详细的评级图参见相关标准和技术规范。

表 4.8　评级界限(最小值)

评级图级别 i	夹杂物类别				
	A 总长度/μm	B 总长度/μm	C 总长度/μm	D 数量/个	DS 直径/μm
0.5	37	17	18	1	13
1	127	77	76	4	19
1.5	261	184	176	9	27
2	436	343	320	16	38
2.5	649	555	510	25	53
3	898(<1181)	822(<1147)	746(<1029)	36(<49)	76(<107)

表 4.9　夹 杂 物 宽 度

夹杂物类别	细系		粗系	
	最小宽度/μm	最大宽度/μm	最小宽度/μm	最大宽度/μm
A	2	4	>4	12
B	2	9	>9	15
C	2	5	>5	12
D	3	8	>8	13

注：D类夹杂物的最大尺寸定义为直径。

　　c. 评定方法。在显微镜下可采用如下两种方法之一进行观察：一种方法是将图像投影到可视屏幕上，放大 100 倍。在该屏幕上有一个清晰的边长为 71 mm 的正方形标识区（见图 4.4，实际面积为 0.50 mm²），用正方形内的图像与评级图进行比较。另一种方法是在显微镜上划出该正方形区域，在此区域内直接观察视场。

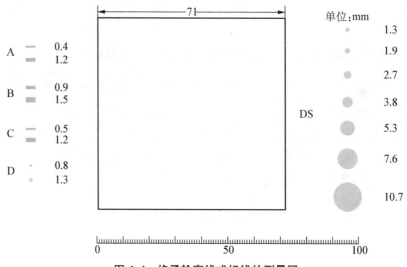

图 4.4　格子轮廓线或标线的测量网

　　检验过程中可采用如下两种方法对非金属夹杂物进行评定。

　　方法一：检验整个抛光面，将每一个 0.5 mm² 的视场与评级图作比较，对每一类夹杂物按细系和粗系，找出整个检验面上最恶劣的视场，记录与之相对应的评级图的级别数。

　　方法二：检验整个抛光面，试样上每一个 0.5 mm² 的视场与评级图比较，每一类夹杂物按细系和粗系记下与检验视场最符合的级别数。

无论采用何种方法,均要将每一个观察的视场与评级图作比较,若某一个视场处于两相邻评级图之间时,通常记录较低的一级。

对于个别夹杂物,若其长度超过了视场的边长(0.71mm),或宽度或直径大于粗系最大值,则应作超尺寸夹杂物进行评定,并分别记录。

非传统类型夹杂物按与其形态最接近的 A、B、C、D、DS 类夹杂物评定。将非传统类别夹杂物的长度、数量、宽度或直径与评级图上每类夹杂物进行对比,或测量非传统类型夹杂物的总长度、数量、宽度或直径,使用表 4.8 和表 4.9 选择与夹杂物含量相应的级别或宽度系列(细、粗或超尺寸),然后在表示该类夹杂物的符号后加注下标,以表示非传统类型夹杂物的特征。

d. 结果表示。若采用方法一进行评定,在每类夹杂物代号后再加上最恶劣视场的级别,用字母 e 表示出现粗系的夹杂物,用字母 s 表示出现超尺寸夹杂物。

例如:A1,B2e,C3s,D2.5,DS1.5。

若采用方法二进行评定,对于所给定的各类夹杂物的级别,可用所有视场的全部数据,按照特定的方法来表示其结果。例如采用总级别 $i_{总}$ 或平均级别 $\bar{i}$ 来表示结果,如下所示:

A 类夹杂物级别为 0.5～3 的视场数分别为 n_1-n_6,则有

$$i_{总} = n_1 \times 0.5 + n_2 \times 1 + n_3 \times 1.5 + n_4 \times 2 + n_5 \times 2.5 + n_6 \times 3 \qquad (4.6)$$

$$\bar{i} = i_{总}/N \qquad (4.7)$$

式中:N 为所观察视场的总数。

e. 试验报告。通常情况下,试验报告应至少包括如下信息:

(a) 对产品的描述,如材料类型、状态等;

(b) 取样方法及检验面的位置;

(c) 选用的方法(观察方法、检验方法、结果表示方法);

(d) 放大倍率,若大于 100 倍;

(e) 观察的视场数或总检验面积;

(f) 对非传统类型夹杂物所采用的下标的说明;

(g) 检验结果。

(3) 脱碳层深度的测定。

通常脱碳层深度可由总脱碳层深度、有效脱碳层深度、完全脱碳层深度、部分脱碳层深度等多种指标来表示,测定方法一般有金相法和显微硬度法两种。实际采用何种方法、测定何种指标,应由相关产品标准或技术规范确定。典型的脱碳示意图

如图 4.5 所示。

本部分主要介绍总脱碳层深度的测定，其他指标的测定方法与总脱碳层深度的测定方法相同。

a. 金相法。该方法是在光学显微镜下观察试样从表面到基体随着碳含量的变化而产生的组织变化，主要适用于具有退火或正火（铁素体-珠光体）组织的钢种。通常情况下，观测到的组织差别，在亚共析钢中是以铁素体与其他组织组成物的相对量的变化来区别的；在过共析钢中是以碳化物含量相对基体的变化来区分的。对于硬化组织或者淬火回火组织，当碳含量变化引起组织显著变化时，也可用该方法进行测量。

建议选择能观测到整个脱碳层的放大倍数，当过渡层和基体较难分辨时，可用更高的放大倍数进行观察，以确定界限。先在低放大倍数下进行初步观测，保证四周脱碳变化在进一步检测时都可发现，查明最深均匀脱碳区。

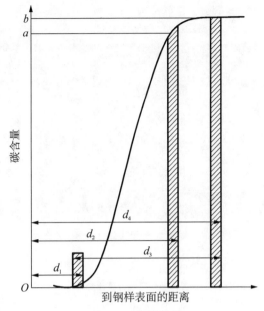

图 4.5　典型脱碳

不同脱碳类型的分界线如阴影带所示，阴影带宽度表示在测量过程中由于不确定度所产生的实际差异。

d_1—完全脱碳层深度；d_2—有效脱碳层深度；d_3—部分脱碳层深度；d_4—总脱碳层深度；a—产品标准中规定的碳含量最小值；b—基体碳含量。

利用测微目镜或金相图像分析系统测量从表面到其组织和基体组织已无区别的那一点的距离，随机测量几次（通常至少需测量 5 次），以这些测量值的平均值作为总脱碳层深度。

金相法测定脱碳层深度的典型组织照片如图 4.6、图 4.7 和图 4.8 所示。图中箭头标出的区域为脱碳层。

b. 显微硬度法。该方法适用于脱碳层相当深但和淬火区厚度相比却又很小的亚共析钢、共析钢和过共析钢，脱碳层完全在硬化区，避免淬火不完全引起的硬度波动。

在试样表面以一定的间距沿着垂直于表面的方向向试样内部进行显微硬度测量，直至达到所要求的硬度值。脱碳层深度规定为从表面到已达到所要求硬度值的那一点的距离。

为减少测量数据的分散性，应尽可能用大的载荷，通常该载荷应在 0.49～4.9 N（50～500 gf）之间。压痕之间的距离至少应为压痕对角线长度的 2.5 倍。原则上，

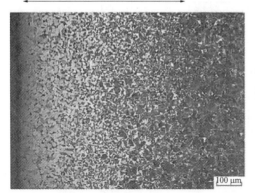

图 4.6 碳素钢表面脱碳 100×

成分：C0.81%、Si0.18%、Mn0.33%；处理工艺：960℃加热 2.5 h 炉冷。

组织说明：珠光体减少区域为部分脱碳。

图 4.7 60Si2MnA 弹簧钢表面脱碳 500×

处理工艺：先 870℃加热 20 min 油淬，之后 440℃加热 90 min 空冷。

组织说明：白色铁素体部分为完全脱碳区，含有片状铁素体区为部分脱碳区。

(a)

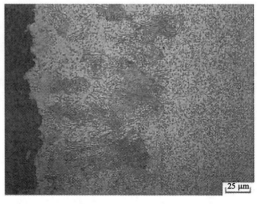

(b)

图 4.8 GCr15 表面脱碳的金相组织

(a) 处理工艺：800℃保温 4 h，以 10℃/h 缓冷至 650℃，空冷。组织说明：白色铁素体部分为完全脱碳区，碳化物减少区为部分脱碳区 (b) 组织说明：片状珠光体区域为部分脱碳

应至少在相互距离尽可能远的位置进行两组测定，测得的平均值作为脱碳层深度。

脱碳层深度的测量界限一般有以下几种：

(a) 由试样表面测至产品标准或技术规范规定的硬度值处；

(b) 由试样表面测至硬度值平稳处；

(c) 由试样表面测至硬度值平稳处的某一百分数。

采用何种测量界限应根据相关产品标准或技术规范的规定。

c. 试验报告。通常情况下,试验报告应至少包括如下信息:

(a) 对产品的描述,如材料类型、状态等;

(b) 取样方法及部位;

(c) 试验方法(金相法、显微硬度法);

(d) 脱碳层深度。

4.2.3 飞机金属材料的化学成分检测

4.2.3.1 概述

本部分主要介绍飞机金属材料的化学成分检测,包括试验方法、环境条件、仪器设备及化学试剂、试样的制备、结果评判、试验报告要求等内容。

4.2.3.2 试验方法

目前飞机金属材料使用较多的是铝合金,其次是钢铁合金,还有少量的钛合金及其他合金。在铝合金化学成分检测方面,国外的试验方法采用较多的主要有 ASTM E34-11E1《铝和铝合金化学分析的试验方法》,该标准中所采用的试验方法以原子吸收法为主,其他的方法主要为重量法、滴定法和光度法等湿法化学分析方法;同时,ASTM E1251-11《火花原子发射光谱分析铝及铝合金的标准试验方法》为采用火花原子发射光谱仪分析铝及铝合金,该标准与 ASTM E34 相比具有检出限低、灵敏度高、可同时快速分析铝合金中的各个元素的特点,现已广泛应用于铝合金的化学成分检测中(见表 4.10)。

表 4.10 ASTM 标准中铝合金常用化学分析方法

标准号	测定元素	试验方法	适用材料
ASTM E34-11E1	铜	电解重量法	铝及铝合金
	铁	1,10-邻二氮杂菲光度法	
	锰	高碘酸盐光度法	
	钛	变色酸光度法、二安替吡啉甲烷光度法	
	钒	N-苯甲酰-N-苯胲光度法	
	锌	原子吸收法、萃取-EDTA滴定法	
	锆	偶氮胂 III 光度法	
	铍	发射光谱法	
	(铋、镉、铬、铜、镓、铁、铅、锂、镁、锰、镍)	原子吸收法	

（续表）

标准号	测定元素	试验方法	适用材料
ASTM E1251-11	（锑、砷、铍、铋、硼、钙、铬、钴、铜、镓、铁、铅、锂、镁、锰、镍、磷、硅、钠、锶、锡、钛、钒、锌、锆）	火花原子发射光谱法	铝及铝合金

　　国内采用较多的铝合金化学分析标准主要有 GB/T20975—2008《铝及铝合金化学分析方法》，包含 25 个部分涉及 24 种元素，主要以原子吸收法为主，还包括重量法、滴定法和光度法等湿法化学分析方法，其中 GB/T20975.25—2008《铝及铝合金化学分析方法第 25 部分：电感耦合等离子体原子发射光谱法》采用的是电感耦合等离子发射光谱法分析铝合金中的 22 个元素；GB/T7999—2007《铝及铝合金光电直读发射光谱分析方法》是采用光电光谱仪对 24 种铝合金元素进行化学成分分析；同时，对于铝合金材料的化学成分分析，中华人民共和国航空行业标准也有很多相关检测标准，如 HB/Z5218—2004《铝合金化学分析方法》中就包含 25 部分涉及 16 种元素的分析，该标准主要为湿法化学分析，包括重量法、滴定法、光度法和离子选择电极法等方法；HB6731—2005《铝合金化学成分光谱分析方法》中就包含 12 部分涉及 14 种元素的分析，该标准主要为火焰原子吸收光谱法和电感耦合等离子体原子发射光谱法。目前，飞机金属材料化学成分检测实验室检测铝合金材料时，大多还是采用电感耦合等离子体原子发射光谱仪、火花原子发射光谱仪等仪器分析方法进行金属材料化学成分的快速检测，只有当对仪器分析结果产生疑问时，才会采用湿法化学分析方法进行仲裁试验，以判断试验数据的准确性（见表 4.11）。

表 4.11　国内标准中铝合金常用化学分析方法

标准号	测定元素	试验方法	适用材料
GB/T20975.1—2007	汞	冷原子吸收光谱法	铝及铝合金
GB/T20975.2—2007	砷	钼蓝分光光度法	
GB/T20975.3—2008	铜	新亚铜灵分光光度法、火焰原子吸收光谱法	
GB/T20975.4—2008	铁	邻二氮杂菲分光光度法	
GB/T20975.5—2008	硅	钼蓝分光光度法、重量法	
GB/T20975.6—2008	镉	火焰原子吸收光谱法	
GB/T20975.7—2008	锰	高碘酸钾分光光度法	
GB/T20975.8—2008	锌	火焰原子吸收光谱法、EDTA 滴定法	

（续表）

标准号	测定元素	试验方法	适用材料
GB/T20975.9—2008	锂	火焰原子吸收光谱法	
GB/T20975.10—2008	锡	苯基荧光酮分光光度法	
GB/T20975.11—2008	铅	火焰原子吸收光谱法	
GB/T20975.12—2008	钛	二安替吡啉甲烷分光光度法、过氧化氢分光光度法	
GB/T20975.13—2008	钒	苯甲酰苯胲分光光度法	
GB/T20975.14—2008	镍	丁二酮肟分光光度法、火焰原子吸收光谱法	
GB/T20975.15—2008	硼	离子选择电极法	
GB/T20975.16—2008	镁	火焰原子吸收光谱法、CDTA 滴定法	
GB/T20975.17—2008	锶	火焰原子吸收光谱法	
GB/T20975.18—2008	铬	萃取分离-二苯基碳酰二肼光度法、火焰原子吸收光谱法	
GB/T20975.19—2008	锆	二甲酚橙分光光度法	
GB/T20975.20—2008	镓	丁基罗丹明 B 分光光度法	
GB/T20975.21—2008	钙	火焰原子吸收光谱法	
GB/T20975.22—2008	铍	依莱铬氰兰 R 分光光度法	
GB/T20975.23—2008	锑	碘化钾分光光度法	
GB/T20975.24—2008	稀土	三溴偶氮胂分光光度法、草酸盐重量法	
GB/T20975.25—2008	锑、铍、铋、硼、钙、铬、铜、镓、铁、铅、镁、锰、镍、硅、锶、锡、钛、钒、锌、锆、铟、镉	电感耦合等离子体原子发射光谱法	铝及铝合金
GB/T7999—2007	硅、铁、铜、锰、镁、铬、镍、锌、钛、镓、钒、锆、铍、铅、锡、锑、铋、锶、铈、钙、磷、镉、砷、钠	光电直读发射光谱法	铝及铝合金
HB/Z5218.1－2004	铜	BCO 光度法	铝及铝合金
HB/Z5218.2－2004	铜	碘量法	
HB/Z5218.3－2004	铁	邻菲啰啉光度法	
HB/Z5218.4－2004	锰	高碘酸钾光度法	
HB/Z5218.5－2004	硅	重量法	
HB/Z5218.6－2004	硅	硅钼蓝光度法	
HB/Z5218.7－2004	镁	铜试剂分离-EDTA 滴定法	

（续表）

标准号	测定元素	试验方法	适用材料
HB/Z5218.8－2004	钛	二安替比林甲烷光度法	
HB/Z5218.9－2004	锌	三正辛胺萃取－EDTA滴定法	
HB/5218.10－2004	锌	双硫腙萃取分离-极谱法	
HB/Z5218.11－2004	镍	丁二酮肟分离－EDTA滴定法	
HB/Z5218.12－2004	镍	丁二酮肟萃取光度法	
HB/Z5218.13－2004	稀土	草酸盐重量法	
HB/Z5218.14－2004	稀土	三溴偶氮胂光度法	
HB/Z5218.15－2004	锆	二甲酚橙光度法	
HB/Z5218.16－2004	锆	槲皮素光度法	
HB/Z5218.17－2004	铅	极谱法	
HB/Z5218.18－2004	铬	硫酸亚铁铵滴定法	
HB/Z5218.19－2004	铬	二苯卡巴肼光度法	
HB/Z5218.20－2004	锡	苯基荧光酮光度法	
HB/Z5218.21－2004	铍	铍试剂 Π 光度法	
HB/Z5218.22－2004	硼	洋红光度法	
HB/Z5218.23－2004	钒	钽试剂萃取光度法	
HB/Z5218.24－2004	铜	电解重量法	
HB/Z5218.25－2004	硼	离子选择电极法	
HB6731.1—2005～ HB6731.9—2005	铜、镁、锌、铅、镉、铁、锰、镍、铬	火焰原子吸收光谱法	铝及铝合金
HB6731.10—2005	铜、铁、镁、锌、硼、钛、镉、锰、锆、钒、镍、铬	电感耦合等离子体原子发射光谱法	铝及铝合金
HB 6731.11—2005～ HB 6731.12—2005	铍、硅	电感耦合等离子体原子发射光谱法	铝及铝合金

　　钢在飞机中主要用于重要承力件中,它在飞机金属材料中的使用比例也比较高,但是随着钛合金和复合材料等新材料的不断替代,它的使用比例正在逐渐趋于减少。在钢铁合金化学成分检测方面,国外在20世纪90年代采用较多的主要有ASTM E350～E354,按不同材料类型分别制定了标准,这些标准分析方法主要集中于重量法、滴定法、分光光度法、原子吸收光谱法等传统测试手段,也都是单元素分析。近年来,随着仪器分析技术的不断发展,以ASTM E1019－11红外线吸收法和惰性气体熔融热导法,ASTM E415－14、ASTM E1086－08、ASTM E1999－11、ASTM E2209－13火花原子发射光谱法,ASTM E1085－09、ASTM E572－13、ASTM E322－12波长色散-X射线荧光光谱法等为代表的直接分析法使用更为普及,相应的标准也被修改(见表4.12)。

表 4.12 ASTM 标准中钢铁合金常用化学分析方法列表

标准号	测定元素	试验方法	适用材料
ASTM E1019 - 11	碳、硫、氮、氧	红外线吸收法、惰气熔融热导法	钢、铁、镍和钴合金
ASTM E415 - 14	碳、硫、锰、硅、磷、铬、镍、钼、钒、铝、钛、铜、铌、钴、硼、锆、砷、锡、钙、氮	火花原子发射光谱法	碳素钢和低合金钢
ASTM E1086 - 08	碳、硫、锰、硅、磷、铬、镍、钼、铜	火花原子发射光谱法	不锈钢
ASTM E1999 - 11	碳、铬、铜、锰、钼、镍、磷、硅、硫、锡、钛、钒	火花原子发射光谱法	铸铁
ASTM E2209 - 13	铝、碳、铬、锰、钼、镍、磷、硅	火花原子发射光谱法	高锰钢
ASTM E1085 - 09	镍、铬、锰、硅、钼、铜、钒、钴、硫、铌、磷、钙	波长色散-X 射线荧光光谱法	低合金钢
ASTM E572 - 13	铬、钴、铜、锰、钼、镍、铌、磷、硅、硫、钛、钒	波长色散-X 射线荧光光谱法	不锈钢、合金钢
ASTM E322 - 12	锰、镍、铬、钼、铜、钒	波长色散-X 射线荧光光谱法	低合金钢和铸铁

　　国内早期采用较多的钢铁合金化学分析标准主要有 GB/T223 中，迄今为止共有 86 个方法，涉及 36 种元素，这些分析方法主要集中在重量法、滴定法、分光光度法、火焰原子吸收光谱法等传统测试手段，都是单一元素分析方法，但分析步骤往往较为烦琐，检测周期较长，工作效率较低。近年来，随着对分析速度要求的不断提高，GB/T4336 光电直读光谱法，GB/T20125—2006、GB/T24520—2009 电感耦合等离子体发射光谱法，等同采用 ISO15350—2000 的 GB/T20123—2006 红外吸收法，等同采用 ISO15351—1999 的 GB/T20124—2006 的惰性气体熔融热导法在钢铁合金的金属材料化学分析中广泛应用，较好地解决了分析效率低，检测周期长的问题（见表 4.13）。

表 4.13 国标中钢铁合金常用化学分析方法

标准号	测定元素	试验方法	适用材料
GB/T20123—2006	碳、硫	高频感应炉燃烧后红外吸收法（常规法）	钢和铁
GB/T20124—2006	氮	惰性气体熔融热导法（常规法）	钢和铁
GB/T20125—2006	硅、锰、磷、镍、铬、钼、铜、钒、钴、钛、铝	电感耦合等离子体原子发射光谱法	低合金钢
GB/T24520—2009	镧、铈、镁	电感耦合等离子体原子发射光谱法	铸铁和低合金钢

（续表）

标准号	测定元素	试验方法	适用材料
GB/T4336—2002	碳、硅、锰、磷、硫、铬、镍、钨、钼、钒、铝、钛、铜、铌、钴、硼、锆、砷、锡	火花原子发射光谱法	碳素钢和中低合金钢
GB/T11170—2008	碳、硅、锰、磷、硫、铬、镍、钼、铝、铜、钨、铌、钒、钛、钴、硼、砷、锡、铅	火花原子发射光谱法	不锈钢

　　钛合金因具有密度小、耐温性较高和抗腐蚀等优点，而在现代涡轮发动机中的用量占比很大，近年来在飞机机身上的用量也明显上升。在钛合金化学分析技术方面，国外所采用标准主要为 ASTM E2371‑13《原子发射等离子体光谱分析钛及钛合金的标准试验方法》，因为钛及钛合金材料对碳、氧、氮和氢等气体元素的控制也十分重要，相应的标准分析方法有 ASTM E1941‑10、ASTM E1409‑13 和 ASTM E1447‑09；另外，还有采用 X 射线荧光光谱法分析钛合金材料的标准如 ASTM E539‑11《X 射线荧光光谱分析钛合金的标准试验方法》。国内早期采用的标准为 GB/T4698.1～4698.25—1996《海绵钛、钛及钛合金化学分析方法》是于 1996 年 11 月发布，包括铜、铁、硅、锰、钼、硼、氮、铝、锡、铬、钒、锆、碳、氢、氧、镁、钇、铌、钯、镍、氯等 21 种元素，方法涉及分光光度法、示差分光光度法、滴定法、库仑法、真空加热气相色谱法、原子吸收光谱法和发射光谱法等。2011 年对其中的气体元素和铁的分析方法进行了修订，新标准中将测定氧的方法由惰性气体熔融库仑法改为惰性气体熔融红外检测法；增加了惰性气体熔融红外/热导法同时测定氧、氮的方法，并被规定为测定氧/氮的仲裁方法，同时保留了氮的光度法测定（见表 4.14）。

表 4.14　钛合金常用化学分析方法列表

标准号	测定元素	试验方法	适用材料
ASTM E2371—13	铝、硼、钴、铬、铜、铁、锰、钼、镍、铌、钯、钌、硅、钽、锡、钨、钒、钇、锆	直流等离子体和电感耦合等离子体原子发射光谱法	钛和钛合金
ASTM E1941—10	碳	燃烧法	难熔和活性金属及其合金
ASTM E1409—13	氧、氮	惰性气体保护熔炼法	钛和钛合金
ASTM E1447—09	氢	惰性气体熔融热导法	钛和钛合金
ASTM E539—11	铝、铬、铜、铁、锰、钼、镍、铌、钯、钌、硅、锡、钒、钇、锆	X 射线荧光光谱法	钛合金

标准号	测定元素	试验方法	适用材料
GB/T4698.1～4698.25—1996	铜、铁、硅、锰、钼、硼、氮、铝、锡、铬、钒、锆、碳、氢、氧、镁、钇、铌、钯、镍、氯等	分光光度法、示差分光光度法、滴定法、库仑法、真空加热气相色谱法、原子吸收光谱法和发射光谱法等	海绵钛、钛及钛合金

4.2.3.3　环境条件

试验一般在(25±15)℃范围内进行。若另有规定，则试验在规定的温度范围内进行。

4.2.3.4　仪器设备及化学试剂

试验采用的仪器设备及化学试剂主要如下：

（1）用于化学成分检测方面的设备，主要设备如电感耦合等离子体原子发射光谱仪、火花原子发射光谱仪、X射线荧光光谱仪、红外碳硫分析仪、氧氮氢分析仪等；辅助设备如微波消解仪、分光光度计、天平、烘箱等。

（2）用于定量分析的玻璃仪器，如容量瓶、滴定管、量筒、烧杯等。

（3）化学试剂，如盐酸、硝酸、氢氟酸、氢氧化钠等，这些化学试剂均应达到分析纯或以上级别。

（4）用于测量环境条件的仪器，如温湿度记录仪等。

试验过程中起测量用途的仪器设备均需要经过计量合格，并处于有效期内方可使用。

4.2.3.5　试样的制备

试样截取的部位、大小、数量等应按照相关产品标准、技术规范或供需双方的约定进行。对于钢和高温合金、有色金属材料的化学分析用试样的取样方法通常有相应的标准进行规定，主要是要求试样能尽可能的代表整个金属材料，加工过程不可引入污染物，不可采用过热的方法进行试样加工等。对于加工完成的试样，应将其保存在阴凉、干燥、清洁，无腐蚀性气体的环境中，在保存期间应避免氧化、锈蚀或污染等。存放试样的纸袋或玻璃瓶要保持干净，应做出必要的识别标记，如名称、日期、数量等。

4.2.3.6　结果评判

根据试验方法得出金属材料各元素的含量，按照相关材料标准或技术规范要求对试验结果是否符合要求进行评判，以判定此金属材料是否合格。

4.2.3.7　试验报告

通常情况下，试验报告应至少包括如下信息：

（1）所采用的试验方法和标准规范。

（2）试验日期。

（3）相关的试验设备。

（4）试验室环境条件。

（5）试验结果及结果评判。

4.2.4 飞机金属材料的力学性能检测

4.2.4.1 室温拉伸试验

1）概述

通常民用飞机金属材料室温拉伸试验依据的国际和国家通用的标准为 ASTM E8《Standard Test Methods for Tension Testing of Metallic Materials》和 GB/T228.1《金属材料 拉伸试验 第1部分：室温试验方法》。

本部分主要介绍金属材料室温拉伸试验方法，包括试验环境条件、试验前准备、试验速度的选择、主要技术指标的测定和计算、试验报告要求等内容。

2）环境条件

除非另有规定，试验一般在室温 10～35℃ 范围内进行。对温度要求严格的试验，试验温度应为 (23 ± 5)℃。

3）仪器设备

试验过程中需用到的测量仪器设备均需要经过计量合格，并处于有效期内方可使用。除了电子拉力机和配套引伸计以外，整个试验过程中还需要使用如下仪器设备：

（1）用于标记试样标距的装置，如划线机、打点机、墨水笔等。

（2）用于测量试样尺寸的工具，如游标卡尺、千分尺等。

（3）用于测量环境条件的仪器，如温湿度记录仪等。

4）试样

试样的形状与尺寸取决于被试验的金属材料制品的形状与尺寸，通常是从产品、压制坯或锻铸件切取样坯经机加工制成试样，但具有恒定横截面的产品（型材、棒材、线材等）和铸造试样可以不经机加工而直接进行试验。

常见的试样一般有矩形试样、圆形试样、管状试样和全尺寸试样几种。例如通常金属薄板需加工成矩形试样，厚板和棒材需加工成圆形试样，管材制品一般根据直径的大小及设备的限制条件选择加工成全截面试样或剖切成矩形试样，线材等类型的制品需采用全尺寸试样来开展试验。不同类型试样的具体尺寸及公差在相关方法标准中均有规定，在此不进行详述。

5）试验前准备

（1）选用合适的拉力机和传感器。

根据材料类型、材料牌号、热处理状态等信息从相关标准或手册中查取材料强度值,然后根据试样标距部分的横截面积估算出试样断裂所需力值,选用大于该力值的传感器及所对应的拉力机。

(2) 选用合适的试验夹具。

试验机夹具的夹持部分应适合于试样夹持端的形状,试验前后应目视检查夹具,确保夹具处于良好的工作状态。

a. 对于矩形试样一般选配楔形夹具。

b. 对于圆试样一般选配带螺纹的夹具。

c. 对于所有小尺寸的管材,特别是名义外径为 $1\,in^①$(25.4mm)及以下的,以及通用的大尺寸管材除受试验设备限制外(如试验夹具夹持范围太小无法夹持大尺寸的试样),标准的做法是采用全截面管状试样,选用"V"形夹具夹持,在试样两端塞上销子以防止试样装夹时夹持部分严重变形,影响试验结果。

d. 对于线材等其他种类的试样应根据试样夹持部分的形式选用或设计专用夹具,但所用夹具应能保证轴向拉伸应力在试样标距长度上的轴线与试验机及夹头中心线保持一致。

(3) 选用合适的引伸计。

选用的引伸计必须与对应使用的拉力机进行过计量,并处于有效期内。通常长度小于或等于试样名义标距长度的引伸计可以用于测定屈服强度。对于无收缩段的试样,为测定其屈服性能,引伸计的长度不超过两夹具夹持部分间距离的 80% 为宜。仅用于测定屈服强度的引伸计可以在试样屈服后的任意点移除,以防止损坏引伸计,而对于用于测量断裂时延伸率的引伸计,其长度应等于待测试样的名义标距长度,且使用时尽可能地接近试样的标距长度。通常是将引伸计安装于试样的收缩部分,也可将引伸计安装于试样的夹持部分或夹具上,但一般这种做法是不推荐的,除非有明确要求。

以 INSTRON 公司生产的引伸计为例,其长度一般分为 12.5mm、25mm、50mm三个尺寸可调。若该引伸计仅用于测定材料的屈服强度,则可按照如下原则来选择引伸计:

a. 对于试样标距长度 $\geqslant$50mm 的,选用 50mm 长度的引伸计;

b. 对于 25mm$\leqslant$试样标距长度<50mm 的,选用 25mm 长度的引伸计;

c. 对于试样标距长度<25mm 的,选用 12.5mm 长度的引伸计。

6) 待测试样的准备

(1) 待测试样的检查。

根据试样图纸要求对加工完成后的试样进行目视检查,核查试样标识和表面缺陷情况,确保试样符合图纸规定。

---

① in 即英寸,1in=25.4mm。

(2) 试样原始标距 L_0 的标记。

根据试样原始标距 L_0 与横截面积 S_0 的关系,可将试样分为比例试样和非比例试样两种。原始标距与横截面积有 $L_0 = k\sqrt{S_0}$ 关系的试样称为比例试样,国际上使用的比例系数 k 的值为 5.65。对于比例试样,如果原始标距的计算值与其标记值之差小于 $10\%L_0$,可将原始标距的计算值修约至最接近 5 mm 的倍数。通常原始标距应不小于 15 mm,当试样横截面积太小,以致采用比例系数 $k = 5.65$ 不能符合这一最小标距要求时,可以采用较高的值(优先采用 11.3)或采用非比例试样。非比例试样的原始标距 L_0 与横截面积 S_0 无关,通常非比例试样的原始标距为 50 mm。

为了准确测量试样的断后伸长率,应采用打点、划线或用墨水标记的方法来标记试样的原始标距。标记方法应确保在试验完成后该标记仍是清晰可辨认的,且不得引起试样的过早断裂。通常使用较多的方法是采用划线机在试样收缩段上划上用于测定材料断后伸长率的标距刻线,需要时加以墨水对试样进行标记。而对于黑色金属或划线看不清楚的试样,可先在试样表面涂上墨水然后再用划线机划线。如果试样收缩段的长度比原始标距长许多,例如不经机加工的试样,可以标记一系列套叠的原始标距。

(3) 试样尺寸的测量。

宜在试样收缩部分区域以足够的点数来测量试样的尺寸,并将测量数据记录在相关记录上,原始横截面积可通过测量的尺寸计算得来。

7) 试验要求

(1) 环境条件的测量。

在试验开始(例如对试样施加载荷)的半小时内测量并记录环境温湿度。

(2) 控制模式的选择。

试验机通常可实现 3 种试验速度控制模式,即应力速率控制模式、应变速率控制模式以及横梁位移控制模式。在测定屈服强度时,对于不同材料,相关标准对设备控制模式的要求也不同。例如,对于铝合金、镁合金和钢产品等材料,不要求使用应变速率控制,一般使用应力速率控制模式测定材料的屈服强度即可。但对于钛合金,通常要求使用应变速率控制模式来测定材料的屈服强度。

通常情况下,对于应力速率控制模式,测定屈服强度时,施加的应力速率应不超过 11.5 MPa/s,屈服后标距部分的速率应不超过 0.5 mm/min。对于应变速率控制模式,通常是采用 $(0.003 \sim 0.007)$ mm/min 的速率通过屈服阶段,屈服后采用 $(0.04 \sim 0.06)$/min 乘以名义标距部分长度的横梁位移速率控制直至试样断裂。

8) 技术指标的测定

本部分仅介绍民用飞机金属材料拉伸性能中一些关键技术指标的测定方法,其他指标如规定总延伸强度、规定残余延伸强度、屈服点延伸率、断裂总延伸率等在此不进行介绍,其测定方法可在相关试验方法中获取。

(1) 屈服强度的测定。

a. 上、下屈服强度(R_{eH}、R_{eL})的测定。上、下屈服强度均可以从力-位移(应力-应变)曲线图上测得,上屈服强度 R_{eH} 定义为力首次下降前的最大力值对应的应力,下屈服强度 R_{eL} 定义为不计初始瞬时效应时屈服阶段中的最小力所对应的应力。

对于上、下屈服强度位置判定的基本原则如下,图 4.9 给出了不同类型曲线上的上屈服强度和下屈服强度。

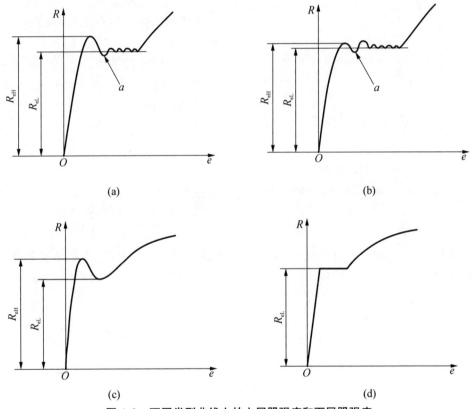

图 4.9 不同类型曲线上的上屈服强度和下屈服强度

e—延伸率;R—应力;R_{eH}—上屈服强度;R_{eL}—下屈服强度;a—初始瞬时效应。

(a) 屈服前的第一个峰值应力(第一个极大值应力)判为上屈服强度,不管其后的峰值应力比它大或比它小。

(b) 屈服阶段中如呈现两个或两个以上的谷值应力,舍去第一个谷值应力(第一个极小值应力)不计,取其余谷值应力中之最小者判为下屈服强度。如只呈现 1 个下降谷,此谷值应力判为下屈服强度。

(c) 屈服阶段中呈现屈服平台,平台应力判为下屈服强度;如呈现多个而且后者高于前者的屈服平台,判第一个平台应力为下屈服强度。

(d) 正确的判定结果应是下屈服强度一定低于上屈服强度。

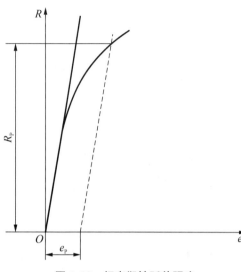

图 4.10 规定塑性延伸强度

e—延伸率;e_p—规定的塑性延伸率;R—应力;
R_p—规定塑性延伸强度。

b. 规定塑性延伸强度 R_p 的测定。在力-位移(应力-应变)曲线图上,作一条与曲线的弹性直线段部分平行,且在延伸率轴上与此直线段的距离等于规定塑性延伸率(例如 0.2%)的直线,此平行线与曲线的交点所对应的应力即为规定塑性延伸强度 R_p,如图 4.10 所示。

通常试验设备的自动测试系统可实现规定塑性延伸强度的自动测量。弹性段部分应不包括初始阶段的非线性部分和其他原因引起的不理想部分,特别是当发现力-位移(应力-应变)曲线上自动绘制的用于测定屈服强度的平行线存在异常时(如所绘制的平行线明显与曲线弹性段不平行),应认为进行了不正确的屈服强度的测量,此时应认为该强度值无效或者可设法对平行线进行调整,直至认为取得了正确的屈服强度测量。作为试验过程的一部分,试验人员应检查拉伸曲线,以判断系统给出的规定塑性延伸强度的有效性。

(2) 抗拉强度 R_m 的测定。

抗拉强度 R_m 为力-位移(应力-应变)曲线上的最大力与原始横截面积的比值,计算公式为

$$R_m = \frac{F_m}{S_0} \times 100\% \tag{4.8}$$

式中:F_m 为最大力;S_0 为原始横截面积。

(3) 断后伸长率 A 的测定。

将试样断裂的部分仔细地配接在一起使其轴线处于同一直线上,并采取特别措施确保试样的断裂部分适当接触后测量试样的断后标距,按照下式计算断后伸长率 A(见图 4.11):

$$A = \frac{L_u - L_0}{L_0} \times 100\% \tag{4.9}$$

式中：L_0 为原始标距；L_u 为断后标距。

原则上只有断裂处与最接近的标距标记的距离不小于原始标距的 1/3 情况方为有效，否则认为测得的断后伸长率数值不代表材料特性。但在材料接收试验中，只要断后伸长率满足规定的最小要求，不管断裂位置处于何处测量均为有效。反之，若试样断裂在与最近的标距标记的距离小于等于原始标距的 1/3 甚至断裂在标记外，且断后伸长率不满足规定要求，可认为试样无效。

（4）断面收缩率 Z 的测定。

将试样断裂部分仔细地配接在一起，使其轴线处于同一直线上，测量断裂处的最小横截面积，原始横截面积与断后最小横截面积之差除以原始横截面积的百分率即为断面收缩率 Z（见图 4.11），计算公式如下：

$$Z = \frac{S_0 - S_u}{S_0} \times 100\% \tag{4.10}$$

式中：S_0 为原始横截面积；S_u 为断后最小横截面积。

若试样断裂后其断裂处的外形呈椭圆形，横截面积可通过 $\pi d_1 d_2 / 4$ 来计算，这里，d_1 和 d_2 是试样断裂处相应的长短轴直径。

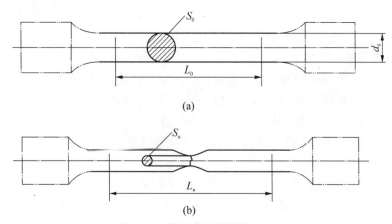

图 4.11　圆形试样断裂前后对比

（a）试验前　（b）试验后

d_0—圆形试样收缩部分的原始直径；L_0—原始标距；L_u—断后标距；S_0—收缩部分的原始横截面积；S_u—断后最小横截面积。注：试样头部形状仅为示意性。

（5）试验数据的修约。

试验测定的数据结果应按照相关产品标准的要求进行修约，如未规定具体要求，可按照如下要求进行修约：所有的强度值修约至 1 MPa 或 0.1 ksi，断后伸长率和断面收缩率修约至 0.1%。

9）试验报告

通常情况下，试验报告若无另有约定，应至少包括如下信息：

（1）材料名称、牌号（如已知）。

（2）试样标识、类型。

（3）试样的取样方向和位置（如已知）。

（4）所用试验方法标准。

（5）试验控制模式和试验速率，若与标准中的规定不同。

（6）试验结果。

4.2.4.2　洛氏硬度试验

1）概述

通常民用飞机金属材料洛氏硬度试验依据的国际和国家通用的标准为 ASTM E18《Standard Test Methods for Rockwell Hardness of Metallic Materials》和 GB/T230.1《金属材料　洛氏硬度试验　第 1 部分：试验方法（A、B、C、D、E、F、G、H、K、N、T 标尺）》。

本部分主要介绍金属材料洛氏硬度和表面洛氏硬度试验方法，包括试验环境条件、试验前要求、硬度计的日常检定、试样测试、试验报告要求等内容。

2）环境条件

试验一般在室温 $10\sim35℃$ 范围内进行。应选择在较小的温度变化范围内进行试验，因为温度的变化可能会对试验结果有影响。

3）仪器设备

试验过程中需用到的测量仪器设备均需要经过计量合格，并处于有效期内方可使用。除了洛氏硬度计外，整个试验过程中还需要使用如下仪器设备：

（1）用于检查压头表面缺陷的工具，如放大镜。

（2）用于测量环境条件的仪器，如温湿度记录仪等。

4）试样

除非另有规定，试样表面应平坦光滑，并且不应有氧化皮及油污、油脂、灰尘等外来污物。试样的表面应能保证压痕深度的精确测量，建议试样表面粗糙度为 $R_a125\mu in$（微英寸）或更优。在做可能会与压头黏结的活性金属的硬度试验时，如钛，可以使用某种合适的油性介质（如煤油）。使用的介质应在试验报告中注明。

试样的制备应使受热或冷加工等因素对试样表面硬度的影响减至最小。尤其对于残余压痕深度浅的试样应特别注意。

试验后试样背面不应出现可见变形。对于用金刚石圆锥压头进行的试验，试样厚度应不小于残余压痕深度的 10 倍；对于用球压头进行的试验，试样厚度应不小于残余压痕深度的 15 倍。除非可以证明使用较薄的试样对试验结果没有影响。

5）试验前要求

应将硬度计放置于平稳的环境下，保持硬度测试系统清洁，无油污、灰尘等污物。压头上不应有灰尘、油污及锈斑等污物，钢球压头应光洁，无划伤及可见的扁平点;金刚石压头应光洁,无碎屑、麻坑和划伤。在每班开始时、更换压头时或压头掉落碰到其他硬物时,应使用至少 10 倍放大镜检查压头。

底砧应保持清洁、光滑、稳固,无凹坑、划伤、压痕和裂纹等。更换底砧后,需要在一报废零件/材料上进行不少于两次的硬度试验以确保底砧的完全稳固。

6)硬度计的日常检定

在每班开始和结束时或更换压头、底砧、载荷时,要进行硬度计的日常检定。

(1)标准硬度块的选取。

一般选取两块与待测零件/材料相同标尺的标准硬度块,其中一块硬度值小于待测零件/材料硬度值,一块大于待测零件/材料硬度值,且两块的硬度值至少相差10 个刻度点。

标准块硬度不得重新磨削,应保持铁基标准硬度块无磁性。只允许在标准硬度块有标记的表面上进行硬度试验。

(2)检定过程。

日常检定所使用的压头应是平时测试时使用的压头,如所使用的底砧类型不适合标准块的测试应立即更换合适的底砧。首先进行两次硬度测试以确保压头和底砧安装稳固,可以在报废试件或材料上进行测试,数值无需记录。

使压头与试样表面接触,无冲击和振动地垂直于试验面施加初试验力,一般初试验力保持时间不应超过 3 s。无冲击和振动地将硬度计从初试验力施加至总试验力,时间一般为 1~8 s,总试验力保持时间为(4±2)s。然后卸除主试验力,保持初试验力,从硬度计中直接读取硬度值。

每块标准硬度块上至少完成三点硬度测试,测试点应均匀地分布在标准硬度块表面上,一般要求两相邻压痕中心之间的距离至少为压痕直径的 4 倍,并且不小于2 mm;任一压痕中心距标准硬度块边缘的距离至少应为压痕直径的 3 倍,并且不小于 1 mm。对于间隔太近的压痕应予以标记。最小压痕间距如图 4.12 所示。

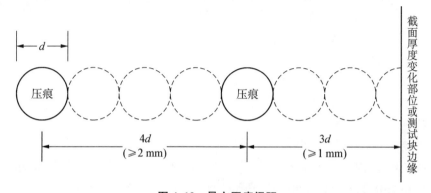

图 4.12 最小压痕间距

d—压痕直径。

（3）结果判定。

计算硬度计的示值误差 E 和重复性 R，如果示值误差 E 和重复性 R 均在相关标准规定的允差范围之内，认为硬度计和所使用的压头合格。示值误差 E 和重复性 R 的计算公式如下：

$$E = \overline{H} - H_{\text{STD}} \tag{4.11}$$

式中：$\overline{H}$ 为硬度测量平均值；H_{STD} 为标准硬度块标称值。

$$R = H_{\max} - H_{\min} \tag{4.12}$$

式中：$H_{\max}$ 为最大硬度值；$H_{\min}$ 为最小硬度值。

如果任何一块标准硬度块的示值误差 E 或重复性 R 超出了允差范围，首先应检查载荷、标尺设置是否正确，压头和底砧是否符合要求。若检查无异常情况，可更换一个压头按照上面的过程重新进行一次日常检定。若测量结果仍然超出允差范围，则认为该硬度计不符合使用要求，应禁止使用直至重新检定合格，而且从该硬度计最近一次检定合格后所开展的所有硬度试验都应受到怀疑。

7）试样测试

选用适合测试试样的底砧，一般对于较薄的试样可选用点砧，对于规则的较厚的试样可选用平砧，对于圆柱形试样可选用 V 形砧，对于较长或不规则的零件/材料时，可使用辅助支架来支撑被测件的另一端。

试样的测试过程与对硬度计日常检定时标准硬度块的测试过程相同，对压痕间距的要求也相同（见图 4.12）。

对于较薄的零件/材料，测试后反面出现压痕（测砧效应），则应重新检查压头和底砧（如损坏则需更换、修理），然后更换更轻载荷和标尺，重新对该零件/材料进行测试。

8）试验报告

通常情况下，试验报告应至少包括如下信息：

（1）对产品的描述，如材料类型、状态等。

（2）洛氏硬度值及所用标尺。

（3）总试验力保持时间，若不在规定的范围之内。

（4）试验时的环境温度，若不在 10～35℃范围内。

（5）影响试验结果的其他情况。

4.2.4.3　布氏硬度试验

1）概述

通常民用飞机金属材料布氏硬度试验依据的国际和国家通用的标准为 ASTM E10《Standard Test Methods for Brinell Hardness of Metallic Materials》和 GB/T231.1《金属材料　布氏硬度试验　第 1 部分：试验方法》。

本节主要介绍金属材料布氏硬度试验方法,包括试验环境条件、试验前要求、硬度计的日常检定、试样测试、试验报告要求等内容。

2）环境条件

试验一般在室温10～35℃范围内进行。对于温度要求严格的试验,试验温度应为(23±5)℃。

3）仪器设备

试验过程中需用到的测量仪器设备均需要经过计量合格,并处于有效期内方可使用。除了布氏硬度计外,整个试验过程中还需要使用如下仪器设备:

（1）用于检查压头表面缺陷的工具,如放大镜。

（2）用于测量环境条件的仪器,如温湿度记录仪等。

（3）用于测量压痕直径的仪器,如读数显微镜等。

4）试样

除非另有规定,试样表面应平坦光滑,并且不应有氧化皮及油污、油脂、灰尘等外来污物。试样的表面应能保证压痕直径的精确测量,建议试样表面粗糙度为 $R_a 125 \mu in$ 或更优。试样的制备应使受热或冷加工等因素对试样表面硬度的影响减至最小。

试样厚度应不小于残余压痕深度的10倍,试验后试样背面不应出现可见变形。

5）试验前要求

应将硬度计放置于平稳的环境下,免于冲击和震动。保持硬度测试系统清洁,无油污、灰尘等污物。

压头上应光洁,无划伤及可见的扁平点,不应有灰尘、油污及锈斑等污物。在每班开始时、更换压头时或压头掉落碰到其他硬物时,应使用至少10倍放大镜检查压头。为了保证在尽可能大的有代表性的试样区域试验,应尽可能地选取大直径压头。当试样尺寸允许时,应优先选用直径为10mm的球压头进行试验。

底砧应保持清洁、光滑、稳固,无凹坑、划伤、压痕和裂纹等。更换底砧后,需要在一报废零件/材料上进行不少于两次的硬度试验以确保底砧的完全稳固。

6）硬度计的日常检定

在每班开始和结束时或更换压头、底砧、载荷时,要进行硬度计的日常检定。

（1）标准硬度块的选取。

一般选取两块与待测零件/材料相同标尺的标准硬度块,其中一块硬度值小于待测零件/材料硬度值,一块大于待测零件/材料硬度值,且两块的硬度值至少相差10个刻度点。

标准块硬度不得重新磨削,应保持铁基标准硬度块无磁性。只允许在标准硬度块有标记的表面上进行硬度试验。

（2）检定过程。

日常检定所使用的压头应是平时测试时使用的压头,如所使用的底砧类型不适合标准块的测试应立即更换合适的底砧。首先进行两次硬度测试以确保压头和底砧安装稳固,可以在报废试件或材料上进行测试,数值无需记录。

使压头与试样表面接触,无冲击和振动地垂直于试验面施加试验力,直至达到规定试验力值。从加力开始至全部试验力施加完毕的时间一般在 2~8 s,试验力保持时间为 10~15 s(例如钢合金)。对于要求试验力保持时间较长的材料(如软金属),试验力保持时间一般要 30 s 以上。

在两相互垂直的方向测量压痕直径,取其平均值来计算布氏硬度。如果平均值与单个测量值之差超过 0.05 mm,认为该读数无效,需进行新的测试。有些设备无自动测量功能,需人工采用读数显微镜等工具来测量压痕直径;有些设备可自动测量压痕直径,并直接给出布氏硬度值。

每块标准硬度块上至少完成三点硬度测试,测试点应均匀地分布在标准硬度块表面上。一般要求两相邻压痕中心之间的距离至少为压痕直径的 3 倍,任一压痕中心距标准硬度块边缘的距离至少应为压痕直径的 2.5 倍。对于间隔太近的压痕应予以标记。最小压痕间距如图 4.13 所示。

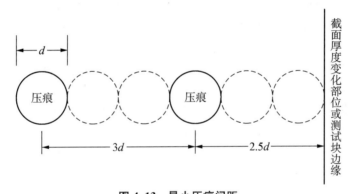

图 4.13 最小压痕间距

d—压痕直径。

(3) 结果判定。

计算硬度计的示值误差 E 和重复性 R,如果示值误差 E 和重复性 R 均在相关标准规定的允差范围之内,认为硬度计和所使用的压头合格。示值误差 E 和重复性 R 的计算公式如下:

$$E = \overline{H} - H_{\text{STD}} \tag{4.13}$$

式中:$\overline{H}$ 为硬度测量平均值;H_{STD} 为标准硬度块标称值。

$$R = d_{\max} - d_{\min} \tag{4.14}$$

式中:$d_{\max}$ 为压痕平均直径中的最大值;$d_{\min}$ 为压痕平均直径中的最小值。

如果任何一块标准硬度块的示值误差 E 或重复性 R 超出了允差范围,首先应检查载荷的选取是否正确,压头和底砧是否符合要求。若检查无异常情况,可更换一个压头按照上面的过程重新进行一次日常检定。若测量结果仍然超出允差范围,则认为该硬度计不符合使用要求,应禁止使用直至重新检定合格,而且从该硬度计最近一次检定合格后所开展的所有硬度试验都应受到怀疑。

7)试样测试

试样的测试过程与对硬度计日常检定时标准硬度块的测试过程相同,对压痕间距的要求也相同(见图 4.13)。

8)试验报告

通常情况下,试验报告应至少包括如下信息:

(1)对产品的描述,如材料类型、状态等。

(2)布氏硬度值,一般保留三位有效数字。

(3)试验条件,若未使用 3000 kgf 试验力、10 mm 直径压头以及 10~15 s 的保持时间。

(4)试验时的环境温度,若不在 10~35℃ 范围内。

(5)影响试验结果的其他情况。

4.2.4.4 夏比摆锤冲击试验

1)概述

通常民用飞机金属材料夏比摆锤冲击试验依据的国际和国家通用的标准为 ASTM E23《Standard Test Methods for Notched Bar Impact Testing of Metallic Materials》和 GB/T229《金属材料 夏比摆锤冲击试验方法》。

本部分主要介绍金属材料在夏比摆锤冲击试验中测定吸收能量的方法(V 形和 U 形缺口试样),包括试验环境条件、试验前要求、试样要求、试验结果、试验报告要求等内容。

2)环境条件

大多数材料的冲击值随温度变化,因此对于试验温度有规定的,应在规定温度 $\pm 2℃$ 范围内进行试验。如果没有规定,室温冲击试验应在 $(23\pm 5)℃$ 范围进行。

3)仪器设备

试验过程中需用到的测量仪器设备均需要经过计量合格,并处于有效期内方可使用。

试验机的能力范围应确保试样吸收能量 K 不超过实际初始势能 K_p 的 80%,否则应将吸收能量 K 报告为近似值,并注明超过试验机能力的 80%。建议试样吸收能量 K 的下限不低于试验机最小分辨力的 25 倍。

摆锤刀刃半径一般分为 2 mm 和 8 mm 两种,用符号的下标数字表示,例如 KV_2 或 KV_8,摆锤刀刃半径的选择应根据具体的产品标准。

4)试样

标准尺寸冲击试样长度为 55 mm,横截面为 10 mm×10 mm 方形截面,在试样长度中间有 V 形或 U 形缺口。试样形状和尺寸如图 4.14 和表 4.15 所示。除试样端部外,其余部分的表面粗糙度 R_a 应优于 $5\,\mu m$。试样标记应远离缺口,不应标在与支座、砧座或摆锤刀刃接触的面上。试样标记应避免塑性变形和表面不连续性对冲击吸收能量的影响。

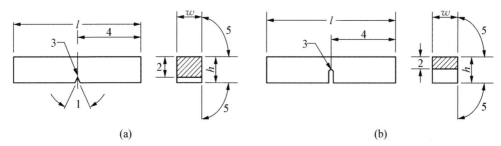

(a)　　　　　　　　　　　　　　　(b)

图 4.14　夏比冲击试样

(a) V 形缺口　　(b) U 形缺口

表 4.15　试样尺寸与偏差

名称	符号及序号	V 形缺口试样		U 形缺口试样	
		公称尺寸/mm	机加工偏差/mm	公称尺寸/mm	机加工偏差/mm
长度	l	55	±0.60	55	±0.60
高度	h	10	±0.075	10	±0.11
宽度	w				
—标准试样		10	±0.11	10	±0.11
—小试样		7.5	±0.11	7.5	±0.11
—小试样		5	±0.06	5	±0.06
—小试样		2.5	±0.04	—	—
缺口角度	1	45°	±2°	—	—
缺口底部高度	2	8	±0.075	8	±0.09
				5	±0.09
缺口根部半径	3	0.25	±0.025	1	±0.07
缺口对称面—端部距离	4	27.5	±0.42	27.5	±0.42
缺口对称面—试样纵轴角度	—	90°	±2°	90°	±2°
试样纵向面间夹角	5	90°	±2°	90°	±2°

对于需热处理的试验材料,应在最后精加工前进行热处理,除非已知两者顺序改变不导致性能的差别。试样制备过程应使由于过热或冷加工硬化而改变材料冲击性能的影响减至最小。

5）试验前要求

试样应紧贴试验机砧座，锤刃沿缺口对称面打击试样缺口的背面，试样缺口对称面偏离两砧座间的中点一般应不大于 0.5 mm（见图 4.15）。试验前应检查砧座跨距，砧座跨距应保证在 40＋0.2 mm 以内。试验前应检查摆锤空打时的回零或空载能耗。通常使用对中夹钳将试样放置于试验机上，对中夹钳如图 4.16 所示。

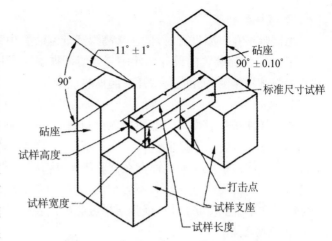

图 4.15　试样与摆锤冲击试验机支座及砧座相对位置

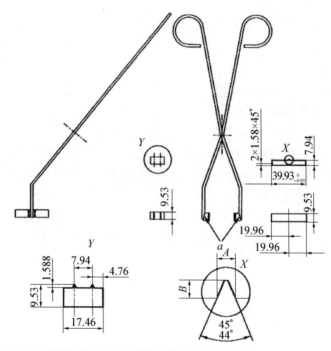

试样宽度/mm	缺口宽度 A/mm	高度 B/mm
10	1.60~1.70	1.52~1.65
5	0.74~0.80	0.69~0.81
3	0.45~0.51	0.36~0.48

图 4.16　V 形缺口冲击试样对中夹钳

6）试样的转移

当试验不在室温进行时，试样从高温或低温装置中移出至被打断的时间一般应不大于 5 s。转移装置的设计和使用应能使试样温度保持在允许的温度范围内。转移装置与试样接触部分应与试样一起加热或冷却。

7）试验结果

若试样在试验后没有完全断裂，可以报出冲击吸收能量，或与完全断裂试样结果平均后报出。若由于试验机打击能量不足，试样未完全断开，吸收能量不能确定，报告中应注明该情况。若试样卡在试验机上，应认为试验结果无效。此时应检查试验机，确保试验机未产生损伤，不影响后续测量的准确性。若断裂后检查显示出试样标记是在明显的变形部位，试验结果可能不代表材料的性能。

8）试验报告

通常情况下，试验报告应至少包括如下信息：

（1）对产品的描述，如材料类型、状态等。

（2）缺口类型。

（3）试样尺寸，若非标准尺寸。

（4）试验温度。

（5）吸收能量。

（6）影响试验结果的其他情况。

4.2.4.5 弯曲试验

1）概述

通常民用飞机金属材料弯曲试验依据的国际和国家通用的标准为 ASTM E290《Standard Test Methods for Bend Testing of Material for Ductility》和 GB/T232《金属材料　弯曲试验方法》。

本部分主要介绍金属材料导向弯曲试验方法，包括试验环境条件、仪器设备、试样要求、试验前要求、试验结果、试验报告要求等内容。本部分不适用于金属管材和金属焊接接头的弯曲试验。

2）环境条件

试验一般在室温 10～35℃ 范围内进行。对温度要求严格的试验，试验温度应为（23±5）℃。

3）仪器设备

导向弯曲试验应在配备了下列弯曲装置之一的试验机或压力机上进行，符合弯曲试验原理的其他弯曲装置亦可使用。

（1）配有两个支辊和一个弯曲压头的支辊式弯曲装置，如图 4.17 所示。

支辊长度和弯曲压头的宽度应大于试样宽度或直径，弯曲压头的直径应符合相关产品标准要求，支辊和弯曲压头应具有足够的硬度。

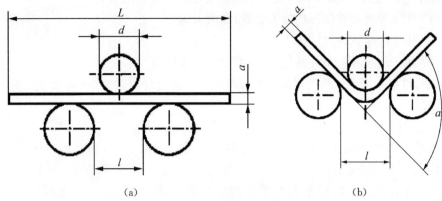

（a）　　　　　　　　　　　　　　　　　（b）

图 4.17　支辊式弯曲装置

a—试样厚度或直径；L—试样长度；l—支辊间距；d—弯曲压头直径；α—弯曲角度。

（2）配有一个 V 形模具和一个弯曲压头的 V 形模具式弯曲装置，如图 4.18 所示。

该模具的 V 形槽的角度应为（180°－α），弯曲角度 α 应符合相关产品标准的要求。模具的支撑棱边应倒圆，倒圆半径一般为（1～10）倍的试样厚度，模具和弯曲压头宽度应大于试样宽度或直径并应具有足够的硬度。

（3）虎钳式弯曲装置，如图 4.19 所示。

该装置由虎钳及有足够硬度的弯曲压头组成，弯曲压头直径应符合相关产品标准要求，弯曲压头宽度应大于试样宽度或直径。

由于虎钳左端面的位置会影响测试结果，因此虎钳的左端面不能达到或超过弯曲压头中心垂线。

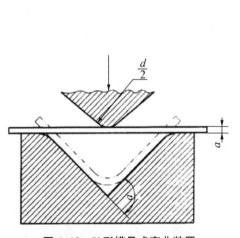

图 4.18　V 形模具式弯曲装置

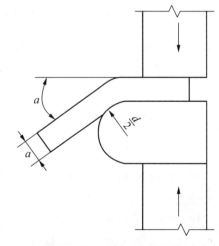

图 4.19　虎钳式弯曲装置

除了弯曲装置外,整个试验过程中还需要使用如下仪器设备:

(1) 用于检查裂纹情况的放大装置,如放大镜。

(2) 用于测量试样尺寸的工具,如千分尺等。

(3) 用于测量环境条件的仪器,如温湿度记录仪等。

试验过程中用到的所有测量仪器设备均需要经过计量合格,并处于有效期内方可使用。

4) 试样

试验一般使用圆形、方形、矩形或多边形横截面的试样,样坯的切取位置和方向应符合相关产品标准的要求。试样表面不得有划痕和损伤,试样上受剪切、火焰切割以及类似操作影响的区域应去除。方形、矩形和多边形横截面试样的棱边应倒圆,倒圆半径可参考相关方法标准,倒圆时不应形成影响试验结果的横向毛刺、伤痕或刻痕。如果试验结果不受影响,允许试样的棱边不倒圆。

试样宽度、厚度(或直径)应符合相关产品标准的要求,试样长度应根据试样厚度(或直径)和所使用的试验设备来确定。通常情况下,对于板材、带材和型材,试样厚度为原始厚度。可根据实际情况和相关标准规定将试样减薄,但应保留一侧原始表面,弯曲试验时,试样原始表面应位于受拉变形一侧。

5) 试验前要求

根据相关产品标准要求选取弯曲压头直径,测量试样的厚度或直径等尺寸,通过弯曲压头直径和试样厚度或直径确定支辊间距 l(弯曲试验的跨距)。一般情况下,支辊间距为

$$l = (d + 3a) \pm \frac{a}{2} \tag{4.15}$$

式中: d 为弯曲压头直径; a 为试样厚度或直径。

此距离在整个试验过程中应保持不变。

选用合适的试验夹具,试验前后目视检查夹具,确保夹具处于良好的工作状态。目视检查试样的表面缺陷情况,确保试样符合相关产品标准或试样加工图纸的要求。

6) 试验要求

将试样放置于两支辊(见图 4.17)或 V 形模具(见图 4.18)上,试样轴线与弯曲压头轴线垂直,弯曲压头在两支辊之间的中点处对试样连续施加力使其弯曲,直至达到规定的弯曲角度。弯曲角度可以通过测量弯曲压头的位移计算得出,也可以采用图 4.19 所示的方法,试样一端固定,绕弯曲压头进行弯曲,直至达到规定的弯曲角度。

7) 试验结果

应按照相关产品标准的要求评定弯曲试验结果,通常情况下,试样表面不应出现可见裂纹。

8) 试验报告

通常情况下,试验报告应至少包括如下信息:

(1) 对产品的描述,如材料类型、状态等。

(2) 试样的形状和尺寸。

(3) 弯曲压头直径。

(4) 弯曲角度。

(5) 可见裂纹情况。

4.2.4.6　平面应变断裂韧性试验

1) 概述

通常民用飞机金属材料平面应变断裂韧性试验依据的国际和国家通用的标准为 ASTM E399《Standard Test Method for Linear-Elastic Plane-Strain Fracture Toughness KIC of Metallic Materials》和 GB/T4161《金属材料　平面应变断裂韧度 KIC 试验方法》。

本部分主要介绍金属材料缺口预制疲劳裂纹试样平面应变断裂韧性试验方法,包括试验环境条件、仪器设备、试样要求、试验要求、试验结果处理、试验报告要求等内容。考虑到在民用飞机领域材料测试中通常是选用紧凑拉伸试样 C(T)来进行平面应变断裂韧性试验,本部分仅介绍该试样的断裂韧性试验方法,其他类型试样[如三点弯曲试样 SE(B)、圆形紧凑拉伸试样 DC(T)、C 型拉伸试样 A(T)等]在本部分不作介绍。

2) 环境条件

对于室温断裂韧性试验来说,没有特定的环境条件要求,一般在 10～35℃ 范围内进行即可。

3) 仪器设备

试验过程中需用到的测量仪器设备均需要经过计量合格,并处于有效期内方可使用。这些仪器设备包括:

(1) 用于试样预制疲劳裂纹的设备,如疲劳试验机。

(2) 用于监测疲劳裂纹扩展的工具,如应变规等。

(3) 用于拉断试样并测量试验结果的试验机,如电子拉力机等。

(4) 用于测量试样裂纹长度的工具,如工具显微镜等。

(5) 用于测量环境条件的仪器,如温湿度记录仪等。

在此需要指出,整个断裂韧性试验过程包括预制疲劳裂纹和断裂韧性结果测量两部分。某些试验机可同时实现整个过程,而某些试验机仅能实现其中的一个部分,因此需采用不同的设备来分别先后完成整个试验。例如通常高频疲劳试验机仅能完成疲劳裂纹的预制,但无法实现结果测量,而采用电子拉力机来完成结果测量是较常用的一种方法。

4) 试样

(1) 试样的取向。

对于板材、挤压型材、锻件等矩形截面材料,试样取向通常按照下述规定:使用两个字母来标记试样的取向,第一个字母表示裂纹所在平面的法线方向,第二个字母表示预制裂纹扩展的方向。例如,$T-L$ 方向试样表示裂纹平面处于板材的宽度方向,裂纹扩展方向与板材最大晶粒流线方向(长度方向)保持一致。标记方法如图4.20 所示。

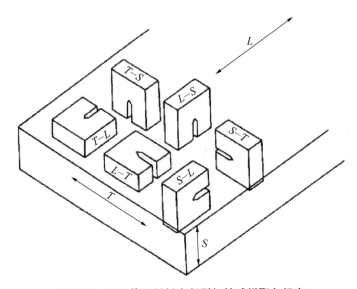

图 4.20　矩形截面材料中断裂韧性试样取向规定

L—长度方向或材料的主要变形(最大晶粒流线)方向;T—宽度方向或
最小变形方向;S—厚度方向或与 L-T 平面的第三正交方向。

(2) 试样的形状与尺寸。

典型的紧凑拉伸试样 $C(T)$ 的形状和尺寸如图4.21 所示。通常情况下,推荐试样宽度 W 为厚度 B 的两倍,裂纹长度 a 在 $0.45W \sim 0.55W$ 之间。在某些情况下可能要采用比值 W/B 不等于 2 的试样,但要求试样满足 $2 < W/B < 4$,其他尺寸比例不变。

(3) 疲劳裂纹起始缺口。

两种疲劳裂纹起始缺口形状如图4.22 所示,建议直通形 V 形缺口的根部半径不大于 $0.1\,\mathrm{mm}$。若采用山形缺口,缺口根部半径应不大于 $0.25\,\mathrm{mm}$。

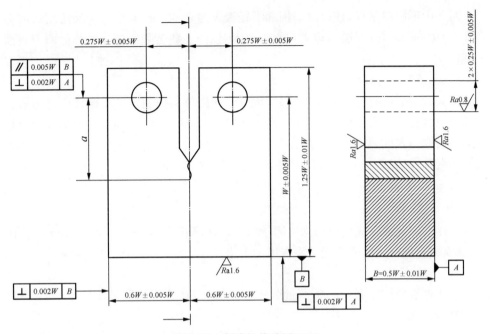

图 4. 21 紧凑拉伸试样 $C(T)$

B—试样厚度;W—试样有效宽度;a—裂纹长度。

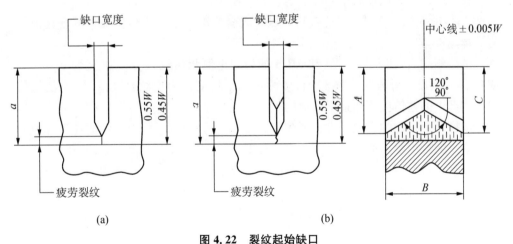

图 4. 22 裂纹起始缺口

(a) 直通形缺口 (b) 山形缺口

裂纹起始缺口应垂直于试样表面,偏差在 $\pm 2°$ 以内,缺口宽度应在 $0.1W$ 以内,但一般不应小于 $1.6\,mm$。

对于直通形缺口试样,建议缺口根部半径最大为 $0.1\,mm$,切口尖端角度最大为 $90°$。每个表面上的最大疲劳裂纹扩展量至少应为 $0.025W$ 或 $1.3\,mm$,取其较大者。

对于山形缺口试样,建议缺口根部半径最大为 $0.025\,mm$,切口尖端角度最大为 $90°$,$A=C$[见图 4.22(b)],偏差应在 $0.01W$ 以内。疲劳裂纹应在试样的两个表面上都出现。

5）疲劳裂纹的预制

预制疲劳裂纹时可以采用力控制,也可以采用位移控制。最小循环应力与最大循环应力之比 R 在 -1 和 0.1 之间,若条件值 K_Q 为有效的 K_{IC} 的话,预制疲劳裂纹时的最大应力强度因子 K_f 应不超过后面试验确定的 K_Q 值的 80%。对疲劳预制裂纹的最后阶段(裂纹长度 a 的 2.5%),K_f 应不超过 K_Q 值的 60%。

6）试验要求

（1）加载速度。

试样的加载速度应使应力强度因子增加的速率在 $0.55\sim2.75\,MPa\sqrt{m}/s$ 范围内,试验一直进行到试样所受力不再增加为止。

（2）试样的测量。

为计算断裂韧性 K_{IC} 值,需测量试样 3 个部位的尺寸,分别是试样厚度 B、宽度 W 和裂纹长度 a。

沿着预期的裂纹扩展线,至少在 3 个等间隔位置上测量试样厚度 B,准确到 $0.025\,mm$ 或 0.1%,以较大者为准。取 3 个位置测量的平均值作为试样厚度值。

在靠近缺口处以加载中心孔线所在的平面为起点来测量试样宽度 W,至少测量 3 个位置,准确到 $0.025\,mm$ 或 0.1%,以较大者为准。取 3 个位置测量的平均值作为试样宽度值。

试样断裂后,在 $B/2$、$B/4$ 和 $3B/4$ 的位置上测量裂纹长度 a,准确到 $0.05\,mm$ 或 0.5%,以较大者为准。取 3 个位置测量的平均值作为裂纹长度值。3 个测量值中任意 2 个的差值应不超过平均值的 10%。

试样两个表面的裂纹长度也要测量。对于直通形缺口,裂纹前缘的任何部位到起始缺口的最小距离均不应小于 $1.3\,mm$ 或 $0.025W$,以较大者为准;另外,任意一个表面裂纹长度测量值与平均裂纹长度之差应不超过 15%,两个测量值之差应不超过平均裂纹长度的 10%。对于山形缺口,疲劳裂纹应从试样两个表面的山形缺口产生;另外,任意一个表面裂纹长度测量值与平均裂纹长度之差应不超过 15%,两个测量值之差应不超过平均裂纹长度的 10%。

试样断裂后,裂纹面与起始缺口面平行,偏差在 $\pm10°$ 以内,且没有明显的多条裂纹。典型的断裂后试样如图 4.23 所示。

7）试验结果

（1）条件值 F_Q 的确定。

在力-位移曲线上,通过原点作一条斜率为 $(F/V)_5=0.95(F/V)_0$ 的割线 OF_5（见图 4.24）,其中 $(F/V)_0$ 是线性部分切线 OA 的斜率。如果在 F_5 之前,曲线上每

图 4.23　典型的断裂韧性试样(直通形缺口、断裂后)

一个点的力均低于 F_5(I 类),则取 $F_Q = F_5$;如果在 F_5 之前还有一个最大力超过 F_5(II 类或 III 类),则取这个最大力为 F_Q。

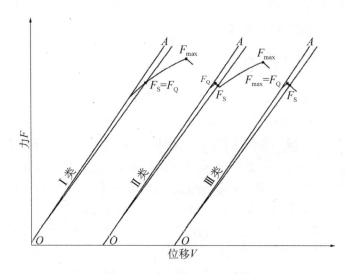

图 4.24　典型的力-位移曲线

(2) 条件值 K_Q 的计算。

计算比值 F_{max}/F_Q,其中 F_{max} 为最大力值。若该比值不超过 1.10,可按照下式计算 K_Q,若该比值大于 1.10,则该试验不是有效的 K_{IC} 试验。

$$K_Q = (F_Q/BW^{1/2}) \cdot f(a/W) \qquad (4.16)$$

$$f(a/W) = \frac{(2+a/W)\left[0.866 + 4.64a/W - 13.32(a/W)^2 + 14.72(a/W)^3 - 5.6(a/W)^4\right]}{(1-a/W)^{3/2}}$$

$$(4.17)$$

式中:F_Q 为硬度测量平均值;B 为试样厚度;W 为试样宽度;a 为裂纹长度。

若 $a/W = 0.5$，有 $f(a/W) = 9.66$。

计算 $2.5(K_Q/R_{p0.2})^2$，$R_{p0.2}$ 为材料的规定非比例延伸强度。若这个值小于试样韧带尺寸 $(W-a)$，则 K_Q 等于 K_{IC}，否则，该试验不是有效的 K_{IC} 试验。

若试验不是有效的 K_{IC} 试验，则需要使用更大的试样来测定 K_{IC}。

8）试验报告

通常情况下，试验报告应至少包括如下信息：

（1）对产品的描述，如材料类型、状态等。

（2）规定非比例延伸强度 $R_{p0.2}$。

（3）试样的取向。

（4）试样宽度 W、厚度 B 和裂纹长度 a。

（5）试验温度。

（6）力的比值 F_{max}/F_Q。

（7）平面应变断裂韧性 K_{IC} 值。

4.3　金属材料的无损检测

4.3.1　飞机金属材料无损检测技术的选择

前面已经介绍，无损检测的范围相当广泛，被检测的对象也十分复杂，无损检测的方法又是多种多样的。那么，面对一项具体的无损检测工程或需要进行无损检测的对象，如材料、零件、部件、组件，一个重要的问题是，究竟应该选择哪种或哪几种方法，设计什么样的检测方案，才能达到安全、可靠的无损检测目的，也就是说确定方案是无损检测工作中的重要一环。只有选择了正确的方法才能进行有效的无损检测。所以一个成熟的无损检测工程技术人员，必须在掌握各种无损检测方法的优缺点，明确各种不同方法的适用范围和它们之间的相互关系，并在综合分析与评价的基础上，面对具体的无损检测工程或被检对象，选择恰当的无损检测方法，确定合适的无损检测方案。

一般说来，液体渗透检测只能检查材料或构件表面开口的缺陷，对埋藏于皮下或内部的缺陷，渗透法是无能为力的。它的优点是方法简单、成本低，适用于有色金属、黑色金属等各种材料和各种形状复杂的零部件，但是，对多孔性材料不适用。

磁粉检测设备简单、操作方便、观察缺陷直观快速，并有较高的检测灵敏度，尤其对裂纹的显露十分敏感。它的局限性是只适用于铁磁性材料，而且只能发现表面和近表面的缺陷。

涡流检测只适用于导体，而且只能检测表面和近表面缺陷。涡流检测时，探头可不与工件相接触，也不需要耦合介质，因此可以实现自动化检测。对管材、棒材、平板等各种型材,可以使用不同类型的探头进行检测。采用多频多参数涡流检测法,还可以同时给出多种测量信息和数据。

射线检测法适用于检出材料或构件的内部缺陷。但是,一般说来,射线检测对体积型缺陷比较灵敏,而对平面状的二维缺陷不敏感,只有当射线入射方向与裂纹平面相一致的时候,才有可能检出裂纹类缺陷。所以射线检测适用于铸件和焊缝检测,因为在铸件和焊缝中通常存在的气孔、夹渣、密集气孔、冷隔和未焊透、未熔合等缺陷往往是体积性的,即使是铸造裂纹和焊接裂纹也有一定的体积性。

超声检测是一种应用十分广泛的无损检测方法,它既可检测材料或构件的表面缺陷,又可以检测内部缺陷,尤其是对裂纹、折叠和分层等平面状缺陷,具有很强的检测能力。超声检测适用于钢铁、有色金属和非金属,也适用于铸件、锻件、轧制的各种型材和焊缝等;对于管材、棒材、平板和焊缝等几何形状简单的材料或构件,超声可以实现高速自动化检测。

4.3.2　飞机金属材料渗透检测技术应用实例

4.3.2.1　金属材料渗透检测的应用

在工业生产中,液体渗透检测常用于工艺条件试验、成品质量检验和设备检修过程中的局部检查等。它可以用来检验非多孔性的黑色和有色金属材料,用来显示下列各种缺陷。

(1)铸件表面的裂纹、缩孔、疏松,冷隔和气孔。

(2)锻件、轧制件和冲压件表面的裂纹、分层和折叠等。

(3)焊接件表面的裂纹、熔合不良、气孔等。

(4)金属材料的磨削裂纹、疲劳裂纹、应力腐蚀裂纹、热处理淬火裂纹等。

液体渗透检测法不适用于检测多孔性材料或多孔性表面缺陷,因为缺陷显示的图像难以判断。

4.3.2.2　渗透检测应用实例

以铝合金零件的荧光渗透检验为例进行分析。

小型零部件主要是锻造和机加成型的铝合金零件和一些奥氏体不锈钢零部件。

铝合金零件的荧光渗透检测采用 ZB-1 或 ZB-2 型自乳化荧光渗透液。操作程序为预清洗、渗透、乳化、清洗、干燥、显像和观察。由于零件较小,可装在吊篮中进行渗透和清洗等操作。检测的主要缺陷有折叠、夹层和裂纹等。

应用实例:某型号飞机后货舱门触点接头的检测(见图 4.25)

1. 检测对象

渗透检测重点在孔、口边缘附近、加强肋和根部受力 R 区范围内。

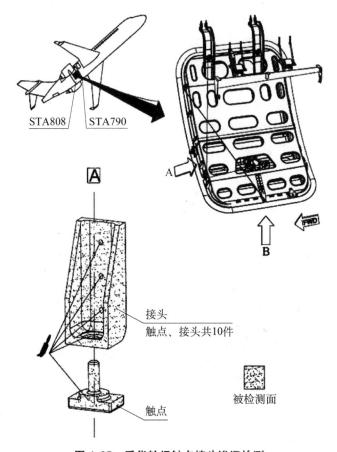

图 4.25　后货舱门触点接头渗透检测

2. 设备和材料

（1）下述清洗、渗透、显像材料为罐装材料，罐内有压力，溶液可燃，切忌曝晒或接近火源。

（2）在 50℃（122℉）以下保存，要求远离暖气或受热区。用完空罐不可丢入火中。

a. 清洗剂。

b. 渗透剂。

c. 显像剂。

注：符合本程序要求的经鉴定的清洗、渗透、显像材料自选。

（3）干净抹布、棉布、吸水纸或其他清洁用具，标记笔以及其他辅助工具。

（4）如受检部位处于短舱、机舱或其他亮度不够要求的部位，应使用乳白色白光灯，乳白色白光照度不低于 1000 lx。

3. 准备工作

（1）确定受检表面，做出检测范围标记。

（2）对对接缝、孔等非受检部位必须进行封堵隔离等保护措施。

（3）受检表面必须去锈和油污，进行表面清洁工作，如有漆层则应除去漆层。

4. 检测步骤

（1）预清洗，1～3 min。

a. 用喷罐清洗剂喷洗受检表面。

b. 用棉布蘸上丙酮擦洗净表面。

c. 采用自然干燥，时间 3～5 min，或用电热吹风机干燥受检部位。

（2）渗透，10～15 min。

用渗透剂喷涂或刷涂两遍，每遍间隔 5 min 使受检表面保持润湿。

（3）清洗。

在 3～5 min 之内用棉布或吸水纸蘸喷罐清洗剂擦净表面多余渗透剂。

（4）采用湿法喷液显像。

a. 摇动显像剂喷罐，充分摇匀后，喷嘴距受检表面 200～300 mm（7.874～11.811 in），喷涂方向与受检表面成 45°，喷涂显像剂。

b. 采用自然干燥，时间至少 10 min，或用电热吹风机迅速干燥。

（5）在白光灯下检验。

a. 在受检表面显像液刚干燥时观察裂纹图像。

b. 隔 5 min 后再检查一次。

5. 缺陷验收标准

（1）不允许有显示（工程可检）裂纹。

（2）及时做出裂纹标记，并报告检测结果。

6. 结束工作

（1）后清洗。用喷罐清洗剂彻底喷洗并擦净受检件表面。

（2）清理多余物、隔离物，检查受检件周围是否有污染，并清洁之。

（3）恢复飞机受检前状态。

4.3.3 飞机金属材料磁粉检测技术应用实例

在钢制产品零件中，凡带有中心孔的小型零件，均可以在固定式磁粉探伤机上用中心导体法进行检验。如圆锥形筒件、弹簧圈和各种带中心孔的小零件等。这些零件在探伤机夹头上难以直接装卡，不易于直接通电磁化。用中心导体法磁化时，磁化电流要大一些，并在磁化的同时浇洒磁悬液。为了检测工件的磁化效果，应将灵敏度试片（QQI）贴附在工件表面上，选择好合适的磁化电流以后再开始操作。

中心导体法是一种周向磁化法。若工件与中心导体完全垂直，则工件上的圆周方向裂纹是难以发现的。因此，穿在中心导体上的零件，例如圆锥形筒件应尽量使其倾斜，并在第一次磁化和浇洒磁悬液以后，将工件转动 90°，再进行第二次磁化和浇洒磁悬液。有的异形零件则应采用复合磁化法。

应用实例：某型号飞机 1♯～3♯ 多功能扰流板连接螺栓

1. 检测对象

(1) 受检区域及部件。

多功能扰流板连接螺栓，主要使用在扰流板 4 个悬挂接头，中部两个螺栓为特制螺栓，材料为 4140-冷精整退火（圆棒），热处理至 1241～1379 MPa，镀镉。内侧、外侧使用的螺栓为标准件。

(2) 检测部位：螺栓。

(3) 可能出现的损伤类型。

多功能在空中和地面均可使用，主要功能有三项：①作副翼用，进行横向操纵；②在飞行时作减速板用；③在着陆滑行时，增加着陆滑跑阻力并破坏机翼上的升力，从而提高刹车效率。扰流板在着陆时使用，主要功能为增加着陆滑跑阻力并破坏机翼上的升力，从而提高刹车效率。扰流板接头为主要受力件，螺栓容易产生裂纹或断裂，一旦出现裂纹断裂，将导致扰流板失去控制甚至脱离，出现灾难性事故。

2. 设备和材料

操作本程序推荐使用以下磁粉探伤设备：

(1) 固定式磁力探伤仪：C20STD。

(2) 磁悬液：FLUXO 6C（油磁悬液，荧光型磁粉，磁粉平均粒度 0.01 mm）。

(3) 黑光灯：最小辐照度为 $1000 \mu W/cm^2$。

(4) 放大镜：5 倍或 10 倍。

(5) 辅助设备：

a. 磁场测量仪器：MDC3。

b. 磁强计：（测量工件的剩磁和检验工件的退磁效果）MDCR。

3. 准备工作

(1) 拆下连接螺栓。

(2) 清洁被检区域，保证连接螺栓的表面干净、光滑，并且干燥。

(3) 检查被检区域是否有可见的损伤或不连续的地方。

4. 检测程序

(1) 用固定式磁粉检测仪对螺栓进行磁化，具体操作见使用说明书。被检区域磁化后的磁化强度峰值应在 500～800 A/m 之间，磁化时间 1～3 s，反复磁化 2～3 次。

(2) 切断磁化电流，喷浇磁悬液：用白布带将螺栓擦净，浇 2～3 滴磁悬液，至螺栓全部湿润为止。

(3) 约十分钟后，用马蹄罩黑光灯与放大镜（5 倍或 10 倍）进行观察，被检区域是否有清晰而鲜明的磁粉条纹。

(4) 磁化数据如表 4.16 所示。

表 4.16 磁 化 数 据

挡块	磁化方法	磁化强度/(A/m)	操作步骤
螺栓	周向磁场 纵向磁场	500～800	如上述

5. 缺陷测量评估标准

所有检测出的裂纹必须记录下来(裂纹位置、长度)。

6. 结束工作

(1) 对每个螺栓进行退磁处理,使得用磁场强度计测量时剩磁值小于等于 240 A/m。

(2) 去除显示材料。

(3) 用清洁剂擦洗每个螺栓。

(4) 安装上螺栓(见图 4.26)。

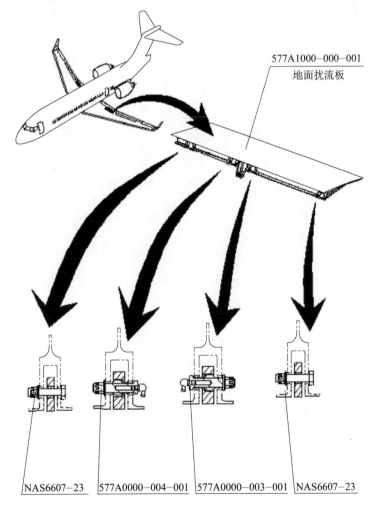

577A1000-000-001
地面扰流板

NAS6607-23　　577A0000-004-001　　577A0000-003-001　　NAS6607-23

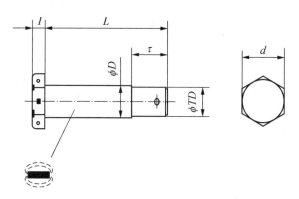

位置	标准件号	H	L	T	ϕD	A
A	NAS6607 - 23	5.562 min	54.53 min	17.628 min	11.100 min	17.526 min
		0.219 m	2.132 m	0.691 m	0.137 m	0.690 m

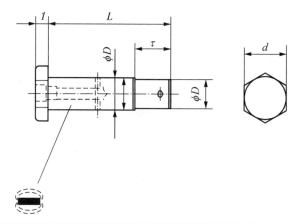

位置	图号	H	L	T	ϕD	A
A	577A000 - 003 - 001	61 min	65 min	19 min	13.7 min	29 min
B	577A000 - 004 - 001	6 min	65 min	19 min	12.7 min	19 min

图 4.26　多功能扰流白螺栓检测

4.3.4　飞机金属材料涡流检测技术应用实例

　　涡流检测的应用大致可分为涡流测量和涡流探伤两个方面。许多涡流仪器兼有涡流探伤和测量两种功能，但两种应用仍存在着一些差别。

　　影响涡流测量的主要因素是电导率。由于电导率与合金的成分、热处理状态如硬度、晶粒度等有关，因此通过测量电导率可以实现金属和合金的分类、零件混料分选和检测热处理状态等。涡流尺寸测量主要包括机械位移、镀层厚度、金属管和容器的壁厚、金属复合层厚度的测量等。

在涡流测量中,测量值所涉及的阻抗变化范围大,但一般都属于静态测量,通常为手动式探头。遇到的困难主要是提离效应和温度效应。

管材的无损检测是涡流检测的一个重要方面。在航空工业中广泛应用于不同材料和尺寸的管材,其中大部分为薄壁管,主要采用涡流检测。

在穿过式薄壁管涡流的自动检测中,考虑到检测灵敏度和缺陷信号与直径干扰信号的较好分离,可取 $f/f_g=1\sim2$,有时为了提高裂纹的检测灵敏度,f/f_g 的数值还可以提高些。f_g 为界限频率,f 为测试频率。通常利用差分式线圈,对一根管子的两个相近段进行比较,从而可以减小电导率变化、温度变化和直径变化带来的干扰信号。通过相位分析法可以抑制直径变化对测试结果的影响,利用调制分析法可进一步抑制电导率变化和直径变化的影响,然后利用幅度鉴别技术消除一些小缺陷信号和噪声信号,以得到缺陷信号的最佳显示。

应用实例:高频涡流检测某型号飞机铝合金材料表面裂纹

1. 检测对象

检测飞机铝合金结构表面裂纹长度≥2.0mm,可能出现的裂纹形式如下:

(1)紧固件孔边缘萌生裂纹、紧固件头或尾裂纹以及从裂纹孔迅速扩展裂纹。

(2)加强板下表面扩展裂纹。

(3)远离紧固件或结构突变的平板或有适度曲率表面中的裂纹。

2. 设备和材料

本程序中使用的设备如下:

(1)仪器:HOCKING(霍金公司)的 LOCATOR TYPEUH。

(2)探头:106P4 或 29P311 非铁,屏蔽探头。

(3)校准试块:NDT51960401,如图 4.26 所示。

注:凡能够满足要求,且可以测出标准试块的参考缺陷的涡流检测设备都可以使用。

3. 检测准备

(1)参照 SRM,针对不同的检测对象,实行不同的接近方式。

(2)确保检测区域表面清洁、光滑。

(3)如果检测区域有涂层,则涂层厚度必须测量:

a. 如果在检测区域中的涂层厚度大于 $350\,\mu m$,则不能检测。涂层必须剥离,使得厚度少于 $350\,\mu m$。

b. 如果涂层的厚度小于 $350\,\mu m$,则在校准步骤第 6 条的(1)和(2)中,与涂层厚度相当的塑料薄膜必须放在标准试块表面。

注:在提离和零点校准时改变涂层厚度,使得检测区域附近涂层厚度的变化不能大于 $50\,\mu m$。

4. 设备调试

(1)根据厂商说明使用铝校准试块来校准仪器的提离和零点刻度。

（2）将探头垂直放置在标准试块 1 mm(0.039 in)刻槽处,调节仪器灵敏度使仪表指针指在 100% 满刻度。

5. 检测步骤

注意：如果对包覆材料打磨,则在打磨区域周围的包覆层将影响仪表读数。

（1）把探头放在检测区域附近的校准点处,重新设置提离和零点刻度。

（2）根据结构特点,使用探头仔细扫描检测区域表面（见图 4.27～图 4.31）。

（3）仪表指针右偏大于满刻度的 20% 则出现了裂纹。

6. 缺陷测量评估标准

A. 所有仪表指针右偏大于满刻度的 20% 则被看成有裂纹,必须记录在文件中。

标准试块的材料	电导率范围/(MS/m)
铝合金(非铁)①	15.0～25.0
钛合金(钛)①	0.5～0.7
不锈钢(奥氏体)	1.3～1.4
钢(多样性)	②

① 没有任何覆盖层；
② 取决于材料属性。

刻槽	A	B	C
深度/mm(in)	0.2 (0.008)	0.5 (0.020)	1 (0.039)
宽度/mm(in)	0.05～0.25 (0.002～0.01)		

刻槽公差：±0.03 mm(0.001 in)。

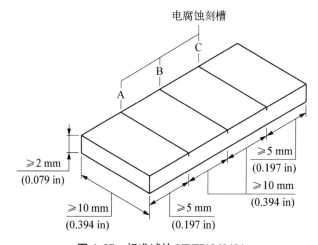

图 4.27　标准试块 NDT51960401

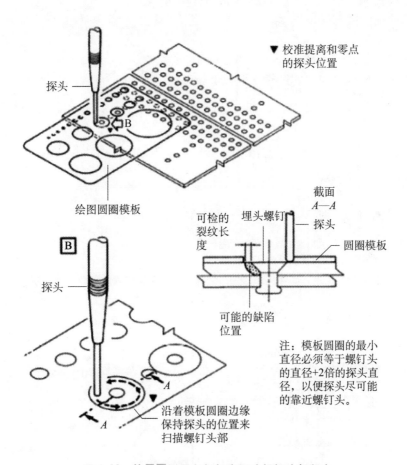

图 4.28　使用圆形导向规扫查埋头螺钉头部程序

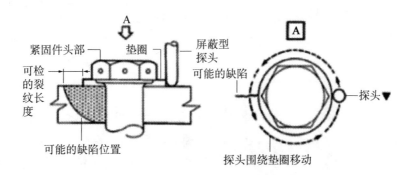

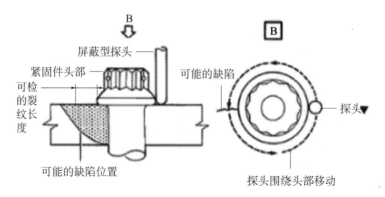

▼ 校准提离和零点的探头位置

注：如图所示扫查沿着典型的紧固
件头部，尾部的扫查同理。

图 4. 29　使用紧固件头部、尾部、垫圈作为探头导向规的典型扫查程序

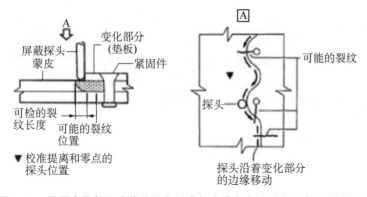

图 4. 30　使用变化部门边缘作导向规来扫查变化部分或加强板区域的程序

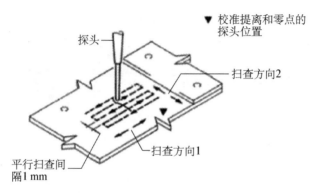

图 4. 31　远离紧固件变化部分的开口表面区域的扫查程序

4.3.5　飞机金属材料射线检测技术应用实例

4.3.5.1　平板对接焊缝

这是工业生产中最为普遍的一种焊缝。透照时将暗盒放在工件的背面,射束中心对准焊缝中心线。像质计、标记号码放在靠近射线源一侧的焊缝表面上,以便确定底片的灵敏度。为防止散射线的干扰,焊缝表面的两侧可用铅板屏蔽。

为了检查 V 形和 X 形坡口焊缝边缘附近及焊层间较小的未焊透和未熔合缺陷,除了射束对准焊缝中心线透照外,还应再做两次射束方向沿坡口方向左右两侧进行的透照。而且,用此种方法也容易发现沿断面方向延伸的裂纹等缺陷。

4.3.5.2　管状工件对接焊缝

对于直径较大的工件,可将辐射源伸到管道内中心部位,在管外焊缝表面布置 X 射线胶片暗盒,可进行局部或 360°圆周透照。对于直径小于 200 mm 以下的薄壁管对接焊缝,应采用 X 射线穿透双壁的透照方法,并使射束中心偏离管焊缝所在平面一定角度(10°～15°),使上下管壁的焊缝在底片上的投影为一椭圆。

在双壁透照双面成像的情况下,由于管壁曲率和射束发散的影响,往往有效透照三张以上的底片,才能在满足灵敏度的要求下互相覆盖。

4.3.5.3　板或管材搭接焊缝

搭接焊缝通常不开坡口,透照时射束与工件平面垂直或偏斜很小的角度。为了得到清晰的底片,提高灵敏度,应在焊缝处加垫补偿楔或使用补偿泥进行补偿。

对于形状复杂、厚度不一的异形工件焊缝在 X 射线检测时也要进行补偿。其具体方法可使用补整块,补偿铅丸、液体补偿、补偿泥和补偿油膏等。

4.3.5.4　角焊缝的透照

常见的角焊缝形式有对接角焊缝、对接插入式角焊缝、薄板卷边焊缝、丁字形角焊缝和管道座角焊缝等。

对于铸件中的角型工件,射束投射方向多为其角度的平分线。

对于角焊缝检测,例如丁字形角焊缝,射束中心和立板之间的夹角在 10°～15° 范围内较为合适。但是,在薄板角焊缝情况下,射束的入射角度并不十分重要。为了提高角焊缝检测的灵敏度和底片清晰度,必须注意散射的遮蔽,还应合理选择焦距、胶片、增感屏和射线硬度。

应用实例:某型号飞机中后机身蒙皮对缝和搭接处

1. 检测对象

(1) 受检区域及部件。

a. 区域:STA714～STA998;材料:2524 - T3(包铝板)、Ti - 6AL - 4V;工艺状态:钣弯、化铣。透照部位如图 4.31 所示。

b. 本检测程序适用于检测大裂纹和失效部件。

(2) 可能的损伤说明。

搭接处的蒙皮、连接件及钉孔边的疲劳裂纹及腐蚀。

2. 设备和材料

(1) X 射线机——有效电压在 200 kV 的任何设备都可采用,本程序采用 ERESCO 42 MF-W3.1 型便携式水。冷定向管头 X 射线机(GEIT 产),该机焦点 3 mm;额定电压 200 kV,最大电流 4.5 mA,重约 25.8 kg(56.9 lb)。

(2) 射线底片——可以采用慢速、细颗粒、高对比度(ASTM Ⅰ 类)胶片,本程序 选用保定爱克华 TEXTIX C4 工业 X 射线底片。但可以使用任何能满足要求的同 类 X 射线机和 X 射线胶片。

3. 准备工作

(1) 卸下客舱内装饰及有碍透照部位的座椅。

(2) 打开后货舱门及后设备舱门,拆下飞机货舱和设备舱内部相应透照部位的 装饰板。

(3) 清洁被透照部位正反两表面,目视有无污物、明显损伤和密封胶脱落等现 象。并尽可能地排除一切影响射线透照的障碍物。

4. 检测步骤

从机舱内透照。

(1) 按图 4.32 所示放置胶片及射线机头。

(2) 按图 4.32 所示及表 4.17 透照序号规定参数进行曝光。

(3) 射线机头在机舱内向外透照单条对缝由机身前部向后部共透照 23 次。

表 4.17　透 照 条 件

透照序号	机器型号	曝光参数设置		焦距/ cm(in)	底片尺寸 mm(in)	备注
		电压/kV	曝光量/ (mA·s)			
Ⅰ	ERESCO 42MF- W3.(可任选)	50	240	90(35.4)	100×350 (4×13.780)	单缝 26 次
Ⅱ	ERESCO 42MF- W3.(可任选)	80	900	90(35.4)	100×350 (4×13.780)	单缝 26 次
Ⅲ	ERESCO 42MF- W3.(可任选)	80	900	160(63)	100×350 (4×13.780)	单缝 26 次
D-D	ERESCO 42MF- W3.(可任选)	50	240	90(35.4)	100×350 (4×13.780)	单缝 26 次

注意:①放置 X 射线机头时应使射线中心直射胶片几何中心。②若没有采用推荐射线机,则曝光参数应 根据所采用的射线机的曝光曲线选定。③胶片长度可实际情况改变,但须保证透照过程中相邻两胶片间有 10% 的重合。④对被检测区域的射线底片曝光后的黑度要求在 2.0~3.0 范围内。

X 射线发射器的参数设置仅仅作为参考指南,因为不同的 X 射线设备、底片型号以及底片的处理方式不同,会使得射线机的参数设置产生较大变化。

5. 缺陷测量评估标准

对曝光处理后的底片评估时,要注意螺栓孔边的裂纹判别,记录所有指示的裂纹和怀疑有腐蚀的部位。

6. 结束工作

(1) 拆除所有测试设备及安全警示牌。

(2) 确保无胶片或其他多余物遗留在机上,恢复飞机原状态。

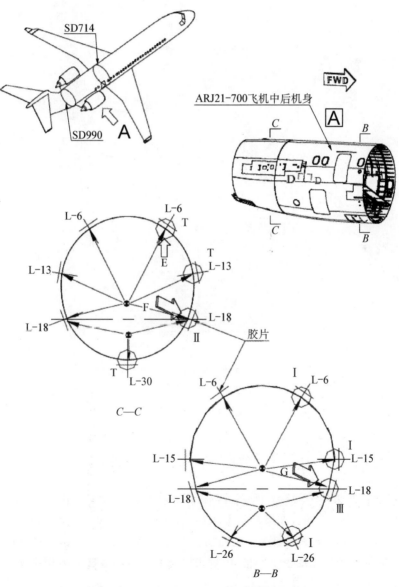

图 4.32(a)　中后机身蒙皮对缝和搭接处透照

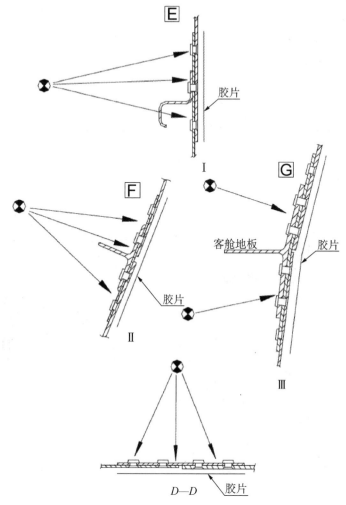

图 4.32(b)　中后机身蒙皮对缝和搭接处透照

4.3.6　飞机金属材料超声检测技术应用实例

板材超声检测常用技术是脉冲发射法,曾经使用的穿透法由于检测灵敏度低已逐步被脉冲发射法代替。在脉冲发射法中,常用的检测方式有以下几种。

(1) 纵波直探头接触法检测。

接触法检测采用油或水作为耦合剂。由于接触法为人工操作,且探头有效声束宽度有限,检测效率较低,如果板材面积很大,这种检测方法还容易因人为因素产生漏检。另外,如果检测表面粗糙,大面积检测会使探头磨损严重,耦合情况也不稳定,影响检测结果的可靠性。因此,接触法检测不宜用于板材大面积检测,而更适合于在小面积检测或抽查等情况。

（2）纵波垂直入射水浸法检测。

水浸法适用于大面积板材的自动化检测，通常采用多通道超声检测仪和多探头系统以提高检测速度，检测效率和可靠性较高。同时，水浸法的近表面分辨力也比接触法高，但水浸法检测需要配备专门的检测装置。

检测时，将板材全部浸入水中或局部喷水，探头与板材之间保持一定的水层距离，声束垂直入射板材表面。在荧光屏上可以看到，入射声波形成板材界面的多次反射信号，以及板材底面多次反射信号，这些信号同时显示在荧光屏上，互相干扰，对判定缺陷情况有一定影响。因此，常通过调整水层距离，使板材界面的多次反射波与板材底面的多次反射波相重合，这样，检测波形清晰，便于分辨和解释，同时便于利用板材底波高度变化判断缺陷的严重程度。

水程距离 H 与板材厚度 T 的关系为

$$H = (kc_水 \ T)/C_{板材}$$

式中：$c_水$ 为水中纵波速度；$C_{板材}$ 为板材中的纵波速度；k 表示此时的第二次界面回波与第 k 次底面回波重合。

对于钢板，其纵波速度约等于水中纵波速度的 4 倍，$H = kT/4$，检测时常取水距等于钢材板厚，使第二次界面回波与第四次底面回波重合。检测时水层增大到一定程度，可使检测在探头的远场区进行，有利于灵敏度调整和缺陷评定。

应用实例：某型号飞机副翼梁组件

1. 目的

（1）受检区域与部件。

a. 区域：副翼梁组件在飞机位置如图 4.33 所示。

（2）可检测的损伤类型说明。

接头耳孔壁、耳片根部、梁 R 区应力疲劳裂纹。

2. 设备和材料

（1）可选用 USN 60 型超声波探伤仪，或任何一种满足本程序要求的超声波探伤仪。

（2）标准块。

a. 超声探伤用 1 号标准试块，如图 4.33 所示。

b. 对比试块按实际检测要求制造，可代表被检测对象的制造工艺和结构。

（3）耦合剂。

使用 7023 润滑脂或其他不易流动的滑油。

（4）探头。

可使用直径 $\phi6\,\text{mm}(0.031\,\text{in})$、频率 $5\,\text{MHz}$ 直探头，或直径不大于 $\phi8\,\text{mm}(0.394\,\text{in})$、频率不小于 $5\,\text{MHz}$ 的适用的直探头。

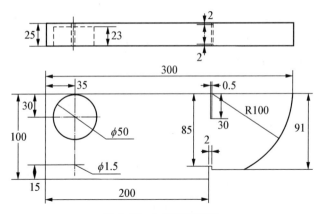

图 4.33 1 号标准试块

(5) 供仪器用的电源设备,工作梯架、清洁用具等。

3. 准备工作

(1) 打开副翼舱口盖,架好工作梯架,以方便到达检测区域。

(2) 目视检查副翼梁组件附近是否存在明显腐蚀、划伤以及影响检查的障碍物。

(3) 必要时使用细砂纸打平剥落的涂漆或表面腐蚀,为检查提供良好的表面状态。

4. 设备调整

(1) 标定检测范围。

a. 连接好探头,接通仪器电源,使用垂直钮将荧光屏上时基线位置调整到屏幕下端。

b. 在 1 号标准块(钢标准块)25 mm(0.984 in)厚度处,涂布耦合剂,并置探头于其上。

c. 使用零点调整或扫描延迟控制将始波调整到时基线零位,并使用粗调和微调调整出 5 个反射波,分别位于屏幕时基线上 2、4、6、8 和 10 的位置。

d. 保持探头与标准块垂直接触良好,使用增益控制将荧光屏右端第 4 个反射波峰高度调整到满荧光屏刻度高(10 格)。

(2) 灵敏度校准。

a. 使用与受材料相同的并含有 2 mm(0.079 in)深人工模拟裂纹缺陷的螺栓作对比试件,调整检测灵敏度。

b. 将探头放在对比试件头部,探伤仪屏幕上应首先找出螺栓下端部形状发射波,如图 4.34(a)所示。

c. 向端面中心滑动探头,使肩部形状反射波消失,沿螺杆圆周在端面上滑动探头,注意尾部端面反射波位置。继续滑动探头,找出螺栓头根部人工模拟裂纹反射波。

　　b. 将螺栓头根部人工模拟裂纹反射波峰高度调到满荧光屏高度 80%，再提高增益 6 dB，如图 4.34(b)所示。

　　5. 检测程序

　　(1) 按照上述第 4 条校准仪器。

　　(2) 按照上述第 3 条准备好探伤面，并在受检螺栓头端面上涂布耦合剂。

　　(3) 探头在声波入射端面上作圆周滑动，顺时针和逆时针分别滑动两周。同时观察荧光屏显示，在怀疑有缺陷的地方探头可在原地徐徐转动。

　　(4) 与图 4.34(c)中荧光屏反射波形相似或者位置相近的波形说明螺栓存在裂纹缺陷。

　　6. 验收标准

　　不允许有裂纹。

　　7. 最后工作

　　清除检测面上的耦合剂。

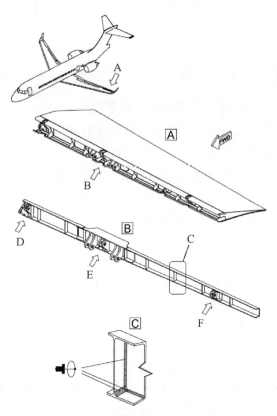

图 4.34(a)　副翼梁组件检测位置(1)

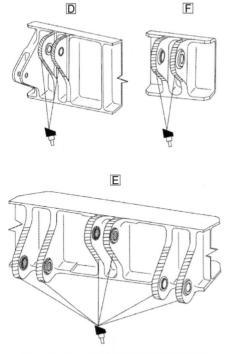

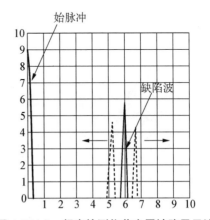

图 4.34(b) 副翼梁组件检测位置(2)　　图 4.34(c) 超声检测仪荧光屏缺陷显示波

4.3.7　飞机金属材料其他无损检测技术应用实例

穆斯堡尔谱在飞机金属材料无损检测中的应用有:

(1) 研究马氏体相变。

有人利用穆斯堡尔转换 X 射线及俄歇电子散射技术,对 18-8 型镍铬奥氏体不锈钢在快速淬火或冷加工变形时产生的马氏体相变进行了研究,观察到一个马氏体浓度梯度,即在接近表面时马氏体量减少。

(2) 表面残余应力测量。

表面的压缩残余应力可延长疲劳寿命和减少应力腐蚀。X 射线衍射法是在某一特定角度下测量的,其结果难以用来解释有取向影响时的应力。当残余应力作用于试样时,原子核中电子密度将发生变化,其结果导致共振位置的微小移动,从而可以用穆斯堡尔谱方法测量残余应力的大小。

(3) 研究喷丸强化效果。

测量钢制零件在喷丸清理或喷丸强化之前后的穆斯堡尔电子散射谱,进行比较,发现喷丸处理与只用磨料清理有很大的变化,如奥氏体与铁素体的比率在喷丸处理前后发生了很大的改变。

4.4　金属材料的入厂复验案例

本部分以民用飞机上常用的钛合金板材为例,介绍该材料的入厂复验过程。

4.4.1　材料信息

需入厂复验的材料信息如表 4.18 所示。

表 4.18　材料入厂复验信息

材料名称	材料牌号及状态	材料规格	炉批号	材料规范
钛合金板材	Ti‑6Al‑4V 退火态	(0.125×36×96)in	10434DA	AMS 4911M 版

4.4.2　试验项目的确定

由表 4.18 可知,该钛合金板材是根据材料规范 AMS 4911 采购的,因此,其入厂复验的结果应满足该材料规范的要求。

通过查阅材料规范 AMS 4911,该材料的入厂复验按照批次进行,每个批次中均需复验材料的化学成分、拉伸、弯曲、高倍组织这几个试验项目。

一个批次是指同一熔炼炉次、规格尺寸外形相同、具有相同热处理条件和状态,且在同一时间通过所有的工艺程序生产而成的产品。

4.4.3　试样

根据材料规范 AMS 4911 中对取样的要求,化学成分分析每个炉次取一个试样。但氢含量分析是在热处理和化学处理完成后的每个批次中取一个试样,且取样重量至少达到 0.35 g。

拉伸试验每个批次取两个试样,试样方向为横向。由于该材料的形式为 0.125 in 厚的薄板,采用试验方法 ASTM E8 中规定的宽度为 12.5 mm、厚度为材料原始厚度、原始标距为 50 mm 的矩形试样。

弯曲试验每个批次取一个试样,试样的弯曲轴向平行于材料的轧制方向(即纵向)。试样宽度为 19.06 mm,长度取 200 mm,厚度为材料原始厚度。

高倍组织每一个批次取一个试样。

4.4.4　试验过程及结果

4.4.4.1　化学成分

根据 AMS 4911 中的规定,按照 ASTM E1941 中的要求分析碳含量,按照 ASTM E1447 中的要求分析氢含量,按照 ASTM E1409 中的要求分析氧含量和氮含量,按照 ASTM E2371 中的要求分析其他元素的含量。

分析结果及规范要求如表 4.19 所示。

表 4.19 化学成分(质量分数%)

元素名称	铝	铁	钒	碳	氧	氢	氮
元素含量	6.31	0.13	3.83	0.01	0.19	0.006	0.004
规范要求	5.50~6.75	≤0.30	3.50~4.50	≤0.08	≤0.20	≤0.015	≤0.05

4.4.4.2 拉伸试验

拉伸试验按照 ASTM E8 进行,拉伸速度在通过材料屈服强度时采用应变控制,应变速率为 0.005 mm/min,确保速率控制在(0.005±0.002)mm/min。试样屈服后提高拉伸速度,采用 10 mm/min 的横梁位移速率直至试样断裂。测定该材料横向的抗拉强度 R_m、屈服强度 $R_{P0.2}$ 和断后伸长率 A。

试验结果及规范要求如表 4.20 所示。

表 4.20 拉 伸 性 能

序号	材料方向	抗拉强度 R_m/ksi	屈服强度 $R_{P0.2}$/ksi	断后伸长率 A/%
1	横向	145.8	133.2	16.2
2	横向	145.6	134.7	14.8
	规范要求	≥134	≥126	≥10

4.4.4.3 弯曲试验

弯曲试验按照 ASTM E290 进行,采用导向弯曲的方法,试验采用支辊式弯曲装置,弯曲角度为 105°。

根据材料规范 AMS 4911 的要求,弯曲压头半径等于弯曲系数与材料名义厚度的乘积。该材料厚度 a 为 0.125 in,通过查表得到弯曲系数为 5,因此弯曲压头半径为 0.625 in(15.875 mm),压头直径 d 为 1.25 in(31.75 mm)。

支辊间距按下式确定:

$$l = d + 3a = 1.25 + 3 \times 0.125 = 1.625 \, \text{in}(41.275 \, \text{mm})$$

达到弯曲角度后,取下试样并在 20 倍的放大镜下观察,试验结果及规范要求如表 4.21 所示。

表 4.21 弯 曲 试 验

材料方向	压头直径/mm	弯曲角度/(°)	试验结果	规范要求
轴向与材料轧制方向平行	31.75	105	未见裂纹	无可见裂纹

4.4.4.4　高倍组织

根据材料规范 AMS 4911 的要求,该材料的高倍组织应在 $\alpha+\beta$ 两相区内对组织进行处理而获得。在原始的 β 相晶界上分布着连续网状的 α 相是不可接受的,同时组织应是如下中的一种:

(1) 在转变的 β 相基体上分布着条状和等轴的 α 相;

(2) 在转变的 β 相基体上分布着等轴的 α 相;

(3) 在转变的 β 相基体上分布着等轴和拉长的 α 相;

(4) 片状 α 相,晶界上分布着部分破碎和歪扭的 α 相。

试验采用的浸蚀剂为 15 mL HF、35 mL HNO_3、950 mL H_2O。在 500 倍的放大倍数下观察,组织为条状、等轴的 α 相分布在转变的 β 相基体上,没有连续网状的 α 相分布在原始的 β 相晶界上(见图 4.35)。

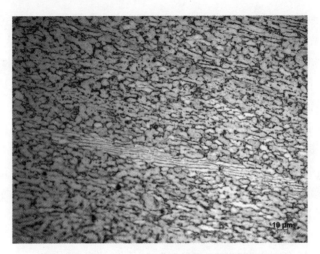

图 4.35　Ti‐6Al‐4V 高倍组织(退火态)500×

4.4.5　结果评判

根据上述试验结果可知,化学成分、拉伸、弯曲、高倍组织均满足采购规范 AMS 4911 的要求,因此评判该材料的入厂复验合格。

4.5　飞机复合材料的检测

飞机复合材料的检测主要包括固化前物理化学性能的检测和固化后力学性能及物理化学性能的检测等。预浸料的物理化学指标是层压板力学性能的基础,具备试验用料少、试验相对简单、分散性低、数据可靠等特点。常用于预浸料质量控制的物理化学性能指标主要包括树脂含量、纤维面积重量、挥发份含量、流动度、红外光谱和液相色谱等。层压板的力学性能与结构的安全性和可靠性直接相关,是材料性能的最直接体现,因为力学性能是复合材料性能测试的最重要领域。常见的复合材料力学性能测试项目包括拉伸强度/模量、压缩强度/模量、弯曲性能、层间剪切性能、夹层结构芯材剪切性能及滚筒剥离性能等。

4.5.1 复合材料组分的检测

复合材料预浸料的表征和质量保证常用使用的技术包括高效液相色谱法(HPLC)、红外(IR)光谱法、热分析法、流变分析法。HPLC 和 IR 光谱法可以提供预浸料树脂的指纹信息,是较为常见的质量控制检测方法。热分析技术,如热重分析法(TGA)、差示热分析法(DTA)、差示扫描量热法(DSC)、热机械分析性和介电技术经常用于评估固化期间热固性树脂的化学性能,并且用于热固性和热塑性树脂工艺过程监控和工艺过程控制,本节主要介绍复合材料预浸料质量控制的常用技术和一般检测方法。

复合材料预浸料取样的通用要求:取样前,应当将预浸料暖至室温。低于室温储存的卷料应放置在密封袋中。若擦干密封袋表面后仍会出现冷凝水,则不应打开该密封袋;取样时,不应选取样卷中干的、受潮湿影响的或受污染的材料。应取出足量的材料来进行所有要求做的试验,然后将材料卷和取出的样本放入防潮袋里,重新密封后,再返回贮存。应尽量减少材料的外置时间;使用规定试验方法进行试验;对于任何有疑问数据的重新试验,应遵守相应规范或标准中的规定。

4.5.1.1 树脂含量/纤维单位面积重量

预浸料的树脂含量通常采用溶剂法测定,溶解时使用一种可完全溶解树脂而不溶解纤维的溶剂。常用的溶剂包括二氯甲烷、甲基-2 吡咯烷酮、丙酮等。ASTM D3529 提供了测定预浸料树脂含量的方法。树脂含量/纤维单位面积重量测试的主要步骤如下:

(1) 沿预浸料宽度方向切取 5 个试样,每个试样的尺寸(101±1)mm×(101±1)mm;切取的试样边缘应平行于纤维方向。

(2) 试验前,去除材料的背衬薄膜。

(3) 根据 ASTM D3529 进行试验:

a. 计算每个试样的面积(A),精确到 $0.1\,cm^2$;

b. 称量每个试样的重量(W_1),精确到 $0.001\,gf$;

c. 将试样分别放入烧杯中,烧杯中加有至少 $200\,mL$ 的溶剂。溶剂为二氯甲烷或甲替-2 吡咯烷酮(NMP);

d. 溶解树脂的方法是以同一方向持续搅动至少 $3\,min$,或者是在超声波下振动至少 $5\,min$;

e. 从树脂溶液中分离出碳纤维,将剩下的溶液小心地倒入过滤杯中;

f. 将碳纤维放回烧杯中,重复 d~g 步骤至少两次;

g. 在非空气循环的烘箱中,以(105±3)℃的温度干燥碳纤维,至少干燥 30 min。然后在干燥器中冷却至少 30 min;

h. 将碳纤维转移至预先称重过的坩埚中(W_2);

i. 称量碳纤维和坩埚的总量(W_3),精确至 0.001 gf;

j. 按式(4.18)和式(4.19)计算:

$$树脂含量(\%) = (W_1 - W_3 + W_2)/W_1 \times 100\% \tag{4.18}$$

$$碳纤维单位面积重量(gf/m^2) = (W_3 - W_2)/A \times 10^4 \tag{4.19}$$

式中:A 为预浸料试样的面积(cm^2);W_1 为预浸料试样的重量(gf);W_2 为坩埚的重量(gf);W_3 为碳纤维和坩埚的总重(gf)。

4.5.1.2 挥发份含量

预浸料的挥发物含量可通过 ASTM D3530 方法测定。也可用热重分析(TGA)估计预浸料中挥发物的质量分数。测试的主要步骤如下:

(1) 称量每个干净铝盘的重量(W_1),精确至 0.0001 gf。

(2) 沿预浸料宽度方向切取试样,大小为 (101±1)mm×(101±1)mm,试样边缘应相互平行。

(3) 去除每个试样背衬的聚乙烯或背衬纸。将试样放置在已称重的铝盘中。做好预防措施,以防带状试样折叠。称取试样和铝盘的总重(W_2),精确至 0.0001 gf。

(4) 设定鼓风烘箱的温度,试样挥发时间,按 ASTM D3530 进行试验。

(5) 从烘箱中拿出金属盘。从金属盘上小心地取下铝盘,并放入(23±3)℃的干燥器中冷却至环境温度(至少 5 min)。

(6) 再次称量铝盘和试样的总重(W_3),精确至 0.0001 gf。

(7) 按下式计算每个试样的挥发物含量 W_v:

$$W_v = \frac{W_2 - W_3}{W_2 - W_1} \times 100\% \tag{4.20}$$

式中:W_v 为挥发物含量;W_1 为初始铝圆盘重量,gf;W_2 为初始铝圆盘和试样总重,gf;W_3 为最终铝圆盘和试样总重,gf。

重复试验以满足试样数量的要求;记录挥发份含量的单个值、平均值、标准差 s、离散系数 C_v 以及烘箱的温度和样品挥发的时间。

4.5.1.3 凝胶时间

胶凝时间与热固性预浸料树脂的化学成分和反应程度有关。预浸料可加工性受树脂凝胶时间的影响,试验温度取决于树脂类型。预浸料的凝胶时间可通过

ASTM D3532 规定的方法测定：

（1）切取试样，大小为（6±1）mm×（6±1）mm。

（2）将试样插入两片盖玻片之间，设定试验温度，按 ASTM D3532 进行试验。

（3）起动秒表或计时器计时，并用探针在盖玻片上表层探试。

（4）记录树脂凝胶的时间。适度加压，透过盖玻片观察到树脂不再流动，即达到凝胶点。

（5）重复试验以满足试样数量的要求；记录凝胶时间的单个值、平均值、标准差 s、离散系数 C_v 以及试验温度。

4.5.1.4　流动度

在规定的试验条件下，树脂流动度涉及预浸料树脂的化学组成、反应程度和/或形态，以及树脂含量。在加工层压板时，预浸料可加工性受树脂含量和树脂流动度的影响。试验条件（温度、压力、预浸料层数、吸胶铺层数量）取决于树脂类型。预浸料的树脂流动度可通过 ASTM D3531 规定的方法测定。

（1）切取两片大小为（50±1）mm×（50±1）mm 试样，按 0°/90°铺层。

（2）称重铺好的试样，精确至 0.001 gf，记为 W_1。

（3）按以下次序铺贴待测试样：

a. 一层非渗透性特氟龙薄膜（至少 150 mm×150 mm）。

b. 两层玻璃纤维布（至少 100 mm×100 mm）。

c. 一层渗透性特氟龙薄膜（至少 100 mm×100 mm）。

d. 两层预浸料，已按操作程序 a)预叠。

e. 一层渗透性特氟龙薄膜（至少 100 mm×100 mm）。

f. 两层玻璃纤维（至少 100 mm×100 mm）。

g. 一层非渗透性特氟龙薄膜（至少 150 mm×150 mm）。

（4）按 ASTM D3531，设定试验温度和压力进行流动度的测定。

（5）将试样放入预加热到试验温度的压机中，在 5 s 之内合上压板并施加压力，然后开始计时，成型时间为待测试样的凝胶时间加上 5 min。

（6）撤去压力，将压好的试样冷却至室温，去掉铺贴的辅材和试样边缘的树脂飞边，注意不要将飞边中的纤维去掉；再次称取试样重量 W_2，精确到 0.001 gf。

（7）按下式计算树脂流动度：

$$RF = \frac{W_1 - W_2}{W_1} \times 100\%　　　　　　(4.21)$$

式中：RF 为树脂流动度；W_1 为初始试样重量，gf；W_2 为除掉树脂毛边后的试样重量，gf。

重复试验以满足试样数量的要求；记录流动度的单个值、平均值、标准差 s、离散

系数 C_v 以及试验温度、压力和固化时间。

4.5.1.5　红外光谱

红外光谱的主要测试步骤如下：

（1）扫描背景图谱。

（2）切取（10±1）mm×（10±1）mm 的预浸料，将该样品贴在样品台上；并施加适当的压力固定样品，扫描样品。

（3）按 ASTM E1252 进行试验。

（4）检查扫描的图谱，确认没有或仅有小的丙酮峰（通常在 1700 cm^{-1}）。

（5）检查扫描的图谱，确认最强的吸收峰值的透过率在 10%～40%。

（6）重复试验以满足试样数量的要求，报告 IR 试验结果。

4.5.1.6　液相色谱（HPLC）

液相色谱的主要测试步骤如下：

（1）将烧杯放在天平上，扣掉烧杯重量。

（2）放置大约 100 mg 的预浸料样品在烧杯中，并称量。

（3）加入适量试剂（如乙腈：水＝9：1）以获得大约 1 mg/mL 浓度的树脂溶液。

（4）在至少 200 r/min 的转速下震荡约 120 min。

（5）用 0.45 μm 的过滤膜将样品过滤到进样瓶中，进样量约为 15 μL。

（6）按 SACMA SRM 20 进行 HPLC 测量。

（7）重复试验以满足试样数量的要求，报告 HPLC 曲线。

4.5.1.7　差热分析（DSC）

差热分析的主要测试步骤如下：

（1）将预先称量好的样品盘放入固定器中，并盖好样品固定器的盖子。

（2）设置以下仪器参数，按照 ASTM E1356 进行扫描：

a. 起始温度约为 −40 ℃；

b. 结束温度约为 350 ℃；

c. 升温速率约为 10 ℃/min。

（3）按 ASTM E1356 确定 T_g；在手动选好峰的起始点和终点后，对峰面积进行积分，得到的峰面积即为熔值，单位是 J/g。

（4）重复试验以满足试样数量的要求。

（5）记录玻璃化转变温度（T_g）和熔值（ΔH），报告 DSC 曲线。

4.5.2　层压板类的检测

4.5.2.1　固化后单层厚度

使用一个直径 6.0 mm（或 1/4 in）的平面测砧可调式千分尺，在离开层合板边缘的至少 25 mm 处测量板的厚度。由于该区域的边缘缺料或边缘隆起会影响层合板的厚度,不要横过层合板的边缘区域测量层合板的厚度。

4.5.2.2　固化后层板密度/纤维体积含量

复合材料纤维体积(用分数或百分数表示)通常由基体溶解、烧蚀、面积重量和图像分析法获得。这里主要介绍密度法测纤维体积含量。

(1) 按 ASTM D792,测量层合板试样的密度。

(2) 按下式计算层合板的纤维体积:

$$层合板的纤维体积(\%) = \frac{d_L - d_R}{d_F - d_R} \times 100\% \qquad (4.22)$$

式中:d_L 为层合板的密度;d_R 为树脂密度;d_F 为纤维密度。

4.5.2.3　树脂含量/孔隙率

(1) 在干燥器中干燥样品直至两次连续称重差值小于 2 mgf。记录样品的重量(W_1),精确到 0.1 mgf,按 ASTM D3171 测量树脂含量(重量百分比)。

(2) 将每个样品放入一个含有至少 20 mL 浓硫酸的 200 mL 烧杯(或烧瓶)中。

(3) 当树脂开始破裂,即浓硫酸开始变黑,用滴管非常缓慢地滴入约 25 mL 300 g/L 的双氧水。溶液会变得澄清,纤维会浮到液体表面。继续加热直至气体挥发停止并且三氧化硫的白烟再次产生。如果溶液颜色再次变深,重新实验。

(4) 当溶液保持澄清时,将烧杯从加热板上取下,让其冷却至室温。

(5) 将烧杯中的物品倒入含有 100 mL 蒸馏水的 400 mL 烧杯中,用蒸馏水将粘附在烧杯壁上的纤维洗至 400 mL 的烧杯中。

(6) 用预先称量过的烧结玻璃过滤器或坩埚过滤器(W_2)过滤每一个烧杯中的物品,用 100 mL 的蒸馏水清洗烧杯和砂芯坩埚 3 次,然后用 10 mL 的丙酮清洗。

(7) 用 100℃烘箱干燥坩埚和纤维至少 1 h(或 120℃,至少 45 min),直至干燥,在干燥器中冷却 20 min,然后称量(W_3),精确到 0.1 mgf。

(8) 按下式计算树脂含量(重量百分比):

$$树脂含量 = \frac{W_1 - (W_3 - W_2)}{W_1} \times 100\% \qquad (4.23)$$

式中:W_1 为样品重量;W_2 为砂芯坩埚的重量;W_3 为砂芯坩埚和纤维的重量。

(9) 根据 ASTM D2734,按下式计算孔隙率:

$$孔隙率 = (T_d - M_d)/T_d \times 100\% \qquad (4.24)$$

式中:T_d 为理论密度,$T_d = 100/(R/D + r/d)$;R 为树脂重量分数(%);D 为树脂密度;r 为纤维重量分数(%);d 为纤维密度;M_d 为测得的复合材料密度。

计算试验结果所需的纤维与树脂的密度采用供应商提供的数据,按 4.5.2.2 节确定试样的密度。

4.5.2.4　玻璃化转变温度

（1）干态样品：在(70±2)℃的烘箱中干燥样品(120±5)min；湿态样品：在(71±5)℃温度下浸入水中(336±6)h(14天)后做试验。

（2）在50℃平衡，以5℃/min的升温速率升温到250℃，按ASTM D7028进行试验。

（3）测量和输入样品的长度，宽度和厚度，输入样品名称。

（4）设置如下仪器参数，开始运行。

a. 模式：DMA多频应变。

b. 夹具：双悬臂夹具。

c. 样品形状：长方形。

d. 频率：1.0Hz。

e. 振幅：5μm。

4.5.2.5　拉伸性能

分别用游标卡尺（精度至少为0.02mm）和厚度千分尺（精度至少为0.001mm），在试样工作段内的3个不同位置测量宽度和厚度。按ASTM D3039要求的位置背靠背粘贴4片应变片。将试样放入试验机夹头中，保证夹块伸到试验件加强片斜面部分起点外约10~15mm（若适用）；将试样的纵轴与试验方向对齐，并确保试样在试验机的中线加载，夹紧夹头（对于单向带材料，夹紧力为6~10MPa；对于织物材料，夹紧力为4~7MPa），准备试验；试验机的加载速度为(1.3±0.2)mm/min，连续采集试验件的载荷-应变数据，连续加载直到试验件破坏，并记录试件的破坏载荷和破坏模式；根据采集的载荷-应变数据进行数据处理，模量在1000$\mu\varepsilon$~3000$\mu\varepsilon$的纵向应变区间内测量。

拉伸性能计算见3.2.2.2节。

4.5.2.6　压缩性能

分别用游标卡尺（精度至少为0.02mm）和厚度千分尺（精度至少为0.001mm）测量试验件尺寸。按照SACMA SRM 1R（或其他测试标准）进行试验，压缩强度不需要测量应变，压缩模量需要背靠背粘贴；将试验件安装于压缩夹具中，保证试验件和支撑板同轴；拧紧螺栓扭矩为0.7~1.0N·m，使支持板靠到试样上；将夹具放置于试验机的两个平台之间，注意使夹具的长轴与试验方向对中，在试验机下平台的中心画一个矩形，以利于试验夹具在两个平台之间的对中；压缩试验的加载速度为(1.3±0.2)mm/min，连续采集试验件的载荷-应变数据，连续加载直到试验件破坏，停止试验，防止损坏试验夹具，并记录试件的破坏载荷和破坏模式。

压缩性能计算见3.2.2.2节。

4.5.2.7　层间剪切性能

分别用游标卡尺(精度至少为 0.02mm)和厚度千分尺(精度至少为 0.001mm)测量试验件尺寸。调整试验夹具支座间的跨距,使得跨距与厚度之比为 4.0,其精度为 ±0.3mm,支座半径为 1.5mm,加载头的半径为 3mm;将试验件放入 3 点弯曲试验夹具中,使试样贴模面置于支座上,将试样中心对齐,使其长轴与加载头和支座垂直。加载头应与两侧支座等距。对于层板的试验,试样每端应超出支座中心线至少一倍试样厚度的距离;按 ASTM D2344 进行试验,以 1.0mm/min 的加载速率对试验件施加压缩载荷,当载荷下降了约最大载荷的 30%或试样破坏时,停止试验,记录最大载荷和失效模式。

层间剪切强度计算见 3.2.2.2 节。

4.5.2.8　弯曲性能

使用游标卡尺(精度至少为 0.02mm)和厚度千分尺(精度至少为 0.001mm),在试验件中间截面处测量宽度和厚度,以及试样长度;按 32∶1 的跨距-厚度比,调节支持夹具的跨距,其精度为 ±0.3mm,支座和加载头的半径均为 3mm;对试验件长度方向的中点进行标记,并以此标记为基准标出试验件两端对应的跨距位置,以保证试验件中点与加载头对齐,试验件两端跨距长度位置分别与支座对齐,支座与加载头轴线平行;将夹具放置于试验机的两个平台之间,注意夹具的放置位置位于试验平台的中心,确保试样在试验机的中线加载。

按 ASTM D7264 方法 A(三点加载方式)进行试验,以 1.0mm/min 的加载速率对试验件施加压缩载荷,当载荷下降了超过最大载荷的 30%,停止试验,记录最大载荷和失效模式。

弯曲模量计算:

$$E_f = \frac{\Delta\sigma}{\Delta\varepsilon} \qquad (4.25)$$

式中:E_f 为弯曲模量,GPa;$\Delta\sigma$ 为两个应变点之间压缩应力的增量,MPa;$\Delta\varepsilon$ 为两个应变点应变的增量。

弯曲强度计算:

$$\sigma_f = \frac{3p_{max}l}{2bd^2} \qquad (4.26)$$

式中:σ_f 为弯曲强度,MPa;p 为破坏前最大载荷,N;b 为宽度,mm;d 为厚度,mm。

4.5.2.9　冲压后压缩强度

分别用游标卡尺(精度至少为 0.02mm)和厚度千分尺(精度至少为 0.001mm),在试验件工作段内测量 2 个宽度和 4 个厚度,并做好记录;冲击试验前对每种材料体系至少进行一件试验件无损检测,作为冲击后判断内部损伤的参考;冲击试验采用16mm的半球形钢制冲击头,按要求调试冲击能量,直至误差小于5%;正式冲击前在试验件中心点位置做好标记,以确定冲击位置;将试验件放置于冲击支持夹具中,用4个压头固定好试验件,使试验件冲击点与冲击头对中,按ASTM D7136对试验件进行冲击;冲击后立即将垫板置于试验件上,以防止二次冲击;从支持夹具中取出试验件,测量冲击点凹坑深度,计算冲击能量,并记录;试验结束后,采用超声C扫描检测方法检测试件内部的损伤状况。

在冲击后的试样两面背对背粘贴应变片后,把试验件装到夹具中,使试样的机加端与夹具上下两半的端头平齐,通过调节侧板和滑动板使试样对中,以保证试样垂直于夹具底板。用手拧紧侧板和滑动板以及顶板上滑动板的螺栓,以保证对试验件的支持;用塞尺检查试样与侧板/滑动板之间的间隙,必要时可使用垫片,保证间隙小于0.05mm;用7N·m的扭矩拧紧连接侧板与滑动板的夹具螺栓;把试验夹具在压缩平台上,调节夹具的垂直轴与试验方向的对中;按ASTM D7137进行试验,以1.25mm/min横梁速率对试验件施加压缩载荷,连续采集数据。对试样加载直到达到最大载荷,当最大载荷下降了约30%时,停止试验,防止损坏试验夹具,记录最大破坏载荷和破坏模式。

冲击后压缩强度计算见3.2.2.2节。

4.5.3　夹层结构类的检测

4.5.3.1　密度

截取面积不小于9.7 m^2(150 in^2)的平板,测得其重量以及实际面积,精确到±0.25%,单位面积重量的单位为kgf/m^2。

4.5.3.2　芯子压缩

按照ASTM C365进行平板压缩强度测试,试样大小为(76±2.5)mm×(76±2.5)mm,可移动头速度为(1.3±0.25)mm/min[(0.05±0.01)in/min]。

4.5.3.3　长梁弯曲强度

切割(76±1.3)mm×(610±5.1)mm[(3.00±0.05)in×(24.0±0.2)in]的试样。按照ASTM C393进行测试,测试装置如图4.36所示。跨距为530mm,加载点在1/4跨距处。可移动头的速度为1mm/min,注明发生失效破坏的位置。

4.5.3.4　芯剪切强度

按ASTM C273对块状材料和试样片材的L板剪切试样和W板剪切试样进行试验(拉伸方法见图4.37)。可以用拉伸方法(建议使用)或压缩方法进行试验;试验尺寸如ASTM C273中规定:b(宽)应为(50.8±1.3)mm,L(长)应为(152.4±1.3)mm。T尺寸应为(12.70±0.15)mm,如图4.37所示,应使用规定的胶黏剂将所有芯材都粘接于用于强度试验和/或模量试验的剪切板。结层黏结性失效或胶黏剂失效都属于不可接受的失败模式。应该用同等数量的新试样来代替存在这些失

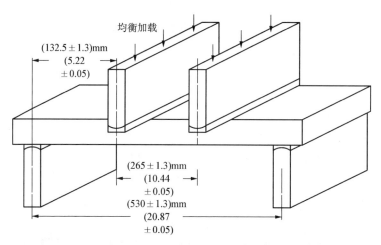

图 4.36　长梁弯曲测试装置布置

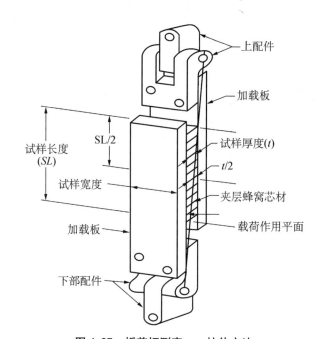

图 4.37　板剪切测定——拉伸方法

败模式的旧试样,并重新对这些旧试样进行试验。在任何情况下,存在不可接受的失败模式的旧试样都不应包括在报告的试验数据中。

4.5.3.5　滚筒剥离强度

试样切割成 (76.2 ± 1.3) mm × (305 ± 5.1) mm[(3.00 ± 0.05)in × (12.0 ± 0.2)in],长度方向平行于内铺层方向,剥离压在平板上部的一层;按照 ASTM

D1781 进行夹层结构剥离试验。根据 ASTM D1781,通过替代与要剥离的材料具有同样组成性能和尺寸的一层材料,施加足可以使材料上面的滚筒向上滚动的加载力来确定载荷。

试验程序:

(1) 通过滚筒夹具将测试试样夹在滚筒上,并将试样另一端夹在顶部夹具上。注意顶部夹头的固定需要按照图 4.38 所示方向旋转杆,试样在滚筒上的固定需要扭紧螺丝。

(2) 施加载荷。剥离至少 6 in,加载速率为 (1.00 ± 0.10) in/min。

图 4.38　滚筒剥离试验夹具

(3) 计算剥离试样 1~6 in(相当于滚筒距离 0.25~1.5 in)之间 5 in 的平均载荷。

(4) 剥离强度 T 按下式计算:

$$\overline{T} = \frac{(r_o - r_i)(F_p - F_o)}{W} \tag{4.27}$$

式中:$\overline{T}$ 为平均滚筒剥离强度,in·lbf/in;r_o 为凸缘半径(凸缘中心到皮带中心的距离),in;r_i 为滚筒半径,in;F_p 为测得的平均载荷,lbf;F_o 为克服扭矩所需载荷,lbf;W 为试样宽度,in。

4.5.4　关于材料等同性的检测

4.5.4.1　进行材料等同性检测的意义

材料等同性检测,顾名思义就是对不同的材料进行检测,评判这些不同的材料是否在性能上等同,是否可以互相替代。

在民用飞机复合材料领域,材料等同性检测最常见于两种情况:第一种情况是,已经获得认证的材料 A 可用于某飞机型号的制造,飞机制造商需要将 A 材料替换为 B 材料,此时需要对两种材料 A、B 进行等同性检测。第二种情况是,对于已经获得认证的材料 A,生产该材料的材料供应商需要对 A 的生产工艺做出变更,变更生产工艺后生产出的材料为 A′,此时需要对材料 A 和材料 A′进行等同性检测。

对于第一种情况,进行材料等同性检测的意义在于,一旦完成检测,证实材料 A 与 B 可以互相替代,就可以在设计输入不变更的条件下在产品生产线上更换材料,可以拓宽材料供应商的选择范围,降低产品成本,这种情况我们称为"替代材料检测"。对于第二种情况,进行材料等同性检测的意义在于,材料供应商在一定程度上的更改可以无需开展像材料鉴定试验那样庞大的试验认证工作,而将更改后的材料用于型号,这种情况我们称之为"已获认证的材料变更检测"。

4.5.4.2　替代材料检测

1) 引言

替代材料检测,是指已经获得认证的材料 A 用于某飞机型号的制造,飞机制造商需要将 A 材料替换为 B 材料(B 材料有可能跟 A 是相同的材料供应商,也有可能不同),此时需要对两种材料 A、B 进行等同性检测。通常情况下,原有材料 A 已经建立了大量的数据和经验,并已从这些数据和经验建立了力学性能的统计基准值。同时使用 A 生产的产品已经做了一些金字塔层级中更高级别的试验,认证了 A 的性能。

这里面不涵盖诸如玻纤转换为芳纶纤维这种改变纤维品种的变化,这种变化被视为主要的变更或重新设计,不在本节讨论的范围内。此处讨论的主要是符合原来材料规范的那些材料,即 B 首先应该满足 A 所属的材料规范要求。

2) 检测目标和方法

对 B 进行认证时,其最终目的是要能将它取代原来的材料体系 A,而不至于对制造或结构性能带来影响。为实现这一目标,需要定义在不同阶段(如成形、制造和使用等)控制材料性能的那些关键参数。最理想情况是,在材料组分或单层的级别上,通过测量和比较一些参数来进行这样的评价,如通过比较化学成分、纤维强度、基体强度和复合材料强度等这些基本性能来进行两种材料的等同性检测,这在将来也许是可能的,但用目前的技术还达不到。

一般来说,复合材料设计性能的关注点是 B 基准的单层性能。但替代材料认证工作可能需要超越这一级别的更复杂的验证,包括分析与试验。这些工作可能要包括层压板、试样、元件以及组合件试验,例如开孔、填充孔、螺栓挤压、低速冲击、疲劳和壁板屈曲试验等。对一种替代材料的认证,所要遵循的一般方法如下:

(1) 鉴别出材料性能关键参数,并指出它们为什么是关键的;

(2) 对每一个参数,确定适当的试验、测量方法或评定方法,这些都必须与原来材料 A 所做的试验、测量方法或评定方法严格的相同(例如,同样的试验件形式和同样的试验条件);

(3) 对试验、测量方法或评定方法,确定是否通过的准则;

(4) 准备试验计划并获得必需的批准;

(5) 进行试验并给出试验报告;

(6) 通过或拒收。

3) 材料相似性系数的判定

为证实在替代材料 B 与原材料 A 是否等价或更优越一些,必须评定的性能范围首先与材料的相似性有关,其次与硬件结构的复杂性和载荷有关。材料的相似性用表 4.22 中所给的系数来确定。基准的材料体系,是由某个预浸料厂家,用规定的预浸料生产线生产的一种材料。例如，AS4/3501-6是由 Hercules 公司的第3条生产线生产的，与其最相似且为正式等同性需要做工作最少的替代材料，是由 Hercules 公司的第4条生产线生产的 AS4/3501-6。相似性最差的材料体系，则是用不同的基体与纤维、由不同的预浸料生产厂家所生产的材料，因此 Fiberite C12K/934 是一种相似性最差的材料体系，因而需要做更多的工作来证实其等同性。对表 4.22 中没有包括的那些情况，应按照与其相应的相似性程度来进行评定。

表 4.22　材料相似性系数

相似性最好					相似性最差
材料相似性系数	1	2	3	4	5	6
纤维牌号	相同	不同	相同	不同	相同	不同
纤维丝束尺寸	相同	相同/不同	相同	相同/不同	相同	不同
树脂	相同	相同	不同	相同	不同	不同
预浸料厂商	不同	相同	相同	不同	不同	不同
生产线	不同	相同	相同	不同	不同	不同

注：相同——在替代材料中保持不变；不同——在替代材料中发生变化。

（1）第1列表示预浸料供应商和生产线有变化。比如 CYTEC 公司在中国新建了预浸料生产线，将原本在美国生产的一种预浸料转移至中国生产，就属于这种情况。

（2）第2列表示纤维有变化，其中新纤维品种的性能与已获得认证的原纤维基本相当。这种情况的出现，可能是由于经济方面的考虑，或出现在纤维供应中断的情况下。

（3）第3列表示树脂有变化。当预浸料供应商能为客户的计划研制出价格更低和/或性能（如损伤容限）更好的新树脂体系时，这种情况是很正常的。

（4）第4列和第5列表示，有预浸料供应商、生产线和纤维或树脂的改变。当顾客需要另外的供应商，但由于次级供应商受认证的预算限制，因而希望使用相同的纤维或树脂（假定已有树脂和/或纤维的数据库）时，就会出现这种情况。

（5）第6列涉及对新预浸料供应商使用不同纤维和树脂时的认证问题。这种情况的一个例子是，当用 FiberiteC12K/934 来代替 Hercules AS4/3501-6 时的认证问题。这是相似性最差的情况，因而，为证实可接受要做的工作最多。

　4）检测关键参数的确定

　关键参数，是那些可测量的材料或结构性能，替代材料的这些关键参数如果能与原来的数值进行比较，就能定量给出两种材料在制造或结构性能方面的差别；这些参数与材料和所制的结构有关,并可能随着设计、工装、制造和使用等因素而变化。在表 4.23 定义了 5 类参数(物理性能、工艺性能、力学性能、制造性能、结构性能),并列出了相应于每一类型的典型性能参数的例子。

表 4.23 关键材料参数和结构性能参数的例子

物理性能	工艺性能	力学性能	制造性能	结构性能
黏性	固化后的单层厚度	单层性能	钻孔	静强度
树脂含量	固化循环	环境影响	模具	疲劳强度
面积重量	敏感性	损伤容限	无损检测	刚度
流动性	纤维体积	层间剪切	成本	失效模式
玻璃化转变温度	热循环	面外拉伸	订货至交货时间	质量
成型	密度	缺陷扩展	利用率	挤压性能
外置时间	放热曲线	缺陷影响	可重复性	屈曲性能
贮存寿命	毒性	压力瓶试验	可加工型	开孔拉伸
储存要求			一致性	开孔压缩
吸湿				壁板试验
溶剂阻抗				疲劳试验

5) 检测合格标准的确定

替代材料性能参数的合格标准随部件设计、载荷与应用情况而变化。有的情况下,只要报告替代材料某一参数的测量值即可,而另一些情况下,替代材料某一性能测量值必须达到或超过原来的值,如强度。还有的情况下,替代材料某一性能测量值与原来的值不能有很大的差别,既不能太高也不能过低。例如模量、纤维面积重量、基体含量和固化后的单层厚度等就是这种情况。

在认证计划一开始,就必须确定每个参数的合格标准。必须对指定的每个合格标准,提供其规定的理由。对给定测量值的容差,应当是这个合格标准的一部分。

6) 用于替代材料检测的单层级试验矩阵

一般来说,B 基准单层性能值的最低要求是,对于所要求的每个环境和性能,至少要从 5 批材料中准备总共 30 个试验件。由于替代材料的认证程序并不是要确定 B 基准值,而是要表明与原来材料的一致性,因此作为准备与原有数据进行比较的第二个数据母体,其试验数量可以减少一些。所需的等同性试验的实际数量,取决于两种材料体系之间的相似程度。表 4.24(a) 和 (b) 中,分别对单向带和织物材料,给出了所需试验的数量和性能的推荐意见。进行替代材料检测时,必须用原材料确定 B 基准值试验时相同的方式和试验方法。试验后也必须进行适当的统计分析,来评估试验结果和评价等效性。

表 4.24(a)　替代材料的单层试验要求——单向带

单层性能	批次数 相似性[①]						每批试验件数量 相似性[①]						环境条件数量[②] 相似性[①]						试验件总数 相似性[①]					
	1	2	3	4	5	6	1	2	3	4	5	6	1	2	3	4	5	6	1	2	3	4	5	6
0°拉伸	2	3	3	3	3	3	4	4	4	5	5	6	2	2	2	2	2	2	16	24	24	30	30	36
90°拉伸	2	3	3	3	3	3	4	4	4	5	5	6	2	2	2	2	2	2	16	24	24	30	30	36
0°压缩	2	3	3	3	3	3	4	4	4	5	5	6	2	2	2	2	2	2	16	24	24	30	30	36
90°压缩	2	3	3	3	3	3	4	4	4	5	5	6	2	2	2	2	2	2	16	24	24	30	30	36
面内剪切	2	3	3	3	3	3	4	4	4	5	5	6	2	2	2	2	2	2	16	24	24	30	30	36
总计																			80	120	150	150	150	180

注:①相似性的定义见表 4.22;②环境条件应为 RTD 和最恶劣的情况。

表 4.24(b)　替代材料的单层试验要求——织物

单层性能	批次数 相似性[①]						每批试验件数量 相似性[①]						环境条件数量[②] 相似性[①]						试验件总数 相似性[①]					
	1	2	3	4	5	6	1	2	3	4	5	6	1	2	3	4	5	6	1	2	3	4	5	6
经向拉伸	2	3	3	3	3	3	4	4	4	5	5	6	2	2	2	2	2	2	16	24	24	30	30	36
纬向拉伸	—	3	3	3	3	3	—	4	4	5	5	6	—	2	2	2	2	2	—	24	24	30	30	36
经向压缩	2	3	3	3	3	3	4	4	4	5	5	6	2	2	2	2	2	2	16	24	24	30	30	36
纬向压缩	—	3	3	3	3	3	—	4	4	5	5	6	—	2	2	2	2	2	—	24	24	30	30	36
面内剪切	2	3	3	3	3	3	4	4	4	5	5	6	2	2	2	2	2	2	16	24	24	30	30	36
总计																			48	120	150	150	150	180

注:①相似性的定义见表 4.22;②环境条件应为 RTD 和最恶劣的情况。

7) 用于替代材料检测的层压板级试验矩阵

为对替代材料体系进行认证,要开展下一更高级别的试验是层压板的力学性能试验。这个级别的试验要确认关键设计参数的强度(应变)基准值,并应采用与原来材料试验所用的相同层压板来进行。所建议进行的试验如表 4.25(a)所示。究竟要做多少表 4.25(a)中的试验,取决于表 4.24 中所列的材料相似性系数。表 4.25(b)给出了建议要做的试验数。

表 4.25(a)　层压板试验的范围

材料相似性系数	层压板试验	总数	
		单向带	织物
1	无缺口层压板	12	12
2,3	所有的静力试验,2 种环境条件	36	36
4,5	所有的静力试验,2 种环境条件	36	36
6	要求的所有试验	42	42

表 4.25(b)　建议的层压板试验数量

设计性能	载荷		层压板种类数量		环境条件种类[1]	试验件数量[2]	试验件总数	
	拉伸	压缩	单向带	织物			单向带	织物
静力								
无缺口层压板强度和刚度	√	√	1	1	2	3	12	12
开孔		√	1	1	2	3	6	6
填充孔	√		1	1	2	3	6	6
冲击损伤	√	√	1	1	1	3	6	6
双剪挤压	√		1	1	1	3	3	3
单剪挤压	√		1	1	1	3	3	3
小计							36	36
疲劳[3]								
开孔			1	1	1	3	3	3
冲击损伤			1	1	1	3	3	3
小计							6	6
总计							42	42

注:①当要求两种环境条件时,应为 RTD 和最恶劣的情况;当要求一种环境条件时,应为 RTD;②使用一批材料即可;③重复载荷和剩余强度:常幅,$R=1$,$n=1\times10^6$ 次。

8）需要注意的问题

首先需要注意的是,即使经过检测,判定替代材料 B 与原材料 A 具有材料等同性,但这并不说明这两种材料可以在同一个部件中混杂使用。除非有专门的试验证实了它们具有相容性,否则不推荐在同一个部件内将两种不同的材料体系混杂使用。

其次,本节中对关键材料性能参数的大多数建议,例如物理特性和工艺特性,通常都已经包含在材料和工艺规范中。其他的参数与具体应用的部位和结构更相关,因而很难在材料的级别上进行验证。在本节中没有对这些更具体的参数进行讨论,并不代表某个具体的问题是不重要的,在进行关键性能参数的选择时必须考虑具体项目或产品相关的所有关键性能参数。

第三,对给定的某些材料体系或工艺的变化,本节提供了指南以验证单层和层压板级材料性能的要求。可能还需要更高级别的元件/组合件的力学性能验证试验,这取决于关键材料参数或结构参数的变化程度,并取决于具体的应用情况。

4.5.4.3　已获认证的材料变更检测

已获认证的材料变更检测,是指对于已经获得认证的材料 A,生产该材料的材料供应商需要对 A 的生产工艺做出变更,变更生产工艺后生产出的材料为 A′,此时需要对材料 A 和材料 A′进行等同性检测,本节给出了对这种变更进行评定的一些指南。这里讨论的情况是变更材料后仍满足原来材料的规范要求，不包括发生巨大的变化的情况，如玻纤变为芳纶纤维。

开展这项检测的目标是要验证 A 变为 A' 的变更不会影响物理、结构或制造的要求。本节列出了可能的变更项目，以及为评定一个特定变更项目的影响而需进行的相应实验/试验。

编制书面的质量计划，是开展已获认证的材料变更检测的一个先决条件。这份质量计划文件应描述从接收原材料到发运最终产品的整个制造过程。这个文件应随着产品实际的生产情况不断更新，并应与 ISO9002 或 MIL－Q－9858A 相一致。质量计划应涉及所用的原材料，按适当顺序给出关键的制造步骤，并列出关键的工艺控制文件和质量的检验或试验。

在提出一个变更的时候，要进行工艺分析，以确定所提出的变更是否需要进行已获认证的材料变更检测，这一般需要技术专家来完成。在制定评定计划之前，应该首先确定哪些变更需要进入检测的程序。例如设备的常规或运行维护、人员变动、控制仪器的升级等，通常都不会需要进行正式的材料变更检测。而对产品配方提出改变、取消工艺步骤、改变制造设备，或改变操作顺序等，都是一些需要进行材料变更检测的重大变更类型。

关于确定工艺变更的重要性及分类，是通过一个深入的工艺和产品影响分析逻辑系统而确定的。建议制造商的工艺评估组来进行这个工艺分析，工艺分析要鉴别出：

（1）关键的工艺步骤（包括顺序）；

（2）在每一工艺步骤中使用的关键设备；

（3）每个设备对质量有重大影响的工艺参数（时间、温度、速率、压力）；

（4）每一关键工艺参数对质量有重大影响的变化范围；

（5）监控和/或控制每一关键工艺参数所使用的、对质量有重大影响的仪器。

1）变更的分类

在鉴别出需要考虑开展材料变更检测的某个工艺变更时，应对所有相关的信息进行全面综合的评估，这包括进行工艺变更的理论基础。应评估该变更对产品下一个工艺步骤的影响，以及在最后使用时对产品的性能产生的影响。评估的基础，是前面所述的，对产品/工艺进行分析得到的认识。基于对产品影响的评估，将把工艺变更归属下列 3 类之一：

类别 1：没有影响

这个变更实际上是微小的。已知其对产品的质量、物理或化学特性、性能没有什么影响，此外，该变更看来不会对随后的用户带来操作上或性能上的缺陷。因此，把这种工艺变更归属为"没有影响"。

类别 2：不能确定

如果根据对变更的已有信息,对其所带来的改变还缺乏足够的了解,则必须把这种工艺变更归为"不能确定"。类别 2 是一种临时的分类,它一直保留到能够获得附加的信息为止。不应将归为类别 2 的变更付诸实施。在实施变更以前,必须把类别 2 的变更最终变成类别 1 或类别 3。

类别 3:改变

如果对已有的信息进行评估的结论是,所提出的变更可能引起产品特性、质量、性能发生重大的变化,或可能对随后的用户有影响,则必须把这种工艺变更归属为"改变"。

2)对每种变更类别需采取的行动

归为类别 1 的变更应正式批准。应将变化记录在案,并着手制定适当的工艺变化执行或监控文件。这就使制造商能在一个规定的时间内,在适当的监控下,按一致同意的时间表执行该变更。

原材料成分方面的变化,如果在成分未变更前和变更后,最少可用 3 批这种成分的试验验证它们是等价的,那么就能采用这种"没有影响"的类别。用于验证这种情况的试验矩阵,应该与原材料制造商和复合材料制造商在表述该材料所有重要特性时所使用的矩阵相同。

若建议的变更归为"不能确定",为进一步评估和采取行动,应确定附加的信息或试验。在没有对附加的信息或试验完成评估,变更类别的状态尚未被更改为类别 1 或类别 3 以前,制造商不应实施所建议的变更。

若建议的变更被归为类别 3"改变",则不实施该工艺变更,或根据表 4.26(a)~(h),确定一个等同性检测计划。在执行等同性检测计划时,应将这些数据与现有的产品数据进行比较。如果数据分析表明是等价的,应将得到的数据报告送交给用户,以取得一致意见。若不等价,制造商应执行下面办法中的一种:不执行变更或与用户一起评估数据文件报告,以确定为实施该变更需采取的措施。

表 4.26(a)　与纤维变化有关的验证要求

变更	试验要求——要试验的批数[①,②]										
	组分性能		预浸料性能			层压板力学性能					
	Level 1	Level 2	物理性能	工艺性能	力学性能验收	压缩 ETW	±45 ETW	OHC	OHT	CAI	注③
	表 4.26 (d)	表 4.26 (f)	表 4.26 (g)	表 4.26 (g)							
新生产线	3	3	2	—	1	1	1	—	—	—	—
前驱体重新定点	3	3	3	—	3	3	3	2	2	—	2

变更	组分性能		预浸料性能			层压板力学性能					
	Level 1	Level 2	物理性能	工艺性能	力学性能验收	压缩ETW	±45ETW	OHC	OHT	CAI	注③
	表 4.26 (d)	表 4.26 (f)	表 4.26 (g)		表 4.26 (g)						
表面上胶	3	3	3	1	3	3	3	2	2	—	2
编织厂家	2	—	—	—	1	—	—	—	—	—	—
重新定点	2	—	—	—	1	—	—	—	—	—	—
主要的生产线设备	2	注③	—	—	1	1	1	—	—	—	—
工艺	2	注③	—	—	1	1	1	—	—	—	—
原材料	2	注③	—	—	1	1	1	—	—	—	—

预浸料试验使用最有代表性的树脂体系。

注：①对物理和化学试验，每个试样做 3 个试验件；对力学性能试验，每个试样做 5 个试验件。②断裂韧性或界面胶接试验。③根据变化的程度决定。

表 4.26(b)　与变更树脂配方有关的验证要求

试验要求——要试验的批数①，②

变更	组分性能		预浸料性能			层压板力学性能					
	Level 1	Level 2	物理性能	工艺性能	力学性能验收	压缩ETW	±45ETW	OHC	OHT	CAI	注②
	表 4.26 (e)	表 4.26 (f)	表 4.26 (g)		表 4.26 (g)						
组分	3	3	2	1	2	2	2	2	—	1	1
组分来源	3	3	1	1	1	1	1	—	—	—	—
工艺	3	3	2	1	2	2	2	—	—	—	—
设备	3	3	2	1	2	2	2	—	—	—	—
重新定点	2	—	1	—	1	1	1	—	—	—	—

预浸料试验使用最有代表性的树脂体系。

注：①对物理和化学实验，每个试样做 3 个试验件；对力学性能试验，每个试样做 5 个试验件。②断裂韧性或界面胶接试验。

表 4.26(c)   与变更预浸料有关的验证要求

变更	试验要求——要试验的批数[①,②]								
	预浸料性能			层压板力学性能					
	物理性能	工艺性能	力学性能验收	压缩 ETW	±45 ETW	OHC ETM	OHT	CAI	注②
	表4.26 (f)	表4.26 (g)	表4.26 (g)						
工艺/设备	3	1	2	2	2	2	2	—	2
新生产线	3	1	2	2	2	2	2	—	2
重新定点	2	1	1	1	1	—	—	—	—
新的纤维和/或树脂	3	2	3	3	3	3	3	3	3

预浸料试验使用最具代表性的树脂体系。

注：①对物理和化学实验，每个试样做 3 个试验件；对力学性能试验，每个试样做 5 个试验件。②断裂韧性或界面胶接试验。

表 4.26(d)   纤维试验矩阵

试验	Level 1	Level 2
丝束拉伸	√	
丝束模量	√	
密度	√	
单位长度质量	√	
表面特种,如 ESCA/界面能量/显微镜评定	—	√

表 4.26(e)   树脂浇注体试验矩阵

性能	Level 1	Level 2
HPLC	√	
红外		√
DSC		√
凝胶时间	√	
弯曲模量		√
玻璃化转变温度,干态和湿态		√
黏性		√
吸湿量		√

表 4.26(f) 预浸料物理性能试验

性能

树脂含量/面积重量偏差
流动性
玻璃化转变温度,干态和湿态
吸湿量

表 4.26(g) 预浸料工艺性试验

微裂纹/固化层压板的热循环
微裂纹/固化层压板的微结构

表 4.26(h) 力学性能验收试验

性能	室温	高温干态
拉伸强度和模量	√	
压缩强度	√	√
剪切,短梁剪切或±45°	√	√

3)执行

类别1"没有影响"——可以基于所批准的评估立即执行这类工艺变更。应继续监控正常的验收试验,以证实对产品没有影响。

类别2"没有确定"——在没有得到另外附加的信息以前,不能执行这类工艺变更。只有在其变为类别1或类别3并得到批准以后,才能执行这类工艺变更。

类别3"改变"——在执行这类工艺变更或产品出厂以前,要求有适当的验证试验、并取得用户的书面通知和同意。

4)材料变更检测试验矩阵

表4.26(a)~(h)按照所建议的变化类型,规定了推荐的材料变更检测试验。表4.26(a)给出了当纤维变化时的建议,表4.26(b)给出了当树脂变化情况的建议,表4.26(c)给出了当预浸料变化时的建议。每个表的左边一列是变更描述,右边给出了推荐的试验。同时,表4.26(a)~(c)中,给出了在每一检测水平上所推荐进行的材料批次数和试验的类型,并在后面的一些表(见表4.26(d)~(h))中给出了进一步的描述。其中,对所有的化学和物理试验,每种试验需要验证3个试样;而对所有的力学试验,推荐对每种试验验证5个试验件。预浸料的试验可用最具有代表性的树脂或纤维(取其中与变化无关的那个),选择时应立足于具有最可靠数据库的材料。例如,若对AS4纤维作改变,则验证时可以用纤维与3501-6树脂组合进行试

验,因为这种纤维/树脂组合拥有最完整的数据库。

4.5.5 复合材料的无损检测

4.5.5.1 复合材料层压板结构的无损检测

复合材料由于其优异的材料性能日益广泛地应用到各行各业,多被制成为薄板类结构,层压板是其常见的应用形式。

层压板的常见缺陷形式有分层、孔洞、密集气孔、夹杂、疏松、纤维断裂、纤维和树脂比值不正确、纤维和基体结合不佳、裂纹、固化状态不佳、厚度变化、脱粘、缺胶、厚度不均等,其中分层、脱粘、夹杂、气孔、疏松、孔隙率是其最主要的缺陷类型,如图4.39所示。

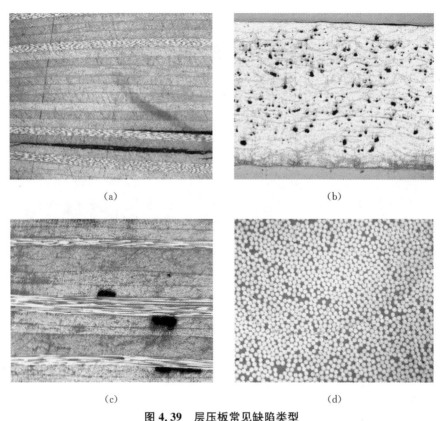

(a)　　　　　　　　　　　　　　(b)

(c)　　　　　　　　　　　　　　(d)

图 4.39　层压板常见缺陷类型

(a) 分层　(b) 孔隙　(c) 气孔　(d) 贫胶

分层是指层板中不同层之间存在的局部的明显分离,其特征为薄的大面积间隙;脱粘是复合材料粘接结构两侧材料未被粘接上的区域,分为完全脱粘和弱粘接;夹杂,一般是在铺层或者预浸料制作时混入的外来物,固化成型后留在复合材料内部而形成的;气孔,一般是由于树脂间存在的空气和树脂中挥发物形成的孔洞;疏松是复合材料胶结结构中由于胶黏剂含有过多空气或者胶黏剂粘接前干燥不完全而在胶缝中形成的相互聚集的微小孔隙群;孔隙率则是指复合材料内部的微型密集空隙的含量,这些孔隙存在于纤维的丝间、束间和层间。碳纤维树脂基复合材料中,缺陷可能以单一形式存在,也可能是以多种缺陷形式并存。

1) 层压板的超声检测

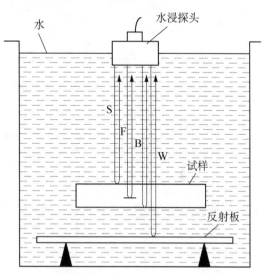

水浸式脉冲反射板法适用于平面薄板类试件,其检测原理如图4.40所示。以检测反射板回波(图中回波 W)的幅值大小来对有无缺陷和缺陷大小进行判定。若试件内部没有缺陷时,超声波穿透试件后衰减小,则接收信号较强;若试件内部有小缺陷存在,声波被缺陷部分遮挡,而且是往返两次作用,接收器收到较弱的信号;若试件中存在大缺陷,缺陷面积大于声束面积,全部声能被缺陷完全遮挡,则接收探头收不到反射板回波信号。

图 4.40　脉冲反射板法

在 360 mm×320 mm 的碳纤维复合材料层压板中,在不同厚度上均匀布置大小分别为 $\phi 12$ mm、$\phi 9$ mm、$\phi 6$ mm、$\phi 4$ mm、$\phi 3$ mm、$\phi 2$ mm 的一组预埋聚四氟乙烯模拟缺陷,对其进行超声检测研究,分别采用频率为 1 MHz 和 10 MHz 的水浸聚焦探头对材料试样进行检测,检测结果如图 4.41 所示。

图 4.41(a)和(b)分别为采用 1 MHz 探头和 10 MHz 探头对厚度为 2 mm 的碳纤维复合材料试样用脉冲反射板法检测结果;图 4.41(c)和(d)为 4 mm 碳纤维复合材

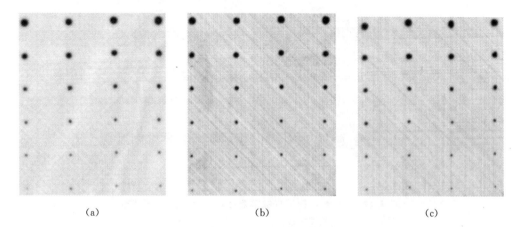

(a)　　　　　　　　　　　　　(b)　　　　　　　　　　　　　(c)

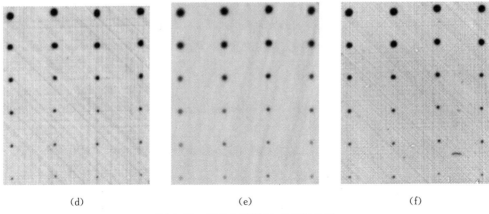

(d)　　　　　　　　　　　　　(e)　　　　　　　　　　　　　(f)

图 4.41　脉冲反射板法 C 扫描结果

(a) 2 mm,1 MHz　(b) 2 mm,10 MHz　(c) 4 mm,1 MHz　(d) 4 mm,10 MHz
(e) 8 mm,1 MHz　(f) 8 mm,10 MHz

料试样检测结果;图 4.41(e)和(f)为 8 mm 碳纤维复合材料试样检测结果。从图中可以看出,10 MHz 水浸聚焦探头检测结果缺陷边缘更清晰,图像对比度更高,尤其是对小缺陷的分辨能力更高,同时对碳纤维复合材料试样内部纤维铺层方向有一定反映,而由图 4.41(f)可以看到,10 MHz 探头对试样表面的隆起、凹点比较敏感。

　　2) 层压板的红外检测

　　红外热波检测作为一种新兴的无损检测技术能够对纤维增强复合材料中的脱粘、分层等典型缺陷进行有效检测,而且系统简单、效率高、效果清晰直观。以 C/SiC 复合材料检测为例进行试验分析。

　　在 C/SiC 复合材料中设计直径和深度不同的盲孔,模拟材料表面下的孔洞缺陷,采用红外热波检测技术对缺陷的大小和深度做定量测量。

　　如图 4.42 所示,在 C/SiC 板材上加工出一定深度和直径的盲孔,按直径分为

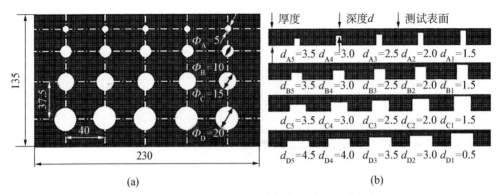

(a)　　　　　　　　　　　　　　　　　　(b)

图 4.42　C/SiC 缺陷试样缺陷直径和深度的尺寸与分布

(a) 盲孔分布参数/mm　(b) 盲孔分布深度/mm

A、B、C、D 四组：$\Phi_A=5\,\text{mm}$、$\Phi_B=10\,\text{mm}$、$\Phi_C=15\,\text{mm}$、$\Phi_D=20\,\text{mm}$；直径为 5 mm、10 mm 和 15 mm 的盲孔离检测面距离从右向左分别为 1.5 mm、2.0 mm、2.5 mm、3.0 mm 和 3.5 mm；直径为 20 mm 的盲孔离检测面距离从右向左分别为 0.5 mm、3.0 mm、3.5 mm、4.0 mm 和 4.5 mm。

采用脉冲加热红外热波检测技术，图 4.43 是热成像仪采集的 C/SiC 试样表面不同时刻的红外图像序列。

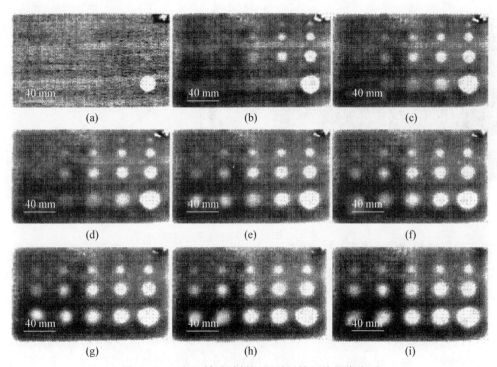

图 4.43　C/SiC 缺陷试样不同时刻的红外图像序列

(a) $t=0.017\,\text{s}$　(b) $t=0.350\,\text{s}$　(c) $t=0.584\,\text{s}$　(d) $t=0.667\,\text{s}$　(e) $t=0.951\,\text{s}$　(f) $t=1.218\,\text{s}$　(g) $t=1.318\,\text{s}$　(h) $t=1.685\,\text{s}$　(i) $t=2.002\,\text{s}$

在 $t=0.017\,\text{s}$ 时刻，图像上出现一个白色圆形亮区，随后出现的亮区越来越多，且呈规则阵列分布，与设计的盲孔缺陷的位置、形状、大小一致，可以判断这些亮区为检测到的盲孔缺陷。在 $t=0.584\,\text{s}$ 时刻，图像上整体可分为 3 个类型区域：黑区、白区和灰区。圆形的白区为此时检测到的盲孔缺陷，圆形的灰区为还未完全显现的盲孔缺陷，黑区为本体材料。图像上不规则的灰区和白区并非模拟的孔洞缺陷，可以判断为材料本身的孔洞、密度不均等缺陷。

从序列图 4.43 中可见（以 D 组缺陷为例），D 组缺陷显现的时间为 $t_{D1}<t_{D2}<t_{D3}<t_{D4}<t_{D5}$，缺陷直径相同，而深度为 $d_{D1}<d_{D2}<d_{D3}<d_{D4}<d_{D5}$。可见对于相

同直径的缺陷,缺陷越深,显现的时间越晚。对于同一缺陷(如 D1 缺陷),在红外图像上的显示也经历从模糊到逐渐变大、清晰、再到模糊的过程。

图 4.44 为 0.784 s 时的红外图像以及缺陷区(C2)与无缺陷区(参考区)的热强度差-时间曲线。图(b)强度差值最大时刻 t_p 在虚线位置,此时图(a)中 C2 缺陷显示最清楚,因此 C2 缺陷孔径的测量应选在此时。

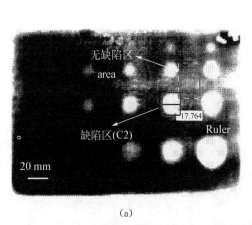

(a)

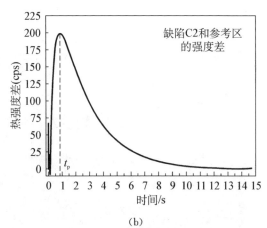

(b)

图 4.44　C/SiC 缺陷试样 0.784 s 时红外图像以及 C2 缺陷区与无缺陷区的热强度差-时间曲线

热强度差值最大时刻为

$$t_p = \sqrt{2\pi}\,\frac{Dd}{\alpha}$$

式中:D 为缺陷尺寸;d 为缺陷深度;α 为热扩散系数。

可见,缺陷区与无缺陷区的热强度差值最大时刻与缺陷面积和深度成正比,因此,深度越大,缺陷出现越晚;面积越大,缺陷显示最清楚的时间越长,在图像上显示也越持久。这与红外图像上不同缺陷显示时间长短变化规律一致。

3) 加筋壁板 R 区的相控阵超声检测技术

利用相控阵超声检测技术实现复合材料结构复杂结构与形状的快速无损检测,能够大幅提高复合材料复杂结构与形状构件的制造质量控制能力,并提高生产效率。由于传统的超声检测对于形状复杂的检测存在较大困难,对于复合材料的加筋壁板 R 区的检测一般采用相控阵超声检测技术。

常见的复合材料加筋壁板,包含 L 型、T 型和"工"型等。检测采用的如图 4.45 所示的 L 型试样,其长度为 80 mm、厚度为 5 mm、圆角半径为

图 4.45　L 型复合材料实验

5 mm、张角为 90°,并且预埋了长度为 3 mm 和 9 mm 的缺陷。在工件的 R 角处,常规的超声检测技术一般不可检。

针对加筋壁板的 R 区,制订了弧形换能器和线形换能器两种检测方案,如图 4.46 所示。采用 5M 探头,每 1 mm 一次检测的扫描步进,试样全长 80 mm,共扫描 80 个位置。在试样界面波和底面波之间设置闸门,绘制的 C 型图,检测如图 4.47 所示。

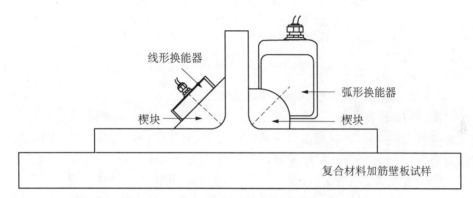

图 4.46 检 测 方 案

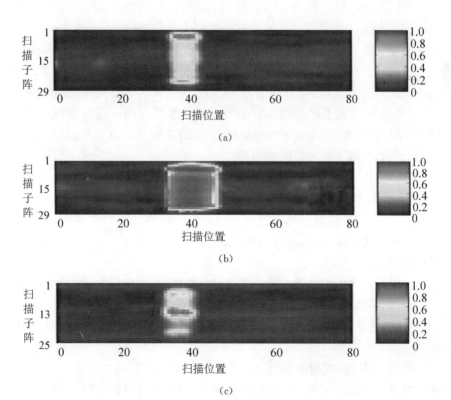

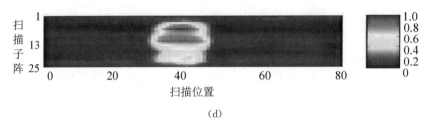

(d)

图 4.47 采用弧阵与线阵探头检测 R 角试样结果

(a) 弧阵探头检测含 3 mm 缺陷试样的 C 型显示
(b) 弧阵探头检测含 9 mm 缺陷试样的 C 型显示
(c) 线阵探头检测含 3 mm 缺陷试样的 C 型显示
(d) 线阵探头检测含 9 mm 缺陷试样的 C 型显示

4.5.5.2 复合材料蜂窝夹层结构的无损检测

提高结构比刚度的最有效结构形式之一是夹层结构,夹层结构复合材料是飞机的主要材料之一,其夹芯板是由两块高强度的上、下蒙皮(根据使用环境不同,有时也称为面板)和中间夹着一层厚而轻的夹芯层所组成。通常用黏结剂将上、下蒙皮与芯子胶接成为整体刚性结构,或者直接注塑或模压获得夹芯结构。蒙皮通常采用复合材料层压板、金属板、胶合板和硬塑料板等,蜂窝芯子由各种纤维如玻璃纤维、碳纤维、芳族聚酰胺纤维(如 Kevlar)、纸、棉布等浸渍上树脂,通过胶接拉伸法或波纹压形胶接法制得。

根据夹层结构所使用的芯材和形式不同,可将夹层结构分为泡沫夹层结构、蜂窝夹层结构等。泡沫夹层结构的最大特点是蒙皮和泡沫夹芯层粘接牢固,质量轻,刚度大,保温、隔热性能好。适用于刚度要求高、受力不大和保温隔热性能要求高的部件,如飞机尾翼、保温通风管道及样板等。蜂窝夹层结构的重量轻,强度高,刚度大,多制作结构尺寸大、强度要求高的结构件,如玻璃钢桥的承重板、球形屋顶结构、雷达罩、反射面、冷藏车地板箱体结构等。

在制造与使用的过程中,夹层结构容易形成的典型缺陷分别为夹层材料变形缺陷、夹层材料脱粘缺陷、夹层结构界面脱粘缺陷、夹层结构穿透缺陷和面板凹陷缺陷等 5 大类。其中,前 4 种缺陷形式将会导致夹层结构的整体力学性能衰减;而后两种缺陷由于间接地破坏了飞行器自身的气动外形,会对结构表面的气动性能产生一定的不良影响。

蜂窝夹层结构的无损检测方法主要有超声检测、X 射线检测、激光检测、红外检测等。其中,超声波方法由于其穿透性强,操作简单,成本低,可以检测出气孔、脱粘、夹杂等大部分缺陷,是检测碳纤维复合材料蜂窝夹层结构内部缺陷的一种简单、常用的方法。

(1) 蜂窝夹层结构的超声检测。

碳纤维复合材料蜂窝夹层结构属于高吸声材料,而且蜂窝夹层结构通常厚度较大。因此，一般选用穿透能力强的仪器和低频率的探头。并且由于采用超声脉冲反射法检测碳纤维复合材料蜂窝夹层结构时，超声波两次穿过蜂窝，反射波能量衰减很大，无法被探头接收，或接收的波也很弱。因此，一般采用水浸式穿透法或喷水式穿透法进行检测。图 4.48 是超声反射法的检测系统，图 4.49 是采用图 4.48 中的两套检测系统对一个有预埋缺陷的蜂窝夹层结构进行 C 扫描得到的检测结果，从图 4.49 中可以清晰地看到预埋的各种缺陷。

(a)

(b)

图 4.48　超声反射法检测系统

（a）水浸式穿透法　（b）喷水式穿透法

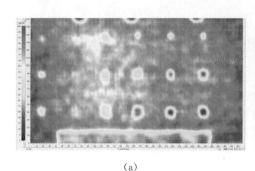
(a)

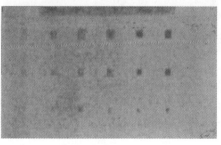
(b)

图 4.49　超声反射法 C 扫描结果

（a）水浸式穿透法　（b）喷水式穿透法

（2）蜂窝夹层结构的射线检测。

复合材料蜂窝夹芯结构件作为航空工业重要的新型构件之一，具有一般金属制件难以比拟的优越性。正因为如此，其在结构上和检测方法上也就有其独特性。蜂窝夹芯结构件的检测方法很多，仅射线照相法通常就有常规照相法、渗透高密度液体（如二碘甲烷等）照相法和动态照相法等。

针对芯子缺陷,包括节点脱开、芯子断裂、芯子收缩、芯子皱折、芯子压皱、泡沫胶结芯内的空洞、芯子内有外来物和芯子积水和芯子腐蚀,如图 4.50 所示。蜂窝构件 X 射线检测宜采用大焦距,使蜂窝格子获得垂直投影,其影像真实不变形,且透视场大,工作效率高,常见的影响特征如表 4.27 所示。

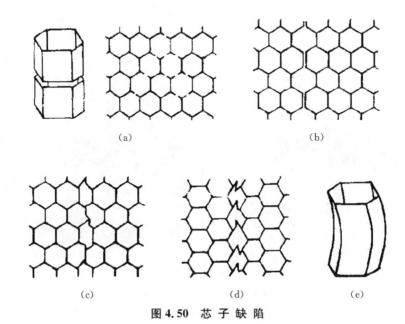

(a)　　　　　　　　　　　　　　　　(b)

(c)　　　　　　　　(d)　　　　　　　(e)

图 4.50　芯 子 缺 陷

(a) 芯子断裂　(b) 节点脱开　(c) 芯子收缩　(d) 芯子皱折　(e) 芯子压缩

表 4.27　蜂窝夹芯构件常见缺陷的影像特征

芯格破裂	白色芯格呈黑色直线或缺陷
节点脱开	规则的白色芯格破坏,呈不规则淡黑色线
芯子收缩、皱折	规则的白色芯格扭曲、变形
泡沫胶不足或空胶	成不规则黑色斑点或斑块

(3) 红外热波检测方法。

红外热波成像无损检测技术属于主动式红外检测方法,它结合了红外成像、调制激励、信号探测与处理等多方面的技术。从性能上看,具有快速、直观、非接触、一次观测面积大等优点,适合于外场、在线在役检测;从功能上看,非常适合于对固体表面和亚表面裂纹、锈蚀、脱粘等一类疲劳损伤的发展性缺陷的检测和监测。

使用美国 Echo Therm 的 Flir SC3000 热像仪检测,分辨率为 0.02 K,热像仪工作波段为 $1\sim8\,\mu m$,采集频率为 60 Hz,且全部试样都检测正反两面。检测结果如图 4.51 所示。

从图 4.51 看出,红外热波检测可以检测出试板内埋的人工缺陷,可以检测出蜂窝夹层试板的结构以及它的脱粘情况。但是可以看出试板的表面质量不好也会对检测结果造成影响。

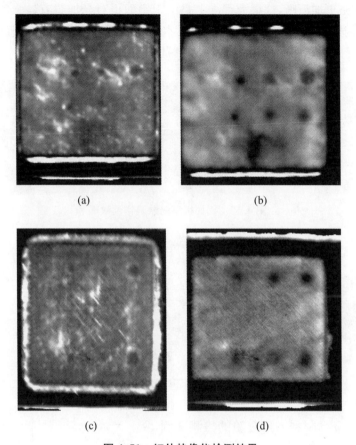

(a)　　　　　　　　　　(b)

(c)　　　　　　　　　　(d)

图 4.51　红外热像仪检测结果

(a) 4 s 正面红外图像　(b) 3.37 s 正面红外图像　(c) 1.752 s 背面红外图像　(d) 4.972 s 背面红外图像

(4) 错位散斑无损检测技术。

为适应现场快速检测的需求,电子散斑检测技术开始受到国外航空航天部门的普遍重视,近几年对电子散斑研究进步很快,其技术已经日臻成熟,开发出了很多种可用于无损检测的电子散斑系统。不少航空航天业的公司,如洛克希德·马丁公司、波音公司、空中客车等,均已采用了这项技术。

实验分别采用铝和碳纤维复合材料两种不同面板的蜂窝夹层结构板进行检测,埋伤类型均为下陷型缺陷,采用热加载。为模拟面板和蜂窝芯界面的实际缺陷,在胶膜上加四氟乙烯膜,缺陷为近圆形,直径分别为 $\Phi15\,\mathrm{mm}$, $\Phi20\,\mathrm{mm}$ 和 $\Phi40\,\mathrm{mm}$。

图 4.52 和图 4.53 分别为不同面板蜂窝夹层结构板的错位散斑图,从图上可以看到,两种面板的蜂窝夹层结构板中 $\phi40\,mm$、$\phi20\,mm$ 和 $\phi15\,mm$ 的人工缺陷均可清晰检测出,相对于铝面板蜂窝夹层板,碳面板的蜂窝夹层结构脱粘缺陷更为明显,蜂窝结构芯格更加清晰,这很大程度上是由于铝面板对光加载有较强的反射作用,对热量的散射和传导较快有关,而碳面板本身的材质更有利于光加载时热量的吸收,变形与铝面板比较更为明显,对散斑检测更为有利。

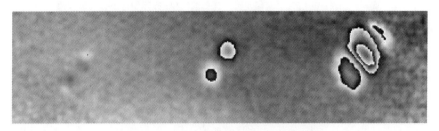

图 4.52　铝面板下陷缺陷错位散斑

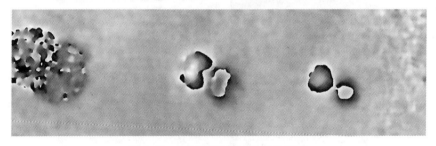

图 4.53　碳面板下陷缺陷错位散斑

4.5.6　复合材料入厂复验的检测案例

4.5.6.1　材料验收流程

复合材料入厂复验,包括确定需要测试的材料种类和试验项目、复合材料制样和复合材料理化/力学性能测试等环节。其中,工程部门负责提供所需求材料的清册,质量部门确定必须试验的材料清单,然后与理化试验中心根据材料规范的要求确定必须测试的试验项目,再有物流部门负责取料分别配送至理化试验中心和制造车间,进行复合材料的理化性能测试和力学试验的制样工作。制造车间完成试样制造后,理化试验中心对试样进行测试,并形成试验报告。质量部门根据试验结果,结合材料的外观检查、储存期检查等最终确定材料是否接收。

复合材料接收试验的具体流程如图 4.54 所示。

4.5.6.2　供应商试验

供应商试验是由供应商进行的试验,以确保产品符合规范的要求,并能使供应

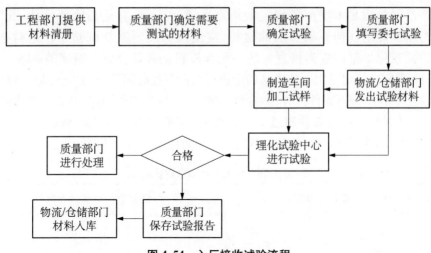

图 4.54 入厂接收试验流程

商向客户证明其产品的质量。在装运前进行供应商质量试验,供应商质量试验如表 4.28 所示。供应商通常使用下述取样计划:

(1)预浸料物理性能:对每个主卷的材料进行试验(沿预浸料宽度方向等间距取 10 个试样),以验证其物理性能是否符合规定的要求,流动度和挥发物含量试验,对每批预浸料的第一卷和最后一卷进行试验(每卷 3 个试样)。

(2)预浸料的化学性能:液相色谱和红外光谱,对每批预浸料的第一卷和最后一卷进行试验。

(3)层合板的物理性能:对每批预浸料进行试验。

(4)层合板的力学性能:按表规定的抽样计划,对每批预浸料进行试验。

表 4.28 层合板力学性能的取样计划

重量/批/kg	装运批的试验频率
0.5~100	一个主卷
101~200	第一个和最后一个主卷
201+	材料批的第一卷和最后一卷,另加每个主卷[①]

注:①另加主卷的重量不能超过 270 kg。

4.5.6.3 采购方试验

检查包装和标记,以便核查与本规范有关节的内容是否符合。确认材料在装运前进行了试验;采购方质量保证应按表 4.29 和表 4.30 的要求对每一批次预浸料进行试验,以确认材料符合规范规定的物理、化学和力学性能;采购方质量保证部门应审查随货提交的供应商试验合格证书,并且进行必要的任何附加检查或试验,以确保产品材料满足本规范所规定的所有要求;对于没有达到物理性能、化学性能或力学性能的任何一项要求的材料,应当按照规定重新试验条件进行拒收;采购方质量保证部门应当核查每装运批预浸料是否符合储存温度的要求:

(1)采购方应记录用于核查从确定预浸料所有权时间开始的暴露温度的程序。

(2)若材料的暴露条件超出了规定最大操作寿命与力学性能寿命,则拒收该批材料。

(3)若材料的暴露条件超过了储存温度,但低于最大操作寿命和力学性能寿命,则从操作寿命和力学性能寿命中减去超过储存温度的暴露时间。

表 4.29　采购方质量取样计划

预浸料批中的卷数	需要进行试验的卷数
1~10	1
11~30	2
31~60	3
61~90	4
90+	每增加 40 卷,多 1 卷

碳纤维预浸料的供应商与采购方试验项目与测试标准如表 4.30 所示。通常情况下,供应商的试验项目要多于采购方的试验项目。

表 4.30　供应商与采购方试验项目

序号	供应商试验项目	采购商试验项目	测试标准
1	树脂含量	树脂含量	ASTM D3529
2	碳纤维面积重量	碳纤维面积重量	ASTM D3529
3	挥发份含量	挥发份含量	ASTM D3530
4	流动度	流动度	ASTM D3531
5	红外光谱	红外光谱	ASTM E 1252
6	液相色谱	液相色谱	SACMA SRM20
7	单层厚度	单层厚度	SACMA SRM10
8	0°拉伸极限强度,RT	0°拉伸极限强度,RT	ASTM D3039
9	0°拉伸模量,RT	0°拉伸模量,RT	ASTM D3039
10	0°拉伸应变,RT		ASTM D3039
11	0°压缩极限强度,82℃	0°压缩极限强度,82℃	SACMA SRM1
12	开孔拉伸强度,RT		ASTM D5766
13	冲击后压缩强度,30J, RT		ASTM D7136/7137

4.6　飞机其他非金属材料的入厂复验检测

4.6.1　密封剂的检测

环境状态调节:对于密封剂来说,除非另有规定,试验温度为(23±2)℃,相对湿度为(50±5)％,试样到实验室后需要在该条件下至少调节 16 h 才可试验。在赤道附近的实验室温度为(27±2)℃,相对湿度为(65±5)％。

常见密封剂入厂验收中的检测项目如表 4.31 所示。

表 4.31　密封剂入厂验收检测项目

牌号	项目							
	施工期	流淌性	不黏期	相对密度	黏度	非挥发物含量	硫化期	剥离强度
PR1422	√				√			
RTV732	√	√	√					√
PR1436G	√		√		√	√	√	
PR1755	√				√		√	√
PR1426MD	√		√					√
P/S 872	√	√		√	√			√

4.6.1.1　密封剂的物理性能的检测

1) 流淌性

常见的试验方法有 HB5243—1993,AS 5127/1C 等。使用的设备有电子天平、刮刀、秒表、流淌试验仪。

密封剂各组分在标准试验条件下至少放置 16 h,然后按照比例将各组分混合备用。将流淌试验仪放置于试验台上,使刻度面朝上,然后将柱塞往下推至极限位置。密封剂混合后 15 min 内,将其装填于试验仪圆孔中,用刮刀刮平,使密封剂表面平整无缺陷。密封剂刮平后 10 s 内将流淌试验仪竖立,立即将柱塞向前推至极限位置,从密封剂刮平至(30±1)min 时,记录柱塞下沿切线到密封剂流淌至最远点为初始流淌性,以毫米或英寸计。

2) 施工期

施工期主要是指密封剂从配制后算,能保持适合于装配要求塑性的最长时间。常用的方法有黏度法和挤出速率。常见的两种测试方法,第一种是旋转黏度计方法来测定,第二种是采用挤出的方法来表征的。

第一种黏度方法,在标准条件下,按照文件的要求选择适当的转子及转速,按照说明书操作即可,以 cP,P[①] 为单位。

第二种挤出方法,在标准条件下,将试样蘸点至枪筒中,在规定的压力与时间下,测试试样挤出的重量,以 g/min 为单位。

3) 硫化期

硫化期是指密封剂配置好后,达到一定硬度所需的时间。测试方法主要是

---

① cP(厘泊)、P(泊)为动力黏度单位。1 cP = 10^{-3} Pa • s。

ASTM D2240‐05(2010)，GB/T531.1—2008，常用的设备是邵氏硬度计。

　　密封剂各组分在标准条件下至少放置 16 h，后按照各组分比例混合，试样配制好以后，放在标准条件下进行硫化，待试样达到不黏期后开始测量硫化期，至少测 5 个硬度点，平均值作为试验结果。通常用邵氏 A 硬度计测量。

4.6.1.2　密封剂的力学性能的检测

　　在结构密封剂中，有缝内密封、缝外密封、机身外部接缝启动平滑过渡等，在飞机机身、机翼整体油箱的密封要求高，无论哪种密封形式，密封剂都会受到各种应力的作用，其中剥离黏结力及剪切黏结力至关重要。常见的力学性能主要有 180°剥离强度试验、T 型强度试验、剪切强度试验等。因篇幅问题，本节主要介绍密封剂力学性能测试中的剥离强度试验。

　　剥离强度常见的试验方法主要有 AMS‐S‐8802C，AMS3276E，AS5127/1C，HB5249—1993。

　　剥离试片处理：通常选择铝合金试片，有的试片需要进行表面处理，如铬酸阳极化或化学转化膜，有的试片在表面处理后还需喷涂底漆，试片的处理根据材料规范或与供应商协商的要求进行。

　　柔性织物包括帆布或金属丝网，常用的是金属丝网。

　　试样制备过程如下：

　　(1) 将试片放入模具(见图 4.55)下凹槽，将混合的密封剂刮涂到试板上，然后

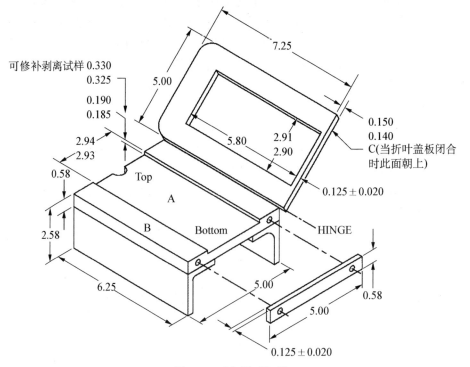

图 4.55　制 样 模 具

用刮刀沿着凹槽刮平。

（2）沿着金属丝网一段，用刮刀从一个方向用力将混合好的密封剂涂在金属丝网上。

（3）将金属丝网和试片涂密封剂面互相贴合，尽量将气泡排出，闭合模具在金属丝网上再涂上密封剂，整个操作过程要在活性期内完成。

（4）通常试样在模具内至少要停放 24 h 后再取出，取出后在标准条件下进行硫化，除非有特殊要求，一般硫化 14 天。

（5）将硫化后的试样沿着纵向用手术刀透过金属丝网和胶层切割至试板表面，切取试样的宽度为 1 in，3 个试样。

测试步骤如下：

试板垂直夹在夹具中，将试样密封剂层切取深 10 mm 的切口，启动拉力机，速度为 2 in/min，以 180°剥离试样，用切刀沿 45°方向切割密封剂至金属表面（见图 4.56）。剥离试样中有明显气泡或其他缺陷的数值应予以剔除。记录 3 点剥离强度的算术平均值 p_i，再按照下式计算每条试样的剥离强度平均值：

$$p_M = \frac{\sum\limits_{i=1}^{3} p_i}{3} \tag{4.28}$$

式中：p_M 为表示每条试样的剥离强度；p_i 为表示一段曲线上剥离强度峰值最高 3 点的剥离强度算术平均值。

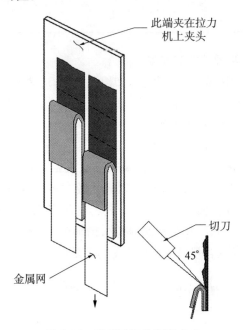

图 4.56　剥离试片的切割方式

4.6.2　涂料检测

环境状态调节：对于涂料来说，除非另有规定，试验温度为(23±2)℃，相对湿度为(50±5)％，试样到实验室后需要在该条件下至少调节 16 h 才可试验。

常见涂料入厂验收中的检测项目如表 4.32 所示。

表 4.32　涂料入厂验收检测项目

牌号	容器中状态	不挥发物	每加仑重量	研磨细度	黏度	颜色	光泽	干燥时间	干膜厚度	耐液体	耐冲击	喷涂性	可堆叠	可使用的壶装寿命	附着力	遮盖力
515-700/910-704 底漆	√	√	√	√	√	√	√		√				√	√	√	√
CA8000/CA8000B/CA8000C 耐冲击面漆	√	√	√	√	√	√	√	√	√	√	√			√		
515×349/910×533 耐冲击底漆	√	√	√	√	√	√		√		√	√			√		
CA7700AX/CA7700BX 环氧底漆	√	√	√	√	√							√			√	
513×377/910×482/020×364 环氧底漆	√	√	√	√								√		√		
454-4-1/CA-109/TL-52 燃油箱涂料	√	√	√		√				√			√			√	√

4.6.2.1　涂料的物理性能的检测

检查桶有无外观缺陷或可见的损漏，如损漏严重，应舍弃。小心打开桶盖，勿搅动桶内产品。目视检查通过后，取样，测试。

1）挥发物含量和不挥发物含量检测

所有的试验器皿(表面皿，铝箔等)在(105±5)℃(或其材料规范商定的温度)的烘箱内干燥，在干燥器内冷却至室温，称量表面皿或铝箔重量，精确至 1 mg，再在表面皿或铝箔内装试样(2±0.2)g，试样均匀地分散在表面皿或铝箔中。将试样放入(105±5)℃的烘箱中，在该温度下保持 3 h 或其材料规范商定的时间，到达时间后，将试样取出放入干燥皿内，冷却至室温，称重，精确至 1 mg。

按照下式计算挥发物含量(V)或不挥发物含量(NV)：

$$V = \frac{m_1 - m_2}{m_1} \times 100 \tag{4.29}$$

式中：m_1 为加热前试样的重量，mg；m_2 为加热后试样的重量，mg。

2）黏度检测

黏度是涂料产品的重要指标，主要介绍在国际上比较通用的流出杯黏度测试方法。

流出杯的步骤如下：

首先选择适当的流出杯或者材料规范中商定的流出杯型号，使试样在该杯中流出的时间在 20～100 s 之间。

将干净、干燥的流出杯置于架台上，调节架台上的水平螺丝，使流出杯上边缘保持水平。将试样和流出杯放在恒温室内恒温至 23℃，待试样中的气泡全部消失后，试样待测。

用一手指堵住流出杯的流出孔，让试样缓慢地装入流出杯，以免产生气泡，待流出杯装满产生凸面并开始溢出之前，用刮板沿杯缘平刮，以除去试样内部气泡和产生的凸面，使试样水平面与杯缘处于同一水平面，在流出杯下方放适当的容器与流出孔保持 100 mm 以上的距离，迅速移开手指，并同时启动秒表计时，在流出孔处的液流出现第一次中断的瞬间停止秒表计时，记录流出时间，取两次测定值的平均值作为测定结果。

3）细度检测

刮板细度计在使用前需再用溶剂仔细清洗擦干，应使用细软的擦布。

将试样用小调漆刀充分搅匀，然后在刮板细度计沟槽最深部分滴入试样数滴，试样充满沟槽略有多余为宜。用双手持刮刀，横置在磨光的平板上端使刮刀与磨光平板面垂直接触。在 3 s 内，将刮刀由沟槽的最深部位向浅的部位划过，使试样充满沟槽而平板上不留余漆。

4.6.2.2　涂料的化学性能的检测

酸值、皂化值等试验项目，均是使用滴定的方法来测试，本小结不做具体介绍，按照测试方法即可完成。

稀释剂组分是近几年提出的试验项目，主要是使用气相色谱法来进行稀释剂组分含量的百分比。

通常，常见的稀释剂组分主要有甲基异丁基酮、乙酸正丁酯、2,4-乙酰基丙酮、3-乙氧基丙酸乙酯等。

4.6.2.3　涂料漆膜性能的检测

漆膜性能的测试，首先要制备合格的试板。常见的制备方法有刷涂法、喷涂法、浸涂法以及刮涂法等。不同试验需要制备不同的试板，可以根据不同漆膜性能试验制备不用的试板，本书不一一介绍，以下涉及的试验项目均是基于试板已制备完成。

1）镜面光泽

国际上比较通用的是 20°、60°、85°镜面光泽计法。

在开始测定光泽之前，先用高光泽工作标准板和低光泽工作标准板分别对光泽计进行校准。光泽计校准后，在试验的漆膜上平行测试取 3 个读数，若结果误差小于 5 个单位，则记录个值及平均值，平均值作为结果。

2）遮盖力

色漆均匀地涂刷在物体表面，由于漆膜具有对光的吸收、反射和散射而使底材颜色不再呈现出来的能力。常用的试验方法有 GB/T1726—1979，ASTM D2805 - 11 等，设备有遮盖力仪。

3）漆膜硬度试验

本节主要介绍铅笔硬度方法，这是较常见的测试方法（见图 4.57）。

将试板放置在试验台上，漆膜面向上固定。手持铅笔约成 45°角以铅笔芯不折断为度，在漆膜面上推压，向前方以均匀的、约 1 cm/s 速度推压约 1 cm，每刮划一道，要对铅笔芯的尖端进行重新硬磨，对同一硬度标号的铅笔重新刮划 5 道。在 5 道刮划中，如有两道或两道以上认为未划到试板上或者漆膜未被擦伤时，则换用前一位硬度标号的铅笔进行同样的试验，直到找出漆膜被划破或者擦伤两道或两道以上的铅笔，记下这个铅笔硬度标号的后一位的硬度标号。

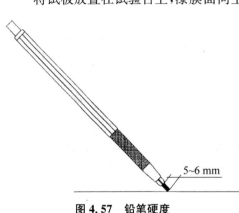

5～6 mm

图 4.57　铅笔硬度

4）附着力

指漆膜与被涂漆物件表面通过物理化学作用结合在一起的牢固程度，是漆膜考核指标中较常见的试验项目。附着力主要的试验方法有 GB/T1720—1979，GB/T9286—1998，ISO 2431：2011，ASTM D3359 - 09 等。

一般分为干带附着力试验（无刻线），湿带附着力试验（无刻线），干带附着力（刻线），湿带附着力（刻线），浸入式湿带附着力试验。常用的评判依据如图 4.58 和图 4.59 所示。

4.6.3　油料检测

环境状态调节：对于油料来说，试验的环境温度一般为室温，即（23±5）℃，相对湿度低于 75%。

常见喷气燃料入厂验收中的检测项目如表 4.33 所示。

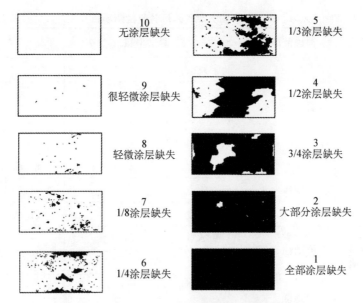

图 4.58　无刻线干带和湿带附着力试验失效等级

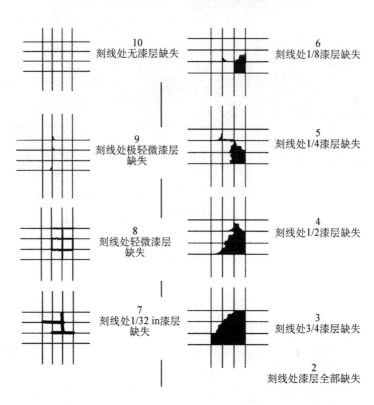

图 4.59　刻线干带与刻线湿带附着力试验失效等级

表 4.33 喷气燃料入厂验收检测项目

材料规范	规范项目	测试项目	备注
Jet A、Jet A-1 航空燃油 ASTM D1655	组成	总酸值	
		芳烃含量	
		总硫含量	
		博士试验	
	挥发性	馏程	常规试验项目
		闪点	常规试验项目
		密度	常规试验项目
	流动性	冰点	
		黏度(-20℃)	
	燃烧性	净热值	
		烟点	
	腐蚀性	铜片腐蚀(100℃,2h)	常规试验项目
	热氧化安定性	热氧化安定性	常规试验项目
	洁净性	实际胶质	
		水分离指数	
	导电性	电导率	
RP-3 喷气燃料 GB6537	外观	外观	常规试验项目
	颜色	颜色	
	组成	总酸值	
		芳烃含量	
		烯烃含量	
		总硫含量	
		博士试验	
	挥发性	馏程	常规试验项目
		闪点	常规试验项目
		密度	常规试验项目
	流动性	冰点	
		黏度 20℃	民用航空不作要求
		黏度(-20℃)	

（续表）

材料规范	规范项目	测试项目	备注
	燃烧性	净热值	
		烟点	
	腐蚀性	铜片腐蚀（100℃，2 h）	常规试验项目
		银片腐蚀（50℃，4 h）	民用航空不作要求
	安定性	热安定性（260℃，2.5 h）	常规试验项目
	洁净性	实际胶质	
		水反应	常规试验项目
		固体颗粒污染物含量	常规试验项目
	导电性	电导率	
	水分离指数	未加抗静电剂	
		加入抗静电剂	
	润滑性	磨痕直径	

常见润滑油、液压油入厂验收的检测项目如表 4.34 所示。

表 4.34 润滑油、液压油入厂验收检测项目

牌号	检测项目					
	黏度	闪点	总酸值	沉淀值	铜片腐蚀	倾点
Mobil Jet Oil II	√	√	√	√		
Brayco 300	√				√	
Castrol 399	√	√	√		√	
AeroShell Fluid 41	√	√	√		√	√
10♯航空液压油	√	√	√		√	
Skydrol LD - 4	√	√	√			

常见润滑脂入厂验收的检测项目如表 4.35 所示。

表 4.35 润滑脂入厂验收检测项目

牌号	检测项目			
	锥入度	总酸值	铜片腐蚀	滴点
Aeroshell Grease 33	√		√	
长城 MP - 3 润滑脂	√		√	
AreoShell Grease 7	√		√	√
AeroShell Grease 22	√		√	√
Braycote 236	√	√	√	√

4.6.3.1　油料物理性能的检测

1) 密度

测量石油产品的密度主要有密度计法、比重瓶法两种方法,随着科学技术的发展,数字式密度计的使用也越来越多。下面主要介绍密度计法。

将所测油料装入清洁、干燥的量筒内,将装入试样的量筒放入规定温度的恒温水浴中,小心地将密度计插入量筒中,不要产生气泡或者液体飞溅,恒温一定时间。用温度计小心地搅拌油料,当密度计平稳后,连续两次读取密度计的读数,读取眼睛与弯月面上缘成同一水平的刻度值,记录密度值(见图4.60、图4.61)。

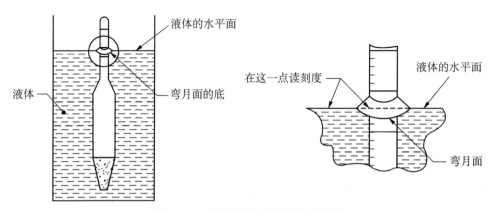

图 4.60　透明液体的密度计刻度读数

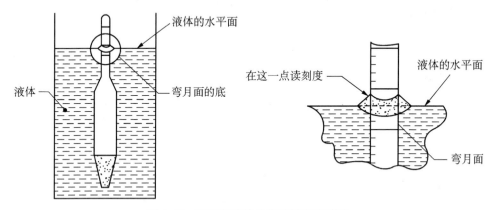

图 4.61　不透明液体的密度计刻度读数

2) 馏程

航空汽油、喷气燃料材料规范中规定了馏程的测定要求。常见的测试方法主要是 GB/T6536—2010,ASTM D86‐12。测试要点描述如下。

清洗并干燥冷凝管内壁,将温度计插入装有100 mL试样的蒸馏烧瓶上,把蒸馏烧瓶安放在电炉上,并连接在冷凝管上,冷凝管出口处接 100 mL 量筒,检查密封性,准备升温。

升温时要保持均匀,控制加热,从开始加热到初沸点时间为 5～10 min,记录第一滴流出液滴入量筒时的温度读数,作为初馏点。

初馏点测定后,移动量筒使其内壁与冷凝管末端接触,升温速度严格按照方法中的要求控制,同时根据材料规范的不同要求,测定 10%,20%,50%,90%,终馏点的温度,并记录。停止加热,待馏出液流出后,记录量筒中的液体体积。试验结束后,趁热将蒸馏烧瓶中的残留物倒入 5 mL 的量筒,待量筒冷却后,记录残留物体积,精确至 0.1 mL。

根据测定时的大气压力,按照下式进行修正,作为试验结果。

$$C_O = 0.0009(101.3 - p_k)(273 + t_c) \tag{4.30}$$

式中:C_O 为待加到观测温度读数上的修正值,℃;p_k 为在试验当时和当地的大气压,kPa;t_c 为观测温度读数,℃。

将所得修正值对观测温度读数进行修正,并根据所使用的仪器,将结果修正约至 0.5℃ 或 0.1℃。

$$L_c = 0.5 + (L - 0.5)/[1 + (101.3 - p_k)/0.8] \tag{4.31}$$

式中:L_c 为校正损失,%;L 为观测损失,%;p_k 为在试验当时和当地的大气压,kPa。

3) 冰点

本方法是取 25 mL 试样倒入清洁干燥的双壁试管中,装好搅拌器和温度计,将双壁试管放入冷却介质中,不断搅拌试样使其温度下降,当试样中开始出现肉眼可见的晶体时,将双壁试管从冷却介质中取出,使试样慢慢升温,并连续不断地搅拌试样,记录结晶完全消失时的最低温度点作为冰点。

4) 运动黏度

测定运动黏度的装置如图 4.62 所示,测试时,在内径符合要求且清洁、干燥的毛细管黏度计内装入试样。在装试样前,将洗耳球套在支管 7 上,并用手指堵住管身 6 的管口,同时倒置黏度计,然后将管身 1 插入装着试样的容器中;这时利用洗耳球将液体吸到标线 b,同时注意不要使管身 1、扩张部分 2 和 3 中的液体产生气泡和裂隙。当液面达到标线 b 时,就从容器里提起黏度计,并迅速回复其正常状态,同时将管身 1 的管端外壁所沾着的多余试样擦去,并

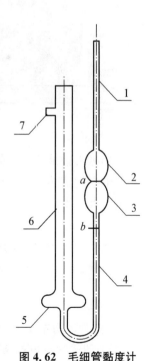

图 4.62 毛细管黏度计

1、6—管身;2、3、5—扩张部分;4—毛细管;a、b—标线

从支管 7 处取下洗耳球。

将恒温浴调整到规定的温度,把装好试样的黏度计浸在恒温浴内,按表 4.36 规定的恒温时间操作。

表 4.36　黏度计在恒温浴中的恒温时间

试验温度/℃	恒温时间/min	试验温度/℃	恒温时间/min
80,100	至少 20	20	至少 10
40,50	至少 15	0～-50	至少 15

吸入试样:利用洗耳球在黏度计管身 1 口处将试样吸入扩张部分 3,使试样液面稍高于标线 a(见图 4.63)。

此时观察试样在管身中的流动情况,液面正好到达标线 a 时,开始启动秒表;液面正好流到标线 b 时,停止秒表。试样液面在扩张部分 3 中流动时,要注意扩张部分中不应出现气泡,否则此次试验失败。

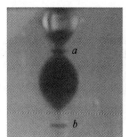

图 4.63　试　样　流　动

用秒表记录流动时间,应对同一试样重复测定至少三次,其中各次流动时间与其算术平均值的差数应符合如下要求:在温度 15～100℃测定黏度时,这个差数不应超过算术平均值的±0.5%;在(-30～15)℃测定黏度时,这个差数不应超过算术平均值的±1.5%;在低于-30℃测定黏度时,这个差数不应超过算术平均值的±2.5%。然后,取不少于 3 次流动时间所得的算术平均值,作为试样的平均流动时间。

材料的运动黏度公式为

$$\nu_t = c\tau_t \tag{4.32}$$

式中:ν_t 为运动黏度,mm^2/s;c 为黏度计常数,mm^2/s^2;τ_t 为试样的平均流动时间,s。

5) 润滑脂的锥入度

取足够量的试样填满润滑脂工作器——脂杯,工作器放在保持(25±0.5)℃的水浴中,直到温度计指示润滑脂工作器及试样的温度达到(25±0.5)℃后,使试样在

1 min 内经受板孔往复 60 次的全程工作,提起板孔至脂杯顶部位置。将脂杯口盖拧下,强烈振动脂杯,除去脂中的空穴后,再用刮刀刮去高出杯口多余试样,使表面平整光滑无空穴。

将准备好脂杯的试样放在锥入度计的平台上,使之呈水平状态,使锥尖刚好与试样表面接触。迅速释放锥杆,使其落下 (5.0 ± 0.1) s,慢慢按下指示器杆,使之与锥杆上端刚好接触,由刻度表上读出锥入度数值。连续测定三次的平均值作为测试结果,以 $1/10\,mm$ 为单位。

6) 固体颗粒污染度

该实验项目对实验环境有较高的要求。

空气洁净度:为保证液样测试不受环境污染影响,所有的操作应在符合 GB50073 至少为 7 级或具有相当清洁程度的环境中进行。

常见的评判标准有如表 4.37～表 4.39 所示的几类。

表 4.37　AS4059F 固体颗粒污染度分级　　　　　　单位:颗粒数/100 mL

污染等级	5～15 μm	15～25 μm	25～50 μm	50～100 μm	>100 μm
	6～14 μm(c)	14～21 μm(c)	21～38 μm(c)	38～70 μm(c)	>70 μm(c)
00	125	22	4	1	0
0	250	44	8	2	0
1	500	89	16	3	1
2	1000	178	32	6	1
3	2000	356	63	11	2
4	4000	712	126	22	4
5	8000	1425	253	45	8
6	16000	2850	506	90	16
7	32000	5700	1012	180	32
8	64000	11400	2025	360	64
9	128000	22800	4050	720	128
10	256000	45600	8100	1440	256
11	512000	91200	16200	2880	512
12	1024000	182400	32400	5760	1024

注: 使用 ACFTD 标准物质校准或使用光学显微镜测试的尺寸,计量单位为 μm;使用 ISOMTD 标准物质校准或使用扫描电镜测试的尺寸,计量单位为 μm,用 μm(c) 表示。与 NAS1638 等效。

表 4.38　AS4059F 固体颗粒污染度分级　　　　　　单位:颗粒数/100 mL

尺寸代码	A	B	C	D	E	F
尺寸	>1 μm	>5 μm	>15 μm	>25 μm	>50 μm	>100 μm
	>4 μm(c)	>6 μm(c)	>14 μm(c)	>24 μm(c)	>38 μm(c)	>70 μm(c)

（续表）

尺寸代码	A	B	C	D	E	F
000	195	76	14	3	1	0
00	390	152	27	5	1	0
0	780	304	54	10	2	0
1	1560	609	109	20	4	1
2	3120	1217	217	39	7	1
3	6250	2432	432	76	13	2
4	12500	4864	864	152	26	4
等级　5	25000	9731	1731	306	53	8
6	50000	19462	3462	612	106	16
7	100000	38924	6924	1224	212	32
8	200000	77849	13849	2449	424	64
9	400000	155698	27698	4898	848	128
10	800000	311396	55396	9796	1696	256
11	1600000	622792	110792	19592	3392	512
12	3200000	1245584	221584	39184	6784	1024

注：使用 ACFTD 标准物质校准或使用光学显微镜测试的尺寸，计量单位为 μm；使用 ISOMTD 标准物质校准或使用扫描电镜测试的尺寸，计量单位为 μm，用 μm(c) 表示。

表 4.39　NAS1638 固体污染度分级　　　　单位：颗粒数/100 mL

颗粒尺寸范围/μm	等级												
	0	0	1	2	3	4	5	6	7	8	9	10	11	12
5～15	125	250	500	1000	2000	4000	8000	16000	32000	64000	128000	256000	512000	1024000
15～25	22	44	89	178	356	712	1425	2850	5700	11400	22800	45600	91200	182400
25～50	4	8	16	32	63	126	253	506	1012	2025	4050	8100	16200	32400
50～100	1	2	3	6	11	22	45	90	180	360	720	1440	2880	5760
＞100	0	0	1	1	2	4	8	16	32	64	128	256	512	1024

4.6.3.2　油料化学性能的检测

1) 闪点

开口闪点的检测主要用克利夫兰开口杯法，测试方法主要是 GB/T3536—2008，ASTM D92‑12b；闭口闪点的检测主要用宾斯基‑马丁闭口杯法和泰格闭口杯法，测试方法是 GB/T261—2008，ASTM D93‑15，ASTM D56‑05(2010)。

（1）宾斯基‑马丁闭口杯法。

取样，非必要时不准打开容器，以防止易挥发性物质的损失和可能引入的湿气。

将试样倒入试验杯至加料线，小心不要弄湿杯子最终液面以上的位置。用适当的工具消除试样表面的气泡。盖上试验杯盖,然后放入加热室,连接好装置以后插入温度计,并搅拌。

按要求加热并调节试样的升温速度。当杯中试样的温度低于估计闪点(23±5)℃时,把点火源引入杯内的蒸气空间,然后立即把火焰提出,整个操作所用的时间大约是1s;试样温度每升高1℃,重复引入火源。当火源使杯内产生明显的闪火时,观察和记录此时试样的温度作为闪点。停止加热和搅拌,提起盖子擦净温度计,移去试杯,倒空并擦拭干净。

(2)克利夫兰开口杯。

a. 准备试样。①如果样品含有未溶解的水,在样品混匀前应将水分离出来;②液体的样品,取样时,应尽可能避免挥发性组分的损失;③固体或半固体的样品,将装有样品的容器放入加热浴或烘箱中,加热温度应低于预期闪点56℃以下。

b. 测试过程。观察气压计,记录试验期间仪器附近的环境大气压。

将油样倾入试样杯的标线处,即试样的弯月面顶部恰好位于试样杯的装样刻线处;如果注入试样杯的试样过多,可用滴管取出;如果试样沾到仪器的外边,应倒出试样,清洗后再重新装样。用刀弄破试样表面的气泡或泡沫,并确保试样液面处于装样刻线处。①

点燃试验火焰,并调节火焰直径为3.2~4.8mm。如果仪器安装了金属比较小球,应与金属比较小球直径相同。

加热丝开始渐热,开始加热时,试样的升温速度为14~17℃/min。当试样温度达到预期闪点前约56℃后减慢加热速度,使试样在达到闪点前的最后(23±5)℃时升温速度为5~6℃/min。试验过程中,应避免在试验杯附近随意走动或呼吸,以防止扰动试样蒸气。

在加热温度到离预期闪点50℃左右时,打开气源,点火头火苗被点燃,调节设备上方的锁定阀和调节阀,调节火苗至设备上金属比较小球的大小。

在预期闪点前至少(23±5)℃时,开始用试验火焰扫划,温度每升高2℃扫划一次。用平滑、连续的动作扫划,试验火焰每次通过试验杯所需时间约为1s,试验火焰应在与通过温度计的试验杯的直径成直角位置上划过试验杯的中心,扫划时以直线或沿着半径至少为150mm的圆来进行。先向一个方向扫划,下次再向相反方向扫划。若试样表面形成一层膜,应把油膜拨到一边再继续进行试验。当在试样液面上的任何一点出现闪火时,立即记录温度计的温度读数,作为观察闪点,但不要把有时在试验火焰周围产生的淡蓝色光环与真正的闪火相混淆。

如果观察闪点与最初点火温度相差少于18℃,则此结果无效。应更换新试样重新进行测定,调整最初点火温度,直至得到有效结果,即此结果应比最初点火温度

———————————

① 若试验最后阶段试样表面仍有泡沫存在,则此结果作废。

高 18℃以上。同一试样连续测定的两个试验结果之差不能超过 8℃，否则应重新测试。

将观察到的闪点修正到标准大气压下：

$$T_C = T_O + 0.25(101.3 - K) \tag{4.33}$$

式中：T_O 为观察闪点或燃点，℃；K 为环境大气压，kPa。

2）铜片腐蚀

常用的方法有 GB/T5096—1985，ASTM D130 - 12，ASTM D4048 - 10 等。常用的设备有试验弹、恒温浴、试管、铜片、标准色板等。

铜片准备：用碳化硅或氧化铝（刚玉）砂纸（或砂布）把铜片 6 个面上的瑕疵去掉；再用 $65\,\mu m$（240 粒度）的金刚砂纸擦拭铜片，除去其他等级砂纸留下的打磨痕迹；最后用 $105\,\mu m$（150 目）的碳化硅粉末磨光铜片（磨时要沿着铜片长轴方向，使动程越出铜片末端），再用干净的脱脂棉摩擦铜片，除去金属屑，直到用一块新的脱脂棉擦拭时不再留下污斑为止，整个打磨铜片过程中禁止铜片与手指接触。

试样的取样：试样应该存放在不影响其腐蚀性的合适容器中，取样时防止试样暴露在阳光下。打开试样容器后应尽快进行试验。如果试样中看到有悬浮水（混浊），用一张中速定性滤纸过滤足够体积的试样。

测试：将约 30 mL 试样放入一个经过化学试剂清洁、干燥的 (25×150)mm 试管中，并将最终抛光完成的铜片滑入试管中。小心地将试管滑入试验弹内并严密拧紧盖子。将该弹完全浸入处于符合试验要求温度的浴槽中。设置时间，然后到时间后取出试验弹。将试验弹拧开，取出试管检查铜片。

铜片检查：将铜片缓慢倒入装有足够烃类溶剂的高型烧杯中清洗。取出铜片后干燥，并与铜片腐蚀标准色板比较。比较时，把铜片和腐蚀标准色板对光线成 45° 折射的方式拿持，进行观察。

4.6.4　胶黏剂检测

4.6.4.1　胶黏剂的物理性能的检测

1）相对密度

常用的方法有 GB/T1033.1—2008，ASTM D792 - 13 等。设备有电子天平等。

试样一般为除粉料以外的任何无气孔材料，试样质量应至少为 1 g。当从较大的样品中切取试样时，应使用合适的设备以确保材料性能不会发生变化。试样表面应光滑，无凹陷，减少浸渍液中试样表面凹陷处可能存留的气泡，否则会引入误差。一般无特殊说明，浸渍液为蒸馏水。

在空气中称量由一直径不大于 0.5 mm 的金属丝悬挂的试样的质量，试样质量不大于 10 g 时精确到 0.1 mg；试样质量大于 10 g 时精确到 1 mg，并记录试样的质量。将用细金属丝悬挂的试样浸入到放在固定支架上装满浸渍液的烧杯中，浸渍液的温度应为(23 ± 2)℃。用细金属丝除去粘附在试样上的气泡。称量试样在浸渍液中的质量,精确到 $0.1\,mg$。如果在温度控制的环境中测试,整个仪器的温度,包括浸渍液的温度都应控制在(23 ± 2)℃内。

试样密度公式为

$$\rho_S = \frac{m_{SA}\rho_{IL}}{m_{SA} - m_{S,IL}}\qquad(4.34)$$

式中:ρ_S 为 23℃或 27℃时试样的密度,g/cm^3;m_{SA} 为试样在空气中的质量,g;$m_{S,IL}$ 为试样在浸渍液中的表观质量,g;ρ_{IL} 为 23℃或 27℃时浸渍液的密度,g/cm^3。

对于密度小于浸渍液密度的试样,除下述操作外,其他与上述相同。

在浸渍期间,用重锤挂在细金属丝上,随试样一起沉在液面下。在浸渍时,重锤看做是悬挂金属丝的一部分。试样的密度公式如下:

$$\rho_S = \frac{m_{SA}\rho_{IL}}{m_{SA} + m_{K,IL} - m_{S+K,IL}}\qquad(4.35)$$

式中:ρ_S 为 23℃或 27℃时试样的密度,g/cm^3,m_{SA} 为试样在空气中的质量,g;$m_{K,IL}$ 为重锤在浸渍液中的表观质量,g;$m_{S+K,IL}$ 为试样加重锤在浸渍液中的表观质量,g。

2)不挥发物含量

常用的设备有电子天平、烘箱等。

操作步骤要点:将恒温干燥箱设置到 105℃(或与供应商协商的温度);按要求称取试样,精确到 $0.001\,g$,在 105℃的干燥箱中加热,达到规定时间后取出试样,放入干燥器内冷却至室温,称量。按式(4.36)计算:

$$X = \frac{m_1}{m}\times100\%\qquad(4.36)$$

式中:X 为不挥发物含量,%;m_1 为加热后试样的质量,g;m 为加热前试样的质量,g。

4.6.4.2 胶黏剂的力学性能的检测

第 3 章介绍过胶黏剂力学性能主要有拉伸剪切强度、剥离强度、压缩强度等,本节主要介绍胶黏剂力学性能的主要试验方法——单搭接剪切强度和扭转强度试验。

1)单搭接剪切强度(金属-金属)

测试方法主要是 ASTM D1002-10。试样的黏结面长度为$(12.7\pm0.254)\,mm$(见图 4.64),试片轴向应与金属胶接件的切割方向一致。平板制备时,应考虑机械加工中,试样是否被机械破坏,加工过程中是否温度过高。单片制备试样时,应确保两黏结试片对齐,尽可能保证胶层厚度均匀、一致。

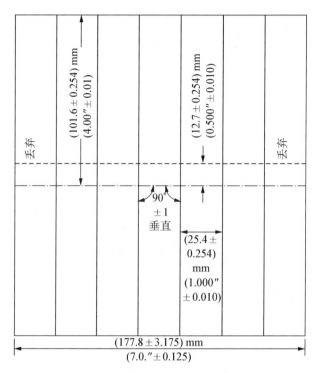

图 4.64　标准试板

试样制备完成后,固化条件按照材料规范要求进行,固化完成以后,测试前应试样在(23±2)℃、相对湿度(50±5)%环境下至少调节 16 h。

操作要点:将试样对称地夹在夹具上,拉力机以恒定的速度加载,以每分钟 80～100 kg/cm² 的速率向试样加载。记录试样剪切破坏的最大负载作为破坏载荷及接头破坏类型。

2) 扭矩强度试验

本试验方法适用于螺纹胶接件用胶黏剂,常用的是厌氧胶黏剂,以对它的胶接强度做出评价,即判断厌氧胶黏剂的螺纹连接可靠性。

常用的设备是带有被动指针的测力扳手、小型台虎钳。使用的螺栓和螺母一般是带有镀锌、镀铬的镀层。

操作要点:用测力扳手时,大致匀速转动测力扳手,连续读取螺母起始发生相对位移,以及旋转至 1/4、1/2、3/4 和 1 圈以及在这一圈中的最大扭矩值。

4.6.5　橡胶

4.6.5.1　橡胶物理性能试验

密度(排水法)不适用与海绵橡胶和有气泡的橡胶,常见的方法是 GB/T533—2008,设备有电子天平。

试样为片状,质量至少有 2.5 g,不应有气泡、裂缝,表面应光滑。调节试样及环境的温度。当试样浸没水中时,其质量小于在空气中的质量,减少值为试样排开水的质量,试样的体积则等于排开水的体积,利用计算公式求出橡胶密度。

$$\rho = \frac{m_1}{m_1 - m_2} \times \rho_0 \qquad (4.37)$$

式中:

m_1 为试样在空气中的质量,g;m_2 为试样在水中的质量,g;ρ_0 为蒸馏水在实验室温度下的密度,g/cm³。

当试样比水轻时,可用航空煤油作为介质,ρ_0 则为航空煤油在实验室温度下的密度。

当用水做介质时,则可按下列公式计算

$$\rho = \frac{m_1}{m_1 + m_3 - m_4} \times \rho_0 \qquad (4.38)$$

式中:

m_1 为试样在空气中的质量,g;m_3 为重锤在水中的质量,g;m_4 为试样和重锤在水中的质量,g;ρ_0 为蒸馏水在实验室温度下的密度,g/cm³。

试样数量不得少于 2 个,试验结果为两个试样测定值的平均值。

4.6.5.2 橡胶力学性能

拉伸强度的测试方法主要是 GB/T528—2008。试样通常为哑铃型,数量不少于 3 个。试验速度有两种,分别为 500 mm/min ± 50 mm/min 和 200 mm/min ± 20 mm/min。

计算公式为

$$T = \frac{F_m}{W \times t} \qquad (4.39)$$

式中:

F_m 为试样所受的作用力,N;W 为试样工作部分宽度,mm;t 为试样工作部分厚度,mm。

拉伸时,断裂在平行部分试验有效,平行部分之外舍去。

4.6.6 塑料

4.6.6.1 塑料物理性能试验

测量密度常见的设备有天平,比重瓶,恒温水浴。

操作步骤如下:

先用无水乙醇清洗试样表面。用密度比试样小和比试样大的两种浸渍液配制成混合液,试样剪成约 5 mm×5 mm 的小片,放入混合液中,不要使试样有气泡,观察试样沉浮,若浮起则添加密度小的浸渍液,若下沉则添加密度大的浸渍液,每次加完后轻摇三角瓶,使试样在瓶中转动,然后观察,直到试样长久漂浮在浸渍液中不上浮液不下沉,此时混合液已配制完成。称量已干燥的比重瓶,将配好的混合液装入比重瓶中,在 23℃ 下恒温约 40 min。取出恒温好的比重瓶,擦干净比重瓶外部的水渍后,称重。计算公式为

$$\rho = \frac{m_1}{V} \tag{4.40}$$

式中:

m_1 为瓶中装满混合液时混合液的质量,g;V 为比重瓶的体积,cm³;ρ 为试样(混合液)的密度,g/cm³。

4.6.6.2　塑料力学性能试验

测量弯曲性能常见的方法有 GB/T9341—2008,设备是拉力试验机。本小结介绍的试样为标准试样,非标准试样可根据方法要求进行取样和测试。

标准试样为 80 mm×(10±0.2)mm×(4±0.2)mm,试样厚度小于 1 mm 的试样不进行弯曲试验,厚度大于 50 mm 的板材,应单面加工到 50 mm,且放置时,加工面朝上压头。

步骤具体如下:

① 尺寸的测量:测试试样中间部分的宽度与厚度,宽度精确到 0.1 mm,厚度精确到 0.01 mm,计算一组试样的平局厚度 $\bar{h}$。

② 设定试样的跨距:$L = (16 \pm 1)\bar{h}$。

③ 加载压头半径:$R_1 = 5.0 \text{mm} \pm 0.1 \text{mm}$。

④ 支座半径选择:当试样厚度≤3 mm 时,$R_2 = 2.0 \text{mm} \pm 0.2 \text{mm}$;当试样厚度 >3 mm 时,$R_2 = 5.0 \text{mm} \pm 0.2 \text{mm}$

⑤ 速度:(2.0 ± 0.4)mm/min

⑥ 放置试样,安装应变传感器,加载并记录负荷-挠度曲线。

计算公式如下所示:

$$\sigma_{\text{f}} = \frac{3PL}{2bh^2} \tag{4.41}$$

式中:

σ_{f} 为弯曲强度,MPa;P 为试样所受的弯曲载荷,N;L 为试样跨距,mm;b 为试样的宽度,mm;h 为试样的厚度,mm。

$$E_{\text{f}} = \frac{\Delta PL^3}{4bh^3 \cdot \Delta l} \tag{4.42}$$

式中：

E_f 为弯曲弹性模量；ΔP 为对应于载荷-挠度曲线上直线段的载荷增量，N；L 为跨距，mm；b 为试样宽度，mm；h 为试样厚度，mm；Δl 为对应于 ΔP 的跨距中点处的挠度增量，mm。

4.6.7 纺织材料

阻燃性能试验是纺织材料中一项重要的试验项目，属于纺织材料的专项试验。阻燃性能试验主要有垂直法、水平法和 45°倾斜试验，本小结重点介绍垂直法的试验过程。

沿着纺织材料的径向和纬向各裁取 5 个试样，试样尺寸为 368 mm×76 mm。将试样夹紧在夹具中病垂直悬挂在燃烧试验箱内，灯焰高度为 38 mm，温度不低于843℃。关上箱门后，应将火焰施加到试样下缘的中心线上。燃烧规定时间后（60 s，12 s）移开火焰，记录试样的焰燃时间，滴落物焰燃时间、损毁长度。

参 考 文 献

［1］ISO/IEC17025：2005. 检测和校准实验室能力的通用要求［S］. 2005.

［2］马冲先. 中美金属材料标准分析方法的最新进展［J］. 理化检测：化学分册，2012，48(10)：1247—1256.

［3］PRI. AC 7101/4 Audit Criteria For Materials Testing Laboratories-Metallography and Microindentation Hardness［S］. Warrendale：2014.

［4］ASTM Committee E04. ASTM E340 Standard Test Method for Macroetching Metals and Alloys［S］. West Conshohocken：ASTM International，2000.

［5］ASTM Committee E04. ASTM E3 Standard Guide for Preparation of Metallographic Specimens［S］. West Conshohocken：ASTM International，2011.

［6］ASTM Committee E04. ASTM E407 Standard Practice for Microetching Metals and Alloys［S］. West Conshohocken：ASTM International，2007.

［7］ASTM Committee E04. ASTM E112 Standard Methods for Determining Average Grain Size［S］. West Conshohocken：ASTM International，2013.

［8］曾文涛，等. GB/T 6394 金属　平均晶粒度测定方法［S］. 北京：中国标准出版社，2003.

［9］ASTM Committee E04. ASTM E45 Standard Methods for Determining the Inclusion Content of Steel［S］. West Conshohocken：ASTM International，2013.

［10］何群雄，等. GB/T 10561 钢中非金属夹杂物含量的测定　标准评级图显微检验法［S］. 北京：中国标准出版社，2005.

［11］李继康，栾燕. GB/T 224 钢的脱碳层深度测定法［S］. 北京：中国标准出版社，2008.

［12］PRI. AC 7101/3 Audit Criteria For Materials Testing Laboratories Mechanical Testing［S］. Warrendale：2011.

［13］ASTM Committee E28. ASTM E8 Standard Test Methods for Tension Testing of Metallic Materials［S］. West Conshohocken：ASTM International，2013.

[14] 高怡斐,等. GB/T 228.1 金属材料拉伸试验 第1部分:室温试验方法[S]. 北京:中国标准出版社,2011.

[15] ASTM Committee E28. ASTM E18 Standard Test Methods for Rockwell Hardness of Metallic Materials [S]. West Conshohocken:ASTM International,2014.

[16] 朱林茂,等. GB/T 230.1 金属材料 洛氏硬度试验 第1部分:试验方法(A、B、C、D、E、F、G、H、K、N、T标尺)[S]. 北京:中国标准出版社,2009.

[17] ASTM Committee E08. ASTM E399 Standard Test Methods for Brinell Hardness of Metallic Materials [S]. West Conshohocken:ASTM International,2012.

[18] 高怡斐,等. GB/T 231.1 金属材料 布氏硬度试验 第1部分:试验方法[S]. 北京:中国标准出版社,2009.

[19] ASTM Committee E28. ASTM E23 Standard Test Methods for Notched Bar Impact Testing of Metallic Materials[S]. West Conshohocken:ASTM International,2012.

[20] 朱林茂,等. GB/T 229 金属材料 夏比摆锤冲击试验方法[S]. 北京:中国标准出版社,2008.

[21] ASTM Committee E28. ASTM E290 Standard Test Methods for Bend Testing of Material for Ductility[S]. West Conshohocken:ASTM International,2013.

[22] 王萍,等. GB/T 232 金属材料 弯曲试验方法[S]. 北京:中国标准出版社,2010.

[23] ASTM Committee E28. Standard Test Method for Linear-Elastic Plane-Strain Fracture Toughness K_{IC} of Metallic Materials [S]. West Conshohocken:ASTM International,2012.

[24] 高怡斐,等. GB/T 4161 金属材料 平面应变断裂韧度 K_{IC} 试验方法[S]. 北京:中国标准出版社,2008.

[25] Department of Defense. MIL-HDBK-17 Volume 1[M]. F,2002,42-56.

[26] 沈军,谢怀勤. 航空用复合材料的研究与应用进展[J]. 玻璃钢/复合材料,2006(5):48-54.

[27] 郑晖,林树青. 超声检测[M]. 北京:中国劳动社会保障出版社,2008:363.

[28] 杜善义. 先进复合材料与航空航天[J]. 复合材料学报,2007(1):1-12.

[29] 廉京活. 复合材料无损检测[J]. 直升机技术,1995(3):24-27.

[30] Sérgio Frascino Müller de Almeida, Zabulon Dos Santos Nogueira Neto. Effect of void content on the strength of composite laminates[J]. Composite Structures,1994,28(2):139-148.

[31] 吕德齐,孔劲. 目视检测[M]. 北京:机械工业出版社,2006:1-4.

[32] 郭伟. 超声检测[M]. 北京:机械工业出版社,2009:201.

[33] 李家伟. 无损检测手册[M]. 机械工业出版社,2012:1-3.

[34] 张博明,叶金蕊,周正干,等. 增韧树脂基碳纤维复合材料结构无损检测技术研究[J]. 航空制造技术,2010(17):69-72.

[35] 刘奎. 复合材料孔隙缺陷特征与超声衰减规律[J]. 民用飞机制造技术,2014,2.

[36] 苗蓉丽,赖忠惠,章菊华. 橡胶与密封剂[M]. 北京:化学工业出版社,2014.

[37] 喻国生,杨国腾,章菊华. 胶黏剂[M]. 北京:化学工业出版社,2014.

[38] 李凤兰,于献,马永福. 油料与涂料[M]. 北京:化学工业出版社,2014.

[39] SAE AS5127/1. Aerospace Standard Test Methods for Aerospace Sealants Two-Component Synthetic Rubber Compounds [S]. 2014.

[40] HB5243—1993. 室温硫化密封剂流淌性试验方法[S]. 1993.

[41] HB5249—1993. 室温硫化密封剂 180°剥离强度试验方法[S]. 1993.

[42] ASTM D1200-10. Standard Test Method for Viscosity by Ford Viscosity Cup [S]. 2014.

［43］ASTM D523 - 14. Standard Test Method for Specular Gloss ［S］. 2014.

［44］ASTM D3363 - 05. Standard Test Method for Film Hardness by Pencil ［S］. 2005.

［45］GB/T1884—2000.原油和液体石油产品密度实验室测定法(密度计法)［S］.2000.

［46］GB/T6536—2010.石油产品常压蒸馏特性测定法［S］.2010.

［47］GB/T265—1988.石油产品运动粘度测定法和动力粘度计算法［S］.1988.

［48］ASTM D217 - 10. Standard Test Methods for Cone Penetration of Lubricating Grease ［S］. 2010.

［49］SAE AS4059. Aerospace Fluid Power - Cleanliness Classification for Hydraulic Fluids ［S］. 2013.

［50］NAS 1638—2011. Cleanliness Requirements of Parts used in Hydraulic Systems ［S］. 2011.

［51］ASTM D92 - 12b. Standard Test Method for Flash and Fire Points by Cleveland Open Cup Tester ［S］. 2012.

［52］ASTM D93 - 15. Standard Test Methods for Flash Point by Pensky-Martens Closed Cup Tester ［S］. 2015.

［53］GB/T 5096—1985.石油产品铜片腐蚀试验法［S］.1985.

［54］ASTM D792 - 13. Standard Test Methods for Density and Specific Gravity (Relative Density) of Plastics by Displacement ［S］. 2013.

［55］ASTM D130 - 12. Standard Test Method for Corrosiveness to Copper from Petroleum Products by Copper Strip Test ［S］. 2012.

［56］ASTM D1002 - 10. Standard Test Method for Apparent Shear Strength of Single-Lap-Joint Adhesively Bonded Metal Specimens by Tension Loading (Metal-to-Metal) ［S］. 2010.

［57］GB/T533—2008.硫化橡胶或热塑性橡胶 密度的测定［S］.2008.

［58］GB/T528—2008.硫化橡胶或热塑性橡胶拉伸应力应变性能的测定［S］.2008.

［59］GB/T9341—2008.塑料弯曲性能的测定［S］.2008.

［60］黄玉广,张荣,邹小英.塑料与纺织材料［M］.北京：化学工业出版社,2014.

5 飞机元件与组合件及全尺寸的检测

"积木式"试验的概念最早是针对复合材料结构强度验证提出的,实际上不论复合材料还是金属结构,基本都在按照"积木式"的思想来进行设计和验证。这种方法通常从材料/试样级别开始,经过结构元件、典型结构件、组合件和部件级别,最终到完整的全尺寸结构,每个层次的工作都建立在前一个层次所积累的可靠数据基础或方法之上。用试验来验证分析结果,用分析来指导试验,通过试验与分析相结合的方法降低研制计划的费用与风险。

按试验件的尺度进行分类,飞机强度试验可分为材料/元件级试验、组件/部件级试验和全机试验。材料/元件级强度试验主要为设计分析和许用值的确定提供基本数据;组件/部件级强度试验主要验证分析方法,进行结构选型与验证新结构强度;全机结构强度试验主要验证结构强度与承载能力,为飞机设计、使用提供评估信息。

本章按照"积木式"验证方法的层次对飞机结构中有关元件和组合件及全尺寸试验的内容进行详细介绍。

5.1 检测文件的管理

5.1.1 试验任务书

试验任务书是试验甲方根据检测标准及民用航空规章的相关规定,确定试验项目和试验内容,提出试验方法、试验载荷、试验数据测量和试验进度需求,以满足民用飞机适航验证的要求。

5.1.2 试验大纲

试验大纲是试验承担方根据试验任务书的要求进行试验设计,其中应该包括试验的执行标准、试验件的安装方法、试验件的支持/约束方式、加载方法、数据测量方案、无损检测方案、试验设备和人员资质、试验报告等内容,应尽量采用成熟、可靠、合理且易于实施的试验方案。应该在试验前组织专家对试验大纲进行评审,评审通过后，才开始正式试验。

5.1.3　检测规范和标准

　　材料元件、细节级的试验多数情况下已经有成熟的试验标准来规范试验的实施过程，标准通常包含试验件设计、试验要求、实施方案及数据处理等内容，所以此类试验可以完全按照标准的要求来实施。与飞机结构材料、设计相关的国内外标准有很多，国内过去多采用相应的国标和航空行业标准；国外一些主要的飞机制造厂商，如波音公司、空中客车公司均采用本公司制订的试验标准；目前国外最有代表性的材料试验标准是美国的 ASTM 标准，例如，在 MIL‐HDBK‐17‐1F《复合材料手册》中明确指出："由于完整性及其作为完全一致同意的标准地位，只要适用，MIL‐HDBK‐17 就强调使用 ASTM D‐30 试验方法。"本文将分别针对金属材料和复合材料列出静强度、疲劳和断裂试验中比较有代表性的常用标准。

5.1.3.1　金属材料检测标准

　　金属材料国内检测标准统计结果如表 5.1 所示，ASTM 标准统计结果如表 5.2 所示。

表 5.1　金属材料性能检测国内标准

序号	标准号	标准名称
1	GB/T229—2007	金属材料夏比摆锤冲击实验方法
2	GB/T232—2010	金属材料弯曲试验方法
3	GB/T238—2002	金属材料线材反复弯曲实验方法
4	GB/T2653—2008	焊接接头弯曲试验方法
5	GB/T3250—2007	铝和铝合金铆钉线与铆钉剪切实验方法及铆钉线铆接实验方法
6	GB/T3251—2006	铝和铝合金管材压缩实验方法
7	GB/T4338—2006	金属材料高温拉伸实验方法
8	GB/T5027—2007	金属材料薄板和薄带塑性应变比(r 值)的测定
9	GB/T5482—2007	金属材料动态撕裂实验方法
10	GB/T5776—2005	金属和合金的腐蚀，金属和合金在表层海水中暴露和评定的导则
11	GB/T6400—2007	金属材料线材和铆钉剪切实验方法
12	GB/T7314—2005	金属材料室温压缩实验方法
13	GB/T10128—2007	金属材料室温扭转实验方法
14	GB/T10623—2008	金属材料力学性能实验术语
15	GB/T12443—2007	金属材料扭应力疲劳试验方法
16	GB/T13239—2006	金属材料低温拉伸实验方法
17	GB/T15970.1—1995	金属和合金的腐蚀　应力腐蚀实验　第 1 部分：实验方法准则
18	GB/T15970.6—2007	金属和合金的腐蚀　应力腐蚀试验　第 6 部分：恒载荷或恒位移下
19	GB/T16823.1—1997	螺纹紧固件应力截面积和承载面积

序号	标准号	标准名称
20	GB/T19291—2003	金属和合金的腐蚀　腐蚀试验一般原则
21	GB/T21143—2007	金属材料准静态断裂韧度的统一实验方法
22	GJB 445—1988	胶黏剂高温拉伸强度试验方法（金属对金属）
23	GJB 5096—2002	军用飞机结构热强度实验要求
24	GB/T4161—2007	金属材料平面应变断裂韧度 K_{IC} 试验方法
25	GB/T2107	金属高温旋转弯曲疲劳试验方法
26	GB/T2358—1994	金属材料裂纹尖端张开位移试验方法
27	GB/T3075	金属轴向疲劳试验方法
28	GB/T4337—2008	金属材料疲劳试验旋转弯曲方法
29	GB/T6398—2000	金属材料疲劳裂纹扩展速率试验方法
30	GB/T7732	金属材料表面裂纹拉伸试样断裂韧度试验方法
31	GB/T7733	金属旋转弯曲腐蚀疲劳试验方法
32	GB/T10622	金属材料滚动接触疲劳试验方法
33	GB/T12443	金属扭应力疲劳试验方法
34	GB/T15248	金属材料轴向等幅低循环疲劳试验方法
35	GB/T21143	金属材料准静态断裂韧度的统一试验方法
36	GB/T24176	金属材料疲劳试验数据统计方案与分析方法
37	HB 5153—1996	金属高温旋转弯曲疲劳试验方法
38	HB 5167—1981	轴向等幅低循环疲劳试验方法
39	HB 5287—1996	金属材料轴向加载疲劳试验方法
40	HB 6660—1992	金属板材热疲劳试验方法
41	HB 7714—2002	飞机结构疲劳试验通用要求
42	HB 7110—1994	金属材料细节疲劳额定强度截止值 DFR 实验方法
43	HB/Z 112—1986	材料疲劳试验统计分析分法
44	HB/Z 217—1992	应变能时间相关疲劳寿命预测方法说明书

表 5.2　金属材料性能检测 ASTM 标准

序号	标准号	标准名称
1	ASTM B557	Method of Tension Testing Wrought and Cast Aluminum-and Magnesium-Alloy Products（vol. 02. 02，02. 03，03. 01） 锻、铸铝和镁合金制品的拉伸实验方法
2	ASTM B769	Test Method for Shear Testing of Alumium Alloys（vol. 02. 02） 铝合金剪切实验方法
3	ASTM B831	Standard Test Method for Shear Testing of Thin Alumium Alloy Products（vol. 02. 02） 薄铝合金产品的标准剪切实验方法

（续表）

序号	标准号	标 准 名 称
4	ASTM E8	Test Methods of Tension Testing of Metallic Materials(vol. 01. 02,02. 01,02. 03,03. 01) 金属材料拉伸实验方法
5	ASTM E9	Compression Testing of Metallic Materials at Room Temperature(vol. 03. 01) 金属材料的室温压缩试验
6	ASTM E21	Recommended Practice for Elevated Temperature Tension Tests of Metallic Materials(vol. 03. 01) 推荐的金属材料高温拉伸试验方法
7	ASTM E111	Test Methods for Young's Modulus, Tangent Modulus, and Chord Modulus(vol. 03. 01) 弹性模量、切线模量和弦线模量实验方法
8	ASTM E132	Test Methods for Poisson's Ratio at Room Temperature(vol. 03. 01) 室温下泊松比实验方法
9	ASTM E139	Recommended Practice for Conducting Creep,Creep-Rupture,and Stress-Rupture Tests of Metallic Materials(vol. 03. 01) 推荐的金属材料蠕变、蠕变破坏和应力破坏实验方法
10	ASTM E143	Test Method for Shear Modulus at Room Temperature(vol. 03. 01) 室温剪切模量实验方法
11	ASTM E238	Methods for Pin -Type Bearing Test of Metallic Materials 金属材料的销型挤压实验方法
12	ASTM B909	铝合金断裂韧性 K_{IC} 测试常用标准
13	ASTM E399	金属材料的线弹性平面应变断裂韧性 K_{IC} 的标准测试方法
14	ASTM E466	金属材料力控制恒幅轴向疲劳试验方法
15	ASTM E468	金属材料恒幅疲劳试验结果表示方法
16	ASTM E606	应变控制疲劳试验方法
17	ASTM E647	疲劳裂纹扩展速率试验方法
18	ASTM E739	线性或线性化应力-寿命和应变-寿命实验方法
19	ASTM E796	金属箔延性试验方法
20	ASTM E1820	断裂韧性测定的标准试验方法
21	ASTM E1949	粘贴金属电阻应变片室温疲劳寿命试验方法
22	ASTM E2207	薄壁管应变控制轴向扭转疲劳试验方法

5.1.3.2　复合材料检测标准

　　高性能纤维增强复合材料诞生于 1960 年代初,1960 年代末期开始应用于飞机次承力结构。由于设计的需求,提出了复合材料力学性能的测试要求。最初这项工作主要在材料研究和飞机设计部门进行,以企业标准的形式出现。随后为了复合材料的推广使用,出现了先进材料供应商协会(SACMA)的测试标准,其中得到广泛认可的则成为 ASTM(美国材料试验学会)标准,相当于美国的国家标准。应该指出,在很长一段时间里,先进复合材料供应商协会(SACMA)制订了很多测试标准,但在1994 年后该协会已不再对这些标准进行修订和更新。ASTM 标准通常每 5 年审查一次。最初的复合材料力学性能测试 ASTM 标准建立于 20 世纪 70 年代初期。

由于当时对复合材料的特性和破坏机理认识很少,这些标准的制订主要参照相应的金属力学性能标准。在迄今为止的 30 多年里,复合材料力学性能表征方法的研究有了突飞猛进的进展,特别是复合材料与金属的破坏机理完全不同,同时复合材料飞机构件的使用经验还发现,湿热影响和冲击损伤对复合材料性能表征有着重要的意义。此外制订试验标准的意义在于使所测得的性能数据尽可能与真实的性能一致,并保证不同测试人员采用不同测试手段能得到相同的数据,因此在这 30 多年里复合材料力学性能的测试标准已进行了多次修订和增添。目前复合材料力学性能测试的 ASTM 标准大部分是在 21 世纪初制订和增添的,其余的也基本上是 20世纪末期制订和修订的。附录 A 给出了迄今为止 ASTM D30 委员会制订的有关复合材料结构性能标准的详细介绍,这些标准适用于纤维弹性模量超过 20 GPa 的复合材料体系(目前飞机结构用的纤维均符合该要求)。

国内复合材料力学性能的测试标准可以分别从国家标准(GB 体系)、国家军用标准(GJB 体系)和航空工业行业标准(HB 体系)中发现适用的标准,其中航空工业标准肯定适用于碳纤维增强复合材料,而对国家标准则需具体分析,有的只适用于增强塑料,但因标准的适用范围为纤维增强塑料,有可能被用于碳纤维增强复合材料而引起混乱。

我国自 1960 年代末期开始高性能纤维复合材料的研究,1974 年开始用于飞机结构。由于设计的需要,20 世纪 80 年代初期开始提出复合材料力学性能测试要求,并制订了首批测试标准。虽然也开展了一些标准试验方法的研究,但基本上是对当时的 ASTM 标准(主要是 20 世纪 70 年代的标准)的消化理解和国产化(主要是将度量衡单位由英制转换为公制和内容的简化),因此制订的标准基本上与 20 世纪 70年代的 ASTM 标准相当。复合材料国内标准统计如表 5.3 所示。

表 5.3　复合材料性能检测国内标准

序号	标 准 名 称	对应的国内标准	
		编号	颁布日期
编辑和资源			
1	纤维增强复合材料试验标准指南	GB/T1446	1983
2	复合材料标准术语	GB/T3961	1993

（续表）

序号	标 准 名 称	对应的国内标准	
		编号	颁布日期
	组分和前驱体		
3	连续长丝碳和石墨纤维束性能的标准试验方法	GB/T3362	1982
4	碳纤维/环氧树脂预浸料树脂凝胶时间的标准试验方法	GB/T5259	1985
5	碳纤维/环氧树脂预浸料树脂流动性的标准试验方法	GB/T5260	1985
6	复合材料预浸料挥发分含量的标准试验方法	GB/T6056	1985
7	复合材料预浸料基体固体含量和基体含量的标准试验方法	GB/T7192	1987
	单层和层压板		
8	聚合物基复合材料拉伸性能标准试验方法	GB/T3354	1982(1999)
9	由45层压板拉伸确定聚合物基复合材料面内剪切响应的标准试验方法	GB/T3355	1982
10	聚合物基复合材料弯曲性能的标准试验方法	GB/T3356	1982
11	聚合物基复合材料及其层压板短梁强度标准试验方法	GB/T3357	1982
12	复合材料组分含量的标准试验方法	GB/T3366	1996
13	带试件准备工艺指导的平复合材料板件准备的标准指南	GB/T3366	1996
14	测量段无支持通过剪切加载测量聚合物基复合材料压缩性能的试验方法	GB/T3856	1983
15	聚合物基复合材料拉-拉疲劳标准试验方法	GB/T16779	1997
16	用复合加载压缩(CLC)试验夹具确定聚合物基复合材料压缩性能的标准试验方法	HB5485	1991
17	由轨道剪切方法确定聚合物基复合材料面内剪切性能的标准试验方法	HB7237	1995
18	聚合物基复合材料吸湿性能和平衡浸润的标准试验方法	HB7401	1996
	与结构有关的试验方法		
19	聚合物基复合材料层压板开孔拉伸强度的标准试验方法	HB6740	1993
20	聚合物基复合材料层压板开孔压缩强度的标准试验方法	HB6741	1993
21	聚合物基复合材料层压板挤压响应的标准试验方法	HB7070	1996
		GB/T7559	1987
	层间性能		
22	单向纤维增强聚合物基复合材料I型层间断裂韧性标准试验方法	HB7402	1996
	夹层结构		
23	夹层结构面内拉伸强度的标准试验方法	GB/T1452	2005
24	夹层结构面内压缩强度的标准试验方法	GB/T1453	2005
25	夹层结构侧向压缩强度的标准试验方法	GB/T1454	1988
26	夹层芯材剪切性能的标准试验方法	GB/T1455	2005
27	夹层结构弯曲性能的标准试验方法	GB/T1456	2005

（续表）

序号	标 准 名 称	对应的国内标准	
		编号	颁布日期
28	夹层芯材密度的标准试验方法	GB/T1464	1987
29	结构用夹层结构芯材吸湿的标准试验方法	GB/T14207	1993
		JC/T289	1981(96)
	疲劳性能		
30	碳纤维树脂复合材料拉-压和压-压疲劳试验方法	HB5439	1989
31	碳纤维复合材料层合板弯曲疲劳试验方法	HB7624	1998

我国的标准制订工作没有按行业进行定期审查和更新的制度保证，在随后 20 多年里只有少量标准参照更新后的 ASTM 标准和其他标准进行了修订和制订，特别是从 1995 年后该项研究基本上处于停顿状态或进展缓慢，因此，采用现有的国标和航空行业标准进行试验得到的复合材料许用值试验数据常常会受到适航当局的质疑，如果需要进行相关试验，建议尽可能采用 ASTM D30 的标准。复合材料 ASTM 标准统计结果如表 5.4 所示，每个标准的详细介绍见附录 A。

表 5.4　复合材料性能检测 ASTM 标准

序号	力 学 性 能	ASTM 标准	
		标准编号	颁布时间
	有关编辑和资源的标准		
1	复合材料标准术语	D3878	2007
2	纤维增强复合材料试验标准指南	D4762	2011
3	复合材料的纤维增强体取向编码标准	D6507	2011
4	数据库中纤维增强聚合物基复合材料识别符标准指南	E1309	2000(11)
5	数据库中纤维增强复合材料力学性能记录的标准指南	E1434	2000(06)
6	计算机用材料性能数据库中纤维、填料和芯材识别符标准指南	E1471	1992(08)
	组分和前驱体性能试验方法		
7	用索氏萃取法测量复合材料预浸料组分含量的标准试验方法	C613	1997(08)
8	复合材料预浸料基体固体含量和基体含量的标准试验方法	D3529	2010
9	复合材料预浸料挥发分含量的标准试验方法	D3530	1997(08)
10	碳纤维/环氧树脂预浸料树脂流动性的标准试验方法	D3531	2011
11	碳纤维/环氧树脂预浸料树脂凝胶时间的标准试验方法	D3532	1999(09)
12	高模量纤维密度的标准试验方法	D3800	2011
13	连续长丝碳和石墨纤维束性能的标准试验方法	D4018	2011

（续表）

序号	力 学 性 能	ASTM 标准	
		标准编号	颁布时间
14	碳纤维热氧化阻抗的标准试验方法	D4102	1982(08)
	单层和层压板试验方法		
15	聚合物基复合材料及其层压板短梁强度标准试验方法	D2344	2000(06)
16	聚合物基复合材料拉伸性能标准试验方法	D3039	2008
17	复合材料组分含量的标准试验方法	D3171	2011
18	测量段无支持通过剪切加载测量聚合物基复合材料压缩性能的试验方法	D3410	2003(08)
19	聚合物基复合材料拉-拉疲劳标准试验方法	E3479	1996(07)
20	由45层压板拉伸确定聚合物基复合材料面内剪切响应的标准试验方法	D3518	1994(07)
21	纤维增强金属基复合材料拉伸性能标准试验方法	D3552	1996(07)
22	由轨道剪切方法确定聚合物基复合材料面内剪切性能的标准试验方法	D4255	2001(07)
23	聚合物基复合材料吸湿性能和平衡浸润的标准试验方法	D5229	1992(10)
24	由V形缺口梁方法确定复合材料剪切性能的标准试验方法	D5379	2005
25	环向缠绕聚合物基复合材料圆筒面内剪切性能的标准试验方法	D5448	2011
26	环向缠绕聚合物基复合材料圆筒横向压缩性能的标准试验方法	D5449	2011
27	环向缠绕聚合物基复合材料圆筒横向拉伸性能的标准试验方法	D5450	2011
28	用夹层梁确定单向聚合物基复合材料压缩性能的标准试验方法	D5467	1997(10)
29	带试件准备工艺指导的平复合材料板件准备的标准指南	D5687	1995(07)
30	用复合加载压缩(CLC)试验夹具确定聚合物基复合材料压缩性能的标准试验方法	D6641	2009
31	对纺织复合材料进行试验的标准指南	D6856	2003(08)
32	用动态力学分析(DMA)方法测量聚合物基复合材料玻璃化转变温度(DMA Tg)的标准试验方法	D7028	2007
33	用V形轨道剪切方法测试复合材料剪切性能的标准试验方法	D7078	2005
34	聚合物基复合材料弯曲性能的标准试验方法	D7264	2007
	与结构有关的试验方法		
35	聚合物基复合材料层压板开孔拉伸强度的标准试验方法	D5766	2011
36	聚合物基复合材料层压板挤压响应的标准试验方法	D5961	2010

（续表）

序号	力 学 性 能	ASTM 标准	
		标准编号	颁布时间
37	测量聚合物基复合材料对集中准静态压痕力损伤阻抗的标准试验方法	D6264	2007
38	聚合物基复合材料层压板开孔压缩强度的标准试验方法	D6484	2009
39	聚合物基复合材料层压板充填孔拉伸和压缩试验的标准方法	D6742	2007
40	聚合物基复合材料层压板挤压疲劳响应的标准方法	D6873	2008
41	测量纤维增强聚合物基复合材料对落锤冲击事件的损伤阻抗的标准试验方法	D7136	2007
42	含损伤聚合物基复合材料板压缩剩余强度性能的标准试验方法	D7137	2007
43	纤维增强聚合物基复合材料棒材拉伸性能的标准试验方法	D7205	2006(11)
44	用两个紧固件试件测量聚合物基复合材料层压板挤压/旁路相互作用响应的标准试验方法	D7248	2008
45	评定民用工程结构应用的聚合物基复合材料的材料性能特征值的标准方法	D7290	2006(11)
46	测量纤维增强聚合物基复合材料紧固件拉脱阻抗的标准试验方法	D7332	2009
47	纤维增强聚合物基复合材料棒拉伸蠕变断裂的标准试验方法	D7337	2007
48	粘贴到混凝土结构的 FRP 拉脱强度的标准试验方法	D7522	2009
49	聚合物基复合材料层压板开孔疲劳响应的操作方法	D7565	2010
50	确定用于增强民用结构湿铺贴纤维增强聚合物基复合材料搭接接头表观剪切强度性能的标准试验方法	D7615	2011
51	纤维增强聚合物基复合材料棒横向剪切强度的标准试验方法	D7616	2011
	层间性能试验标准		
52	单向纤维增强聚合物基复合材料Ⅰ型层间断裂韧性标准试验方法	D5528	2001(07)
53	单向纤维增强聚合物基复合材料Ⅰ型疲劳分层扩展起始的标准试验方法	D6115	1997(11)
54	测量纤维增强聚合物基复合材料曲梁强度的标准试验方法	D6415	2006
55	单向纤维增强聚合物基复合材料Ⅰ-Ⅱ型混合层间断裂韧性标准试验方法	D6671	2006
56	纤维增强聚合物基复合材料厚度方向面内拉伸强度和弹性模量的标准试验方法	D7291	2007

（续表）

序号	力 学 性 能	ASTM 标准	
		标准编号	颁布时间
夹层结构有关标准			
57	夹层芯材密度的标准试验方法	C271	2011
58	结构用夹层结构芯材吸湿的标准试验方法	C272	2001(07)
59	夹层芯材剪切性能的标准试验方法	C273	2011
60	结构用夹层结构标准术语	C274	2007
61	夹层结构面内拉伸强度的标准试验方法	C297	2004(10)
62	蜂窝芯材分层强度的标准试验方法	C363	2009
63	夹层结构侧向压缩强度的标准试验方法	C364	2007
64	夹层结构面内压缩强度的标准试验方法	C365	2011
65	测量夹层芯子厚度的标准试验方法	C366	2011
66	夹层结构弯曲性能的标准试验方法	C393	2011
67	夹层芯子剪切疲劳的标准试验方法	C394	2000(08)
68	夹层结构弯曲蠕变的标准试验方法	C480	1999(11)
69	夹层结构实验室老化的标准试验方法	C481	1999(05)
70	受分布载荷简支夹层板二维弯曲性能的标准试验方法	D6416	2001(07)
71	夹层芯材尺寸稳定性的标准试验方法	D6772	2002(07)
72	确定蜂窝芯子泊松比的标准试验方法	D6790	2002(07)
73	用长梁弯曲测量夹层结构面板性能的标准试验方法	D7249	2006
74	确定夹层梁弯曲和剪切刚度的标准方法	D7250	2006
75	蜂窝夹层芯材静态能量吸收的标准试验方法	D7336	2007
76	夹层结构损伤阻抗试验的操作方法	D7766	2011
77	蜂窝芯材中水迁移的标准试验方法	F1645	2007
疲劳性能			
78	测量纤维增强聚合物基复合材料对落锤冲击事件的损伤阻抗的标准试验方法	D7136	2005
79	含损伤聚合物基复合材料板压缩剩余强度性能的标准试验方法	D7137	2005

5.1.4 试验要求

5.1.4.1 试件的制备

在试验之前,必须保证试件来料是稳定可靠的,为此首先必须建立经过批准的材料标准和工艺规范,同时材料供应商必须建立可靠的质量保证和质量控制程序,包括对操作人员、生产装置、生产环境、质量保证与管理体系和原材料质量控制(一般称为人、机、环、法、料)的一系列制度、法规等的建立与执行状况的检查和考核。

此外,在进行试验之前还会对所要求的试验件进行抽样的试验,以检测提供试验的试件是否满足试验设计时的要求。通常需要提供额外多的试样以满足后续可能存在的补充试验的需求。

5.1.4.2　试验设备与人员

为保证性能测试技术水平的一致和稳定,需要保证以下几点:

(1)设备定检、复检合格:试验中采用的仪器、仪表等设备都要按照试验要求达到规定标准并有明确标识,必须经过具有资质的计量检定单位的检定和校准,检定有效期应覆盖整个试验周期,以满足试验结果的可靠性。

(2)测试人员固定、技术熟练:试验人员在试验之前应该在有经验的设计人员和试验员的培训下对相关的实验设备和试件的材料性能,以及试验的原理和注意事项进行深入地学习和了解,须有上岗资质证明,持证上岗。

(3)严格执行标准规定。

(4)降低各种因素对测试结果数据的影响。

5.1.4.3　试验件安装

试验件的安装主要包括如下几点。

(1)应变片粘贴:根据任务书的要求,进行应变片粘贴。通常会在试验件的危险部位、应力均匀部位、应力集中部位和截面产生偏心的部位粘贴应变片,以跟踪应力。

(2)试验件固定:将试验件固定到试验夹具上,要注意加载同轴度等的试验要求。

(3)试验测试设备安装:加载设备、测量设备和试验保护设备的安装与连接,如应变采集设备、引伸计或加速度计等的安装和连接。要求传感器要经过具有资质的计量检定单位的检定和校准,检定有效期应覆盖整个试验周期。

5.1.4.4　试验调试

试验调试是试验过程中的重要环节,通过调试发现或验证试验件安装、试验加载和数据采集方案是否合理和正常运行。通常对试验件加 $20\%\sim30\%$ 的预试载荷,测量应变、位移和变形数据,卸载到零,检查载荷-应变和载荷-位移数据是否正常。进行预试后,如果一切情况正常,可以按照试验要求的加载速率或频率进行正式试验。

5.1.4.5　试验

试验必须严格按照试验规范、试验大纲、操作规程以及试验承担方的试验质量控制程序等开展,并有完整的试验记录。同时,数据记录应具有可追溯性,例如,每批次材料性能应给出这些数据:平均值;单个最小值,单个最大值;变异系数或标准差;子样大小。

试验过程中需要完成试验载荷控制、试验数据测量、无损检测和/或结构维修等内容。通常应变和位移测量结果能够提供整个结构的应力分布和总体变形特征,以方便试验甲方与设计分析结果进行对比。试验过程中的无损检测有助于发现试验件的裂纹或缺陷,是保证试验成功的关键要素。如果试验中发生故障或不合格数据时,应如实记录并及时通知甲方,共同分析故障或不合格数据原因,制订相应排除故障措施。

5.1.5 试验报告

试验报告是对试验大纲实施结果的评价,应该全面总结试验实施情况、试验应变和位移测量结果、试验件最大载荷与寿命、试件破坏与损伤情况等。

在试验后,应该组织专家对整个试验及试验报告进行评审,并对评审中发现的问题全部归零,才可以进行项目验收。

5.1.6 设计许用值内容

5.1.6.1 许用值的定义

在 AC 20 - 107B 中许用值定义为:在概率基础上(如分别具有 99% 概率和 95% 置信度,与 90% 概率和 95% 置信度的 A 或 B 基准值),由层压板或单层级的试验数据确定的材料值。导出这些值要求的数据量由所需的统计意义(或基准)决定。

许用值包括两部分,即材料许用值(即单层级材料许用值)和设计许用值,它们是确定结构不同部位设计值的基础。

5.1.6.2 材料许用值的定义

材料的性能数据按不同的基准给出,按照《Metallic Materials Properties Development and Standardization,MMPDS》中的基准,可靠的数据可以分为 A 基准值,B 基准值,S 基准值和典型基准值,有关的定义和说明如下。

1) A 基准

A 基准建立在统计基础上材料力学性能的一个限定值,在 95% 的置信度下,99% 的性能数据值群的最小值,也就是说,在材料性能试验数据母体中,至少有 99% 的数值等于或大于该值,其置信度为 95%。A 基准值应用于关键结构(件)的设计,例如,其破坏会导致组合件或部件失去结构完整性的单路径传力结构件,或在全尺寸静强度试验中预计不能达到极限载荷的结构件。

2) B 基准

B 基准建立在统计基础上材料力学性能的一个限定值,在 95% 的置信度下,90% 的性能数值群的最小值,也就是说,在材料性能试验数据母体中,至少有 90% 的数值等于或大于该值,其置信度为 95%。B 基准值可用于一般结构(件)的设计,例如,单一构件被破坏后,载荷会安全地转移到其他承载构件上的超静定/多传力路径结构。

3) S 基准

S 基准通常为材料规范中对此材料所规定的最小力学性能值,可能反映某种规定的质量控制要求。其相应的统计保证是未知的,视所取样本数和试验背景数据量确定。当缺少 A 基准值、B 基准值而有规定的 S 基准值时,结构设计中可采用 S 基准值。

4) 典型基准值

典型基准值是材料性能的一个算术平均值,此值与统计保证无关。

一般材料许用值测定按 S 基准测试,因 A 基准和 B 基准许用值要求试验数据量大,国内目前进行飞机强度分析或校核时所做的材料、元件和细节试验一般属于设计性能验证试验,基本上是取统计平均值(除以对应系数),试验结果处理时常取5～10 件有效试验件的试验结果按式(5.1)计算均值,按照式(5.2)和式(5.3)计算标准偏差和离散系数,观察标准偏差和离散系数的大小,判定计算性能平均值的有效性,对应 95% 的置信度和 50% 的可靠度。

如果有效试验件数大于 30 件,可通过假定样本母体为正态分布,按式(5.4)查表计算 S 基准值;如果样本规模足够大,可以按照 A 基准或 B 基准统计方法处理数据,可以参照 GJB/Z18A—2005《金属材料力学性能数据处理与表达》或 MIL Handbook‐17 中给出的方法进行。

$$\overline{X} = \frac{1}{n}\sum_{i=1}^{n}X_i \text{(平均值)} \tag{5.1}$$

$$S = \sqrt{\frac{1}{n-1}\sum_{i=1}^{n}(X_i - \overline{X})^2} \quad \text{(标准偏差)} \tag{5.2}$$

$$CV = \frac{S}{\overline{X}} \cdot 100\% \quad \text{(离散系数)} \tag{5.3}$$

$$S_{min} = \overline{X} - S \cdot k_{99} \quad \text{(S基准值)} \tag{5.4}$$

式中:$\overline{X}$ 为样本均值;S 为标准偏差;k_{99} 为单侧容限系数,依据试验件数量,相应于正态分布至少 99% 的可靠和 95% 的置信系数。

对复合材料层压板而言,材料许用值应包括不同吸湿与温度条件组合(具体的组合取决于结构设计的要求)的下列性能:

(1) 0°(或经向)和 90°(或纬向)拉伸弹性模量和强度;

(2) 0°(或经向)和 90°(或纬向)压缩弹性模量和强度;

(3) 主泊松比;

(4) 纵横(面内)剪切弹性模量和强度。

上述性能中 0°(或经向)与 90°(或纬向)拉伸、压缩强度、纵横剪切强度通常取 B 基准值,弹性模量和主泊松比取平均值。

5.1.6.3 设计许用值的定义

设计许用值包括不同吸湿与温度条件组合(具体的组合取决于应用对象的要

求)的下列性能：典型铺层无缺口层压板力学性能、含缺口（包括开孔和充填孔）层压板拉伸和压缩强度和层压板挤压强度，含冲击损伤层合板以及机械连接设计的层合板的结构性能等。含冲击损伤层压板压缩强度一般与具体结构尺寸及支持条件有关，但通常用小试样得到的冲击后压缩强度低于实际结构的承载能力，可以作为结构损伤容限初步设计用材料许用值的初始值，从这个意义上讲，也可以作为设计许用值的一部分。

几乎所有结构设计研制计划都需要进行大量结构典型铺层试样试验，包括无缺口拉伸、压缩与剪切试样、开孔和充填孔拉伸与压缩试样、冲击后压缩试样和机械连接件试样。由于结构典型铺层与具体结构有关，在每个新的结构研制计划中，常常都要重复这些耗时耗钱的试验。考虑到这些试样的试验结果一般只与铺层比例有关，而与铺层顺序无关，同时在一定的厚度范围内（例如不超过 4 mm），厚度对强度的影响可以忽略不计，因此可以选取某一厚度（或多个厚度）若干结构典型铺层比例试样进行试验，然后通过经试验证实的分析方法得到不同试验条件下的毯式曲线（即铺层比例与强度或模量的变化曲线），使试验结果具有普遍意义，用于采用同一材料体系及同一制造商制造的其他结构设计。若出现材料/工艺变化（包括制造商发生变化），也可通过等同性评估，来保证已有的许用值数据库可以继续使用。

5.1.6.4 设计许用值的确定

图 5.1 给出了确定许用值的路线。确定许用值前，必须保证来料（通常是预浸

图 5.1 确定许用值的路线

料)是稳定可靠的,为此首先必须建立经过适航审定过的材料标准和工艺规范,同时材料供应商必须建立可靠的质量保证和质量控制程序,包括对操作人员、生产装置、生产环境、质量保证与管理体系和原材料质量控制(一般称为人、机、环、法、料)的一系列制度、法规等的建立与执行状况的检查和考核。只有满足上述要求后才有可能建立许用值,并在所得到的许用值数据库基础上建立设计值。

设计许用值包括不同吸湿与温度条件组合(具体的组合取决于应用对象的要求)的下列性能:典型铺层无缺口层压板力学性能、含缺口(包括开孔和充填孔)层压板拉伸和压缩强度和层压板挤压强度以及含冲击损伤层合板,机械连接设计层合板结构力学性能等。因此为了不重复大量的试验,耗费大量的人力物力,通过对典型铺层进行试验,使其具有普遍意义,用于采用同一材料体系及同一制造商制造的其他结构设计,以此确定复合材料的设计许用值。

1) 无缺口层合板

(1) 典型铺层层压板 x 轴拉伸弹性模量和强度;

(2) 典型铺层层压板 y 轴拉伸弹性模量和强度;

(3) 典型铺层层压板 x 轴压缩弹性模量和强度;

(4) 典型铺层层压板 y 轴压缩弹性模量和强度;

(5) 典型铺层层压板 x-y 平面内剪切弹性模量和强度;

(6) 典型铺层层压板主泊松比。

x-y 坐标系为典型铺层层压板参考坐标系。以上性能数据中强度取 B 基准值,弹性模量和泊松比取平均值(稳定性计算时采用 B 基准值)。典型铺层层压板力学性能用于验证和确定适用于结构用材料体系层压板失效准则,并建立弹性模量和强度毯式曲线。

2) 含缺口层合板

(1) 典型铺层层压板开孔和充填孔拉伸强度;

(2) 典型铺层层压板开孔和充填孔压缩强度。

以上性能数据取 B 基准值。含缺口典型铺层层压板拉伸和压缩强度在一定程度上代表制造中允许的缺陷对材料体系拉伸和压缩强度的影响,并用于建立开孔和充填孔拉伸和压缩强度毯式曲线。

3) 含冲击损伤层合板

含冲击损伤典型铺层层压板压缩强度代表制造和使用过程中产生的冲击损伤对材料体系压缩强度的影响,并用于建立冲击后压缩强度的毯式曲线。冲击后压缩强度取 B 基准值(冲击能量应根据结构设计准则中的冲击损伤要求选取)。试样级冲击后压缩强度的毯式曲线用作确定初步设计阶段用损伤容限设计许用值。

4) 机械连接层合板

典型铺层层压板挤压强度代表材料体系的机械连接性能,取 B 基准值。

5.2　零件与组合件的常规检测

5.2.1　形状和尺寸的检测

试件的形状和尺寸直接影响实验过程中的试件安装和实验结果。在试验之前对制备试件由经过检测的测量工具进行测量并记录，以满足最初设计误差要求，对保证试验结果的可靠性是非常必要的。

5.2.2　表面外观检测

试件的制备过程中是否存在明显可见的损伤以及表面的光洁度、粗糙度是否满足试验设计的要求，这些都要通过表面外观的检测来实现。

5.3　无缺口层压板设计许用值试验

5.3.1　材料许用值与典型铺层

5.3.1.1　通用试验矩阵

（1）推荐的力学性能试验矩阵如表 5.5 所示。

表 5.5　单层级力学性能试验矩阵

力学性能	试验条件和试样数量			试样总数
	CTD	RTD	ETW	
0°拉伸（经向）	5×2×3	5×2×3	5×2×3	90
90°拉伸（纬向）	5×2×3	5×2×3	5×2×3	90
0°压缩（经向）	5×2×3	5×2×3	5×2×3	90
90°压缩（纬向）	5×2×3	5×2×3	5×2×3	90
纵横（面内）剪切	5×2×3	5×2×3	5×2×3	90
试样总数				450

（2）力学性能试验矩阵中每一个性能在每种条件下要求至少 30 个试验数据（至少 5 批，每批至少 6 个数据），以在确定 B 基准性能时进行统计分析。若承制方和用户能取得一致，也可采用较少的试验或批次，但不得少于 3 批。

（3）表中 CTD 对飞机结构均为 $-55℃$；ETW 的高温为复合材料体系的最高工作温度。

（4）表中采用 $l-m-n$ 的形式来表示所需试样数，其中，l 代表需要的批数；m 代表每批的试板数，试板应出自不同炉次；n 代表每个试板的试样数。

（5）除有特殊要求外，对湿态试样的要求均为：放置在 85% 相对湿度条件下达到平衡吸湿量的试样。为加速吸湿，浸润过程可在高温下进行，对环氧树脂基复合材料体系，最高温度不应超过 80℃。通常采用的试样状态调节条件是在 70℃/85%

RH 条件下达到平衡。

5.3.1.2 回归分析用实验矩阵

表 5.5 给出的试验矩阵可用表 5.6 所示的试验矩阵代替,基本出发点是采用尽可能少的试验数据,得到尽可能多的许用值。基本假设是材料性能的分散性主要来自于材料与工艺的变异性,可以不考虑试验环境条件对性能数据分散性的影响,因此认为不同试验环境条件下得到的数据来自于同一母体。回归分析用单层级力学性能试验矩阵基本原则如下。

回归分析允许共享不同环境参数(如温度和吸湿量)下获得的数据。对多批次的材料,可以用比其他情况下所需规模小的试验数据母体,计算出某种性能在每一种环境条件下的 B 基准值和 A 基准值。

用 3 种高温试验条件代替"最高温度"条件,可根据具体使用情况采用不同温度与试样状态(干态或湿态)的组合。所有的温度在干态时低于干态的玻璃化转变温度 T_g,在湿态情况时低于湿态的 T_g。

关于试验温度的分布,对不同复合材料体系推荐的试验温度如表 5.7 所示。

表 5.6　回归分析用单层级力学性能试验矩阵

力学性能	试验条件和每批试样数量					试样总数
	CTD	RTD	ET1	ET2	ET3	
0°拉伸(经向)	5×1×3	5×1×4	5×1×3	5×1×4	5×1×4	90
90°拉伸(纬向)	5×1×3	5×1×4	5×1×3	5×1×4	5×1×4	90
0°压缩(经向)	5×1×3	5×1×4	5×1×3	5×1×4	5×1×4	90
90°压缩(纬向)	5×1×3	5×1×4	5×1×3	5×1×4	5×1×4	90
纵横(面内)剪切	5×1×3	5×1×4	5×1×3	5×1×4	5×1×4	90
试样总数						450

注:ET2 代表了给定结构的最高使用温度,ET1 代表了高于室温但低于 ET2 的中等高温,而 ET3 代表了材料体系的最高使用温度(如 MOL)。

表 5.7　对不同复合材料体系推荐的试验温度(℃)

复合材料体系	CTD	RTD	ET1	ET2	ET3
120℃固化环氧树脂	−55	23	80	—	—
180℃固化环氧树脂	−55	23	80	100	120
200℃固化双马	−55	23	100	130	150
230℃固化双马	−55	23	120	180	200
315℃固化聚酰亚胺	−55	23	180	230	290

注:ET2 代表了给定结构的最高使用温度,ET1 代表了高于室温但低于 ET2 的中等高温,而 ET3 代表了材料体系的最高使用温度(如 MOL)。

5.3.1.3 纤维缠绕材料力学性能实验矩阵

建议的纤维缠绕结构的力学性能试验如表5.8所示。推荐采用最能模拟最终产品所用的工艺技术制造试板，并应采用经适航认可的试验方法标准进行试验。

表 5.8　纤维缠绕材料性能合格鉴定试验矩阵

力学性能	每批预浸料的试验条件和试样数量			试样总数
	CTD	RTD	ETW	
0°拉伸	5×2×3	5×2×3	5×2×3	90
90°拉伸	5×2×3	5×2×3	5×2×3	90
0°压缩	5×2×3	5×2×3	5×2×3	90
90°压缩	5×2×3	5×2×3	5×2×3	90
面内剪切	5×2×3	5×2×3	5×2×3	90
试样总数				450

5.3.1.4 典型铺层的定义

这里给出推荐的典型铺层层压板定义如表5.9所示，供设计制订试验矩阵时参考，对其他类型飞机，其选取的典型铺层比例可能不同，应选取结构可能使用铺层比例的典型值与上下限，具体型号采用的铺层定义由设计方确定。

表 5.9　层压板典型铺层定义

典型铺层名称	铺层比例[0/±45/90]	建议的铺层顺序	说明
典型蒙皮铺层Ⅰ	(50/40/10)	$[45/0/-45/90/0/45/0/-45/0]_{ns}$	典型结构铺层
典型蒙皮铺层Ⅱ	单向带：(40/40/20) 织物：(40/20/40)	单向带：$[45/0/-45/90/0]_{ns}$ 织物：$[0f/90f/0f/90f/45f/-45f/90f/0f/90f/0f]_{ns}$	结构铺层的上限
准各向同性铺层	(25/50/25)	$[45/0/-45/90]_{ns}$	——
典型蒙皮铺层Ⅲ	(10/80/10)	$[45/-45/90/45/-45/0/45/-45]_{ns}$	结构铺层的下限

5.3.2 试验矩阵

推荐的无缺口层压板力学性能试验矩阵如表5.10所示。试验矩阵还要求在严酷环境试验条件下，对偏离材料主轴22.5°的2种层压板进行试验，以评定材料偏轴行为。此外，如果结构的厚度范围大大超过（例如大于2倍）基本的"T1"厚度（2~6mm），则规定对所有的试验条件下要进行"T2"厚度层压板3批材料试验。但是如果结构包含层压板的厚度变化在4mm范围内，只需要一种厚度层压板的试验矩阵。

表 5.10　无缺口层压板强度试验矩阵（建议）

典型铺层名称	厚度 a	与加载方向的夹角 ϕ	试样数量			
			压缩 RTD	压缩 ETW	拉伸 CTD	拉伸 RTD
典型蒙皮铺层 Ⅰ	T1	0	3×2×3	3×2×3	3×2×3	3×2×3
	T2	0	3×2×3	3×2×3	3×2×3	3×2×3
	T1	22.5	—	1×2×3	1×2×3	—
典型蒙皮铺层 Ⅱ	T1	0	3×2×3	3×2×3	3×2×3	3×2×3
	T2	0	3×2×3	3×2×3	3×2×3	3×2×3
	T1	22.5	—	1×2×3	1×2×3	—
准各向同性铺层	T1	0	—	1×2×3	1×2×3	—
典型蒙皮铺层 Ⅲ	T1	0	—	1×2×3	1×2×3	—
小计	—	—	72	96	96	72
总计			336			

注：T1 代表层压板厚度约为 2～6 mm；T2 代表第 2 种层压板，厚度可以选择，取决于结构所用层压板厚度的上限；部分情况采用 1×2×3 个试样，以便进行统计处理来得到减量的 B 基准值，并可将得到的降低系数用于其他情况。

5.3.3　数据处理

由无缺口层压板试验矩阵获得的试验数据计算得到复合材料体系无缺口层压板设计许用值的计算过程为：

（1）获取该材料体系单层级的许用值，强度用 B 基准值，弹性模量用平均值。

（2）由单层级的弹性模量用经典层压板理论直接计算得到层压板级弹性模量随铺层比例变化的毯式曲线。

（3）选取各种不同的强度失效判据和刚度折减方法，用经典层压板理论按计算极限强度的增量法或全量法，计算试验矩阵所选典型铺层层压板的极限强度。

（4）比较用不同方法计算得到的极限强度值与试验值，选择其中误差最小的方法作为该复合材料体系计算极限强度推荐的方法。

（5）用选定的方法计算该复合材料体系层压板 B 基准极限强度与不同铺层比例的毯式曲线。

5.4　含缺口层压板设计许用值试验

缺口层压板试验通常是机械紧固连接分析和损伤容限分析所需要的，用来提供覆盖制造异常和小损伤影响的设计值。下文推荐的试验方法主要针对含有小圆形缺口的层压板试件，含有较大或非圆孔缺口层压板的试验方法见 5.5 节。

5.4.1　试验方法

可以按照表 5.11 所示试验方法进行缺口层压板试验。

表 5.11 缺口层压板试验方法

性能	ASTM 标准	国内标准
开孔拉伸强度	D5766	HB6740
充填孔拉伸强度	D6742	无
开孔压缩强度	D6484	HB6741
充填孔压缩强度	D6742	无

5.4.1.1 缺口层压板拉伸

对含直径为 6.35mm(0.25in)中心圆孔的对称均衡层压板进行单轴拉伸试验，确定缺口层压板的拉伸强度。标准试件宽度为 36mm，长度为 200~300mm，对开孔试件和紧固件充填孔试件均可进行试验。试样在拉伸载荷作用下直到发生破坏，记录试验过程中的力-横梁位移数据、最大载荷、试件尺寸及失效模式和位置。通常采用楔形或液压夹块，通过试件两端的机械剪切界面将拉伸载荷施加到试件上。试验机的夹持楔块宽度不能小于试样宽度，每端夹持深度不能小于 50mm。除非所用锯齿形夹块的齿距很大或夹持压力过大，没有必要用加强片或进行特殊的夹持处理，因为开孔将导致应力集中，消除了夹持部位破坏的问题，使试样在缺口区域破坏。极限开孔拉伸强度唯一可接受的破坏模式是通过试样中孔的截面。开孔和充填孔的拉伸强度按毛横截面积给出，不进行任何有限宽度的修正。

1) 开孔拉伸试验方法

ASTM D5766 标准限定的复合材料形式为高模量连续或不连续纤维增强的聚合物基层压板，层压板应当含有多个纤维方向（至少有 2 个方向的纤维），且具有对称均衡的铺层顺序。含有缎纹组织的机织物层压板应当具有对称的经纱表面。本试验方法不适用于只包含一个铺层方向的单向层压板。

标准的试验层压板推荐铺层顺序为 $[45_i/-45_i/0_j/90_k]_{ns}$ 或采用 $[45_i/0_j]_{ms}$ 织物层压板，并且在四个主方向上，每个纤维的单层至少为 5%。层压板的名义厚度为 2.5mm，允许的厚度范围为 2~4mm。

试样宽度/孔径比(W/D)会对结果产生影响，推荐 $W/D=6$。试验结果也受孔径/厚度比(D/h)的影响，优先选用的比值范围为 1.5~3.0。该试验方法也适用于具有不同宽度/直径比和孔尺寸的试件。试样的铺层顺序、宽度或长度或者孔的直径与规定值间有任何变化，均要在报告中明确说明。

2) 充填孔拉伸试验方法

ASTM D6742 标准对试样方法 D5766 补充了有关装有紧配合紧固件或销钉孔试样的条款，适用于具有不同紧固件类型、试样宽度/紧固件直径比和紧固件-孔间隙的试件。本方法没有明确规定几个重要的试样参数（如紧固件的选择、紧固件安装方法、紧固件孔的公差），然而，为了保证试验结果的重复性，实际试验中需要规定和报告这些参数。

对于拉伸试验,试样铺层顺序和结构形式的要求与试验方法 D5766 一致,根据采用的紧固件类型,名义孔径可能不同于试样方法 D5766。①几何参数可以影响试验结果,包括钉头直径、钉头深度、沉头角度、钉头-钉身半径,以及沉头深度与层压板厚度的比值(首选比值范围为 0.0～0.7)。沉头平齐度(紧固件头部在沉头孔中的深度或凸起)会影响强度结果,需要精确测量并记录。②试样宽度-紧固件直径之比将影响试验结果,与 D5766 不同的地方,D6742 方法中考虑到所用的具体紧固件和孔的直径,放松要求,该比值可以不保持为 6。③充填孔拉伸强度还受孔与紧固件间隙的影响,相比于充填孔压缩强度,充填孔拉伸强度所受影响要小。对航宇结构,典型紧固件-孔间隙容差范围为 $+75/-0\,\mu m$。紧固件安装时,过小的间隙导致的损伤将影响强度结果。

所用紧固件几何形状和类型(如销钉、锁紧螺栓、盲螺栓)、紧固件的安装方法、孔的制备方法都将对结果产生影响。①紧固件或销钉的类型、安装的拧紧力矩(如果采用)及垫片类型、数量和垫片位置(如果采用)要作为初始试验参数予以规定并在报告中给出。②紧固件名义直径为 6.35 mm(0.25 in),对于没有这一直径的某些类型紧固件(如盲螺栓),推荐采用直径尽可能接近 6.35 mm(0.25 in)的紧固件。③对于具锁紧特性的紧固件,拧紧力矩值可以是测量值或一个特定的力矩值。④紧固件不能重复使用,因为对于一个给定的拧紧力矩,螺纹的磨损可能导致厚度方向夹紧力发生变化。

充填孔拉伸强度与安装紧固件的预载(夹持压力)程度有关,紧固件预载的变化将显著影响层压板的破坏力和破坏模式,它取决于紧固件类型、螺母或锁环的类型及安装力矩。临界预载条件(夹持压力高或低)随载荷类型、材料体系、层压板铺层顺序和试验环境而变化。与开孔拉伸(OHT)强度相比,充填孔拉伸强度可能高于或低于对应的 OHT 强度值,这取决于材料体系、铺层顺序、试验环境和紧固件拧紧力矩的量。对于某些铺层,缺口拉伸强度可能是高拧紧力矩最危险;而对于其他铺层,可能低拧紧力矩(或开孔)最危险,这与材料体系的特征(树脂的脆性、纤维的破坏应变等)、试验环境和破坏模式有关。

不同环境下进行试验的层压板,破坏力和破坏模式能够存在明显差别。已有经验表明,对充填孔拉伸强度,低温环境通常是最严重的。

5.4.1.2 缺口层压板压缩

对含直径为 6.35 mm(0.25 in)中心圆孔的对称均衡层压板进行单轴压缩试验,确定缺口层压板的拉伸强度。标准试件宽度为 36 mm,长度为 200～300 mm,端部无加强片。试验需要借助多螺栓连接的支持夹具对试样表面进行支持,以稳定试件避免发生纵向的屈曲破坏。提供两种可以接受的试验方法。方法 A:试样/夹具组合件通过液压楔形夹头夹紧,力以剪切的形式传递到支持夹具上,然后再以剪切形式传递到试样上。方法 B:试样/夹具组合件放置在两个平台之间,使试样和夹具端部一起承载,最初传递到支持夹具上的一部分载荷以剪切形式传递到试样上。两种方法可以采用同样的试验夹具。方法 A 需要很大的液压夹头,夹持宽度需要大于 80 mm,夹持厚度需要大于 45 mm。方法 B 的端部加载方案对试件两端容差的要求较高,试件表面的平直度、平行度和垂直度的要求更为严格。另外,如果采用端部加载方式,试验机应有良好的对中度和固定的平台(与球形座相反)。在 80 mm 的试验夹具基准长度内,平台表面的平行度在 0.03 mm 内。

开孔和充填孔压缩强度按照毛面积提供,不做任何有限宽修正。

1) 开孔压缩试验方法

ASTM D6484 标准限定的复合材料形式为高模量连续或不连续纤维增强的聚合物基层压板,层压板应当含有多个纤维方向(至少有 2 个方向的纤维),且具有对称均衡的铺层顺序。含有缎纹组织的机织物层压板应当具有对称的经纱表面。本试验方法不适用于只包含一个铺层方向的单向层压板。

推荐铺层顺序为 $[45/0/-45/90]_{ns}$ 预浸带或 $[45_i/0_j]_{ms}$ 织物层压板,并且在四个主方向上,每个纤维的单层至少为 5%。开孔压缩层压板要求的厚度略高于开孔拉伸试样的,名义厚度为 4 mm,推荐的厚度范围为 3~5 mm。

试样宽度/孔径比(W/D)会对结果产生影响,推荐 $W/D=6$。试验结果也受孔径/厚度比(D/h)的影响,优先选用的比值范围为 1.5~3.0。试样未夹持段长度/宽度比也可能对结果产生影响,推荐该比值保持为 2.7。试样的铺层顺序、宽度或长度或者孔的直径与规定值间有任何变化,均要在报告中明确说明。

极限开孔压缩强度唯一可接受的破坏模式是通过试样上孔的模式。

2) 充填孔压缩试验方法

ASTM D6742 标准针对试验方法 D6484 补充了有关装有紧配合紧固件或销钉孔试样的条款,适用于具有不同紧固件类型、试样宽度/紧固件直径比和紧固件-孔间隙的试件。本方法没有明确规定几个重要的试样参数(如紧固件的选择、紧固件安装方法、紧固件孔的公差),然而,为了保证试验结果的重复性,实际试验中需要规定和报告这些参数。

对于压缩试验,试样铺层顺序和结构形式的要求与试验方法 D6484 一致。标准试件的宽度是 36 mm,长度为 300 mm,直径 6.35 mm 圆孔位于层压板正中。紧固件名义直径为 6.35 mm。这个试样方法也适用于具有不同紧固件类型、宽度/直径比和紧固件/孔尺寸的试件。

几何参数可以影响试验结果,包括钉头直径、钉头深度、沉头角度、钉头-钉身半径,以及沉头深度与层压板厚度的比值(首选比值范围为 0.0~0.7)。沉头平齐度(紧固件头部在沉头孔中的深度或凸起)会影响强度结果,需要精确测量并记录。试样宽度-紧固件直径之比将影响试验结果,与 D6484 不同的地方是,D6742 方法中考虑到所用的具体紧固件和孔的直径,放松要求,该比值可以不保持为 6。充填孔拉伸强度还受孔与紧固件间隙的影响,容差变化 25 μm 就可以改变破坏模式,影响强度高达 25%,因此,必须精确测量和记录孔与紧固件的直径。对航空航天结构,典型紧固件-孔间隙容差范围为 +75/−0 μm。紧固件安装时,过小的间隙导致的损伤将影响强度结果。

紧固件类型(如销钉、锁紧螺栓、盲螺栓)、紧固件的安装方法、孔的制备方法都将对结果产生影响。①紧固件或销钉的类型、安装的拧紧力矩(如果采用)及垫片类型、数量和垫片位置(如果采用)要作为初始试验参数予以规定并在报告中给出。②安装的力矩值可以是测量值或者是带有锁紧特点紧固件的规定值。③紧固件不能重复使用,因为对于一个给定的拧紧力矩,螺纹的磨损可能导致厚度方向夹紧力发生变化。

充填孔压缩强度与安装紧固件的预载(夹持压力)程度有关,紧固件预载的变化将显著影响层压板的破坏力和破坏模式,它取决于紧固件类型、螺母或锁环的类型及安装力矩。充填孔压缩强度几乎总是大于相应开孔的压缩强度,虽然临界预载条件(夹持压力高或低)随载荷类型、材料体系、层压板铺层顺序和试验环境而变化。

不同环境下进行试验的层压板,破坏力和破坏模式能够存在明显差别。已有经验表明,对充填孔压缩强度,湿热环境通常是最严重的。

5.4.2 试验矩阵

结构典型铺层含孔(包括充填孔)层压板的试验数据反映材料体系对制造过程中常见缺陷的敏感性,推荐采用表 5.12 给出的最低限度数量试验矩阵。

表 5.12 含开孔(包括充填孔)层压板拉伸/压缩强度试验矩阵(建议)

典型铺层名称	孔径 D/mm	宽度 W/mm	W/D	拉伸(CTD)	拉伸(RTD)	压缩(RTD) 开孔	压缩(RTD) 充填孔	压缩(ETW) 开孔	压缩(ETW) 充填孔	试验数量
典型蒙皮铺层 I	4.0	24	6.0	—	1×2×3	1×2×3	—	—	—	12
		32	8.0	—	1×2×3	1×2×3	—	—	—	12
	5.0	30	6.0	—	1×2×3	1×2×3	—	—	—	12
	6.35	30	5.0	—	1×2×3	1×2×3	—	—	—	12
		36	6.0	1×2×3	3×2×3	3×2×3	1×2×3	1×2×3	1×2×3	60
典型蒙皮铺层 II	6.35	36	6.0	1×2×3	3×2×3	3×2×3	1×2×3	1×2×3	1×2×3	60
准各向同性铺层	6.35	36	6.0	1×2×3	3×2×3	3×2×3	1×2×3	1×2×3	1×2×3	60
典型蒙皮铺层 III	6.35	36	6.0	1×2×3	3×2×3	3×2×3	1×2×3	1×2×3	1×2×3	60
总计	—			24	96	96	24	24	24	288

注①：对拉伸试样厚度在 2.0～4.0 mm 之间,对压缩试样厚度在 3.0～5.0 mm 之间。

②：部分情况采用 3×2×3 个试样,以便进行统计处理来得到减量的 B 基准值,得到的降低系数可用于其他情况。

5.4.3 数据处理

由含缺口(包括开孔和充填孔)层压板试验矩阵获得的试验数据计算得到复合材料体系含缺口(包括开孔和充填孔)层压板设计许用值的计算过程为:

(1) 获取该材料体系单层级的许用值,强度用B基准值,弹性模量用平均值。

(2) 选取已经试验数据证实的含缺口层压板剩余强度估算方法,由含缺口典型铺层层压板剩余强度试验数据计算得到该估算方法所需的相关材料常数。

(3) 用选定的方法和由试验数据获得的材料常数计算该复合材料体系层压板B基准含缺口剩余强度与不同铺层比例的毯式曲线。

5.5 含冲击损伤层压板设计许用值试验

对应用在航空航天领域的复合材料而言,对损伤特性的考虑是应用复合材料时需要关注的一个关键因素。损伤可能是由于制造缺陷和外来物冲击引起的,损伤特性包括两个方面,即损伤阻抗和损伤容限。

5.5.1 损伤阻抗试验

损伤阻抗的定义为:①在复合材料及其结构中,抵抗外来物冲击不产生损伤的能力;②某一事件或一系列事件相关的力、冲击或其他参数与其所产生损伤尺寸及类型之间关系的度量,如一定能量的冲击所产生的损伤面积或凹坑深度,因此它是复合材料结构抵抗冲击不出现损伤能力的描述和度量。

在航空航天应用中,通常认为损伤阻抗是材料对于冲击损伤的阻抗。冲击损伤包括维修工具坠落、跑道碎石、冰雹或弹丸冲击等引起的损伤。冲击试验通常用于评价备选材料的损伤阻抗和损伤容限能力,并作为元件试验的一部分。本节主要介绍用于材料筛选时采用的冲击和准静态压痕试验方法,对积木式试验中较高层次需要的其他试验,如弹丸冲击、冰/冰雹模拟和鸟撞试验等不做详细介绍。

按损伤阻抗筛选材料,或是为随后进行的损伤容限试验引入损伤的方法主要有落锤冲击方法和静压痕方法。复合材料的损伤阻抗性能与几个因素密切相关,包括试样几何形状、厚度、刚度、质量、边界条件、压头或冲击头几何形状等,由于这些参数的差别,得到的冲击力/能量和损伤状态之间的关系会有巨大差别,结果通常不能按比例放大或缩小用于其他构型,除非采用相同的试验构型、试验条件和层压板构型,否则不能对材料进行比较。例如,用落锤冲击方法得到的性能可以更好地反映非加筋蒙皮或腹板的损伤阻抗,而不是连接到骨架上具有抵抗面外变形能力蒙皮的损伤阻抗。对远大于试验件的壁板结构而言,试验件的性能类似于具有相同长度和宽度壁板的性能,大壁板趋向于将更大比例的冲击能量转换为弹性变形能。

1) 落锤冲击方法

ASTM D7136 中要求采用均衡对称层压板进行落锤冲击试验,用带有半球形冲击头的落锤,通过面外集中冲击引入损伤。标准试样尺寸为 $100\,mm \times 150\,mm$,试样厚度为 $4 \sim 6\,mm$,推荐的试样厚度为 $5.0\,mm$。单向带制造的层压板铺层顺序为 $[45/0/-45/90]_{n_s}$,机织物制造的层压板铺层顺序为 $[(45/-45)/(0/90)]_{n_s}$。也可以评定用其他铺层或纤维方位制造的层压板,需在试验结果中报告。在试样制造过程中,对纤维方位的控制是关键,纤维方位偏差容易影响所测性能并增加离散系数。在试样长度、宽度和厚度方向的锥度不应大于 $0.08\,mm$,测量得到的厚度离散系数应小于 2%。

D7136 冲击试验中采用的半球形冲击头直径为 $16\,mm$,落锤质量一般在 $2 \sim 5.5\,kg$,从几米以内的高度以自由落体的方式落下,通常认为这种冲击属于低速冲击。有时,为提高冲击速度,也可以采用弹簧或弹性绳的方式加速下落过程,即使如此,落锤试验仍然属于低速冲击,不能用于模拟弹伤,弹伤模拟通常采用空气枪将弹丸射向试样来完成试验。

D7136 标准试验中采用了按照试样厚度正则化的冲击能量,即 $6.7\,J/mm$,这是从常见的 $27\,J$ 冲击能量的角度进行考虑的。如果要评定损伤状态与压缩剩余强度的关系,需要进行不同冲击能量水平下的多个低速冲击试验,并获得冲击能量和所需损伤参数之间的关系。如果从损伤可检性的角度考虑,对第一代韧性树脂($CAI > 200\,MPa$),$27\,J$ 冲击能量可以产生目视勉强可见冲击损伤(barely visible impact damage, BVID),空客公司经大量数据统计后确定的 BVID 值是用 $16\,mm$ 直径冲击头引入 $1.0\,mm$ 深凹坑(松弛后为 $0.3\,mm$)。随着纤维和树脂性能的提高,用 $6.7\,J/mm$ 冲击能量的方法可能无法再产生 BVID,因此近年来波音和空客公司在进行材料评定时均采用了更大的冲击能量,例如,空客公司明确提出了用凹坑深度为 $1.0\,mm$(BVID)和 $2.5\,mm$(VID)时的 CAI 进行评定的方法。

冲击之后必须进行损伤评定,损伤评定的内容包括对凹坑深度的测量,利用无损检测技术评定冲击事件引起的损伤范围,例如对内部损伤面积进行 C 扫描,确定相对于试样中心的 8 个指示点的位置,同时确定损伤宽度、损伤长度和最大损伤直径,并通过目视方法记录观察到的损伤模式及其所在表面。在损伤评定结束以后,就可以进行其他力学试验,如 CAI 或疲劳试验。

落锤冲击试验过程中需要注意的事项:

(1) 导向机构与冲击头之间的摩擦如果可以忽略不计的话,可以利用下落高度来估算冲击能量,否则需要测量冲击前刹那的实际落锤速度。D7136 中速度测量要在试样表面上方 $3 \sim 6\,mm$ 之间完成,测量精度应在 $5\,mm/s$ 以内。

(2) 应采取措施使落锤不回弹,防止对试样的二次冲击。

(3) 损伤量与试件的支持条件有关,D7136 中所用支持夹具的开口为 $75\,mm \times$

125mm,当用16mm冲击头以6.7J/mm的能量水平进行冲击时,如果损伤面积超出了未支持试样宽度的一半(38mm),推荐采用其他的试样尺寸和夹具设计,如NASA RP 1092,它们的尺寸更大一些,并能容许更大的损伤面积,而与边界支持条件没有明显的相互作用。

(4)凹坑松弛。经过一段时间或在环境暴露下,凹坑会由于复合材料的松弛而减小。除了要在试样受冲击后立即测量凹坑外,如果需要了解凹坑短期松弛的信息,就要在冲击7天后再次进行测量。

2)准静态压痕方法

ASTM D6264给出了测量受集中压痕力复合材料层压板损伤阻抗的方法。材料形式限于均衡对称层压板。进行准静态压痕试验时将一个平板支持在刚性框架上,并用一个与万能试验机连接的半球形压头,通过位移控制方式缓慢地对试样表面施加面外集中力来引入损伤。损伤阻抗是用在试样上产生特定损伤尺寸和类型的临界接触力来定量评定的。

最常用的试件是150mm×150mm的准各向同性层压板,厚度为4~6mm。压头具有光滑的半球形端头,常用直径为16mm。试验件可以简支在有125mm直径圆形开口的框架上(边缘支持方式),或者刚性支持在实心平坦的平板上(刚性背衬方式)。用预期的接触力、损伤状态或横梁位移,来确定试验期间在何处读取数据、卸载并停机。在试样卸载后,要评价压痕的深度和损伤情况。记录整个试验期间的载荷-横梁位移曲线,包括卸载循环。通过试验后给出的接触力-位移曲线,可以得到最大接触力、压头最大位移、压头最大位移处的能量及试样吸收的能量。如果为减少损伤阻抗评定所需材料数量,使用分步加载技术时,应在夹具上做出对中记号,保证加载的每一步都保持在同一中心,并要保证每次加载压头位移有同样的零点,同时对试样施加的压头位移应比上一步更大。

准静态压痕方法可以有助于理解复合材料受冲击后的损伤机理,因为该试验是位移控制方式缓慢进行的,能够以受控方式得到需要的损伤状态,而落锤冲击试验常常很难得到力与特定损伤状态的关系。此外,在准静态加载时可以识别损伤事件的具体顺序,而落锤冲击试验只能识别最终的损伤状态,需要借助不同冲击能量来得到需要的损伤状态。20世纪90年代初的研究结果表明,在目前所使用的低速冲击速度范围内,只要产生相同的凹坑深度,准静态压痕方法和落锤冲击方法产生的损伤(包括损伤面积和损伤宽度)和含损伤结构的压缩剩余强度是一致的。因此,可以利用准静态压痕试验结果估计落锤冲击试验产生类似损伤状态所需的冲击能量。

5.5.2 损伤容限试验

损伤容限的定义为:①在规定的检查门槛值所要求的服役寿命期内,结构抵抗由于缺陷、裂纹或其他损伤引起破坏的能力;②损伤尺寸和类型与性能参数(如强度或刚度)关系的度量。对复合材料层压板而言,冲击损伤容限与冲击能量、损伤参数(如凹坑深度、分层面积等)相关,可以用冲击后压缩试验(CAI)对面外冲击所引起的层压板压缩强度退化进行评定,获得损伤参数(这里采用凹坑深度)与压缩破坏应变的关系。目前常见的用于确定 CAI 的方法包括 SACMA SR 2R‐94、NASA 1092 和 1142 和 ASTM D7137,所有方法都要对含冲击损伤的层压板进行压缩试验。冲击损伤发生在板中央,所需冲击能量水平是不同的,损伤程度包括目视可见损伤(VID)和目视勉强可见冲击损伤(BVID)两种,如果损伤扩展到试件宽度一半以上或穿透层压板,此时的损伤水平可能过于严重,不能采用 CAI 方法给出有意义的评价。表 5.13 中归纳了各个方法中推荐的冲击能量水平及其他试验参数,但可以根据试验目的而变化。

表 5.13　CAI 试验方法和试验参数的比较

CAI 标准	冲击前试样尺寸/mm×mm	压缩试样尺寸/mm×mm	试样名义厚度/mm	铺层顺序	压缩夹具开口尺寸/mm×mm	冲击能量水平	半球形冲击头直径/mm	冲击头质量/kg
SACMA SR 2R‐94	100×150	100×150	6	准各向同性	76×125	6.7J/mm	16	4.5~5.5
NASA 1142	180×300	130×250	6	准各向同性	130×130	27J	12.7	4.5~5.5
ASTM D7137	100×150	100×150	4~6	多个纤维方位,且相对试验方向均衡对称	84×125	6.7J/mm	16	2~5.5

三种方法对冲击前试样和压缩试样要求各不相同,如果冲击试样与压缩试样尺寸不一致,需要附加的机加工,以减少试样尺寸并保证两个端面的平坦与平行。例如,按照 SACMA SR 2R‐94 标准和 ASTM D7136 标准的冲击试样,所需材料比 NASA RP1142 和 ASTM D6264 方法少得多,消除了二次机械加工,节约了成本;缺点是在加工后没有机加工去除夹持区或端部可能出现的损伤。损伤尺寸、形状和部位能对试样的变形或强度行为有重大影响。如果损伤尺寸相对板的长度与宽度过大,则边缘效应、边界约束和含损伤的应力/应变场会相互影响。D7137 建议损伤尺寸不超过无支持试样宽度的一半(42mm),以尽量减小损伤与边界相关的应力/应变场之间的相互作用,因为试样的长宽比较小,其应力/应变分布对冲击或压痕损伤引起的干扰特别敏感。如果冲击损伤宽度较大,推荐采用 NASA 1092 和 1142,它们的试样尺寸更大一些,能够容许更大的损伤面积。

压缩试验夹具应使用可调节的固定板,使得试样在端部受载时支持试样的边缘和抑制屈曲。夹具的构成包括 1 个底座、2 个底座滑动板、2 个角板、4 个侧板、1 个顶板和 2 个顶板滑动板。侧边支持是刀口,它对局部的面外转动没有约束。顶部和底部支持不夹紧,但由于夹具的几何形状,对转动有一些约束(侧板成直角,并与试样有 8 mm 的搭接)。夹具可调节,以便允许试样长度、宽度和厚度有小的变化。其他更具体的细节可以参考 D7137 中对夹具的要求。

建议对试样进行应变测量,但并不要求。如果进行应变测量,则应在 4 个位置同时测量纵向应变(距试样上端和左右侧边各 25 mm 的 2 个位置,前后表面背靠背粘贴),来保证施加纯压缩载荷,并检测弯曲或屈曲(如果存在),弯曲必须小于 10%。

设置合适的试验速度,使得试样在 1～10 min 内产生破坏,建议的横梁位移速率为 1～1.25 mm/min。记录力-位移和力-应变数据,每个试样破坏的模式、区域和位置。注意端部压塌、壁板失稳或弯曲过度对试验结果有效性的影响。

5.5.3　实验矩阵

含冲击损伤层压板压缩强度试验反映材料体系对低速冲击损伤的敏感性,表5.14 推荐了最低限度数量的试验矩阵。

表 5.14　含冲击损伤层压板压缩强度试验矩阵(建议)

典型铺层名称	试 样 数 量	
	RTD	ETW
典型蒙皮铺层Ⅰ	3×2×4	3×2×4
典型蒙皮铺层Ⅱ	1×2×4	
准各向同性铺层	1×2×4	
典型蒙皮铺层Ⅲ	1×2×4	
总计	72	

注① 试样厚度在 4.0～6.0 mm 之间;
　② 部分情况采用 3×2×3 个试样,以便进行统计处理得到减量的 B 基准值,得到的降低系数可用于其他情况。

冲击能量的选取取决于结构设计准则中选取的初始冲击损伤要求,冲击后压缩强度取 B 基准值。

5.5.4　数据处理

严格来说,冲击后压缩强度与结构尺寸、边界支持条件等因素有关,不属于材料许用值的范畴,但因设计初始阶段就需要使用冲击后压缩强度设计值,而且大量试验数据表明结构件得到的压缩强度一般均高于小试样得到的值,采用小试样得到的数据进行设计通常偏于保守,从这一意义上说,也可以把它归入设计许用值的范围。

理论上可以由典型层压板试验数据确定冲击后压缩强度估算方法中需要的材料特征参数,然后计算得到冲击后压缩强度的毯式曲线,但迄今为止还没有被公认接受的估算方法。

5.6　机械连接设计许用值试验

5.6.1　试验矩阵

试验矩阵确定原则如下:

机械连接挤压强度试验反映材料体系的机械连接性能。若结构铺层厚度差在4 mm以内,可取一种铺层厚度为主(通常取 $t=3.0\sim5.0$ mm),兼顾其他铺层厚度,并采用最常用的钉孔直径 D(对航空飞行器结构一般为 5 mm)对一种最常用的铺层(通常 $0/\pm45/90$ 的铺层比例为 $30/60/10$)用 3 种厚度给出 t/D - σ_{bru} 曲线;

经验表明,对于具有 $0°$ 层 $20\%\sim40\%$、$\pm45°$ 层 $40\%\sim60\%$ 的 $0/\pm45/90$ 层压板族,其挤压强度基本上是常数。因此只选 2 种铺层比例,即结构中最典型的铺层比例 $30/60/10$ 和 $40/50/10$。

单剪挤压试验构型要比双剪试验更能代表大多数飞机螺栓连接的实际应用情况,因此试验矩阵的选择以单剪单钉为主,同时考虑单剪双钉、双剪和液体垫片影响的试验。

对复合材料结构静强度应考虑湿热环境的影响,因此要考虑室温干态和高温(70℃和最高使用温度)湿态(85%RH下平衡吸湿量)的两种组合状态。

对部分试验状态的试验结果进行统计处理得到 B 基准值,并认为由一种状态导出的降低系数适用于其他状态。

试验矩阵确定思路:以复合材料与复合材料连接及复合材料与金属连接结构最典型铺层(厚度约 $t=4$ mm)、孔径 $D=5$ mm 的单钉单剪试样的挤压强度作为确定机械连接设计值的基础,分别考虑单剪与双剪、多钉、层压板厚度、铺层比例、垫片、湿热环境、孔径、分散性的影响,得到不同情况对应的修正系数。

由试验得到的 t/D - σ_{bru} 曲线,针对实际铺层和 t/D 比值,并考虑实际连接情况对应的修正系数即可得到适用于不同铺层形式的连接挤压强度许用值。

表 5.15 给出了推荐的机械连接挤压强度许用值试验矩阵,给出的数量是一般要求,可根据具体型号结构类型、材料种类、环境条件和研制阶段进行修改。

典型铺层层压板挤压强度代表了材料体系的机械连接性能,取 B 基准值,同时给出不同连接参数的影响系数。严格来说,连接设计用的设计许用值还应考虑挤压/旁路载荷与紧固件拉脱强度,具体要求和试验矩阵由设计方确定。

表 5.15　机械连接挤压强度许用值试验矩阵（建议）

材料	铺层比例	板厚/mm	孔径/mm	环境条件	受剪形式	单钉或双钉	紧固件端头	垫片	数量
复合材料-复合材料	30/60/10	T1(~4)	5	RTD	单剪	单钉	凸头	有	1×2×3
								无	3×2×3
							埋头		3×2×3
						双钉			1×2×3
					双剪	单钉			3×2×3
				ETW					3×2×3
			6	RTD	单剪	单钉	埋头	无	1×2×3
				ETW					1×2×3
			4	RTD					1×2×3
				ETW					1×2×3
		T2(~3)	4	RTD	单剪	单钉	埋头	无	1×2×3
			5						1×2×3
			6						1×2×3
		T3(~2)	5	RTD					1×2×3
				ETW					1×2×3
			6	RTD					1×2×3
				ETW					1×2×3
	40/50/10	T1(~4)	4	RTD	单剪	单钉	埋头	无	1×2×3
			5						1×2×3
			6						1×2×3
复合材料-金属	30/60/10	T1(~4)	5	RTD	单剪	单钉	凸头	有	1×2×3
								无	3×2×3
							埋头		3×2×3
						双钉			1×2×3
					双剪	单钉			3×2×3
				ETW					3×2×3
			6	RTD	单剪	单钉	埋头	无	1×2×3
				ETW					1×2×3
			4	RTD					1×2×3
				ETW					1×2×3
		T2(~3)	4	RTD	单剪	单钉	埋头	无	1×2×3
			5						1×2×3
			6						1×2×3
		T3(~2)	5	RTD					1×2×3
				ETW					1×2×3
			6	RTD					1×2×3
				ETW					1×2×3
	40/50/10	T1(~4)	4	RTD	单剪	单钉	埋头	无	1×2×3
			5						1×2×3
			6						1×2×3

注：部分情况采用 3×2×3 个试样，以便进行统计处理来得减量的 B 基准值，得到的降低系数可用于其他情况。

5.6.2　数据处理

因为飞机结构机械连接形式接近单搭接连接方式,故机械连接挤压强度许用值以单钉单剪、室温干态、沉头无垫片为主,通过对应的双钉单剪、高温湿态、凸头和有垫片的试验数据获得相应的修正系数,从而得到复合材料体系机械连接挤压强度许用值,在规定的拧紧力矩下连接挤压强度许用值可用下式表示:

$$[\sigma_{br}] = K_B K_{2\%} K_{ETW} K_{SD} K_{凸头} K_{垫片} K_{双剪} \sigma_{brmax}$$

式中:K_B 为 B 基准修正系数,等于极限挤压强度的 B 基准值与平均值的比值;$K_{2\%}$ 为偏移挤压强度与极限挤压强度的比值;K_{ETW} 为环境影响修正系数,为湿热条件与室温干态下极限挤压强度的比值;K_{SD} 为双钉连接修正系数,等于双钉单剪与单钉单剪连接极限挤压强度的比值;$K_{凸头}$ 为钉头形状修正系数,等于凸头与沉头紧固件得到的极限挤压强度的比值;$K_{垫片}$ 为垫片修正系数,等于有垫片与无垫片得到的极限挤压强度的比值;$K_{双剪}$ 为双剪连接修正系数,等于单钉双剪连接与单钉单剪连接得到的极限挤压强度的比值;σ_{brmax} 为对应实际结构铺层比例、连接材料、厚度/孔径(t/D)的单钉单剪连接极限挤压强度。上述这些数据均由建议的试验矩阵试验得到。实际上所有这些修正系数可能与很多因素有关,但作为工程处理方法,可以简单地用特定条件下有限数据的比值来获得。

实际结构中还需考虑挤压/旁路载荷比等其他因素的影响,故建议的试验矩阵只是最低限度的试验数量。

5.7　复合材料疲劳试验

5.7.1　层压板的疲劳性能

复合材料层压结构一般都显示有优异的疲劳性能。

对于常用的纤维控制多向层合板(包括含孔试样),在拉-拉疲劳下,它能在最大应力为 80% 极限拉伸强度的载荷下经受 10^6 次循环。

在拉-压或压-压疲劳下,其疲劳强度略低一些,但 10^6 次循环对应的疲劳强度一般约为相应静强度的 50%。特别是含冲击损伤试样在压-压疲劳下 10^6 次循环对应的疲劳强度,一般不低于相应静强度的 60%,对热塑性复合材料更高达 65%。

由于目前复合材料结构设计值主要取决于损伤容限许用值,在这样的应变水平下,通常复合材料结构具有无限寿命,这就是习惯上所说的"静力覆盖疲劳"的含义。但如果设计不当,胶结结构有可能出现疲劳破坏。

5.7.2　疲劳试验目的及计划

对于复合材料原件以及结构件的疲劳试验,考虑到"静力覆盖疲劳"的思维,疲劳试验的目的主要是便于结构件的选材,结构件结构形式的优化,复合材料加工工艺的检验,机械接头缺口的应力集中研究等。通过疲劳试验,可以提前暴露结构在疲劳作用下的缺陷,以便尽早地发现问题,对结构进行进一步的优化。

　　值得注意的是,疲劳实验由于影响的因素众多,往往会出现很大的分散性,因此应在试验之前做大量的准备工作,对试验要达到的目的,影响试验的因素,试验步骤的实施,试验结构的分析要有清晰的设计和计划。

5.7.3　疲劳试验步骤

1) 试样制备

　　所有实验试件都必须采用完全相同的方法制备以避免实验试件的差别带来的试验结果的分散性;应准备额外充足的试件以满足由于分散性以及补充试验的额外需求。

2) 试验步骤

　　制作适合的夹具,以满足试件的安装和试验机的要求;考虑到分散性的影响,试验应从高应力区开始实验,低应力区的分散性大,应准备更多的试件;对每一次的试验都应该详细地记录,并对试验结果进行分析,及时发现问题,切勿测得大量的试验数据之后才进行分析;对大的构件,还要进行全尺寸疲劳试验,在模拟实际使用的载荷谱下进行试验,以分析实际使用时结构的疲劳性能。

3) 疲劳试验报告

　　对试验结果的评价包括材料、试样、实验内容和试验数据的描述:

　　材料:材料结构和常规力学性能;

　　试样:形状尺寸,加工过程,表面状态;

　　实验:试验机,试样安装,应力水平,试样数量,实验频率和环境(温度和湿度)以及其他特殊技术描述。

5.7.4　复合材料层压板的疲劳性能

　　复合材料层压结构一般都具有优异的疲劳性能,例如,常用的纤维控制的多向层压板在拉-拉疲劳载荷下,最大疲劳应力为极限拉伸强度的 80% 时仍能经受 10^6 次循环;在拉-压或压-压疲劳载荷下,10^6 次循环对应的疲劳强度略有降低,约为极限拉伸强度的 50%。因此,通常认为疲劳并不是制约设计的性能,复合材料结构设计值取决于损伤容限许用值,在这样的应变水平下复合材料结构具有无限寿命,即"静力覆盖疲劳"的概念。但是,对于承受高周循环疲劳载荷(如 5×10^8)的构件,如旋翼桨叶和发动机风扇叶片等,疲劳是设计中需要考虑的重要性能。

　　疲劳试验目的通常包括:①基本材料性能筛选:通过含孔、冲击损伤等结构特征的典型结构铺层层压板试样疲劳试验确定它们的疲劳特性,证实结构所用材料体系具有优越的疲劳特性;②得到具体材料或结构的设计许用值曲线,确定结构所用材料体系的疲劳分散性,统计分析得到用于更高级别元件、组合件与部件级试验用的寿命分散系数和载荷放大系数;③考虑材料和工艺过程变异对疲劳性能的影响,推荐用元件、构件和组合件的疲劳试验,来证实允许的制造异常(如分层、脱胶和纤维断裂)极限,并用以建立使用中的检测要求。

通常可以采用 3 个应力比值评价层压结构面内疲劳性能,即 $R = 0.1$(拉-拉),$R = 10.0$(压-压)和 $R = -1$(拉-压),对复合材料更关键的是压-压和拉-压疲劳,采用这 3 个应力比值可以构成 Goodman 图,建立等寿命曲线,从而可以预估其他应力比时的疲劳性能。对于层间剪切疲劳性能和受面外载荷的疲劳性能,通常不会出现压-压载荷的失效模式,因此不进行 $R = 10.0$ 的试验。

疲劳试验可以有两种控制方式:载荷控制和应变控制,通常采用载荷控制方式。试验中需要观察试验频率设置的是否合适,试验频率过快会使试验件温度上升,并改变某些材料或结构的疲劳寿命。通常采用的试验频率是 $1\sim10\,\mathrm{Hz}$,试验过程中监测试验件的温度变化,当温度升高大于 $2.8\,℃$ 时需要降低试验频率。

疲劳试件设计与制造质量非常重要,常常会影响到失效模式,甚至产生错误的数据。通常要避免出现加强片脱胶、非工作段的失效以及几何过渡区的纤维劈裂。

每条疲劳 S-N 曲线需要的数据点数与试验目的相关,对材料筛选试验,一般 8 个数据点就足以确定疲劳特性;对设计许用值试验,推荐采用 3 批次 15 个数据点(5 个应力水平)。

5.7.4.1　典型铺层层压板拉-拉疲劳性能

ASTM D3479 是适用于聚合物基复合材料恒幅拉-拉疲劳的试验方法,提供了建立 S-N 曲线和表征疲劳循环引起的微裂纹、纤维断裂或分层损伤的方法。试样剩余强度或刚度变化可以反映出疲劳循环损伤,通过给定循环间隔时由准静态轴向应力-应变曲线得到的刚度变化或剩余强度试验进行评定。

采用 D3039 中定义的试件几何尺寸,试件制造及加工、粘贴加强片方法及夹持对中度会影响试验失效模式及分散性。对拉-拉疲劳试验,容易在加强片端部产生应力集中,为避免出现夹持端部的早期破坏,需要考虑采用合适的加强片材料,加强片长度和黏接剂。试验频率不宜过大,较高加载频率会使试样温度和材料性能发生变化。

5.7.4.2　典型铺层层压板开孔拉-压疲劳性能

为了验证静力覆盖疲劳的设计概念,并确定疲劳门槛值,作为设计许用值的确定依据,可以开展典型铺层层压板开孔拉-压疲劳性能试验,试验方法可以参照 D7615 执行。

ASTM D7615 标准针对试验方法 D5766 和 D6484 补充了有关疲劳试验的条款,适用于相对加载方向具有均衡对称铺层的连续纤维增强聚合物基复合材料,可以为制订材料规范和获得材料设计许用值提供疲劳数据。试样可以承受恒幅单轴拉-拉、压-压或拉-压载荷,采用载荷控制方式,通过液压夹头夹紧试样,根据选定的循环间隔,通过准静态载荷-位移曲线确定试样刚度。一般有 3 种结果形式:①选定名义应力水平下的试样刚度-疲劳寿命曲线;②选定循环间隔下名义应力-试样刚度曲线;③选定应力比下的名义应力-疲劳寿命曲线。

　　能够影响开口试样疲劳寿命的因素较多,如材料、试样加工方法、铺层顺序、试样厚度、试验环境、加载频率和名义应力幅值等,其中应力比是关键影响因素。有经验表明:①负应力比($R=-1$)的拉-压循环对开口试样的疲劳性能是最危险情况;②加载频率不宜过快,最好不要超过 5 Hz;③高温湿热环境对开口试样疲劳性能是最危险情况,需要结合材料体系、铺层顺序和载荷情况一起考虑。

5.7.4.3　典型铺层层压板冲击后压-压疲劳性能

　　为了验证损伤无扩展的设计概念及剩余强度能够达到限制载荷的要求,考虑在室温干态的环境下开展典型铺层层压板冲击后压-压疲劳性能试验。在疲劳试验前引入目视勉强可见损伤(BVID)或目视可见损伤(VID),要求在完成规定寿命期内的疲劳试验后,损伤无扩展,含 BVID 冲击损伤试样满足极限载荷要求,含 VID 冲击损伤试样满足限制载荷要求。

　　试验件形式和冲击方法参照 D7136,冲击后压-压疲劳试验方法参照 D7137,每种类型试验件 3 批,共 18 件。试验中需要考虑铺层顺序、试样厚度、冲头直径和冲击能量等的影响。

5.7.4.4　典型铺层层压板挤压疲劳试验

1) D6873 试验方法

ASTM D6873 标准针对试验方法 D5961 补充了有关疲劳试验的条款,适用于相对加载方向具有均衡对称铺层的连续纤维增强聚合物基复合材料,可以为制订材料规范和获得材料设计许用值提供连接挤压疲劳数据。试样承受恒幅单轴挤压载荷,采用载荷控制方式,根据选定的循环间隔,通过直接测量方式或由一次拉-压准静态载荷-位移曲线确定加载孔的变形量。得到疲劳破坏循环次数,或给定应力比和挤压应力下,达到规定的孔变形量时的循环次数。一般有 3 种结果形式:①选定挤压应力水平下的孔伸长量-疲劳寿命曲线;②选定循环间隔下挤压应力-孔伸长量曲线;③选定孔伸长量下的挤压应力-疲劳寿命曲线。

　　能够影响挤压疲劳寿命的因素较多,如材料、试样加工方法、铺层顺序、试样厚度、紧固件-孔间隙、紧固件类型及尺寸、紧固件安装方法、紧固件扭矩、垫片材料、试验环境、加载频率和挤压应力幅值等,其中紧固件种类、安装方法和应力比是关键影响因素。有经验表明:①负应力比($R=-1$)的拉-压循环对挤压疲劳引起的孔伸长量是最危险情况,因为拉-拉或压-压载荷循环只在孔的一侧引起损伤,而拉-压循环会在孔的两侧均引起损伤,孔的变形量大。②不论是拉伸还是压缩疲劳载荷作用下,较低的紧固件扭矩/夹持力对挤压疲劳引起的孔伸长量是最危险情况。另外,在某些情况下,单剪试样的拧紧力矩如果过低,疲劳加载时孔变形加大,使得紧固件松动,得不到有效数据。③高温湿热环境对挤压疲劳引起的孔伸长量是最危险情况,需要结合材料体系、铺层顺序和预紧力情况一起考虑。

测量孔伸长量有两种方法：直接测量法和间接测量法。对于可以将紧固件取下来的试验件，直接测量法能够给出损伤程度和孔局部伸长的精确测量结果，但是，有时孔的变形量在厚度方向和表面上的分布可能是不均匀的。另外，如果采用了blind bolt 和 lock bolt 这样无法拆卸的紧固件，只能采用间接方法测量，如利用引伸计，获得的载荷-位移曲线可以给出孔在厚度方向的平均变形量，这个曲线也可以反映损伤引起的连接接头刚度衰退。间接法测量精度受多种因素影响，如夹持位置滑移、紧固件变形和层压板挤压变形等。

试验过程中需要关注的另外一个重要问题是清理孔周围残渣并测量完孔伸长量后，紧固件的重复使用或替换。工业界中更常用的是重复使用紧固件的方法，不仅节省紧固件并能保证紧固件与孔的间隙不变，而且试验结果偏保守。另外，紧固件也在试验考核范围内，疲劳试验中紧固件性能下降，替换紧固件则会给出非保守的试验结果。是否替换紧固件还需要考虑紧固件的变形量和整个试验过程中是否保持同样的拧紧力矩等因素，需要在试验报告中记录具体的检查间隔和紧固件替换或重复使用的实施方法。

2) 推荐的试验矩阵

表 5.16 给出了推荐的挤压疲劳试验矩阵，建议采用应力比 $R=-0.2$（压缩载荷是拉伸载荷的 20%）的恒幅疲劳试验。选择的加载频率应避免使试验件的连接区域过热，可以先采用 5 Hz 进行调试。对所考虑的每种紧固件都应重复该试验矩阵，每种试验采用 15 个试验件，5 个应力水平。第一个应力水平可以选取静强度的50%，后续应力水平根据前面的疲劳寿命结果确定。

表 5.16　用于挤压疲劳的机械紧固件连接试验矩阵

铺层	厚度	孔径 /mm (in)	宽度 /mm (in)	宽度/孔径比	紧固件头部形状	挤压疲劳强度					目的
						CTD	RTD	ETW	ETW $+\Delta T$	总数	
[25/50/25]	T_1	6.35 (0.25)	38 (1.5)	6	H1		15			15	基准挤压
[50/40/10] 单向带或 [40/20/40] 织物	T2	6.35 (0.25)	38 (1.5)	6	H1		15			15	铺层影响
[25/50/25]	T3	6.35 (0.25)	38 (1.5)	6	H1		15			15	厚度影响
1# 头部挤压疲劳总数							45				
[25/50/25]	T1	6.35 (0.25)	38 (1.5)	6	H2	15	9			15	基准 H2 影响

（续表）

铺层	厚度	孔径/mm (in)	宽度/mm (in)	宽度/孔径比	紧固件头部形状	挤压疲劳强度					目的
						CTD	RTD	ETW	ETW +ΔT	总数	
[50/40/10] 单向带或 [40/20/40] 织物	T1	6.35 (0.25)	38 (1.5)	6	H2		15	9		15	铺层影响
2♯头部挤压疲劳总数								30			
[25/50/25]	T1	6.25 (0.25)	38 (1.5)	6	H1		15	5		15	挤压/铺片
加垫挤压疲劳连接总数								15			

应在保证挤压失效和避免螺栓剪断或（在复合材料或金属连接元件中）出现静拉伸破坏的基础上选择试验件。该试验矩阵可对复合材料-复合材料或复合材料-金属连接进行，取决于具体结构应用的需要。试验件与静力挤压强度试验所用的一样，可以采用 A 构型或 B 构型。

5.7.4.5 紧固件拉-拉疲劳试验

1）机械连接典型元件面外载荷试验

不同于金属连接，面外载荷作用下复合材料连接区的强度性能是其薄弱环节，必须通过试验予以确定。对于连接区的失效模式，面外载荷主要是指面外拉伸。面外拉伸载荷作用下典型连接元件的失效模式一般称作拉脱破坏。其目的是得到在垂直于层板平面的钉传载荷作用下，层板和紧固件的承载能力和设计值。

复合材料连接结构的拉脱试验包括：①考核平面元件承载能力的拉脱性能试验，含层压板拉脱试验和夹层板或夹层结构拉脱试验；②考核组合元件承载能力的拉脱性能试验，试验件选取蒙皮与各类角形件（如角盒或长桁或肋/梁等）的典型连接结构，如筋条-蒙皮单钉/多钉连接元件拉脱试验、蒙皮-角片多钉连接元件拉脱试验；③考核紧固件承受面外拉伸承载能力的钉拉脱强度试验。

2）紧固件拉脱强度

紧固件静拉脱强度试验一般适用于复合材料与金属板连接结构细节，用紧固件从复合材料板上拉脱时得到的载荷-位移响应来表征紧固件拉脱阻抗。

聚合物基复合材料在厚度方向性能一般是最薄弱的，通过试验获得的拉脱性能要比金属机械连接更为重要。早期的复合材料拉脱试验通常采用用于金属结构的紧固件，导致连接提前破坏，于是就研发出复合材料专用的紧固件。这些紧固件具有大的头部和尾部,以减小复合材料层压板厚度方向上的压应力。确定具体复合材料/紧固件连接设计的拉脱阻抗已经成为复合材料结构设计和验证的一般要求。

(1)试验方法。

为了考察钻孔和紧固件及装配工艺,可以采用 ASTM D7332"测量纤维增强聚合物基复合材料紧固件拉脱阻抗的试验方法"确定紧固件的拉脱阻抗。该标准提供了两种试验方法:方法 A 适用于筛选和研制紧固件;方法 B 与结构构型有关,适用于确定连接强度设计值。

方法 A 采用压缩加载夹具施加面外载荷。试验夹具由两个对称的构件组成,每一个都包含一个基座和围绕基座圆周均匀布置的四个圆柱形支柱。试验件分为上连接板和下连接板,一般上连接板为复合材料,下连接板为金属材料,中间用紧固件连接。每块板均为矩形截面方形平板,试验件尺寸要求如表 5.17 所示。试验件周边需要有 4 个孔与试验夹具配装,如图 5.2 所示。上、下板安装时相差 45°,如图 5.3 所示。通过上下两个夹具 4 个柱头插入试验件孔中,夹具分别对上、下板施加相向压载,如图 5.5 所示,形成板上的压缩载荷和紧固件上的拉伸载荷。当两块板不能再承受增加的载荷时,紧固件沿着与板平面垂直方向被拉脱分离出来,此时的载荷为紧固件连接的拉脱载荷。

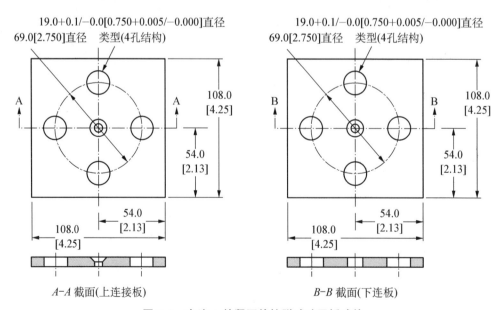

图 5.2 方法 A 的紧固件拉脱试验平板试件

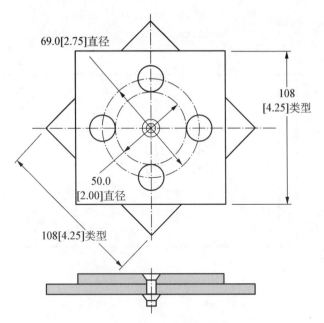

图 5.3 方法 A 点试验件组合

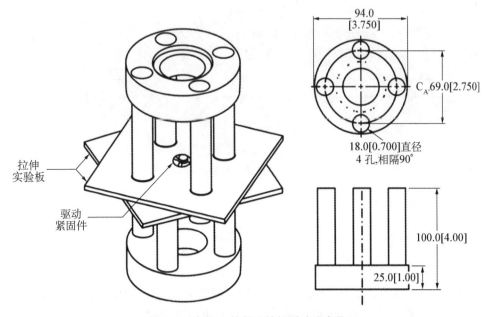

图 5.4 方法 A 的紧固件拉脱试验夹具

方法 B 采用拉伸加载夹具施加面外载荷。将中央有一个紧固孔的正方形复合材料平板放置在组合夹具中,如图 5.5 所示,通过紧固件将板与双耳加载耳叉相连,

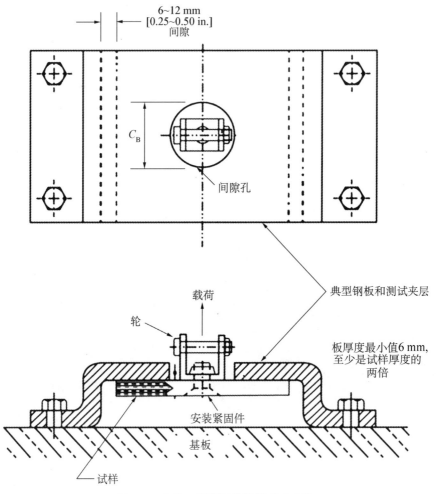

图 5.5　方法 B 的紧固件拉脱试验夹具

对耳叉施加拉伸载荷,试件平板受压缩载荷,紧固件受拉伸载荷。方法 B 的试验件安装简便,方便用于研究多种钉径和不同的沉头角度情况。

　　试验夹具的构型会对试验结果有显著影响。对于方法 A,复合材料板和加载杆之间的摩擦(来自板夹具或者孔的不对中)可能影响载荷的测量误差并影响试验结果。对于方法 B,耳叉的构型和它将传递给试样力矩最小化的能力影响试验结果,因此,一般将耳叉设计得可以旋转,以减小传递给紧固件的力矩。另外,对于方法 B,间隙孔的直径 C_B 将会影响复合材料板的弯曲程度,钉杆直径与相应 C_B 的要求如表 5.18 所示。

　　试验件的构型如图 5.6 所示,表 5.17 和表 5.18 给出了碳纤维增强复合材料拉

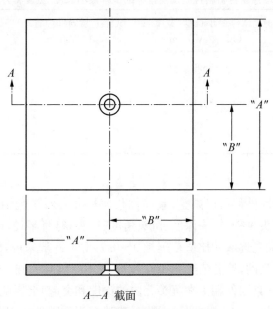

$A—A$ 截面

图 5.6　方法 B 的紧固件拉脱试验板

脱试验中推荐的最小板厚和几何参数,要求复合材料板必须有足够的厚度、弯曲刚度和弯曲强度,以便能传递夹具的压缩载荷,而不会出现过分的板弯曲破坏或挤压破坏。对于玻璃纤维或芳纶纤维增强的复合材料需要较厚的试件,以防止层压板弯曲破坏。优先选取的孔径与厚度的比值范围是 1.5～3.0。

表 5.17　碳纤维增强复合材料拉脱试验推荐的最小板厚,方法 A 和 B

钉杆直径/mm	试样最小厚度/mm			
	凸头紧固件	100°沉头拉伸头紧固件	100°沉头剪切头紧固件	100°沉头剪切头和 130°沉头紧固件
4.0	1.4	2.5	2.0	1.4
5.0	1.5	3.0	2.5	1.5
6.0	2.0	3.8	3.5	2.0
8.0	2.8	4.9	3.9	2.8
10.0	3.3	5.8	4.9	3.3

表 5.18　碳纤维增强复合材料拉脱试验推荐的试样最小长度/宽度和方法 B 的夹具尺寸

钉杆直径 （尺寸"A"）/mm	试样最小长度/宽度 （尺寸"A"）/mm	试样上紧固件位置 （尺寸""）/mm	夹具上的间隙孔直径 （尺寸"C_B"）/mm
4.0	68.0	34.0	34.0
5.0	72.0	36.0	38.0
6.0	84.0	42.0	50.0
8.0	96.0	48.0	63.0
10.0	108.0	54.0	75.0

（2）影响因素。

凸头和沉头紧固件都可以试验，紧固件几何尺寸会对试验结果产生影响，需要考虑的因素包括钉头直径、钉头深度、沉头角度、钉头-钉身半径，以及沉头深度与层压板厚度的比值（优先选取的比值范围是 0～0.7）等。一般来说，凸头紧固件试件的抗拉脱阻抗力是最高的，接着依次是 100°拉伸头、100°剪切头和 130°剪切头紧固件。

沉头的平齐度（紧固件端头在沉头孔内的深度和突起）会影响强度结果，也可能会影响观测到的破坏模式。除非另有规定，建议沉头紧固件的安装与复合材料表面的误差在 ±0.01 mm 以内。

选择合适的紧固件夹持长度，应当保证整个钉杆在试件的整个厚度上受到挤压，并且安装后的螺纹不与层压板接触。

紧固件安装力矩会对结果产生影响，紧固件承受拉伸载荷前需要先克服预紧力的作用。对于有锁紧特性的紧固件，拧紧的力矩值可以是规定的力矩值，需要安装制造商推荐适当的工艺规范预先安装紧固件。

孔与紧固件的间隙将影响试验结果，过大的间隙使得复合材料抵抗拉脱载荷的有效面积减少，加速亚临界破坏的发生；如果间隙过小，安装紧固件时可能会损伤复合材料，影响强度结果。航空结构中孔与紧固件典型的间隙为 +75/−0 μm。

（3）试验结果。

两种试验方法，均是将试样一直加载到最大载荷并使载荷从最大载荷下降 30% 为止。在作用载荷第一次明显下降（大于 10%）以前，载荷-位移曲线上观察到的第一个峰值载荷定义为结构的失效载荷，如图 5.7 的载荷-位移曲线所示。除非专门想要试件断裂，否则应停止试验，以防止因孔的大变形而掩盖真实的破坏模式，或防止损坏支持夹具。

最佳的破坏模式是紧固孔处的复合材料破坏。不可接受的破坏模式是紧固件（如钉头、钉杆或螺纹破坏）或者远离紧固孔处的复合材料破坏。

如果试验结果分散性较大，需要重新检查力的传载路径是否正确，需要考虑的因素包括夹具的对中度、试样和夹具的间隙、试样厚度方向的锥度和试样端部是否

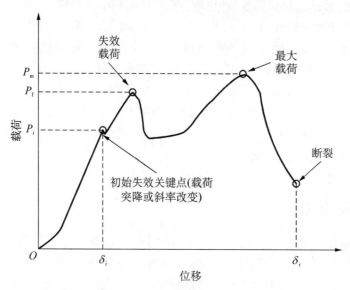

图 5.7　典型的载荷-位移曲线

均匀。

　　3) 紧固件拉-拉疲劳试验

　　为了验证静力覆盖疲劳的设计概念,并确定疲劳门槛值,作为设计许用值的确定依据,参考 ASTM D7332 标准方法 B 进行紧固件拉-拉疲劳试验,应力比 $R = 0.1$。

5.7.5　复合材料结构的损伤容限性能

　　结构普遍采用"损伤无扩展"设计方法来考虑结构的疲劳特性,在通过不同环境条件下的大量典型元件静力试验确定复合材料典型铺层/结构形式的静强度前提下,还需要进行典型铺层/结构形式的典型元件疲劳试验,以得到其疲劳门槛值,即对应 10^6 循环次数不破坏的极限疲劳强度,为最终确定的设计许用值提供依据。

　　确定复合材料结构设计许用值时,重点考虑含缺陷(开孔、冲击损伤等)结构和机械连接的静强度试验,其中主要的载荷形式为开孔拉伸和压缩试验、含 BVID 压缩试验、机械连接的面内拉伸挤压试验和面外拉脱试验。而在上述静强度试验结果的基础上,还需要进行相应试样的疲劳试验,以确定其疲劳-损伤门槛值,并验证"损伤无扩展"的设计方法。因此,与确定结构设计许用值的静力试验类似,确定复合材料结构疲劳-损伤门槛值试验主要包括下列结构与载荷形式:

　　(1) 6 mm 开孔试样的拉-压疲劳($R = -1$);

　　(2) 含 BVID 试样的压-压疲劳($R = 10$);

（3）机械/胶结连接试样的拉-拉疲劳（$R = 0.1$）；

（4）紧固件拉脱疲劳（$R = 0.1$）。

对于上述每一类试样，确定复合材料结构疲劳-损伤门槛值试验方法如下：

进行 5～6 个试样的静力试验，得到该组试样的破坏应力平均值；

一般在试件静态破坏应力的 40%～80% 之间选取 4～5 级载荷作为疲劳峰值应力，每级载荷进行 5～6 个试件的疲劳试验，测量不同应力水平下的疲劳寿命，并使得疲劳破坏的循环次数在 $5 \times 10^4 \sim 1 \times 10^6$ 之间，最终得到试样的 $S - N$ 曲线，作为确定疲劳-损伤门槛值的依据。

试验频率小于 10 Hz。

5.8　夹层结构试验方法

夹层结构包括面板、芯材和两者之间的连接方法，如粘接或焊接方法等。进行夹层结构设计时首先要了解面板和芯材的性能，并保证两者之间具有足够的连接强度。对芯材而言，最重要的力学设计性能包括压缩强度和模量、剪切强度和模量；对面板而言，需要考虑面板承受弯曲载荷和面内剪切载荷的能力；同时，需要考虑芯材和面板之间的连接强度，以保证夹层结构作为整体受力的能力。因此，本节分别从芯材、面板、芯材和面板黏接界面性能三个方面介绍相关的评价方法，具体采用的ASTM 标准如表 5.19 所示。

表 5.19　夹层结构常用力学性能评价方法

性能	适用对象			ASTM 试验方法
	芯材	面板	芯材-面板黏结界面	
芯材密度	√			C271 夹层芯材密度的标准试验方法
芯材吸水性	√			C272 结构用夹层结构芯材吸湿的标准试验方法
剪切强度和模量	√			C273 夹层芯材剪切性能的标准试验方法
面内剪切强度		√		D3518 由±45°层压板拉伸确定聚合物基复合材料面内剪切响应的标准试验方法
		√		D7078 用 V 形轨道剪切方法测试复合材料剪切性能的标准试验方法
面内拉伸强度和模量		√		D3039 聚合物基复合材料拉伸性能标准试验方法
面外拉伸强度	√		√	C297 夹层结构面内拉伸强度的标准试验方法
芯材节点拉伸强度	√			C363 蜂窝芯材分层强度的标准试验方法

（续表）

性能	适用对象			ASTM 试验方法
	芯材	面板	芯材-面板 黏结界面	
面内压缩强度		√		C364 夹层结构侧向压缩强度的标准试验方法
		√		D6641 用复合加载压缩（CLC）试验夹具确定聚合物基复合材料压缩性能的标准试验方法
面外压缩强度 和模量	√			C365 夹层结构面内压缩强度的标准试验方法
芯材厚度	√			C366 测量夹层芯子厚度的标准试验方法
剪切疲劳强度	√			C394 夹层芯子剪切疲劳的标准试验方法
芯材老化性能	√			C481 夹层结构实验室老化的标准试验方法
弯曲强度和 模量	√		√	C393 夹层结构弯曲性能的标准试验方法
	√			D7250 确定夹层梁弯曲和剪切刚度的标准方法
蜂窝芯材能量 吸收特性	√			D7336 蜂窝夹层芯材静态能量吸收的标准试验方法
蜂窝芯材水迁 移特性	√			F1645 蜂窝芯材中水迁移的标准试验方法
弯曲蠕变性能			√	C480 夹层结构弯曲蠕变的标准试验方法
黏结剂剥离强度			√	D1781 黏结剂滚筒剥离的标准试验方法
面板剥离强度			√	E2004 夹层结构面板剥离的标准试验方法

5.8.1　芯材性能评价方法

夹层结构中常用的芯材有三类，分别是蜂窝芯材、泡沫芯材和巴沙木，目前新的研究热点还包括 X-cor 芯材、桁架结构芯材和折叠芯材等。每种芯材都有各自的优点和缺点，芯材常用性能评价包括芯材密度、吸水性、剪切强度和模量、面外拉伸强度、芯材节点拉伸强度、芯材压缩强度和模量、芯材厚度、剪切疲劳强度、芯材老化性能、弯曲强度和模量、蜂窝芯材能量吸收特性和蜂窝芯材水迁移特性。就力学性能而言，芯材主要关心的性能为压缩强度和模量，剪切强度和模量。另外，在设计和使用中还需要考虑环境因素对芯材性能的影响，例如长期使用的最高温度、阻燃性、抗冲击性、吸湿性、疲劳强度、热导率和耐腐蚀性等。

（1）芯材剪切性能。

当夹层板或梁结构承受剪切载荷时，芯材剪切能力是需要考虑的最重要性能。泡沫芯材和 Balsa 木的剪切性能在面内的两个方向是相同的，而蜂窝芯材在纵向 L 和横向 T 两个方向性能通常是不同的，与具体的芯材单胞结构形式有关。例如，对六边形蜂窝芯材，L 向剪切强度通常是 T 向的两倍。

芯材的剪切强度与芯材的厚度有关，随厚度增加，剪切性能下降。标准试验

ASTM C273 中规定铝蜂窝芯材和非金属蜂窝芯材的厚度分别取 15.875 mm 和 12.7 mm。实际结构中的有效剪切强度需要考虑与厚度有关的减缩系数。

采用 C273 测定芯材剪切性能时，可以采用拉伸或压缩的方法进行，都要求力的加载要通过芯材厚度方向的对角线。

（2）芯材压缩性能。

芯材的压缩性能有两种试验方法。一种是不粘接面板，只针对芯材本身进行压缩试验，适用于获得泡沫芯材和 Balsa 木的设计性能；但是对蜂窝芯材，只适用于进行芯材的快速质量控制试验。另一种试验方法是粘贴面板的稳定压缩试验，通常用于取得芯材的压缩模量。对蜂窝芯材而言，增加的界面黏结剂增强了蜂窝芯材单胞边缘的支撑，此方法获得的压缩强度和模量值略高于单纯芯材压缩试验获得的数值。对泡沫芯材和 Balsa 木而言，两种方法得到的模量值相当。

5.8.2　芯材与面板粘接评价方法

对夹层结构而言，芯材与面板的粘接十分重要，它能够保证芯材和面板的协同工作，使它们成为轻质、有效的结构。通常不希望结构出现芯材与面板的界面失效，常采用夹层板的结构形式来评价芯材与面板的界面性能，对蜂窝夹层结构而言，单胞尺寸的选择是十分重要的。

检测芯材和面板界面性能的常用方法是面外拉伸强度和滚筒剥离强度试验，对较厚面板的夹层结构又增加了面板剥离强度方法。ASTM C297 可以检测芯材或夹层结构的面外拉伸强度，采用的试样为从大板上切取的正方形或圆形试样，对泡沫或巴沙木试样的最小尺寸可以为 625 mm^2；对蜂窝芯材，试样尺寸由单胞尺寸决定，建议至少包含 60 个单胞，如果单胞尺寸超过 9 mm，需要减少单胞数量，控制最大试样尺寸要小于 5625 mm^2。试样粘贴到金属加载块上，对加载块施加面外拉伸载荷，直到试样破坏，记录最大载荷和失效模式。这就要求试样厚度要均匀，与加载块粘接后加载块力的传导要与试验机的加载保持一致，否则容易使试样受力不均，试样提前破坏。通过失效模式可以判断试样的加工质量。芯材断裂、芯材与面板界面的粘接破坏和面板破坏都是有效的破坏模式，而加载块与芯材或夹层结构粘接界面的破坏是无效的破坏模式，需要检查试样的制作过程是否存在问题。

滚筒剥离强度试验 D1781 是将一侧的面板从试样上剥离下来，该试验方法只适用于较薄面板的夹层结构，对失效模式的判断与面外拉伸试验方法相同。对较厚面板的夹层结构，E2004 cleavage 强度方法是更合适的试验方法，该方法不需要面板围绕滚筒进行弯曲，试验加载方法类似于 Ⅰ 型断裂韧性的试验，试验过程简单。相比较而言，cleavage 强度方法更适用于面板弯曲刚度大于 $3.09 \text{ kN} \cdot \text{mm}^2/\text{mm}$ 宽度的情况，这相当于是 0.81 mm 厚的 6061 铝合金，0.57 mm 厚的钢和 1.18 mm 厚度玻璃纤维面板对应的弯曲刚度。

5.8.3 面板性能评价方法

夹层结构设计中常使面板承受面内载荷,芯材承受面外剪切载荷。受弯时,一侧面板受拉伸,另一侧面板受压缩;夹层柱结构受压缩载荷时,两侧面板同时受压;有时,夹层结构作为剪切板使用,面板需要承受面内剪力。结构设计中常需要考虑的性能包括面板压缩强度、拉伸强度和模量、面内剪切强度、夹层梁弯曲和剪切刚度等。

5.8.4 夹层结构性能评价方法

夹层结构设计中需要考虑的性能包括拉伸强度、侧向压缩强度、面外压缩强度和模量、弯曲蠕变性能、芯材/夹层结构的老化性能、黏结剂滚筒剥离强度、弯曲强度和模量、面板的剥离强度和结构的损伤阻抗性能等。

1) 弯曲性能

在平板夹层结构试验中,可以采用弯曲试验确定夹层结构的弯曲刚度、芯材剪切强度和模量、面板压缩和压缩强度。用于评估芯材剪切强度的试验还可以用于评估芯材-面板的黏接强度。ASTM 标准中有两种夹层结构弯曲试验方法,一种是针对长梁试样的 D7249,可以得到面板的强度和刚度,标准试样长度和宽度为 600 mm×75 mm;另一种是针对短梁试样的 C393,可以得到芯材的剪切强度,标准试样长度和宽度为 200 mm×75 mm。通过 D7249 或 C393 试验获得的载荷-位移曲线,可以采用 D7250 中提供的方法计算夹层梁弯曲和剪切刚度。如果为了得到纯芯材的剪切强度和模量,最好采用 C273 标准进行试验,因为 C393 试验中还可能出现芯材-面板的界面破坏。另外有一点应该注意的是,由于弯曲试验中引入了曲率的影响,由 D7249 试验得到的面板压缩强度可能与受面内纯压缩试验 C364 得到的值不同。

两个弯曲试验要求的有效破坏模式不同,D7249 试验唯一可接受的是面板压缩或拉伸破坏;而 C393 试验有效的破坏模式是芯材剪切破坏或芯材-面板界面脱粘失效。两个试验都可以采用三点弯或四点弯的加载方式,C393 推荐的标准加载方式是三点弯曲,而 D7249 推荐的标准加载方式是四点弯曲,如果采用标准方式得不到需要的破坏模式,可以考虑采用非标准加载方式,标准中均给出了相应试样尺寸和跨距的推荐值。

ASTM C480 提供了夹层结构弯曲蠕变试验标准,通过垂直作用于试样表面的持续载荷,得到夹层结构蠕变特性和蠕变速率。可以采用三点或四点弯曲加载方式,根据要求的破坏模式选择采用 D7249 的长梁试样或 C393 的短梁试样形式。

2) 冲击损伤特性

将夹层结构应用于实际结构中时,产品开发和选材过程中都需要特别关注夹层结构受面外集中力产生损伤的特性。ASTM D7766 针对层压板静压痕 D6264 和落锤冲击试验方法 D7136 进行了改进,提供了适用于夹层结构冲击阻抗评定的试验方法。该试验可以定量评估面板材料和铺层顺序、芯材-面板界面、芯材密度和强度、芯材尺寸(单胞尺寸、单胞壁厚、芯材厚度等)、加工工艺和环境对夹层结构受静压痕集中力、落锤冲击力或冲击能量的损伤阻抗特性的影响。损伤阻抗参数包括凹坑深度、损伤尺寸和位置、凹陷或冲击力程度、冲击能量和冲击力-时间曲线。夹层结构的损伤阻抗特性高度依赖于试样尺寸、厚度、刚度、质量和支撑情况的影响。

共有3种试验方法可供选择,A和B方法分别对应D6264试验中刚性背衬支撑和边缘支持的情况;C方法对应D7136试验中边缘支持的情况。3种方法都适合用于在夹层试样中引入损伤,以为后续的损伤容限剩余强度试验做好准备。边缘受支持的试样更能反映远离子结构连接区域的夹层壁板,而受刚性背衬支持的试样更接近面外变形受限制的子结构区附近的夹层壁板。同样地,边缘受支持试样的损伤特性反映的只能是与试样具有相同长度和宽度的壁板的性能,如果壁板尺寸远远大于试样尺寸,壁板中有很大一部分冲击能会转化为弹性变形能,不会都用于产生损伤。

比较而言,方法A由于减少了弯曲刚度和支持夹具对损伤形成和扩展的影响,因此该法更适合用于进行材料、几何尺寸、铺层顺序等对夹层结构损伤阻抗性能影响。但是,应注意到由刚性支持试样得到的损伤阻抗特性不能严格地转移应用到边缘支持试样中。例如,较高压缩刚度或强度的芯材(如balsa木)组成的夹层结构在背衬支持试验中具有优异的性能,但该性能不能严格推论到边缘支持试验中,因为边缘支持试验中会更多考虑芯材剪切刚度、剪切强度和面板弯曲刚度对试验结果的影响。因此,如果考虑更接近实际应用中的情况,方法B和方法C是更合适的选择。有些结构应用中,也会采用刚性背衬支持和落锤冲击的情况。

方法B中推荐边缘支持试样的开口直径为125 mm,方法C中推荐边缘支持试样的开口为125 mm×75 mm。实际应用中需要考虑夹层试样厚度、弯曲刚度,厚度方向剪切刚度的影响。如果芯材的压缩或剪切强度不足,试验时需要选择合适的开口尺寸,避免芯材在支持边界周围局部失效。如果测量到的损伤宽度超出未支持试样宽度的一半时,需要考虑采用试样和夹具设计的合理性,可以采用更大的试样和夹具,不仅能够容许较大的损伤面积,而且可以减少边缘支持条件的影响。

损伤阻抗特性和失效模式与冲头形状和直径有关。例如,在边缘支持试验中减小冲头直径会改变结构损伤阻抗特性,从芯材剪切为主的破坏模式转变到芯材压缩为主的破坏模式。标准试验中推荐采用的是钝的半圆形冲头。采用的冲头尺寸与芯材特点有关,如对蜂窝芯材,采用较大直径的冲头可以保证多个单胞受到压缩或冲击。针对不同的应用情况,如进行面板抗穿透特性评估时,需要采用尖的冲头。或者,研究可见冲击损伤尺寸(如凹坑深度、凹坑直径)和内部损伤状态与冲头尺寸的关系时,需要考虑采用不同冲头形状和直径的影响。

标准中推荐的芯材厚度为13 mm。不同芯材会呈现不同的压痕、冲击和凹坑回弹、破坏机理和破坏位置。例如,脆性芯材(如玻璃纤维蜂窝和泡沫)受冲击后破碎,面板可以恢复到未受冲击时的状态,残余的凹坑最小。相反地,其他芯材(如芳纶和铝蜂窝)受冲击后被压坏,却仍然粘接在面板上,使得残余凹坑深度较大。冲击后凹坑会立即回弹,但回弹速率和达到平衡状态的回弹时间与芯材和环境有关。例如,芳纶蜂窝比铝蜂窝的凹坑释放程度更大,在湿热状态下凹坑会加速回弹。同样地,芯材破坏位置和模式受到芯材弯曲性能、剪切性能和冲击接触力的影响。

　　夹层结构常见的冲击损伤形式如图 5.8 所示,不仅面板受损,内部芯材也会有不同程度损伤。与受冲击层压板相比,受冲击夹层结构存在更多的潜在破坏位置,共有 9 处:2 个面板、面板-黏结剂的 2 个接触界面,2 个黏接层,黏结剂-芯材的 2 个接触界面和芯材,如图 5.9 所示。

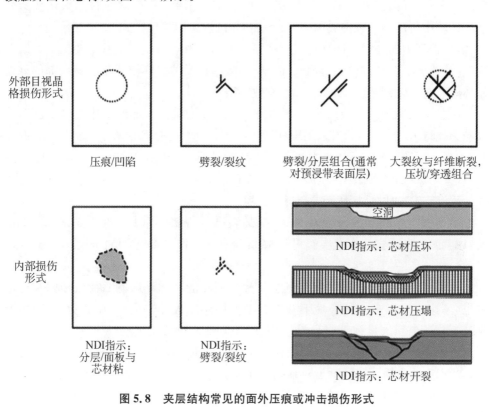

图 5.8　夹层结构常见的面外压痕或冲击损伤形式

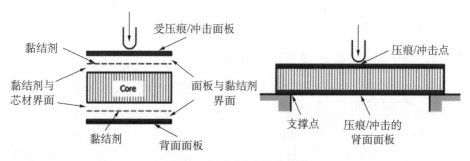

图 5.9　压痕/冲击损伤位置

5.8.5　夹层结构其他性能评价方法

5.8.5.1　夹层结构剪切疲劳试验

对夹层结构芯材来说,剪切应力是最需要考虑的载荷情况。从耐久性和多种应用环境考虑,确定设计关心的芯材剪切疲劳极限水平,夹层结构在循环剪切载荷下的疲劳性能就显得尤为重要。

ASTM C394 提供了夹层结构恒幅剪切疲劳试验方法,除了芯材是直接与加载板黏接,不需要粘贴面板外,试样与 C273 中相同。芯材单胞几何尺寸(形状、密度、取向)、芯材厚度、试样形状(长度/宽度比)、黏结剂厚度将影响芯材的剪切疲劳性能。试验中所用的加载夹具与 C273 中相同,可以采用拉伸模式,也可以采用压缩模式,需要保证力的加载方向穿过芯材在厚度方向上的对角线。试验中要保证系统对中度,载荷偏心会导致试验提前破坏。唯一能够接受的破坏模式是芯材内部的剪切破坏,而芯材与加载板间的脱粘不是有效的破坏模式。

试验中只能采用正应力比,不能施加拉-压疲劳载荷。如果采用拉-拉疲劳,建议应力比取 $R = 0.1$;如果采用压-压疲劳,建议应力比取 $R = 10.0$。例如,对拉-拉疲劳,最大力取 4 000 N,最小力取 400 N,应力比 $R = 400/4 000 = 0.1$;对压-压疲劳,最大力取-400 N,最小力取-4 000 N,应力比 $R = -4 000/-400 = 10$。

5.8.5.2　夹层结构疲劳损伤特性试验

对薄蒙皮结构和薄面板夹层结构,必须进行规定的常见小能量冲击试验,证实其有足够的冲击阻抗,从而可以降低维护费用,主要进行冲击后压-压疲劳试验。

为了验证损伤无扩展的设计概念及剩余强度能够达到限制载荷或极限载荷的要求,考虑在室温干态的环境下开展典型铺层层压板冲击后压-压疲劳性能试验。在疲劳试验前引入目视勉强可见损伤(BVID)或目视可见损伤(VID),要求在完成规定寿命期内的疲劳试验后,损伤无扩展,含 BVID 冲击损伤试样满足极限载荷要求,含 VID 冲击损伤试样满足限制载荷要求。

试验件形式和冲击方法参照 D7766,冲击后压-压疲劳试验方法参照 D7137,每种类型试验件 3 批,共 18 件。试验中需要考虑面板铺层顺序、面板和夹层结构的材料、芯材的尺寸、芯材的高度、冲头直径和冲击能量等的影响。

5.9　典型的金属结构试验项目及技术简介

金属的材料、元件及结构细节根据结构及环境的不同,试验内容差异较大,对于静强度性能而言,主要试验对象及考核内容为:

1) 材料试验

(1) 材料试验主要指与型材、板材、棒材、管材和线材有关的静力学性能,如拉伸、压缩、弯曲、扭转和蠕变试验等。

（2）紧固件、管件等的拉伸、剪切试验。

（3）螺杆、拉杆、拉板等拉伸试验，用于验证设计分析中采用的有关标准及手册中数据（曲线）的合理性，或者获得缺少和不足的性能数据。

（4）环境对材料静力学性能的影响试验，如应力腐蚀情形下的拉伸、弯曲、剪切等性能。

（5）腐蚀防护系统的腐蚀试验，用于验证腐蚀防护系统是否满足要求。

如前几章所述，典型拉伸、压缩、剪切、扭转、冲击及金属材料高温蠕变等试验，一般试验均有试验标准可依，这里就不再进行详细介绍。

2）元件、结构细节试验

结构细节试验的试验件形式为关键部位细节及不同典型连接形式，通常需要用较多的试验件，采用统计方法得到许用值，主要包括以下几类试验：

工艺孔、拐角及紧固孔等关键部位工艺评估试验，通过静强度试验，如拉、压、弯、剪、扭及复合受载等，考核这些典型加工部位的加工质量及典型细节设计形状、尺寸的合理性，用于检验和改进加工工艺及改善设计参数。

不同连接形式（如搭接、对接、铆接、焊接、螺接和粘接）的静力学（拉、压、弯、剪等）性能对比试验；不同制造、成形工艺（如挤压件和模压件）的典型细节结构件，耳片不同角度拉伸试验等用于考核各种典型细节结构形式的静强度和变形情况，验证分析结果的符合性，可用于选择连接形式、耳片细节参数及典型成形工艺。

温度、湿度和腐蚀等环境因素对结构细节的影响，需要通过相应的试验研究确定相关的修正系数。

结构细节试验既为研制阶段的结构细节选型、选工艺服务，又为结构细节分析和全尺寸结构验证试验服务。本节选择了一些典型结构连接细节试验进行介绍，包括典型结构细节疲劳额定值的疲劳方法和耳片静力/疲劳试验。

5.9.1　典型结构细节疲劳额定值的疲劳方法

细节疲劳额定值（DFR）法是一种用于飞机结构应力疲劳寿命分析的工程方法，该方法考虑到了结构连接方式、形状参数、加工工艺、表面处理工艺等影响结构疲劳特性的多种因素，能够体现结构部位固有的疲劳品质。DFR确定试验属于关键元件疲劳试验，该值直接反映分析部位材料、细节形式、载荷、工艺等结构细节疲劳特征值。

DFR试验定义应力比 $R=0.06$，结构能够承受 10^5 次循环（95％的置信度，95％的可靠度）时所对应的最大应力值。试验件的设计要求能够反映出结构对应疲劳危险部位的细节及其传载情况，试验件加工要求与结构中该细节的材料状态、加工工艺和加工质量相同。试验可以采用单点法,也可以采用双点法,每组要求有多件有效数据,在试验完成后剔除异常试验结果,按照双参数威布尔概率分布模型处理试验结果,并给出 95% 的置信度和 95% 的可靠度下,寿命为 10^5 次循环时对应的应力水平,即 DFR 值。

5.9.2 耳片连接接头试验

耳片连接是飞机结构中广泛采用的传力形式,常做的试验包括耳片静力性能试验和疲劳试验。

1)耳片静力性能

耳片静力试验主要用于获得耳片效率和折算系数曲线,建议至少进行以下内容的试验:

(1)不同加载角度下(0°,30°,60°,90°)的拉伸破坏载荷。

(2)效率系数 K_0 与 b/d 的关系图。

(3)折算系数 K_{con1}、K_{con2} 与 b/d 的关系图。

2)耳片疲劳试验

耳片疲劳试验大致分为确定常幅载荷作用下和谱载荷作用下结构的 $S - N$ 曲线和 DFR 值。耳片的静力和疲劳性能不仅受材料、几何形状和加工工艺的影响,而且与加载方向关系很大,可以采用单个耳片的形式,针对多个试验件分别按照不同加载角度试验,如图 5.10 所示;也可以采用巧妙的试验件设计,利用一个试件实现几种不同的常用加载角度,如图 5.11 所示。

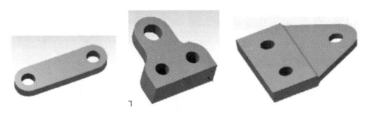

图 5.10　耳片试验件形式一

图 5.11　耳片试验件形式二

5.10　部件及全尺寸检测

5.10.1　试验过程质量控制

为了保证试验顺利完成,需对试验的全过程进行质量控制,所以必须有严密的组织管理和完善的质量保证体系,下面介绍承试方试验过程质量控制方面的主要内容:

(1) 合同评审。

对承试方完成试验任务的物质基础、经济基础、技术基础、人员素质、试验时间是否满足试验要求进行评审,以便确定合同签订与否。

(2) 质量策划。

合同签订后,为了保证试验的质量,预计要把握的主要问题。

(3) 质量计划。

安排试验过程质量控制工作的进度,负责人和保证条件等。

(4) 设计控制。

对试验设计阶段的计划管理、设计管理、文件管理进行控制,确保符合质量控制要求。

(5) 受试产品交接。

保证受试产品符合设计制造要求,除了要有生产厂家的产品合格证外,还要经军方或适航部门批准,并且要熟悉产品允许存在的问题。

(6) 试验过程控制。

保证试验过程中的加工、试验安装、调试、试验等是在受控状态。

(7) 试验报告。

保证试验报告数据准确、结论正确,试验报告符合大纲要求。

(8) 试验结果评审。

对整个试验成功与否,存在的问题以及还要做的工作进行评审。

图 5.12 中给出了试验过程质量控制简图。

就整个试验而言,应符合国军标或适航条例的要求,并经军方或适航部门认可。

5.10.2　部件的静力试验

民用飞机根据其使用范围和飞行功能的不同,其战术、技术指标各不相同。但是,要求军用、民用飞机结构轻、有效载重大、经济效费比高、机动性敏感性好、续航行程远和作战半径大是共性。现代飞机大量采用新材料、新工艺以降低结构重量,强度设计依靠高速度计算机和先进的有限元数值分析软件,使飞机设计的静强度准确度越来越高,设计目标之余的裕强度系数越来越小。飞机全机悬空静力试验是验证新研制飞机强度满足与否的首选试验之一。

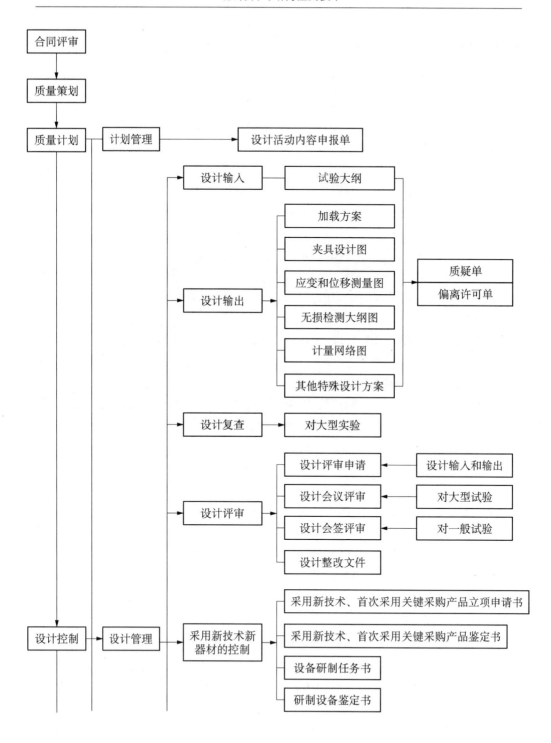

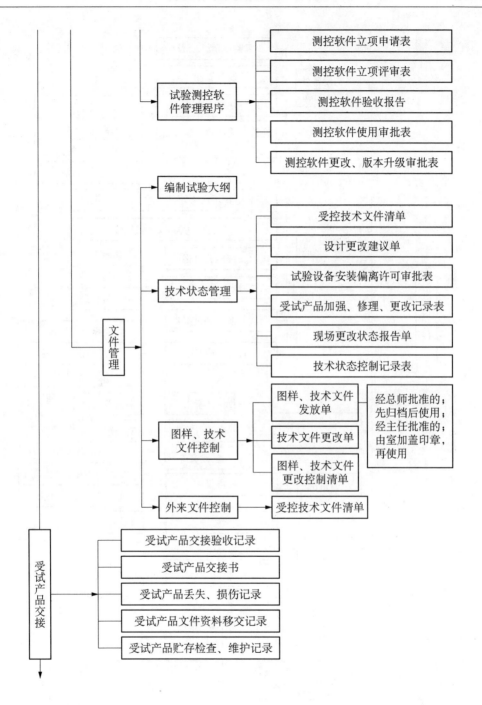

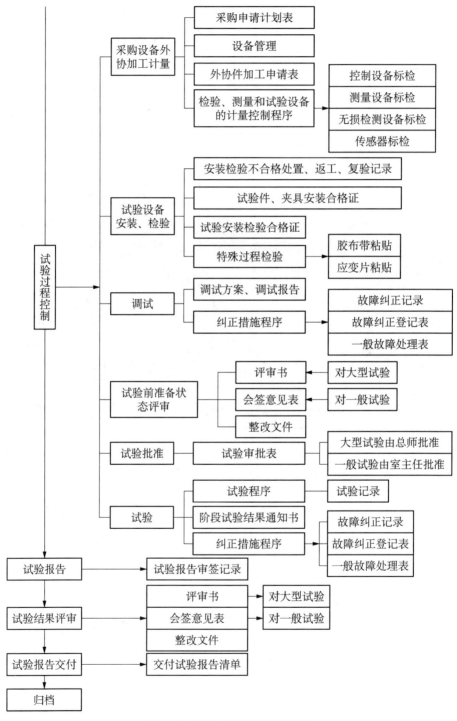

图 5.12　试验过程质量控制简图

　　我国飞机军用强度和刚度规范 GJB67.3-85 和正常类、实用类、特技类和通勤类飞机适航规定 CCAR25 部、CCAR23 部以及 CCAR29 部规定：

　　A. 飞机结构必须能够承受使用载荷（限制载荷）而无永久变形。在使用载荷（限制载荷）内任何载荷作用下，变形不得妨碍安全运行。

　　B. 结构必须能够承受设计载荷（极限载荷）至少 3 秒钟而不破坏。但是如果结构能够承受要求的设计载荷（极限载荷）至少 3 秒钟，则在使用载荷（限制载荷）和设计载荷（极限载荷）之间产生局部失效或结构失稳是可接受的。

　　从国外先进战斗机研制来看，追求等应力水平设计（除特殊满足刚度要求结构部件之外）及低裕度强度剩余系数，是降低结构重量的主要方式之一。例如，某国一先进战斗机为提高综合性能而多次消减结构重量，先后进行过 5 架次不同结构设计的全机静力试验。早期试飞时，该型号飞机在大过载机动飞行中，曾出现过空中飞机解体现象。它在研制中以 90% 的设计载荷（极限载荷）目标来设计飞机结构，以满足飞行中最大工况 100% 设计载荷（极限载荷）的使用要求，先后通过 5 次全机静力试验的验证、局部薄弱强度设计改进增强。最后，该型号飞机成为世界上最先进且设计比较经典的飞机，也是后续型号飞机研制的优秀平台。由此可见，全机静力试验在飞机研制过程中的重要性。

　　静力试验又叫静力测试。试验观察和研究飞行器结构或构件在静载荷作用下的强度、刚度以及应力、变形分布情况，是验证飞行器结构强度和静力分析正确性的重要手段。全尺寸结构静力试验的加载系统比较复杂。20 世纪 40 年代以前，静力试验时将飞机仰置，用铅粒或砂粒装在袋中模拟机翼分布载荷；用铁块吊在绳索上模拟集中载荷，方法简陋。以后改用电动机械加力器或液压作动筒和千斤顶加载。从 40 年代开始全尺寸结构静力试验都通过杠杆系统加载，并采用多点协调加载系统，保证各加载器能按预定比例加载，在结构破坏时能自动卸载，以避免破坏部位的继续扩大。20 世纪七八十年代，静力试验已采用电子计算机控制的电动液压伺服系统自动闭合回路协调加载系统，有上百个加载器、几百个加载点、几百个测量通道、几千个应变片，并用电子计算机进行数据采集和处理。

　　静力试验大厅有特殊的建筑要求，具有承力顶棚、承力地坪等设施，大厅的有效空间尺寸和承载能力决定被试机种的最大尺寸和最大吨位。承力顶棚的高度根据多层杠杆系统布置的需要决定。全尺寸结构静力试验的应变和挠度测量主要采用电测法，即在试件上粘贴电阻应变片，并布置电位移计。零构件静力试验采用电测法、光测法和机械法，较先进的技术有光弹性法、激光全息法（包括全息光弹性）和 X 射线测残余应力法等。

　　静力试验的常规程序是：先进行预加载荷试验，用 20%～30% 使用载荷拉紧试件，消除间隙，随即卸载；然后逐级加载至使用载荷。结构变形不应妨碍飞行器正常工作，并在卸载后无显著残余变形（例如残余挠度不超过在使用载荷下总挠度的

5%;残余应变不超过 0.2%)。在再次加载到使用载荷后,继续对应变、挠度进行监控测量,逐级加载至设计载荷,要求保持一段时间(如不少于 3 秒钟),结构不破坏。最后选各种设计情况中最严重的一种进行破坏试验,确定结构剩余强度系数。在某些验证试验中,也可能仅加载到使用载荷或验证载荷(见图 5.13)。

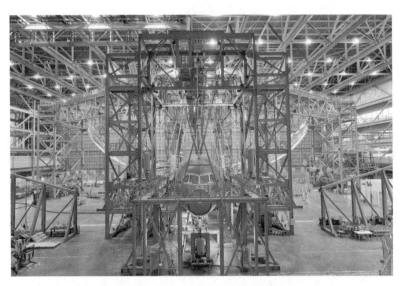

5.13　某型号飞机全机静力试验

5.10.3　部件的耐久性测试

自 1903 年莱特兄弟进行第一架飞机的静力试验以后,法国于 1911 年进行了类似的用沙袋加载的静力试验。近九十多年来,飞机结构强度试验发生了根本性的变化。现在各主要航空大国都有自己的军机试验规范和民机适航性能要求或条例,明确规定了全尺寸试验的要求和进度。为了确保飞机结构的安全性,各种型号新机试验时往往附加某些条件,使机体结构经受更严峻的考验。

美国民机的强度试验在联邦航空局监督下由承制公司负责,试验件和费用也由公司承担,美国联邦航空条例笼统地规定"静力强度和疲劳强度应该用计算和(或)用试验来验证"。联邦航空局认为,对于一种结构,如果结构型式与以前的相同,所采用的计算方法也与以前的一样,而且那种结构以前用静力试验验证过,则这种结构可以不做设计载荷下的静力试验。实际上,除了 DC-8 和 B707 没有做设计载荷(即极限载荷)下的静力试验外,美国严肃的飞机制造公司,特别是干线机制造公司,都进行静力破坏试验,并用另一架机体做疲劳试验。波音公司的 B727 至 B777 民机、麦道公司的民机及洛克希德公司的 L-1011 等干线民机及许多支线飞机都进行了完整的全尺寸静力试验和疲劳试验。为了适用飞机结构强度试验的需要,各大公司纷纷建立相应的试验室,如波音公司的 B747 结构试验室(西雅图全尺寸飞机静力和疲劳试验室)、洛克希德公司的工程试验中心、麦道公司的长滩工程发展中心等。

英国民机结构强度试验的管理类似于美国,在政府部门和民航注册局监督下由制造公司负责,明确规定静力试验应加载到设计载荷来验证。为适应"协和"号全机疲劳试验及其他试验的需要,英国航空研究院新建了法恩伯勒结构试验室。英国飞机强度试验的一个突出之处是,在许多情况下,只用一架试验机体进行下列试验:①两倍寿命期的疲劳试验;②裂纹扩展试验;③对有裂纹的结构或拆除多余连接后的结构进行使用载荷(即限制载荷或通常说的 67%设计载荷)下的"破损-安全"静力试验;④对修复后的结构进行设计载荷(100%)下的静力试验。有的还要进行剩余强度试验。

法国飞机结构强度试验由国家试验室(图鲁兹航空试验中心)承担。法国强调把试验设备集中在国家试验室,由国家试验室负责试验。图鲁兹航空试验中心材料和结构部原有两个大型强度试验厂房,为了进行"协和"号全机和部件试验,图鲁兹航空试验中心在"海尔"分站成立了"协和"号结构试验部,有大型静力试验厂房和疲劳试验厂房,可进行"协和"号全机热强度试验,图鲁兹航空试验中心及其"海尔"分站承担了快帆、幻影系列、布雷盖系列、"协和"号、空中客车等军民用机的静力试验和(或)疲劳试验。

欧美的飞机全尺寸强度试验,特别是全尺寸疲劳试验,往往用分段试验代替全机试验。这种方法起源于英国的 BAC-111、三叉戟和 VC-10 的结构强度试验,空中客车系列的疲劳和损伤容限试验,F28 的疲劳试验等都进行分段试验,甚至 DC-10 的全机疲劳试验也分三段进行。

疲劳试验的经验表明,分段试验有下列优点:①可以提前开始试验;②可较快地完成试验,并及早发现薄弱部位,设计部门可尽快采取改进措施;③载荷谱可以较精确;④可试验较多的特定载荷状态;⑤各段相互独立试验,场地和设备要求都较简单。分段试验的重要问题是过渡段的设计和模拟。

根据美国 FAA 破损-安全设计要求,一个主要结构元件损伤后,其余结构必须能承受 80%的使用载荷(54%设计载荷),施加载荷时包括动态系数 1.15,洛克希德公司在试验 L-1011 时把这一项作为起码要求。附加目标是要求飞机结构和起落架结构能承受 100%使用载荷(67%设计载荷)。为了满足这项要求,洛克希德公司设计 L-1011 时制订了下列破损-安全设计方法:①规定破损-安全损伤准则;②规定破损-安全载荷水平准则;③以断裂韧性和缓慢裂纹扩展特性选择材料;④规定破损-安全设计许用应力;⑤把结构设计成满足载荷/应力-损伤要求;⑥试验损伤部件和结构以验证设计。L-1011 进行了 10 项设计载荷试验,其中 7 项在进行设计载荷试验前,先进行 120%~135%使用载荷(80%~90%设计载荷)的所谓"门限试验"。门限试验的目的是在设计载荷试验前得到有关的应变数据,供应力工程师研究。门限试验的次序是首先试验最严重状态,使之有较多时间研究应变数据。试验到设计载荷时,FAA要求保载3 s,而L-1011则要求保载90 s,远远超过规定要求,10项试验中有2项在150%使用载荷(100%设计载荷)保载期间出现破损,保载40 s后翼盒上面四个机身框断裂(侧向静态阵风极限试验),继续保载20 s后卸载。说明飞机能承受60%设计载荷。在动态阵风状态机翼极限试验保载55 s后出现第二处损伤,位置在发动机架外侧的机翼上表面。其他飞机强度试验时也有类似于上述情况的、高于适航当局要求的附加要求及其试验,这里不一一列举。

因为全尺寸飞机结构疲劳试验的费用约75%花在试验支架和试验机体上,所以按破损-安全设计的飞机在试验到2倍使用寿命期后应继续进行试验。Troughton的观点是全尺寸疲劳试验应尽可能进行下去,得到隐含的破损安全寿命,验证破损安全特性;继续试验的另一个价值是根据试验结果进行结构修改,具有巨大的使用效益。还有一个重要问题是完成所有试验后应保存试件,以便以后进行飞行疲劳检测,验证破坏处的试件状态,进行深入分析。Troughton分析了造成疲劳试验与飞行实测结果有时不一致的原因,强调精确施加试验载荷和广泛地进行部件及细节疲劳试验的必要性。

参 考 文 献

[1] GJB 67.14-2008. 军用飞机结构强度规范——复合材料结构[S]. 2008.

[2] FAA AC20-107B. 复合材料飞机结构[S]. 2009.9.8.

[3] 沈真. 张晓晶. 复合材料飞机结构强度设计与验证概论[M]. 上海:上海交通大学出版社. 2009.

[4] DOT/FAA/AR-03/19. Material Qualification and Equivalency for Polymer Matrix Composite Material Systems: Updated Procedure [S]. 2003.9.

[5] MIL HDBK-17-3F. Composite Materials Handbook Volume 3. Polymer Matrix Composites Materials Usage, Design, and Analysis [S]. 2002.6.17.

[6] 沈真. 复合材料飞机结构耐久性/损伤容限设计指南[M]. 北京:航空工业出版社. 1995.

[7] 沈真. 复合材料结构设计手册[M]. 北京:航空工业出版社. 2001.

[8] DOT/FAA/AR-02/109. Guidelines and Recommended Criteria for the Development of A Material Specification for Carbon Fiber/Epoxy Unidirectional Prepregs [S]. 2003.3.

[9] DOT/FAA/AR-02/110. Guidelines for the Development of Process Specification, Instructions and Controls for Farication of Fiber Reinforced Polymer Composites [S]. 2003.3.

[10] ACEE Composites Project Office. Standard Tests for Toughened Resin Composites [R]. Revised Edition, NASA RP 1092. 1983.

[11] ACEE Composites Project Office. NASA/Aircraft Industry Standard Specification for Graphite Fiber/Toughened Thermoset Resin Composite Materials [R]. NASA RP 1142. 1985.

[12] SACMA 2R-94. SACMA Recommended Test Method for Compression after Impact of

Oriented Fiber-Reinforced Composites [S]. 1994.

[13] Freeman T. , Tomblin J. Ng Y. , NCAMP Progress and Plans [R]. Presented in 2006.

[14] 陈绍杰. 复合材料设计手册[M]. 北京：航空工业出版社. 1990.

[15] 张立鹏、沈真. 复合材料吸湿试验的若干问题[J]. 航空制造技术,2009,12：85-88.

[16] 陈普会,沈真等. Failure mechanisms of laminated composites subjected to static indentation [J]. Journal of Composite Structures,2006,Vol. 75(1-4)：486-495.

[17] 沈真,章怡宁,柴亚南等. 机翼结构用复合材料的力学性能要求[J]. 航空制造工程,2010,2010 年第1期：44-48.

[18] 沈真,杨胜春,陈普会. 复合材料抗冲击性能和结构压缩设计许用值[J]. 航空学报,2007,Vol. 28(3)：561-566.

[19] 沈真,杨胜春. 飞机结构用复合材料的力学性能要求[J]. 材料工程 2007：248-252.

[20] 沈真,杨胜春,陈普会. 复合材料层压板抗冲击行为及表征方法的实验研究[J]. 复合材料学报,2008,Vol. 25(5)：125-133.

[21] 强宝平. 飞机结构强度地面试验[M]. 北京：航空工业出版社,2014.

6 飞机其他特种情况检测

本章包含以下内容：①飞机结构件，包括金属和复合材料结构，在制造过程中发生缺陷或发生意外损伤后的检测方法；②飞机结构件在服役过程当中常见的损伤，如疲劳、腐蚀和蠕变损伤的检测方法；③飞机结构发生损伤，并进行修复后的检测方法；④最新发展的一些先进检测技术介绍。

6.1 缺陷与损伤检测

6.1.1 缺陷和损伤的产生和分类

飞机在使用过程中，由于使用过载、操纵错误或维护不当等原因，常常会造成飞机结构的损伤，如飞机结构产生裂纹、变形、撞伤和烧伤等。飞机的复合材料结构无论在初始制造过程、使用过程、运输过程还是对先前的损伤进行修理的过程中，都会产生缺陷和损伤。这些损伤降低了飞机结构的强度和刚度，影响飞机的启动性能，因此必须对飞机结构的损伤进行及时的检测和修理，以保证飞机处于良好的使用状态。飞机结构的损伤检测是指对损伤的飞机结构进行损伤程度的检查和鉴定。损伤的鉴定结果可以为制定结构的修理方案和实施修理提供依据。飞机的结构的损伤如果按照损伤程度及其可修理性，可分为三类：①可允许损伤：指不需要做任何修理或仅做简单修理的损伤。如轻微的变形、划伤和擦伤等。②可修理损伤：指结构损伤较严重，但可以进行修理的损伤。③不可修理损伤：指结构损伤的损伤非常严重已不能修复，或者即使能够修理但成本太高，不如局部或整体更换损伤结构件。这种损伤为不可修复损伤。此外还可以按照飞机结构损伤产生的原因和损伤的型式来分类。飞机结构的损伤，有些是可以用肉眼观察，并辅以简单的检查工具，就可以发现的；有些则必须用专门的仪器进行检测。可以用不同的检测技术来检测出各种缺陷和损伤。不同的检测技术的适用性以及对各类损伤的和缺陷的检测能力各不相同。

本章分别针对飞机金属结构和复合材料结构的一般损伤，按照损伤产生的原因和损伤的类型进行讨论。

6.1.2 飞机金属结构的缺陷与损伤检测

飞机的金属结构在正常使用过程中产生的损伤主要有：交变载荷引起的疲劳损伤、使用环境所导致的腐蚀损伤以及因结构设计不合理或制造工艺粗糙而产生的损伤等。这类损伤具有以下特点：

(1) 承受冲击载荷的机构出现裂纹和断裂的机会最多；

(2) 承受交变载荷的机构出现裂纹、断裂以及紧固件松动和破坏的机会较承受静载荷的结构多；

(3) 承受集中载荷的主要承力件最易出现裂纹；

(4) 结构件上的开口、孔、尖锐的缺口、小半径的圆角、截面形状突变部位等应力集中区，容易成为裂纹的发源地；

(5) 焊接件较铸件，铸件较钣金件，钣金件较机械加工件容易产生裂纹。

飞机金属结构在非正常使用维护中，如非正常操纵驾驶、维护不当、飞行中机件突发故障等原因所造成的损伤主要有撞伤、擦伤和烧伤等。这类损伤在机身上发生较多，机翼次之，尾翼相对较少。

6.1.2.1 含裂纹结构件的检测

飞机结构件的裂纹多发生在受力大、撞击激烈、受振动或交变载荷，以及受到环境温度或者腐蚀性气体和液体影响的部位。构件产生裂纹后，强度刚度降低，而且由于裂纹尖端应力集中，在载荷的继续作用下裂纹会迅速扩大，可能造成严重事故。因此应加强检查，及早发现，采取措施。

裂纹可分为宏观裂纹和微观裂纹。宏观裂纹是指用无损检测方法所能探测到的最小长度的裂纹，根据宏观裂纹的形态特征有：网状裂纹（又称龟裂纹）、直线裂纹和弧形裂纹。网状裂纹呈龟壳网状，一般情况下深度较浅，是一种表面裂纹；直线状裂纹常呈单条分布，这种裂纹一般垂直于结构的主应力；弧形裂纹通常沿材料横向单条分布，有一定的角度，呈弧形或略成圆弧形。微观裂纹是指用放大倍数和分辨率优于光学显微镜的方法所能观察到的裂纹，按裂纹扩展途径又分为沿晶裂纹、穿晶裂纹和混合裂纹。

检查构件裂纹可归结为两类：一类是目视检查，可以借助于放大镜进行。这种方法的优点是简单方便，随时随地可以进行检查，且不受被检测材料性质的限制。另一种检测方法是使用专门的探伤设备进行无损检测，它包括射线检测、超声波检测、磁粉检测、涡流检测和渗透检测等，表6.1给出了各种检测方法的可检范围。

表 6.1　各种无损检测方法可检范围

无损检测方法	可检裂纹最小尺寸/mm		
	裂纹表面宽度	裂纹表面深度	裂纹表面长度
磁粉探伤			
磁悬浮液	0.001	0.01	0.3
气体悬浮液	0.005	0.01	0.1
着色探伤	0.001	0.01	0.1
涡流探伤	0.0005	0.2	1.5
超声探伤	0.001	0.1	1
射线探伤			
伦琴射线	0.1	透视厚度的 1%	2
伽马射线	0.15	透视厚度的 2%	3
目视光学法			
目视	0.1	—	2
放大镜	0.01	—	1
显微镜	0.005	—	0.1

6.1.2.2　结构撞伤的检测

飞机在起飞、着陆以及牵引过程中,由于机件发生故障或操作失误等原因,会遭受撞伤。以下是针对四种典型撞伤情况的检测方法。

1) 飞机强迫着陆撞伤的检测

飞机未能放下起落架在泥地强迫着陆时,机身下部直接撞击地面,并擦地滑行,使机身下部擦伤。同时因机身接地不稳,还可能擦伤机翼翼尖。

当飞机撞伤情况不严重时,通常主要是机身下部和机翼翼尖的蒙皮擦坏,隔框、翼肋、桁条等构件产生局部变形和破裂;当飞机撞伤严重时,不仅会出现上述损伤,而且可能使机身下部大梁弯曲、出现裂纹,许多下部框板严重损坏。

对于强迫着陆的飞机的检查,应以机身下部为重点。检查时着重检查机身结构是否变形,机身下部大梁和主要加强框的损坏情况,然后进一步检查机翼翼尖以及其他构件的损伤情况。

机身结构是否变形可通过飞机水平测量的方法进行判断。大梁是否有裂纹通常用放大镜检查,对钢制大梁可用磁力探伤机探伤。大梁是否弯曲可以从大梁连接的蒙皮和铆钉进行判断。如果蒙皮发皱,铆钉松动较多,可以判断大梁已经弯曲变形。各加强框下部的变形情况,框板上接头位置是否改变,加强型材是否损坏等,可以用飞机水平测量及目视观察等方法检测。通过细心察看,就可以判断其他框、肋、桁条和蒙皮的损伤。

2) 飞机用前起落架和一个主起落架着陆后撞伤的检测

当飞机的主起落架未能放下,利用另一个主起落架及前起落架着陆时,未放主起落架一侧机翼的翼尖部分,将撞击地面并与端面摩擦。轻则使翼尖部分损伤,重则可能使整个机翼弯曲变形。如果转弯过急,还可能发生起落架出现裂纹或折断。

通常可以用飞机水平测量的方法检测机翼翼梁是否产生弯曲变形。如果飞机的下反角减小,说明大梁已产生弯曲变形。根据翼梁沿翼展方向为直线的特点,可用直尺检查,找出变形部位。如图6.1所示为直尺检查翼梁的情况。如果直尺与翼梁表面贴合,说明翼梁没有弯曲;如果直尺与翼梁表面之间有间

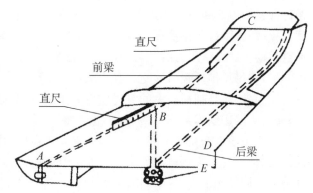

图6.1　用直尺检查翼梁

隙,则说明翼梁有弯曲变形,间隙越大,弯曲变形的程度也越大。

飞机在着陆时翼尖擦地,机翼不仅产生向上的弯曲变形,而且可能产生向后的弯曲变形。机翼是否有向后的弯曲变形,可以通过与机身连接接头的情况判断。首先检查强度刚度较小的前接头是否有变形、裂纹或拉断。如果前接头被拉断,则应检查后接头及其固定螺栓的损伤情况。用磁力探伤法检查钢质零件是否有裂纹,目视或借助其他工具检查接头及其周围的变形情况。

3) 飞机冲出跑道后撞伤的检查

飞机冲出跑道后,通常会造成前起落架和机身前部的损伤。由于跑道外的土质松软,前起落架收到急剧增加的阻力,轻则使固定前起落架的机身框板变形;重则使前起落架构件发生裂纹或折断。机身前部的损伤主要是下部蒙皮和构架的破损、变形和裂纹等。检查方法可以采用目视检查、探伤检测和水平测量等。

4) 飞机着陆不良尾部擦伤的检测

飞机着陆不良引起尾部擦地,通常只伤及技术尾部下面蒙皮和构架,擦地严重时可能使后机身产生向上的弯曲变形。

后机身是否发生向上的弯曲变形,通过飞机的水平测量进行检测。机身尾部下面的蒙皮、隔框等构件的损伤,可以通过目视检查进行判断。

6.1.2.3　紧固件损伤的检测

飞机结构件存在大量的铆钉或螺栓连接,这些紧固件长期在交变载荷、腐蚀环

境以及振动环境影响下可能产生松动和损伤,如果没有及时检测出来,将会导致结构严重损伤。

1)铆钉的损伤与检查

铆钉连接的破坏模式主要有:①剪切破坏:表现为铆钉杆的剪坏。这是由于被连接件的相对滑移引起的。如果铆钉杆的承受的载荷超出了材料的屈服极限,继续承受载荷时,铆钉杆发生弯曲,相邻板之间产生永久性滑移,当滑移量继续增大时,铆钉杆发生剪切断裂。②挤压破坏:铆钉挤压力主要作用在铆钉杆和铆钉孔上,当蒙皮较薄时,铆钉孔在挤压力的作用下,容易扩大成椭圆形,形成了挤压破坏,造成铆钉松动。此外挤压力的分力作用在铆钉头上,铆钉头边缘部分容易产生向上的弯曲变形,使得承担外载荷的能力有所减弱。③铆钉头破坏:铆钉头除了受到挤压力分力作用外,还受到相当大的空气动力的作用,对铆钉形成拉伸,在拉伸应力的作用下,铆钉头的边缘容易产生弯曲而翘起,也可能破坏铆钉头。④铆钉的疲劳损伤:这是由于承受交变拉应力而产生的,通常发生在结构振动环境严重或气动吸力高的部位,损伤形式多为铆钉断裂掉头。⑤铆钉的应力腐蚀损伤:这是铆钉在拉应力和环境的共同作用下发生的损伤,通常出现在埋头铆钉的头部和墩头部位,会使铆钉松动,降低构件连接强度。

损伤铆钉的最明显特征时铆钉在铆钉孔中发生松动现象,可以采取以下方法检查:

(1)压动铆钉头旁边的蒙皮,如果蒙皮离开铆钉并形成肉眼可见的明显间隙,说明铆钉已松动。

(2)铆钉松动后,铆钉头与埋头窝之间将因摩擦而产生金属粉末,这种粉末与污物附在铆钉头与铆钉孔之间的缝隙内,呈现黑圈,还会在沿气流方向的后部形成黑色尾迹。如果发现铆钉周围有黑圈或黑色尾迹,表明铆钉已松动,同时也表明蒙皮内表面可能产生腐蚀。

(3)铆钉头已凸出构件表面,或者发生卷边翘起现象,说明铆钉松动已很严重。

(4)铆钉头周围的油漆层出现碎裂或裂纹,表明铆钉有可能错动或松动。

(5)一般情况下,钉头倾斜或铆钉松动将成群出现,并且钉头多半向同一方向倾斜。如果铆钉出现倾斜,但不成群出现,并且不是向同一方向倾斜,那么这种钉头倾斜可能是由于铆接质量不高造成。

2)螺栓的损伤与检查

在静载荷作用下,螺栓或螺钉的损伤主要有挤压破坏和剪切破坏。拧紧后的螺栓或螺钉靠螺纹之间的摩擦力保持在拧紧状态,如果拧得不够紧,螺纹之间的摩擦力就比较小,构件振动时,螺钉就会逐渐松动,甚至脱落。

螺栓通常用于飞机结构的主要承力部位,承受较高的交变载荷,容易产生疲劳裂纹并导致断裂。应按规定认真检查螺栓的损伤。

6.1.2.4　烧伤的检测

　　飞机的烧伤通常是由于接头漏油或油料导管爆破遇到高温引起。在烧伤过程中,由于结构各部位受到的温度不同,烧伤的程度也不一样。检查的目的是要划分未烧伤、轻微烧伤和严重烧伤的区域和范围。然后可以根据烧伤程度采取不同的措施。

　　根据飞机结构的硬铝合金结构的性能受温度的影响,如图 6.2,在承受不同的温度情况时,会发生不同的烧伤程度。如果温度在 250℃以下,结构冷却后,材料的强度、硬度基本保持不变,材料未烧伤;如果在 250℃～510℃之间,材料的组织将发生变化,强度和硬度随之降低,发生轻微烧伤;如果温度达到 250℃以上,已接近或超过淬火硬铝的熔化温度,材料的强度和硬度将大大降低,发生严重烧伤。

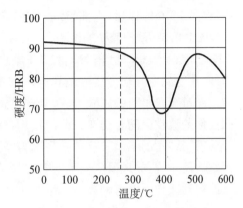

图 6.2　温度对 LY2C 硬度的影响

　　严重烧伤区往往存在着起泡、变形、裂纹或烧熔等特征,与轻微烧伤区的分界线容易判断。而轻微烧伤区可与未烧伤区的分界线可以通过以下检测方法加以确定:

　　(1) 色泽比较法:根据试验,罩光漆的颜色在温度升高时将发生变化。当温度在 200℃以下时,颜色基本不变;温度升高到 200℃以后,变为柠檬色;250℃以后转为金黄色,继而焦黄;到 400℃时漆层开始烧毁。因此可以从结构上罩光漆层有柠檬色转入金黄色的分界线判定为 250℃线,大致划定轻微烧伤区与未烧伤区的界线。对于涂有黄色底漆和经黄色阳极化的铝合金,受热后颜色的变化也基本如此,但各温度下的颜色相应暗一些。

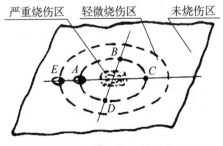

图 6.3　蒙皮烧伤的检查

　　(2) 硬度测定法:色泽比较法虽然能够迅速划分出轻微烧伤区和未烧伤区的大致界线,但由于罩光漆的颜色是逐渐过渡的,再加上其他因素影响,往往难以准确判断。还必须通过测定硬度的方法进行准确确定。

　　硬度测量可选用便携式硬度计或锤击式布氏硬度计进行。如图 6.3 所示,由色泽比较法划出大致区域后,在界线 A 处进行测量,如果该处硬度符合要求,表明划出的界线是正确的。如果硬度低于要求,需要在区域以外选点,如 E 点处,重新测定硬度,如硬度符合要求,则根据 E 点调整轻微烧伤区与未烧伤区的界线。如果硬度仍然达不到要求,还需继续向外选测量点进行测量,直到找出轻微烧伤区与未烧伤区的界线。

硬度的测定必须在飞机烧伤后 72 小时以后进行。这是因为淬火硬铝在烧伤后,内部组织处于不稳定状态,开始阶段硬度、强度较低,以后硬度、强度又逐渐提高,经过 72 小时以后,内部组织才能稳定。这时进行硬度测定才能准确。

6.1.2.5　蒙皮鼓动的检测

固定在梁、框、肋、桁条上的飞机蒙皮,除了与整体结构一起承受扭矩、弯矩等载荷外,还受到空气动力载荷或其他分散载荷。在这些载荷的作用下,如果蒙皮内的应力超过自身材料的屈服极限,会产生永久的变形,蒙皮伸张形成鼓起或凹陷。伸张变形的蒙皮会随着交变载荷的作用,时而鼓起,时而凹陷。在变形的过程中往往伴随着"咕咚"的响声。这种缺陷称为蒙皮鼓动。可以用按压法检查:用大拇指或手掌按压蒙皮,如果蒙皮发生下陷,或按压下陷后其他处蒙皮鼓起,松开后蒙皮可能立即自动回弹并伴有响声,或者并不回弹,都说明发生有蒙皮鼓动缺陷。

6.1.3　飞机复合材料结构的缺陷与损伤检测

复合材料结构在制造、使用过程中,会产生缺陷和损伤。复合材料的无损检测不同于金属材料,尤其是飞机结构中常用的碳纤维复合材料,是非均匀各向异性材料,且热传导率较低,声衰减较高,导电性较差,应根据不同类型损伤的实际情况,选择适用的检测方法。各种不同的检测技术在不同区域的可用性,以及检测特定损伤和缺陷的能力变化也较大。

6.1.3.1　飞机复合材料结构缺陷和损伤的起源与类型

复合材料飞机部件缺陷和损伤的起源主要分为两类,一是制造和修理中产生的损伤,二是运输和使用过程中产生的损伤。

1) 制造和修理中产生的损伤

许多缺陷和损伤来自于制造和修理中,包括孔隙、扭曲、局部树脂含量变异、劣质胶接、微裂纹、分层、不经意的边缘切割、表面擦伤和刮痕、连接孔受损和冲击损伤等。产生这些缺陷的原因主要有:

- 材料不标准;
- 工具不合适;
- 铺层不当;
- 夹杂物;
- 固化不当;
- 不当的机加或喷砂;

- 不当的装配和紧固件安装；

- 工具坠落；

- 污染；

- 处理不当；

在复合材料层板的铺贴中会产生典型质量问题主要有：铺贴间隙过大、铺贴重叠、纤维扭曲过大、铺贴顺序或铺贴方向偏差、漏铺错铺、压实不当、粘接表面污染及纤维断裂等。

复合材料结构件之间的装配不当是最需要注意的。结构件之间使用机械紧固件装配不当时会形成较大的内应力，可能造成局部分层或基体开裂。因此对复合材料结构的误差要求高于金属结构的要求。

必须采取技术手段减少制造缺陷。采用详细的采购规范控制来料的质量并进行检测试验。用详细的工艺规范以及程序控制加工、铺贴、固化等一系列操作。并且采用各种检测技术对完成的部件进行检查。

例行的质量检测可以检测出大部分超出允许极限的制造损伤。但仍然不一定能检查出所有类型的缺陷。对于具体的复合材料部件，应该制定出检测缺陷的接受/拒收准则，对于存在可接受缺陷的部件需要进一步通过分析和试验的方法验证其极限强度。仍然可能存在一定范围的检测不到的缺陷和损伤，需要通过损伤容限设计来考虑它们的存在。建立漏检的缺陷和损伤的尺寸大小也是建立设计准则需要包含的一部分内容。

2）使用和运输中产生的损伤

在使用和运输中产生的损伤以随机的方式发生，其损伤的特点、位置、大小以及发生的频率通常只能收集真实数据之后，以统计的方式预测。通常分为不可检和可检两类（即常说的不可见和可见）。使用中的损伤威胁来源有：

- 冰雹；

- 跑道上的碎石；

- 地面车辆、设备和结构的碰撞；

- 工具坠落；

- 鸟撞；

- 闪电；

- 涡轮叶片和涡轮盘故障分离；

- 遇火和受热；

- 磨损；

- 不正确的重新装配；

- 射击损伤（军机）；

- 雨蚀；

- 紫外线暴露；
- 温湿循环；
- 氧化退化；
- 反复受载；
- 液体浸入；
- 化学暴露。

对于复合材料最受关注的是冲击事件，因为它们相对频繁地发生，并且会造成重大的不易看见的低速冲击损伤。低速冲击损伤的来源主要是：坠落的工具和设备、跑道碎石、冰雹、鸟，以及与地面其他飞机或地面车辆的不小心碰撞。飞机也会被高速冲击而受损，如涡扇发动机中的旋转机械零件故障飞出，并穿透发动机舱、飞机蒙皮以及支撑结构。无论是军用飞机还是商用飞机都会发生上述损伤，军用飞机还可能在战斗中受到高速冲击损伤。

3）复合材料的损伤类型

很多类型的复合材料损伤都会大大减低复合材料部件的强度，强度和/或刚度的降低与损伤形式和损伤大小有关，存在多种尺度的损伤，从基体和纤维的损伤到元件断裂，以及胶接或螺栓连接的失效，损伤的程度决定了复合材料部件在反复载荷作用下的寿命和剩余强度。也有一些损伤类型对强度影响很小，但在某些情况下，其中的一些损伤可能与环境效应和地空地循环联合在一起，造成进一的损伤。

冲击损伤的影响可以很不相同，这也和结构的特定设计和应用相关。在冲击损伤情况下，压缩、剪切和拉伸强度降低。复合材料层压板的压缩剩余强度取决于面外冲击造成的分层和纤维断裂程度，拉伸剩余强度主要受纤维失效的影响。冲击损伤还影响复合材料部件的抗环境能力或相关飞机系统的完整性，譬如冲击产生的损伤可能使湿气穿透到有薄面板构成的夹层结构芯体中，或者在加筋机翼壁板内形成燃油泄漏。

主要的复合材料损伤有：

（1）基体瑕疵。

基体瑕疵包括裂纹、孔隙、气泡等，它们会降低复合材料的某些性能，除非大量出现，很少对结构的强度或刚度产生至关重要的作用。

受热载荷和机械载荷会发生基体开裂，也可能在加工过程中产生基体裂纹。大多数情况下，基体裂纹对强度和刚度有少许影响，局部出现时一般不影响设计。飞机上应用的复合材料在工作应变水平下不会呈现大面积的基体裂纹。基体裂纹的累积会造成以合成树脂为主的基体刚度和强度的退化，主要影响层间剪切和压缩强度，即使大范围的基体裂纹一般对拉伸强度也几乎没有影响。基体瑕疵可能发展成分层，这是较为危险的损伤形式。

制造厂商一般将孔隙控制在一定水平。

（2）分层和脱胶。

典型的分层和脱胶发生在层压板两层的界面上，沿着两种组分材料的胶接线发生，以及在夹层结构的面板和芯子之间。分层的形成主要由于层压板边界、基体裂纹或结构细节（如高曲率、陡的层数变化）处的应力集中，或由差的加工过程以及低能量冲击所造成。脱胶的形成与分层相似。但最经常的原因是两个元件之间的胶接面处的胶接力不够。分层和脱胶把层压板或胶接连接件分成很多子层，从而降低了结构的稳定性和强度，降低胶接装配件的有效刚度，引起结构的安全威胁。

在承受重复载荷时，分层和脱胶会增长，继而在受压缩或剪切时造成灾难性的破坏。分层和脱胶的危险程度取决于其尺寸的大小、在特定位置的分层数、所处位置、所受载荷类型（受拉载荷情况下影响较小；在受压和受剪情况下，分层附近和脱胶元件会屈曲，并造成载荷重新分配，导致结构破坏）。

（3）纤维断裂。

由于复合材料结构通常是按纤维承受主要载荷来设计的，所以纤维断裂是较严重的损伤。最常见的纤维断裂原因是受到冲击，所幸的是冲击引起的纤维断裂通常局限在冲击点附近，决定于冲击物的大小和冲击能量水平。一个危险的情况是，如果在一个大面积范围里受到高能钝体的冲击，会打断内部的结构元件，诸如筋条、肋或梁，但是外部的复合材料蒙皮却可能相对无损。

（4）裂纹。

穿过层压板整个厚度或厚度的一部分的断裂定义为裂纹，包括了纤维断裂和基体损伤。裂纹通常有冲击事件引起，过度的局部载荷也会造成裂纹。多数情况下，认为裂纹是较纤维断裂更为一般的破坏形式，它也包括了基体开裂。

（5）刻痕、划伤和坑槽。

如果损伤只局限于基体而没有涉及纤维，那么刻痕、划伤和坑槽对于复合材料结构强度的影响无关紧要，如果纤维受损，则会降低强度。与金属材料不同，复合材料基体的刻痕、划伤和坑槽在重复载荷作用下不易扩展。

（6）凹坑。

凹坑通常源于冲击事件。凹坑发生在夹层壁板比层压板更为明显。凹坑通常象征着潜在损伤，在热固性层压板中可能是以下损伤的一种或几种形式：分层、基体开裂、纤维断裂、脱胶或子结构损伤。夹层板上的凹坑可能潜在表明夹芯损伤、纤维断裂和/或面板和芯子间脱胶。而薄面板夹层结构上超过蜂窝芯子面积的凹坑往往只涉及芯子损伤。

（7）贯穿。

穿透面板或层压板的冲击损伤定义为贯穿。产生贯穿的冲击能量通常大于导致凹坑的冲击能量。贯穿的边缘可以是相对整齐的，或者是参差不齐的，取决于冲击的类型和能量。无论哪种情况，贯穿都与分层、基体损伤、和层压板内部的纤维断裂有关。

（8）紧固件孔损伤。

在制造过程中可能发生不当的紧固件钻孔、不合格的紧固件安装以及紧固件遗漏情况。服役期间受到重复载荷的作用，紧固件孔会产生变形伸长。维修期间，如去除和更换紧固件时，也可能发生紧固件孔损伤。如果是多紧固件连接接头，则局部一个或两个孔损伤的影响有限。

（9）磨蚀。

复合材料结构在经过空气流过、雨点和碎片的侵犯下，在边缘处会发生磨蚀，磨蚀使纤维裸露表面，局部强度降低，并导致湿气入侵。大多数情况下，磨蚀会在事态严重前被检查发现，一般不会构成对安全的威胁。

（10）热损伤。

热损伤一般发生在热源附近，如发动机、空调组件、热探头、引流柱或其他系统。通常显现的热损伤是部件表面的焦化现象，但难以由目视来完全确定热损伤程度。

（11）雷击损伤。

暴露在雷击环境的复合材料部件表面上通常有特殊的防雷击系统，可以防止雷击对复合材料部件的损伤。防护系统击穿发生时，损伤也常限于蒙皮壁板表面。防雷击系统损伤或退化会引起潜在的较大损伤。较为罕见的高能量雷击可能会造成相当大的损伤。雷击对复合材料部件的损伤很容易目测到。

（12）综合损伤。

冲击事件一般会造成综合损伤。由大物体造成的高能损伤，如涡轮叶片、机务车辆等的冲击，所造成的损伤可包括大量的纤维破坏、基体开裂、分层、打坏紧固件以及元件脱胶等综合损伤。由低能量冲击事件造成的损伤则一般更为隐蔽，也包括纤维破坏、基体开裂以及多处分层的综合损伤。

（13）液体侵入夹层壁板造成损伤。

通常由于面板裂缝等损伤的原因，使湿气进入到夹层芯子内，凝结成液体。一些细节设计，如夹层封闭的直角边缘不够密封，也能让液体通过缝隙进入到芯子里。一旦液体进入夹层，会使芯子或芯子与面板的胶接性能退化。并且液体的冻结凝固与解冻循环、面板内外的压差以及胶接退化，会引起损伤扩展。

6.1.3.2　飞机复合材料结构缺陷和损伤的检测方法

对于6.1.3.1节所述的各种损伤，可以采用相应的检测方法进行检测并确定其损伤大小。检测方法可以分为无损检测和破坏性检测两大类。最常用的无损检测技术，不会损坏结构而影响它的功能，但在检测某些类型的损伤并确定损伤大小时有局限性。破坏性检测技术的使用要有选择性，因为检测后结构件将失去使用功能，但可以检测出很多无损检测技术所检测不出的缺陷和损伤。

1）无损检测

无损检测（NDI）是用于检测和确定缺陷及损伤的主要手段，各种无损检测方法的检测能力、复杂性、准确性、可靠性以及成本各不相同。常用的主要有目视检测、敲击试验/兰姆波、超声检测、X射线照相、剪切成像法、热成像法、湿度计、胶接试验器和涡流法等。

（1）目视检测。

这是最古老和最经济的无损检测方法，是制造和修理技术人员例行的质量控制和损伤评估手段。而大多数类型的复合材料表面损伤都可以用目视方法进行检查，如灼伤、斑痕、凹坑、穿透、磨损、碎片等，一旦检出损伤，就可以进一步检测其影响的区域。

复合材料的目视检测可以借助于手电筒、放大镜、镜子和孔探仪进行，来放大不易发现的缺陷、检测不易接近的区域。对于贫脂、富脂、褶皱、铺层搭接、褪色（因过热、雷击等原因）、冲击损伤、外来物、气泡、离散等缺陷，目视检测都很容易辨认其产生的偏差。

在一些情况下目视检测就可以保证制造质量。如对于玻璃纤维/环氧树脂的热固性层压部件，通过使用明亮的背光透视部件，可以检测到内含物、分层、裂缝、以及基体缺陷（微裂纹和孔隙等），来验证其制造质量。

无论何种纤维类型，目视检测都可以用来评定部件表面和外形，包括对气泡、压坑、异物、铺层扭曲和折叠、表面粗糙度、表面多孔性以及起皱的检查。对于这些缺陷的接受/拒收准则应在制造工艺规范中予以明确。

目视检测不能检测出碳纤维或芳纶纤维复合材料内部的缺陷，如分层、脱胶、基体开裂等，通常需要用超声检测来验证其制造质量。此外目视检测也可能查不出紧闭的表面裂纹和边缘分层。

很多复合材料缺陷都隐藏在结构的内部，如铺层的内部或蜂窝芯子内，因此需要采用其他的无损检测方法来补充目视检测技术。

（2）敲击试验/兰姆波。

从经济性和可用性角度，敲击试验继目击测试位列第二。敲击试验又称为音频法或硬币敲击。该技术利用的是音频的频率（10～20 Hz）。从简单的硬币敲击，用人耳来识别损伤结构，到自动化记录和识别声音音频的变化，都属于敲击试验。敲击试验可能是检测复合材料分层和/或脱胶最通用的技术。在经验人员手中，这是一个神奇的准确方法。

该方法可以采用一个实心的圆片，或轻的锤状工具敲击检测区域，如图6.4所示，并仔细倾听结构对于敲击的响应。清脆如铃的声音表明是一个胶接良好的整体结构，而低沉的或砰砰的声响则表明结构有异常。因进行快速敲击并产生足够大的声音，用耳朵辨别可能产生的任何声调差异。对于有加筋条的薄蒙皮、薄面板的蜂窝夹芯结构、厚层压板的接近表明部分,敲击试验都是适用有效的。同时要注意这个方法也有可能把结构设计的内部变化所产生的音调改变,误认为是缺陷。应该由熟悉该零件内部构型的人员,在尽可能安静的场所进行敲击检测。

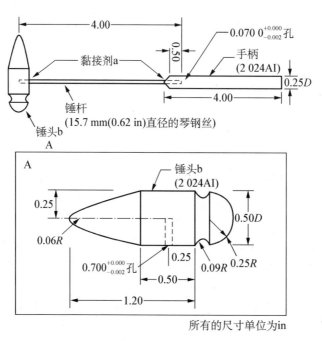

（a）美国空军的敲击锤图样

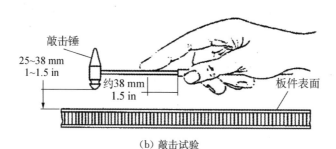

（b）敲击试验

图 6.4　敲 击 试 验

（3）超声检测。

超声检测是检测复合材料结构内部分层、孔隙等不连续情况的极有效方法。超声技术有很多种,但都是利用频率高于音频的声波能量。将高频(通常为几兆赫兹)声波导入复合材料结构中,声波行进方向可以垂直于结构表面,或沿着结构表面,或与结构表面成规定的角度。监测声波沿指定路线穿过结构时是否有明显的变化。超声波的特性与光波相似,当超声波遇到物体阻挡,波或能量或者被吸收,或者被反射回来,接收传感器接收到被干扰或削弱的声能,在示波器或曲线记录仪上显示出来。检测者通过对比正常区域的显示,识别出异常区域。超声设备需要用参照的标准进行标定。

超声技术在单纯的制造环境下使用良好,对于已装机的各种不同的复合材料部件及其复杂的结构形式,检测相对困难。参照标准也必须考虑到复合材料结构经过长期服役、环境暴露,或经过了修理或修复所带来的变化。通常使用最广的两种超声技术是穿透超声(TTU)和脉冲反射。

超声穿透法——用于结构件的两边都可接近的情形。超声穿透法的基本原理如图 6.5 所示。把高点压脉冲施加到变换器内的压电晶体上,压电晶体把电能变换成超声波形式的机械能,超声波透过零件到达接受传感器,机械能被转换回电能。该方法工作时需要使用一种耦合剂(除空气以外的物质)。可以用水作为耦合剂,将结构浸入水中,或者用水喷淋系统。结构内部的缺陷会干扰或吸收部分能量,从而改变接受传感器所检测的总能量,检测到的结果显示在仪表或示波器上,或者在记录系统中画出,在显示中可以看出缺陷最终削弱的能量。当采用水以外的耦合材料时注意不要污染复合材料。目前国内正在开发不需要耦合剂的新技术。

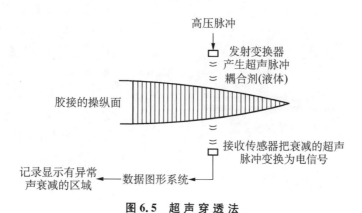

图 6.5 超声穿透法

脉冲反射法——可以利用脉冲反射技术实现单侧的超声检测。该方法采用单个受高压脉冲激励的搜索单元,既作为反射变换器,又作为接收传感器。这个单元把电能转换为超声波形式的机械能,声能通过一个特氟纶(聚四氟乙烯)或异丁烯酸酯接触头进入试验件,在试验件内产生一个波形,并被变换器元件所采集,接收到信号的任何幅值变化,或返回变换器所需时间的变化,都表明有缺陷存在。在脉冲反射法中,试验件表面需涂抹耦合剂。

(4) X 射线照相。

射线照相(X 射线照相)适用于玻璃纤维和硼纤维复合材料。对于碳纤维增强环氧树脂复合材料,因为纤维和树脂吸收特性相似,总体吸收率很低而难以适用。

大多数复合材料对 X 射线几乎都是透射的,所以须使用低能 X 射线。可使用不透明的渗透剂(即碘化锌)增强表面破碎缺陷的可见度,但一般不能用于服役件的检测。因为渗透剂留在结构中无法去除,使用渗透剂的方法也被认为是有损的。X 射线的数字形式的增强技术(无论是底片扫描或直接用数字检测技术 DDA)也是有效的。因为操作者有可能暴露在 X 射线管或者散射射线之下,应使用足够的铅隔离物防护,特别注意始终与 X 射线源保持最小及以上的安全距离。

X 射线照相尽管有它的不足,仍是个非常有用的 NDI 方法,可以基本观察到结构件内部的情况。X 射线之下法经常用于检测夹层结构中蜂窝芯湿气,有时用于检测层压板的横向裂纹。通过 X 射线照相法可以方便地看出结构内部的异常,如角点处的分层、压塌的芯子、开花的芯子、芯格内的水分、泡沫胶连接中的空隙,以及内部细节的相对位置。

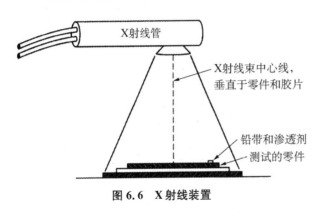

图 6.6　X 射线装置

该方法利用 X 射线贯穿所检测的零件或组合件,并把射线吸收情况记录在 X 射线敏感胶片上,胶片显影后,即可分析胶片上记录的明暗变化,建立起部件内部细节相互关系的可视结果。因为此方法记录的是沿零件厚度的总密度变化,所以当缺陷(如分层)位于与射线相垂直的平面内时,它不是首选方法。然而检测与 X 射线束中心线平行的缺陷时,它是最有效的方法。图 6.6 所示为一个典型的射线照相装置。

(5)剪切成像法。

剪切成像法是一种光学 NDI 技术,通过测量目标表面反射光的变化(斑点图案)来检测缺陷。用一个激光光源把照明表面的原始图像用视频影像记录下来。然后用热、压力作用产生变形,或声振动激励零件,并产生二次视频影像。在视频显示器上可以看见由于脱胶或分层造成的表面轮廓变化。

在生产环境中用剪切成像法,可以迅速检测复合材料结构胶接组合件,包括碳/环氧蒙皮和 Nomex 芯子夹层结构。在检测中可以采用局部抽真空引入应力,局部真空应力引起含空气的缺陷扩展,使得表面轻微变形。对比加真空前后的情况,可以检测出变形。通过计算机软件处理视频影像对比,由反射光波干涉的相长与相消的同心明、暗光圈显示出缺陷。图 6.7 所示为一个检测系统方案。

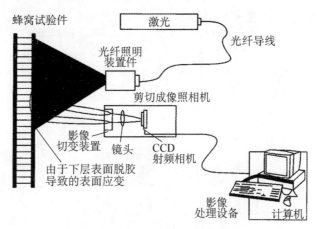

图 6.7　剪切成像检测系统的组成

（6）热成像法。

所有使用热敏装置来测量待检零件上温度变化的方法都属于热检测。热检测的基本原理，是当热流流向或通过试验件时，测量或测绘试验件表面的温度。热成像技术基于正常、无缺陷表面与有缺陷表面在热传导率上的差异。

目前使用的热成像方法有两种：一种是被动方法，测量结构对瞬时加热的响应；另一种是主动方法，监测由循环应力作用在结构上产生的热。两种方法通常都使用红外照相机来监测结构表面的温度，温度分布的异常显示了复合材料损伤的存在。热成像法也能检测到蜂窝夹层结构内的湿气，已被用于航线飞机上检测以冰或水的形式存在的湿气。

通常使用一个热源来增高待查试件的温度，同时观察试件表面的受热效应。由于无缺陷区域传热效率比有缺陷区域高，吸收或反射的热量能够反映胶接的质量。影响传热效应的缺陷类型包括脱胶、裂纹、冲击损伤、板件变薄以及水分浸入复合材料和蜂窝芯子等。对于薄层合板或靠近表面的缺陷，热成像技术检测最有效。

热成像技术应用最广泛的是采用红外（IR）敏感系统来测量温度的分布，可以对表面、部件或组合件进行快速的单边非接触扫描。图 6.8 给出了这类系统的典型组成，用于测量准静态的热谱图。其中热源也可以是简单的加热灯，只要能对检测表面提供适当的热能即可，引起只有几度的温度升高，并在移走热输入后迅速消散。IR 相机记录下红外图谱，将测量的温度数据进行处理，得到定量的信息，测量者可以对图像进行分析并确定是否有缺陷存在。因为红外热成像技术是一个辐射测量方法，无需进行物理接触。

根据 IR 相机的空间分辨率或预期损伤的大小，来确定影像包含的区域。且因为复合材料的热耗散不像铝那么大，有较高发射率的热成像技术能够以较小的热输

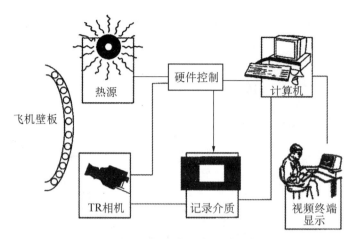

图 6.8 红外检测系统的典型组成

入,较好地确定损伤。应对结构的布置情况较小了解,以免将骨架当成缺陷或损伤。热成像法可以替代湿度计对复合材料内部的湿气进行检测。该方法所需的设备虽然昂贵,但可以快速进行大面积的检测。

(7) 湿度计。

当对玻璃纤维加强复合材料或芳纶纤维进行修理时,经常用湿度计检测湿气。湿度计也经常用于检测芳纶蜂窝芯内部的湿气。但该技术不能用于碳材料或其他导体材料,比如金属或含碳的防静电镀层。

(8) 胶接试验器。

该项无损检测技术使用的仪器是基于机械阻抗测量原理。胶接试验器主要用于检测复合材料分层和胶黏剂脱胶。通常是手提式的,适合现场检测夹层结构面板与芯体的分离(当忽视小的异常情况时)。大的缺陷,譬如大范围的环境退化,以及夹层结构内的面板脱胶,在谐振频率下很容易产生可度量的变化。

(9) 涡流法。

涡流法仅被限制在检测复合材料损伤,以及检查修理完整性,通常可用于检测金属结构紧固件孔边的裂纹,而不用把紧固件拆下来。

2) 破坏检测

有损检测通常用于处理无损检测方法得不到的一些损伤信息,较为常见的方法有:

横截面法:包括对部件切割边缘的抛光,在放大镜下通过边缘来识别纤维的分布、纤维的波纹度、多孔性、基体裂纹以及分层。

树脂试验法:用于确定树脂固化的程度。这种方法经常用于估计玻璃化转变温度(通过热力学分析 TMA)以及反应余热(通过示差扫描量热法 DSC)。

力学试验法：可对整个部件或部件上裁切的试样或元件进行力学试验，确定其力学性能，如刚度、强度等。

树脂摄取法：包括从层压板中烧除树脂，来确定纤维和孔隙的组分。

揭层法：包括加热层压板使单层分离，以提供用放大镜来识别每层纤维断裂的可视性。

所有这些破坏检测方法都使试验件不再可以使用。有时可以利用裁剪下来的边角余料来进行上述试验，来确定实际结构的信息而不必破坏结构件。

有损试验可以提供产品在寿命周期内的有价值数据。在产品研发阶段，有损试验可以用来建立无损检测损伤机理和实际内部损伤状态之间的联系，也可用于评定固化方法是否合适，以及评价纤维/树脂的分布。在生产过程中，可以对剪裁余料或者真实部件的局部进行有损试验方法检测，提供对部件质量的评估。有损检测技术也能够检测使用环境（如受载、液体、温度、潮湿等）对结构长期影响发生的作用。事故调查也依赖有损检测的评估，确定结构失效的方式，以及检测出事时特定部件的性质。

6.2 结构在服役状态的无损检测

6.2.1 疲劳的无损检测

材料在交变载荷的反复作用下，即使应力水平低于强度破坏应力，也可能出现失效或完全断裂，而且在失效或断裂前没有明显的宏观征兆。这种现象称为疲劳。

疲劳失效可以有以下形式：

（1）在外加应力或应变的循环作用下，出现机械疲劳；

（2）在受到循环载荷作用的同时，还受到温度波动，出现热疲劳和机械疲劳结合的热机疲劳；

（3）在腐蚀性环境中受到反复载荷，出现腐蚀疲劳；

（4）材料滚动接触与反复载荷共同作用下，产生滚动接触疲劳；

（5）在小振幅脉动应力与接触表面间来回相对运动和摩擦滑动共同作用下，产生微动疲劳。

对于疲劳损伤可以采用的检测方法有磁学法、热学法、声学法、射线法和电学法等。

6.2.1.1 疲劳损伤的磁学方法检测

磁学方法主要用于检测构件中的疲劳裂纹，常用的有磁粉法检测、漏磁检测、矫顽力、剩磁、磁导率检测、磁巴克豪森效应、磁声发射检测、弯曲缠绕磁强计阵等检测方法。特别是磁粉法已被广泛采用。但是这些方法仅能用于磁性材料。

磁粉法检测：当铁磁性材料被磁化后，材料中的疲劳裂纹或连续性缺陷将产生浅漏场,通过在表面施加细的分散磁粉,磁粉会被浅漏场聚集和固定,便可获得连续性间断的轮廓以及它的位置、尺寸、形状和外延。

6.2.1.2　疲劳损伤的热学方法检测

红外检测法:红外法可以从远距离探测疲劳损伤,也可用于预测在役结构件的剩余疲劳寿命。红外法分为被动的(无源的)、机械(力学)激活的和辐射激活的。被动法检测材料自发张力释放所产生的热;机械激活法检测材料承受周期载荷时应力集中附近温度的上升;辐射激活法中,在材料上施加热,经过一段时间对热流的观察。红外法具有实时操作、无损、可用于远距离测量的特点。

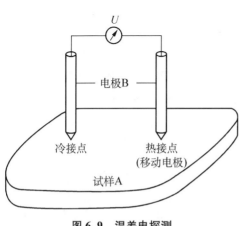

图 6.9　温差电探测

温差电探测:研究表明,如果疲劳损伤与冷作、塑性变形、残余应变或其他物理效应同时发生,对于相同合金成分和冶金组织的金属,这些效应会由于疲劳而变化,产生可检测的温差电信号变化。因此可以用温差电探测法在裂纹萌生之前探测和定量评定疲劳损伤。检测中,电极与试样接触处的温升,是通过电极与试样表面轻轻的机械摩擦产生,如图 6.9 所示。由于摩擦热难于重复,作为定量手段不准确。该项技术可用于对飞机零件的早期疲劳损伤进行探测。

6.2.1.3　疲劳损伤的声学方法探测

声发射法:材料在开裂时会产生弹性波,因此可利用声发射来测定疲劳裂纹的萌生和延伸。弹性应变能释放产生声发射,与裂纹的萌生、延伸和其他过程(包括材料中原子的重新排列)同时发生。可以在试样表面放置灵敏的压电换能器检测弹性波,压电换能器正常工作范围在 $20\,kHz \sim 1\,MHz$。

声发射的省电换能器输出可以从小于 $10\,\mu V$ 到大于 $1\,V$。通常需要采用处理装置。信号的初始前置放大包括增益 $20\,dB$、$40\,dB$ 或 $60\,dB$ 等,并进行 $100 \sim 300\,kHz$ 的宽带滤波,以去除机械或电本底噪声,在进行主放大。随后采用不同的方法对经过放大的声发射信号进行分析,分析方法有振铃减弱计数、事件计数、能量测量、幅度测量和频率分析等。

声发射检测在试验室已被用于研究各种裂纹延伸机理,包括疲劳、腐蚀疲劳、应力腐蚀、氢脆和塑性破裂。经过适当校正,也可用于预测试样的残余疲劳寿命。该方法的检出灵敏度为 $0.1\,mm$。

超声波法:利用放在试样表面的超声波探头向试样输入弹性波,可用于跟踪裂纹的延伸。该方法的检出灵敏度为 $50\,\mu m$ 左右,在试验室和现场广泛运用。

6.2.1.4　疲劳损伤的射线法探测

正电子淹没法：从一个放射性源射入中子和测量中子寿命与疲劳周期的关系，是一种无损检测方法，可用于预测疲劳寿命。

疲劳损伤增大了试样中缺陷的集中，如位错和空位，因此可以从正电子淹没的测量予以评估。正电子在缺陷区被阻挡的百分率随疲劳损伤的增大而增大，在高损伤级上会出现饱和。为使正电子可实际应用，在阻挡和淹没之间须有一适当的平衡。

对于高周疲劳检测，在疲劳损伤之前，取经过不同疲劳周期的试样进行观察，随着疲劳损伤的开始和疲劳周期的持续可出现损伤的快速上升。因为正电子的响应随疲劳损伤的增大而增大，利用正电子寿命期测量很容易跟踪这种损伤过程。这一过程可以延续和超过某一特定的损伤量级，正电子响应可以是很快的，也可以是非常慢的。

γ 射线法：可参见本书的其他章节。

6.2.1.5　疲劳损伤的电学方法探测

涡流法：本质上是局部电阻法和磁学方法的组合。用涡流法可以很容易地获得裂纹长度和裂纹深度，已广泛应用于航空航天工业，裂纹的检测灵敏度约为 0.1 mm。

外激电子发射：光电子从一种金属发射通过其表面的塑性变形可被增强，这一效应通常称为外激电子发射。通过单向拉伸变形，经滑移阶跃可产生外激电子，当滑移阶跃从脆性表面氧化物发生时，裂纹显示出新鲜的滑移阶跃金属表面，发射外激电子。最终断裂部位相对于外激电子最高处。当局部化的外激电子发射是起始本底强度的 10 倍时，试样处于其极限疲劳寿命的 0.8%～3% 之间。

外激电子法可用于预测剩余寿命和跟踪裂纹的延伸，但对于探测疲劳裂纹灵敏度有限。

电位法：在试验室中可用于检测裂纹萌生和测量裂纹延伸速率，经适当校准则可用于预测疲劳寿命，可用于室温和高温环境。裂纹检测灵敏度的典型范围在 0.1 mm～0.5 mm。局限性在于不能区分裂纹延伸和试样外部尺寸的变化。

电流注入法：该方法使电流通过材料的目光区域，然后用磁敏探头扫查材料表面，以探测由缺陷引起的磁扰。图 6.10 为电流注入法的示意图。这种方法已用于形状较复杂的零件，如涡轮叶片等的检测。

交流场测量（ACFM）技术：ACFM 技术是从交流电位

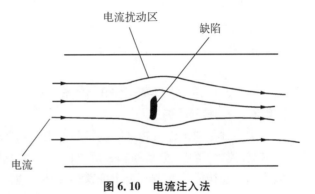

图 6.10　电流注入法

差技术发展起来的。通过导体的电流由于试件表面出现裂纹或缺陷将被扰动,测量不同点之间的电位扰动称为交流电位差技术,测量相应的近表面磁场的扰动称为交流场测量(ACFM)技术。可用于检测闭合裂纹。

ACFM测量的是近表面磁场而不是表面电场,于是无需点接触,输入的电流也是被感应到试件中去的,因此测量是完全非接触的。测定表面裂纹深度时也无需将表面清理至裸露金属。

通常的涡流法在测量裂纹深度时需要先在试块上校准,而试块在材料或缺陷性质上不可能与试件绝对一样,测量常常不易准确。ACFM技术是利用信号反演来确定裂纹深度,不需要事先校准。注意用此办法测得的裂纹与裂纹自身的闭合程度紧密相关。

6.2.2　腐蚀的无损检测

金属基体结构在服役期间与周围环境发生化学、电化学和物理等作用引起材料变质和破坏的腐蚀反应。在飞机机体结构上常见的腐蚀的类型有大气腐蚀和缝隙腐蚀。

6.2.2.1　大气腐蚀的无损检测

材料暴露在空气及其污染物中会导致腐蚀或降质的大气腐蚀,属于全面腐蚀。常用无损检测的方法测量材料因腐蚀而导致的损伤量来对腐蚀程度进行评估。可选用以下方法:

X射线计算机层析(CT)法:经过腐蚀的试验切片图像与未经腐蚀的试样进行对比,可清洗看出相对于未经腐蚀的试样,经腐蚀试样表面粗糙。材料损失小于5%可分辨。

超声波脉冲回波法:用脉冲回波法测定材料的腐蚀变薄,厚度分辨力取决于超声波频率、脉冲宽度和数字转换器频率。用100 MHz数字转换器的高性能超声波检测仪,20 MHz宽带聚合物探头分辨力是10 ns,存档与30 μm。对于1.5 mm厚的铝板,分辨力相当于厚度的2%。

涡流法:在0.063 in厚试样上探头激励频率为8 kHz;在0.20 in厚试样上则为1.2 kHz。

热图法:对于0.063 in厚的试样,显示有相当好的相关性,在腐蚀区的强度差可以作为材料损失百分率的指示。在0.2 in厚的试样上则与基本数据的相关性不好,这与试样太厚有关。

数字射线照相:与基本数据有良好的一致性,对于所有试样,平均厚度偏差在0.002 in之内,大多数在0.001 in之内。在所有的试样范围内材料损失变化不同,在0.2%~11.8%之间,大多数变化在3%~6%之间。

6.2.2.2　缝隙腐蚀的无损检测

缝隙腐蚀是两个连接物之间的缝隙处发生的腐蚀。金属和金属之间的连接(如铆接、螺栓连接)缝隙、金属和非金属之间的连接缝隙,以及金属表面上的沉淀物和金属表面之间构成的缝隙都会出现这种局部腐蚀。

覆层下金属腐蚀的风扇热图法检测：用热空气枪或热风扇将相当小的热能放在试样表面，试样的温度上升是相当慢的，于是可以在较长的加热期间观测材料的响应。还可以采用图像均化降低噪声，可以使缺陷检测准确度提高 3 倍以上。可使用非冷却的辐射热测量照相机，无需高速照相机即可检测高导热性的薄覆层，较低的热存放减低了覆盖层损伤的危险。装置简单，易用与现场检测。

搭接铝板间腐蚀的射线透视检测：在用 X 射线透视法对搭接铝板层间腐蚀进行检测时，腐蚀的部位表象出材料变厚而不是变薄的现象。这是由于遭腐蚀的铝材料与其他元素发生反应产生腐蚀副产物，这些腐蚀产物陷在间隙中，导致 X 射线衰减增大，从而给出厚度增大而不是减小的外像，须加以注意。此外，还可以用涡流或脉冲涡流检测方法对叠层铝板的腐蚀变薄进行检测。

6.2.3　蠕变的无损检测

固体材料在保持应力不变的条件下，应变随时间延长而增加的现象，即发生蠕变。它与塑性变形不同，塑性变形通常在应力超过弹性极限之后才出现，而蠕变只要应力的作用时间相当长，它在应力小于弹性极限施加的力时也能出现。许多材料（如金属、塑料、岩石和冰）在一定条件下都表现出蠕变的性质。由于蠕变，材料在某瞬时的应力状态，一般不仅与该瞬时的变形有关，而且与该瞬时以前的变形过程有关。温度越高或应力越大，蠕变现象越显著。许多工程问题都涉及蠕变。在维持恒定变形的材料中，应力会随时间的增长而减小，这种现象为应力松弛，它可理解为一种广义的蠕变。

金属材料的蠕变过程可以用蠕变曲线来描述，图 6.11 所示为 14MoV63 材料的

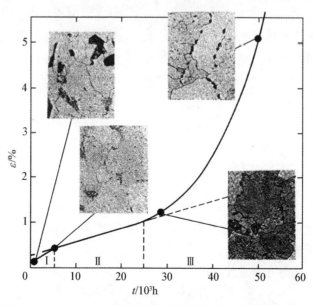

图 6.11　14MoV63 材料的蠕变曲线及其蠕变损伤的发展
（550℃，98 MPa）

蠕变曲线及其蠕变损伤的发展。蠕变损伤通常以孔洞的形式出现在晶粒边界,而后聚合形成微裂纹。蠕变损伤对材料的微观组织发生影响,降低材料的断裂韧性,会使零件不能安全连续的运行。

蠕变损伤常在动力装备中出现,如蒸汽管路、过热器管和工作与高应力及高温度下的涡轮零件,当裂纹还不明显可见时,蠕变可能已对零件造成严重损伤。因此对受蠕变影响零件的剩余寿命进行无损检测评估是重要的。

通过光学显微镜或扫描电镜对经过抛光的表面进行变形分析进行蠕变检测,可以对蠕变孔洞的早期阶段进行检测,如图 6.11 所示,但只限于检测表面变形,且操作费时,对于大面积检测是不实用的。本节简述超声波方法、电学方法等对蠕变损伤的检测。

6.2.3.1　超声波法检测

超声波法可以从声速、声衰减和声反向散射等表征来检测蠕变损伤。

(1) 声速的表征。

通过对发生蠕变的试样进行超声波测量,沿着试样长度检测纵波、横波、表面波和蠕波(爬波)的速度。可以看出,纵波和横波的速度沿长度是不均一的,意味着试样上蠕变空穴的分布是不均匀的,断裂最终出现在速度最低处,也即蠕变最大的部位。表面波速度也显示出下降,表面波对靠近零件表面的蠕变是非常敏感的。蠕波的速度较表面波速度下降快。

对四种类型的波超声波速度都随蠕变的加重而下降。蠕变检测采用何种波型取决于试件的几何形状和蠕变损伤的预期部位。当损伤部位靠近表面时应采用表面波和蠕波。表面波和蠕波的速度一般是较易测量的,因为速度的计算与被测材料的厚度无关。纵波和横波速度的测量则需要知道材料的厚度。纵波和横波适用于穿过试样厚度做整体蠕变损伤的测量。蠕变损伤和超声波速度下降之间的定性关系是非常重要的,可用于评估材料中蠕变损伤的大小和预测损伤的程度。

(2) 声衰减表征。

试样中出现孔洞和微裂纹,会引起超声波散射,因此随蠕变损伤的增大声衰减的速率将增大,而回波高度将下降。

(3) 声反向散射(噪声)表征。

噪声随蠕变寿命的增大而增大,这与孔洞的成长、晶粒边界的变形有关。最好是将原始试样与断裂后试样的噪声频谱进行比对分析。由于声反向散射测量测得的值与损伤程度有关,对蠕变损伤如孔洞或微裂纹的评估是有效的方法。

6.2.3.2　电学方法检测

蠕变的电学检测方法主要有电位降法和涡流法。

电位降法:材料的电阻率会随着蠕变损伤的增大而下降,可用于评估蠕变损伤程度。可以在试样上用直流电位降法,测量蠕变损伤产生的电阻率变化,根据蠕变前后的电阻率变化,评估蠕变损伤的程度。

涡流法:蠕变损伤的涡流检测,通过测量感应线圈电压,与未经蠕变试样进行参数比较进行测量。由于试样的塑形变形,引起的内部残余应力分布,或位错结构也会引起线圈阻抗发生变化。说明只用一种方法来检验蠕变损伤可能是不够的。

关于电位降法和涡流法可详见本书其他章节。

6.2.3.3　热学方法检测

通过对比金属试件在不同应力水平和温度下热电势与加载时间的关系。热差电压随加载时间的增长而增大,来区分不同的蠕变损伤程度。但在某些温度范围当热差电压测量准确度降低,会影响损伤程度的正确性。

6.3　修复后的结构检测

6.3.1　飞机结构的修复概述

飞机结构的修复只有在经过认定的人员,按照检测方法确定了损伤的程度,并按评估方法对损伤进行了评估之后,才可以开始修理任务。修理的目的是使损伤的结构恢复到所需要的强度、刚度、功能特性、安全性、服役寿命以及外观。理想的修理是将结构恢复到原有的能力和外观。应当对已经完成的修理进行检测以确定其结构的可靠与完整。

6.3.2　修复后的结构检测

我们应当对已经完成的修理进行检测,以确定结构的可靠与完整。可以选用6.1.3.2节中所述的无损检测技术进行检测。

对于螺接修理,修理后的检测相对简单。包括检查密封胶挤出、修理板配合、紧固件类型,以及紧固件安装。如果发现任何紧固件未正确安装的情况,则必须将其拆下并重新正确安装,或者更换。

对于胶接修理,在去除热胶接设备、真空袋、呼吸层和分离膜之后,通常先进行目视检测,关注修理补片或修理胶接区域的异常迹象,如脱色区域、气泡或凸起等。对于玻璃纤维修理补片,采取目视检测通常能够检出玻璃纤维补片内的脱胶层,这类异常会在层压板上显现出变色区域。但对于碳纤维修理补片,因为材料缺乏透明性,无法用目视检测出修理或修理胶接面内的异常。对于胶接边界的胶黏剂挤出情况也是采用目视检测。

检查固化参数历史记录,如果温度和真空剖面超出规定界限,是修理不佳的标志,应当拆除修理并加以更换。

我们通常用敲击锤和/脉冲回波超声设备对修理进行无损检测。对于层压板构件和具有2~3层以上面板的夹层构件,敲击测试方法通常不可靠,除非已经证实其能够可靠地检出严重的缺陷。如果检出有任何异常,必须与原始文件中对特定构件建立的允许胶接修理缺陷限制值进行比较。如果发现修理有缺陷(即经判断任何检出的异常超出许可的限制),则应当拆除修理并加以更换。

当采用硼纤维环氧、GLARE 和石墨环氧材料用作复合材料补片来修复损伤的金属机翼蒙皮、机身段、地板梁和隔框等结构时,可以用涡流检测来穿透胶接的硼加强件,评定裂纹扩展。由于胶接的硼加强件不会遮蔽胶接面和母体结构,常规的涡流技术在评定裂纹扩展时使用良好。脉冲回波、透射传输超声和热成像也被应用于评定金属和复合材料加强件下的脱黏。

6.4　新近发展的检测技术

6.4.1　计算机层析照相检测法

计算机层析照相(CT)应用于复合材料研究有十多年历史。这项工作的开展首先利用的是医用 CT 扫描装置,由于复合材料和非金属材料元素组成与人体相近,医用 CT 非常适于检测其内部非微观(相对于电子显微镜及金相分析)缺陷以及测量密度分布,但医用 CT 不适合检测大尺寸、高密度(如金属)物体。

CT 主要可以用于以下检测:

(1) 检测非微观缺陷(裂纹、夹杂物、气孔和分层等);

(2) 测量密度分布(材料均匀性、复合材料微气孔含量);

(3) 精确测量内部结构尺寸(如发动机叶片壁厚);

(4) 检测装配结构和多余物。

(5) 三维成像与 CAD/CAM 等制造技术结合而形成的所谓反馈工程。

如图 6.12 给出了采用 CT -扫描法对某复合材料夹层板收到低速冲击后,在复合材料面板内第 2、3、4 层铺层上的损伤显示。

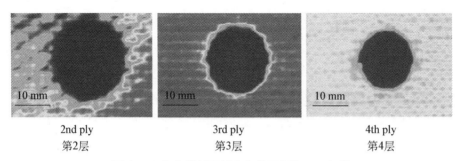

| 2nd ply | 3rd ply | 4th ply |
| 第2层 | 第3层 | 第4层 |

图 6.12　复合材料层板内部铺层损伤 CT -扫描

6.4.2　声-超声检测法

声-超声(acoustic-ultrasonic,AU)技术又称应力波因子(stress wave factor,SWF)技术。与通常的无损检测方法不同,AU 技术主要用于检测和研究材料中分布的细微缺陷群及其对结构力学性能(强度或刚度)的整体影响,属于材料完整性评估技术。AU 技术的基本原理为,采用压电换能器或激光照射等手段在材料(复合材料或各向同性材料)表面激发脉冲应力波,应力波在内部与材料的微结构(包括纤维增强层合板中的纤维基体,各种内在的或外部环境作用产生的缺陷和损伤区)相互作用,并经过界面的多次反射与波型转换后到达置于结构同一或另一表面的接收传感器(压电传感器或激光干涉仪),然后对接收到的波形信号进行分析,提取一个能反映材料(结构)力学性能(强度和刚度)的参量,称为应力波因子。AU 的基本思想是应力波的传播效率更有效,即提取的 SWF 数值越大,相当于材料(结构)的强度、刚度和断裂韧度更高,或材料内损伤更少。

6.4.3 微波检测法

微波无损检测技术始于 20 世纪 60 年代,作为一种新的检测技术正日益受到重视。微波是一种高频电磁波,其特点是波长短(1~1 000 mm)、频率高(300 MHz~300 GHz)、频带宽。微波无损检测的基本原理是综合利用微波与物质的相互作用,一方面微波在不连续界面产生反射、散射和透射,另一方面微波还能与被检材料产生相互作用,此时微波均会受到材料中的电磁参数和几何参数的影响。通过测量微波信号基本参数的改变即可达到检测材料内部缺陷的目的。

微波在复合材料中的穿透力强、衰减小,因此适于复合材料无损检测。它可以克服一般检测方法的不足,如超声波在复合材料中衰减大,难以穿透,较难检验其内部缺陷。X 射线法对平面型缺陷的射线能量变化小,底片对比度低,因此检测困难。微波对复合材料制品中难以避免的气孔、疏孔、树脂开裂、分层和脱粘等缺陷有较好的敏感性。

6.4.4 自动化高速检测系统

快速高效的无损检测技术已成为国外航空装备研发和制造的重要发展方向,美国、俄罗斯、法国、德国等都在大力发展快速无损检测技术以适应现代航空装备的研制和高效制造的需求。相控阵技术、自动化控制系统及机器人技术的应用解决了不规则型面构件的快速自动化检测问题,特别是在复杂大型构件的检测中,大大节省了人力,同时也保证了检测结果的完整性、重复性及可靠性,多通道检测系统、导波检测系统的设计和研发也是大大提高大型构件检测效率的重要手段。图 6.13 和图 6.14 分别为自动化超声检测系统及复合材料结构的三维 C 扫描检测结果。检测过程中 99% 以上的时间用在非缺陷区的检测,迅速识别疑似缺陷区域并对该区域进行重点精确扫查可以大大缩短检测时间。结合现代网络化管理与智能控制系统实现构件的快速、智能化、自动化检测是非接触无损检测技术发展的一大趋势。

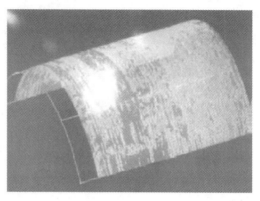

图 6.13　自动化超声检测系统　　　图 6.14　复合材料结构的三维 C 扫描检测结果

6.4.5　多技术融合的新型检测方法

任何基于单一技术原理的无损检测方法都有其优势和局限性,探索多技术融合的新型混合检测技术可以实现优势互补,能以更合理的检测手段达到质量评价的目的,可提高检测效率和可靠性,是未来无损检测技术发展的新趋势。通过选择不同的激励与接收方法,可以组合出多种不同的检测新技术,例如由激光脉冲发生器激励出超声波,电磁超声换能器(electromagnetic acoustic transducer,EMAT)接收的组合技术可用于裂纹及材料厚度的检测,图 6.15 为采用 Laser-EMAT 混合技术监测焊缝质量。激光激励超声波,用空气耦合超声换能器接收的检测方法非常适用于基于表面波的无损检测,尤其在复合材料表面缺陷检测中更有效。超声红外检测技术对航空发动机叶片表面/近表面闭合微裂纹及复合材料中脱粘缺陷的检测效果优异。空气耦合超声换能器激励出声波使闭合性裂纹区域产生摩擦热,通过红外热像

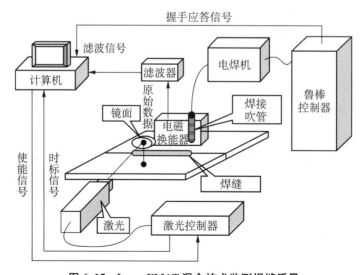

图 6.15　Laser-EMAT 混合技术监测焊缝质量

仪探测缺陷的方法可应用于裂纹缺陷的检测。新发展的电磁红外热像技术根据板中裂纹缺陷改变涡电流流向来实现缺陷分析,同时将脉冲相位法和锁相法应用于电磁红外检测,可提高检测可靠性。

6.4.6　计算机仿真及数字信号处理技术

新型计算分析方法(如有限差分、有限元、边界元、体积元等)及信号处理方法(如小波分析、数字滤波、功率谱分析等)已成为非接触无损检测技术研究与应用的重要内容。检测技术复杂性及对象的多样性使得检测系统设计与参数优化至关重要,有限元等仿真与分析结果已成为检测方法建立及系统设计的重要参考,并已应用于 EMAT thermal 检测、换能器优化设计、激光超声检测及相控阵系统研发中,图6.16 及图 6.17 分别为采用有限元技术模拟电磁红外涡电流及热功率密度和激光激发超声波在不同直径孔洞材料中的声场分布特性。仿真分析技术还为实验研究提供了重要的理论依据,明显减少了实验次数,成为一种应用于检测技术研究方面的重要手段,图 6.18 为采用有限差分(FDTD)技术模拟介质中的声场。电子技术与计算机技术的飞速发展及其成本的大幅度降低,加快了现代数字信号处理技术在无损检测领域的应用步伐,FFT 处理技术、STFT 时频分析、小波变换、Wiener 滤波技术、Wigner-Ville 分布、脉冲压缩技术等在无损检测中的应用大大提高了信号分辨率和信噪比。同时,检测信号处理的硬件化(如 DSP 系统),使高效信号处理及成像方法面向实用化,检测结果可靠性明显改善,结果分析更便利,并使高分辨率实时动态成像成为现实。

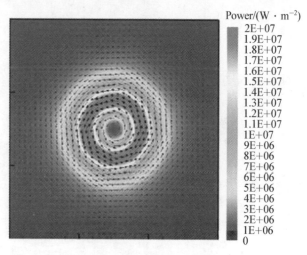

图 6.16　有限元技术模拟电磁红外涡电流及热功率密度

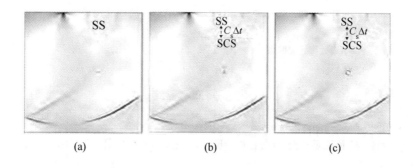

(a)　　　　　　　　　　(b)　　　　　　　　　　(c)

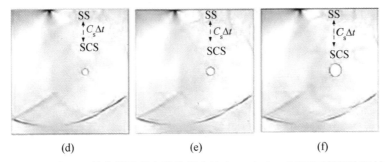

(d)　　　　　　　　　(e)　　　　　　　　　(f)

图 6.17　有限元技术模拟激光激发超声波在 $t=9.2\,\mu s$ 时不同直径孔洞材料中的声场分布特性

(a) $d=0.3$mm　(b) $d=0.6$mm　(c) $d=1.0$mm　(d) $d=1.5$mm　(e) $d=2.0$mm　(f) $d=3.0$mm

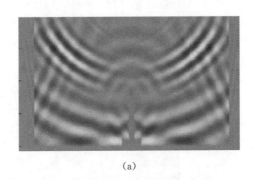

(a)

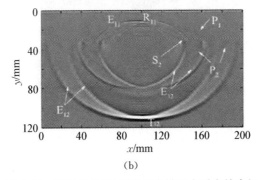

(b)

图 6.18　有限差分(FDTD)技术模拟介质中的声场

(a) 含孔洞铝板中超声波动的模拟　(b) 流固耦合界面处声场的模拟

参 考 文 献

[1] FAA Advisory Circular Composite Aircraftstructure [S]. 2009.

[2] [美]CMH-17协调委员会.复合材料手册[M].汪海,沈真,等译.第3卷,第1版,上海交通

大学出版社,2015.

［3］ Jie Wang，Anthony M. Waas and Hai Wang. Experimental and numerical study on the low-velocity impact behavior of foam-core sandwich panels ［J］. Composite Structures，2013,96：298 – 311.

［4］ 刘松平,刘菲菲,郭恩明等. 快速无损检测方法及发展趋势［J］.航空制造技术,2005,11：41 – 43.

［5］ 代永朝,郑立胜著.飞机结构检修［M］.航空工业出版社,2006.

［6］ 李佳伟.无损检测手册,第 2 版.机械工业出版社,2011.

［7］ 丁守宝,刘富君.无损检测新技术及应用［M］.高等教育出版社,2012.

［8］ 马保全,周正干.航空航天复合材料结构非接触无损检测技术的进展及发展趋势［J］.航空学报,2014,35(7).

［9］ 刘怀喜,张恒,马润香.复合材料无损检测方法［J］.无损检测,2003,25(12).

［10］ 吴东流,郭伟明.复合材料计算机层析照相检测及应用［J］.无损检测,2002,25(4).

附录　与复合材料结构相关的 ASTM 检测标准

附表 1　单层/层压板静态试验方法

试验方法	试样	测量的性能	描述和优点	缺点	备注
			面内拉伸试验方法		
D3039/ D3039M		拉伸强度	直边样本；适合各随机、连续和非连续纤维复合材料。采用或不采用加强片均可	粘贴加强片的结构需要仔细选择黏合剂以及特殊准备的样本。某些层压材料容易发生边缘分层，这会影响拉伸强度的试验结果	适用于多数试验；与 D5083 相比，提供了更多的结构构型，要求和指导局限于相对于加载方向具有均衡对称铺层的层压板
		拉伸模量 泊松比 应力-应变响应	需要使用应变或位移传感器，测量模量不需要使用加强片	模量测量通常比较可靠	

（续表）

试验方法	试样	测量的性能	描述和优点	缺点	备注
D638		拉伸强度 拉伸模量	"哑铃"型试样； 试验样品制备简单	在半径处存在应力集中。不适合高定向性的纤维复合材料	不推荐用于高模量的复合材料。技术水平上相当于 ISO527-1
D5083		拉伸强度 拉伸模量	直边，只适用于未贴加强片的试样	适用于塑性及低模量的复合材料	可替代 D638 的直边试样。除了下面所列的情况，技术上相当于 ISO527-4： （a）这种试验方法不包括 ISO527-4 中所描述的 I 型狗骨型试样。这种试样主要用于 D638 中描述的加强型和非加强型的热塑性材料； （b）ISO527-4 中厚度范围为 2~10mm，而该标准容许试验厚度可达 14mm
D5450/ D5450M		横向拉伸强度 （90°）	全部 90°（环向）层的缠绕圆筒承受拉伸载荷，为特殊过程/形式建立数据。	仅限于环向缠绕圆筒； 仅限于横向拉伸性能； 必须将试样固定起来。	必须保证试样完全固定
面内压缩试验方法					
D6641/ D6641M		压缩强度	粘贴加强片和未贴的直边试样受剪切和末端载荷的混合载荷； 比 D3410/D3410M 的夹具更小、更轻、更便宜； 在非室温环境下试验结果更好； 适合连续纤维复合材料	为确定 0°铺层超过 50%的层压板的压缩强度，优先选用的方法； 要求试样粘贴加强片； 必须有足够的厚度以避免屈曲； 仅限于对称均衡且包含不少于一层 0°铺层的压缩； 未贴加强片试样仅限于测量 0°层不超过 50%或相当的层压板强度

（续表）

试验方法	试样	测量的性能	描述和优点	缺点	备注
		压缩强度 压缩模量 泊松比 应力-应变响应	需要使用应变或位移传感器。		可以用未贴加强片的试样测量的单向带或单向丝束复合材料的单向模量和泊松比
D695		压缩强度 压缩模量	通过压盘在"狗骨"型试样末端施加载荷；可选择粘贴加强片	经常出现端部压碎破坏模式；在半径拐角处出现应力集中；试样必须狗骨精确加工。	不推荐用于方向性很强或连续纤维复合材料；SACMA SRM 1 试验方法是D695 的改进版本，但广泛用于航空航天领域，但 ASTM D30 和 MIL-HDBK-1 的首选方法是D641/D641M法。
D3410/ D3410M		压缩强度	通过夹具夹头施加剪切载荷的直边试样；适合随机、不连续和连续纤维复合材料；采用或不采用加强片都可	未评定对中度；不评定对中度；要求使用应变片来验证对中度；由于夹具笨重，非室温环境下试验效果不好	昂贵且沉重/笨重的夹具；必须有足够的厚度以避免屈曲
		压缩模量 泊松比 应力-应变响应	需要使用应变和位移传感器。		
D5467/ D5467M		压缩强度 压缩模量 应力-应变响应	承受 4 点弯曲载荷的夹层梁试样；预期的结果是面板的压缩破坏模式；数据特别适合于其他压缩结构，相比于其他压缩试验夹具，其夹具更为简单	除非结构要求，一般不推荐使用昂贵的试样；要求使用应变片来获得数据，例如窄（1 in 宽）试样可能不适合粗纤维材料，例如大丝束（12 k 或更大）长丝织物或某些编织材料	必须谨慎操作以避免芯材破坏模式；仅限于高模量模式；由于试样结构的特征不同以及施加的弯曲载荷的不同，这些试验方法也许与使用其他压缩试验方法如 D3410/D3410M 得到的类似的层压板的测量结果不同

（续表）

试验方法	试样	测量的性能	描述和优点	缺点	备注
D5449/D5449M		横向压缩强度(90°)	全部 90°（环向）层的缠绕圆筒承受压缩载荷；为特殊工艺/形式提供数据	仅限于环向缠绕圆筒；仅限于横向压缩性能；必须将试样固定	必须保证试样完全固定
			面内剪切试验方法		
D3518/D3518M		剪切模量 应力-应变响应 最大剪切应力	[+45/−45]铺层拉伸试验；试样与试验方法简单	由于出现大的非线性响应，用于测量极限剪切强度的试样效果不理想；仅限于能制成±45°平板的材料形式/工艺；要求使用双轴传感器来获得剪切模量及破坏应变的数据；最大剪切应力由高剪切应变下仪表测量的确定的	由于其低成本和简便性而被广泛应用；试样测量时不是在纯剪切下进行的，自由边的应力场很复杂
D5379/D5379M		剪切强度 剪切模量 应力-应变响应	V 型缺口试样以特殊弯曲夹具加载荷；与 D7078/D7078M 一样，提供标准方法中最佳的剪切响应；提供剪切模量和剪切强度；可用于大部分的复合材料的测量	当有定量数据或应变数据时，也许需要给试样贴加强片；试样难以加工；需要用双轴应变片来得到剪切模量及破坏应变数据；需要精准的应变片安装技术；平面内试验不适用于粗	当有定量数据或应变数据时，推荐此方法。能够与平面外的特性相联系。必须监视应变数据以防止试样翘起。仅限于以下形式：a. 单向带或者层压板，纤维平行或者垂直于加载方向；b. 编织织物层压板，经向纤维

（续表）

试验方法	试样	测量的性能	描述和优点	缺点	备注
			产生一种相对纯粹且统一的剪切应力状态	纤维材料,例如大丝束(12k或更大)长丝织物或某些编织材料;由于试样载荷加载点的局部破坏,可能会出现一些不可接受的破坏模式,特别是对高强度层压板而言	平行或者垂直于加载方向;c. 由相同的0°和90°铺层制造的层压板,且0°铺层平行或者垂直于加载方向;d. 大多数纤维随机分布的短纤维复合材料,[0/90]铺层族的层压板其模量测量最为准确
D4255/D4255M		剪切强度 剪切模量 应力-应变响应	轨道剪切试验方法;适合随机和连续纤维复合材料	试验难于操作;历史经验表明试验的再现性差;夹持区域出现应力集中;需要使用应变片以获得模量和破坏应变数据	试样昂贵;最适合保留用于层压板试验
D5448/D5448M		剪切强度 剪切模量 应力-应变响应	全部90°(环向)层的缠绕圆筒承受扭转载荷;为特殊过程/形式建立数据	仅限于环向缠绕圆筒;仅限于平面内剪切性能;必须将试样固定	必须保证试样完全固定

（续表）

试验方法	试样	测量的性能	描述和优点	缺点	备注
D7078/ D7078M		剪切强度 剪切模量 应力-应变响应	V型缺口试样以轨道剪切夹具加载载荷； 与 D7078/D7078M 一样，提供标准方法中最佳的剪切响应； 提供剪切模量和剪切强度； 可用于大部分的复合材料的测量； 产生一种对纯剪目统一的剪切应力状态； 一般不用加强片； 能够试验带有大单胞的编织复合材料； 比 D5379/D5379M 更不容易受载荷加载点破坏的影响	试样不易加工； 需要用双轴应变片来测量模量和应变破坏的数据； 需要精准的应变片安装技术	推荐用于定量数据或应变数据时对剪切模量或平面外的性能有要求处； 能够与平面外的性能相联系，防止试样屈曲； 必须监控整应变，防止试样与 D5379 限制材料形式与 D5379M 一样，[0/90]铺层族的层压板其模量测量最为准确
		面外拉伸试验方法			
D6415/ D6415M		曲板强度	直角曲板试样受 4 点弯曲载荷； 适合连续纤维复合材料	试样中产生复杂应力状态，往往引起非预期的复杂破坏模式； 典型的曲梁强度数据分散性大； 这种破坏模式大多是平面外的，其结果往往在被认为是一种曲梁结构试验，而不是材料特性	仅限于特定铺层（非厚度方向增强）的复合材料； 为了进行结构比较，试样和真实结构应采用相同的制造工艺； 非标准铺板的应力状态会导致不同的应力状态，从而可能对强度和破坏模式产生影响

（续表）

试验方法	试样	测量的性能	描述和优点	缺点	备注
		层间拉伸强度	同上	同上	仅限于在弯曲段附近纤维方向与试样侧边保持一致的单向材料的层间拉伸强度试验
D7291/D7291M		面外拉伸强度，面外拉伸模量	承受拉伸载荷的圆柱或者纺锤形试样；粘贴厚金属端端加强片以引入载荷；适合连续或不连续纤维复合材料；使大部分材料承受几乎均匀的应力场	结果对系统对中度和载荷偏心度敏感；表面光洁度和平行度影响强度结果；结果对热残余应力、黏合剂和表面胶层处理敏感	要求对层压板和端部加强片进行粘接和机械加工；端部加强片可以在几何限制内重复使用；采用较低的横梁位移速率(0.1mm/min、0.005in/min)；远离末端加强片胶层的破坏是有效的破坏模式
面外剪切试验方法					
D2344/D2344M		短梁强度	短矩形梁试样受3个弯曲载荷；短梁强度是表征树脂控制的性能的一个很好的指标；试样及试验构造简单，便宜	短梁强度也许与层间剪切强度有关，但是应力状态是混合型的，因为加载点处在应力集中和高的次应力，故将结果评估为剪切强度的评估标准；不能测量剪切模量	主要用于质量控制，比较数据，并且对环境影响的评估

（续表）

试验方法	试样	测量的性能	描述和优点	缺点	备注
D5379/D5379M		层间剪切强度 层间剪切模量	用特殊的弯曲夹具加载的 V 型缺口试样；与 D7078/D7078M 一样，在标准方法中提供最佳的剪切响应；提供剪切模量和强度；可以用于试验多数复合材料，产生一个相对纯粹均匀的应力状态	也许需要给试样贴加强片；试样难以加工；要求应变片能获得模量数据；应变片响应与平面外特性需要非常厚的层压板，20 mm(0.75 in) 的层压板；测量面外特性需要非常厚的层压板，20 mm(0.75 in)	推荐用于定量测量数据，或要求应力或/应变数据；能够与平面外的特性相联系；必须监控应变，防止试样屈曲
D846		剪切强度	带有机械加工双缺口的试样承受压缩载荷；适用于随机排列和连续纤维增强材料；也许比 D2344/D2344M 更适用于纤维随机方向随机排列的复合材料	试样破坏对试样加工精度很敏感；在缺口附近有应力集中；试样破坏可能受施加的压缩应力影响；试样破坏后需要测量剪切面积；不能测量剪切模量	使用 D695 中的加载/固定夹具对试样施加压缩载荷；剪切载荷出现在两个加工缺口之间的平面上；经常会出现同问题的试验；需要指明的是，这是面外剪切试验（使用题标说的术语），尽管标题说的是面内剪切载荷
D7078/D7078M		层间剪切强度 层间剪切模量	V 型缺口试样受钢轨机剪切夹具施加的载荷；与 D5379/D5379M 一样，提供标准方法中最好的剪切响应；提供剪切模量和强度；可用于试验大部分复合材料，产生一个相对纯粹均匀的剪切应力状态；比起 D5379/D5379M 更不易受载荷加载点破坏的影响	试样不易加工；要求应变片能测量模量的数据；应变片破坏的数据；需要精湛应变片安装技术	推荐用于定量测量数据 或要求应力或/应变数据；能够与平面内的特性相联系；必须监控应变，防止试样屈曲

（续表）

试验方法	试样	测量的性能	描述和优点	缺点	备注
			层压板弯曲试验方法		
D790		弯曲强度 弯曲模量 弯曲应力-应变响应	平面矩形试样承受受加载3点弯曲载荷；适合随机和连续纤维增强材料；试样制备和试验简单	在加载点存在应力集中和二次应力；试验结果对试样和结构加载几何结构及应变率敏感	破坏模式可能是拉伸、压缩、剪切或者多种模式的组合
D6272		弯曲强度 弯曲模量 弯曲应力-应变响应	承受4点弯曲载荷的平面矩形试样；适合随机和连续纤维增强材料；易用性试验样品制备和试验；选择两种程序使得载荷分布可调节	要求采用另外的装置测量中心挠度；试验结果对试样、载荷几何结构及应变率敏感；对于具有高弯曲伸强度层压板，如果关心其面内剪切强度，必须增加跨距深比	对于高模量复合材料，推荐采用四分之一跨距加载的方法；破坏模式可能是拉伸、压缩、剪切或者多种模式的组合
D6416/ D6416M		压力-挠度响应 压力-应变响应 板弯曲和剪切刚度	由一个定义良好的分布载荷引起的二维弯曲；设备和仪器必须精心设计；载荷的分布足够精确以保证施加的分布压力是已知的；破坏起始端通常远离边界；试样起始裂纹相对较大，便于研究制造缺陷和工艺变异性	为了研究破坏机理和其他定量夹层结构分析，只允许板产生小的挠度；试验夹具必须对简支边界条件进行校核；并要求夹具对简支边界条件进行校核；试验结果高度依赖于试样边界条件和压力分布情况；试样和几何夹具尺寸相对较大	D7249/D249M中的说明同样适用于D6416/D6416M；然而此法不仅限于夹层复合材料；D6416/D6416M可用于评价任何方形二维板的弯曲特性；使用水囊来实现分布载荷；支撑跨距与试样平均厚度的比值应该在10~30之间

（续表）

试验方法	试样	测量的性能	描述和优点	缺点	备注
D7264/D7264M		弯曲强度 弯曲模量 弯曲应力-应变响应	推荐用于高模量复合材料；矩形平板以3点或4点弯曲加载；适用于随机分散和连续纤维增强材料；试样制备和试验简单；使用标准跨距以简化计算与标准结构几何计算标准化	要求有能够测量中点挠度的仪器；试验结果对试样、载荷加载几何结构及应变率敏感；对于具有高拉伸强度层压板，如果关心其面内剪切强度，必须增加跨深比	标准支撑的跨厚比为32：1；对于4点加载载荷，加载点设在支撑点的一半处；破坏模式可能是拉伸、压缩、剪切或者多种模式的组合
断裂韧性试验方法					
D5528		I型层间断裂韧性，G_{IC}	带有嵌入分层的矩形截面平试样承受拉载荷；适用于单向或带单向丝束层压板；相对稳定的分层扩展	试样与加载点处的连接为铰接形式；裂纹扩展得不总是很理想	采用线弹性假设计算；应从试样两侧观察裂纹扩展
D6671/D6671M		I/II混合型层间断裂韧性，G_c	带有嵌入分层的矩形截面平试样承受弯曲载荷；适用于单向带单向丝束层压板；多参数为混合型试验；裂纹以固定的混合型模式扩展。可以获得起始和扩展时的韧性值	试样与加载点处的连接为铰接形式；裂纹增长得不总是很理想；复杂的加载夹具	良好的对中度是关键；采用线弹性假设计算

（续表）

试验方法	试样	测量的性能	描述和优点	缺点	备注
E1922		跨层断裂韧性,K_{TL}	带有边缘缺口的矩形截面平试样承受拉伸载荷;试验简单	只有特定层压板的试验结果是有效的;对于损伤区域过大的层压板,试验结果是无效的	

附表 2　单层/层压板动态试验方法

面内拉-拉疲劳试验方法

试验方法	试样	测量的性能	描述和优点	缺点	备注
D3479/D3479M	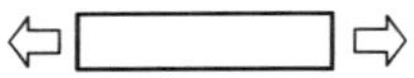	拉-拉应力循环次数数据(S-N)	D3039/D3039M拉伸试样承受拉-拉循环载荷;适合随机和连续纤维增强复合材料	端部加强片处存在应力集中;要求对端部加强片进行机加与粘贴	小心制备试样是关键;合适的试样几何尺寸可能因材料而异;用户应该根据最初的疲劳试验来优选加强片的几何尺寸和材料

面内弯曲疲劳试验方法

试验方法	试样	测量的性能	描述和优点	缺点	备注
D671	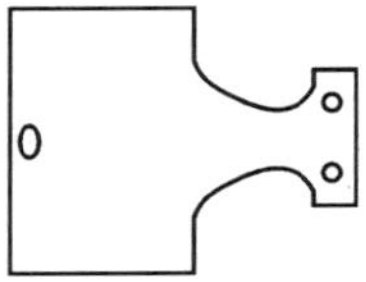	弯曲应力-循环次数数据(S-N)	承受恒力的悬臂梁试样;试验成本较低的高周疲劳(HCF)试验方法	缺口处存在应力集中;结果对试样厚度敏感;不适合连续纤维复合材料	这种方法不适用于连续纤维增强复合材料;弯曲试验通常被认为是结构试验,而不是材料特性试验

（续表）

试验方法	试样	测量的性能	描述和优点	缺点	备注
疲劳裂纹扩展 断裂韧性试验方法					
D6115		Ⅰ型疲劳分层 起始 断裂韧性-循环 次数（$G–N$） 数据	使用 D5528 DCB 试样，承受循环载荷；产生疲劳门槛数据（GI-MAX–N）数据	得不到 da/dN 数据。限制和说明同 D5528	
拉伸蠕变试验方法					
D2990		拉伸应变–时间（数据）	使用 D638 拉伸试样，长期持续加载载荷；试样制备和试验简单	试样倒角（半径）处存在应力集中	不适合连续纤维复合材料；可替代 D3039/D3039M 试样
弯曲蠕变试验方法					
D2990		弯曲挠度–时间（数据）	使用 D790 弯曲试样，长期持续加载；包括 3 点或 4 点弯曲试验装置；安装和操作简单	连续纤维材料弯曲响应复杂，使得结果难以解释和推广；结果对试样和加载几何尺寸敏感；破坏模式多样化	在先进复合材料领域有广泛应用
拉伸冲击试验方法					
D1822		拉伸冲击断裂的能量	试验机器相对便宜	试样的半径处存在应力集中；试验试样很小；不用检测设备	不适合连续纤维复合材料

（续表）

试验方法	试样	测量的性能	描述和优点	缺点	备注
			弯曲冲击试验方法		
D256	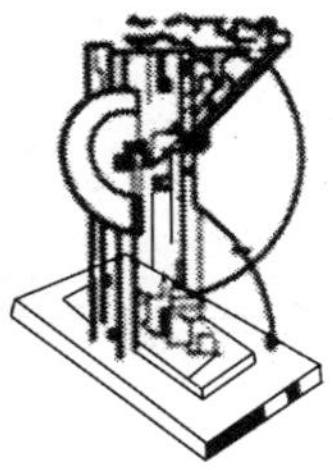	冲击断裂能量	缺口试样；试验方法灵活	不用检测设备；破坏形式多样化；对试样几何外形变化很敏感	此实验提供了一种结构冲击特性，而不是材料冲击性能

附表 3　层压板/结构试验方法

试验方法	试样	测量性能	描述和优点	缺点	备注
			含缺口层压板拉伸试验方法		
D5766/D5766M	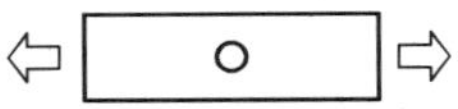	开孔拉伸强度	直边，未贴加强片，开孔结构，过程同 D3039/D3039M	限于多向均衡对称铺层/层压板	提供有关试件构型式的要求和指导
D6742/D6742M	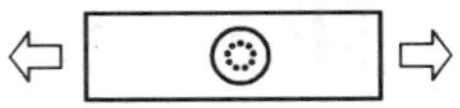	充填孔拉伸强度	直边，未贴加强片，充填孔结构，过程和试件同 D3039/D3039M，D5766/D5766M	同 D5766/D5766M	同 D5766/D5766M，还需要提供孔的公差以及螺栓扭矩/预紧力

（续表）

试验方法	试样	测量性能	描述和优点	缺点	备注
含缺口层板压缩试验方法					
D6484/ D6484M		开孔压缩强度	直边，未贴加强片，开孔结构，过程同 D3039/ D3039M	限于多向均衡对称铺层层压板	提供有关试件构型以及失效模式的要求和指导
D6742/ D6742M		充填孔压缩强度	直边，未贴加强片，充填孔结构，过程、试件和装置同 D6484/D6484M	同 D6484/D6484M	同 D6484/D6484M，还需要提供孔的公差以及螺栓扭矩/预紧力
含缺口层板疲劳试验方法					
D7615/ D7615M		开孔应力-应变（S－N）曲线数据	对于拉-拉疲劳载荷同 D5766/ D5766M 和装置；对于拉-压和压-压疲劳载荷，试件和装置同 D6484/D6484M	同 D5766/D5766M 和 D6484/D6484M，试件的刚度用引伸计进行监测，需要在疲劳循环过程中移开引伸计	同 D5766/D5766M 和 D6484/D6484M，提供关于疲劳载荷比影响的指导
螺栓连接试验方法					
D953		销子静态挤压强度	一个紧固件，双剪销挤压试验。两种方法：拉伸和压缩销挤压载荷；对于监控整体载荷与变形行为	主要关注塑料；不考虑各种紧固件的几何形状、扭矩/预载水平；不测量孔的局部变形	一些试件的几何性质要求（例如，宽度/直径比）与 D5961/ D5961m 不同；不建议连续纤维复合材料采用

（续表）

试验方法	试样	测量性能	描述和优点	缺点	备注
D5961/D5961M		静态挤压强度	单紧固件和双紧固件，以及单剪和双剪双挤压压缩试件承受拉伸或压缩形状载荷；提供多个试样结构的连接形式；过程提供了对孔边非弹性变形行为的检测	限于多向均衡对称铺层层压板；高度依赖于试件的扭矩/预载和紧固件构型；仅限于挤压压失效模式；一些试件构型的细节不适合用于确定旁路破坏强度	提供试件构型、载荷类型、孔的公差、紧固件的扭矩/预载以及失效模式的要求和指导
D6873/D6873M		挤压应力—应变（$S-N$）曲线数据	试件和装置同D5766/D5766M；循环加载过程中，可监控多种静态结构在疲劳载荷作用下的孔伸长	同D5766/D5766M；某些测试可能需要紧固件拆除或一个可变循环孔伸长，载荷比未监测	同D5961/D5961m；提供疲劳载荷比影响的指导；目前仅限于A和B过程中D5961M过程中D5961D/D5961M的试样构型

（续表）

试验方法	试样	测量性能	描述和优点	缺点	备注
D7248/D7248M		挤压-旁路相互作用	单紧固件和双紧固件,以及单剪和双剪挤压试件承受拉伸或压缩载荷;提供多个试样形状的接头,以来评估各种形式的接头和紧固件受力的比例,以优化旁路为主的失效模式	限于多向均衡对称铺层压板;响应高度依赖于试件构型和紧固件的扭矩/预载;仅限于过程 C 需要两个垫板校正来提取紧固件力所占比例的值	提供试件构型、载荷类型、孔的扭矩/预载、失效模式以及紧固件力比例测量的要求和指导
D7332/D7332M		紧固件拉脱阻力	2 种试件形状,过程 A(压缩加载夹具)用于紧固件筛选,过程 B(拉伸加载夹具)用于评估复合材料接头	限于多向均衡对称铺层压板;响应高度依赖于试件构型和紧固件特性	提供试件形状、孔的公差、紧固件的特性、失效模式以及响应特性的要求和指导
静压痕和冲击损伤阻抗性能试验方法					
D2583		压痕硬度	提供了一种基于载荷之间响应的硬压痕深度与硬度相对测量方法;巴科尔硬度计是便携的,载荷可以手动施加	主要关注塑料和低质量复合材料;不记录与压痕深度之间的响应,不评估产生的损伤状态	采用平压头

（续表）

试验方法	试样	测量性能	描述和优点	缺点	备注
D6264/D6264M	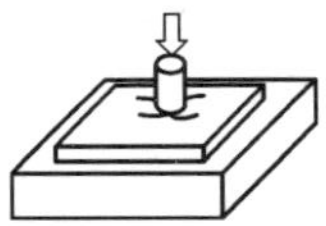	静压痕损伤阻抗(力—压头的位移响应,凹坑深度;损伤特征)	平面矩形薄板受静态集中力荷载,允许支撑试件的损伤阻抗试验,使用常规试验机;可以得到位移和压力压头的位移数据	限于没有经过厚度方向增强的连续纤维复合材料;试验方法不关注动态压痕效应,允许的试样厚度范围窄	使用12.7mm(0.50 in)直径的半球形压头;通常用来估计动态冲击造成的损伤状态;通常使用多向均衡对称铺层压板;损伤响应,与压头几何尺寸、支撑条件和试件形状有关
D7136/D7136M		落锤冲击损伤阻抗(压头接触力和速度与时间,凹坑深度,损伤特性之间的关系)	平面矩形层压板受一个动态的落锤加载;允许试件的损伤阻抗试验;使用专用的落锤设备,最好带速度检测设备	限于没有经过厚度方向增强的连续纤维复合材料;结果对于冲击的质量、直径、下落高度和其他参数非常敏感	使用16mm(0.625 in)直径的半球形压头;通常使用多向均衡对称铺层压板;损伤响应与质量、直径、下降高度、支撑条件和试件形状和损坏状态有关
静压痕和冲击损伤容限试验方法					
D7137/D7137M	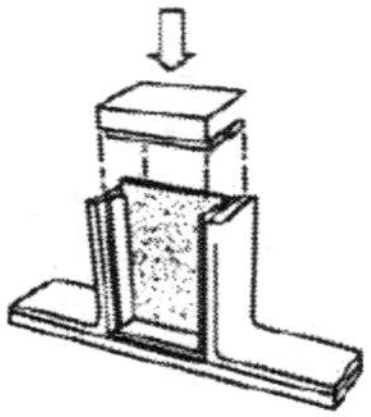	压缩剩余强度和变形	平面矩形层合板,之前通过静压痕或遭落锤冲击产生损伤,在图示框架测试夹具夹持下,承受静压缩载荷	限于没有经过厚度方向增强的连续纤维复合材料;结果对于预先存在的损伤状态、边界约束条件、和其他参数非常敏感;允许的试样厚度范围窄	通常使用多向均衡对称铺层压板;初始损伤直径不要小于试样宽度的一半;结果是对于特定的试件形状和损坏状态进行评估
跨层(穿透厚度)断裂试验方法					
E1922		跨层断裂韧度,K_{TL}	一种在拉伸载荷下含有边缘缺口的平板矩形试样;简单的试验即可完成	结果仅适用于特定的层压板测试,产生大损伤区的层压板无法给出有效值	

（续表）

试验方法	试样	测量性能	描述和优点	缺点	备注
增强筋条试验方法					
D7205/ D7205M		复合材料筋条拉伸强度	筋条通常粘接锚固，以避免夹持段破坏	用体积法确定名义横截面积，是平均值	特定应用到增强，预应力或后张拉混凝土中的拉伸单元
D7337/ D7337M		复合材料蠕变断裂拉伸强度	同 D7205/D7205M，受持续恒定的拉力	同 D7205/D7205M，需要准备备件未达到最小的样本量；防止出现无效的蠕变断裂破坏	最少需要四个力值比值来计算一百万小时的蠕变断裂能力
D7617/ D7617M		复合材料筋条横向剪切强度	用双剪切试验装置在横向剪切下加载筋条；用于评价筋条剪切强度，筋条穿过混凝土中裂缝或边界，起到销钉作用	筋条直径范围受夹具所限；刀片尺寸必须紧密匹配棒的外直径，需要用于紧配合的薄垫片	测试夹具可容纳光滑和有纹理的表面
用于增强土木结构的纤维增强聚合物基复合材料(FRP)的试验方法					
D7565/ D7565M		拉伸性能（力，宽度，刚度）	提供 FRP 复合材料的制备和测试过程；试验可参考 D3039/ D3039M	由于 FRP 层压板在厚度方向有很大的变化，基于单位宽度上的力进行计算	试验覆盖手糊法和预浸渍 FRP 复合材料
D7616/ D7616M		表观搭接剪切强度	测试远场拉伸载荷下手糊法搭接头强度；试件试验可参考 D3039/ D3039M；主要用于确定手糊法搭接头需要的最小搭接长度	结果只对试验中明确规定几何形状的搭接接头是有效的；不提供分析接头的搭接强度测量方法；强度受到接头曲纤维偏心及相关荷载偏心的影响	提供详细的试件制备过程和失效特征模式的指导

（续表）

试验方法	试样	测量性能	描述和优点	缺点	备注
D7522/D7522M	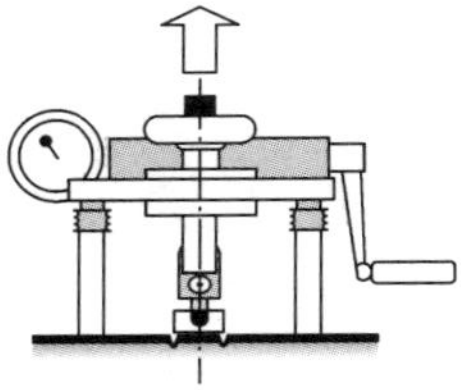	剥离粘接强度	粘接试验装置与圆形试样连接，圆形试样为FRP粘接到混凝土基底上；拉伸力直接施加到FRP混凝土粘结界面；用于实验室和现场应用，以控制FRP和黏合剂的质量	结果对于系统对中度、载荷偏心以及试样均匀性非常敏感	可以在多个位置观察到多种失效模式（FRP、胶黏剂或混凝土或各种失效组合模式），基板，或各种失效组合模式，FRP和混凝土必须画线定义出试验段

附表 4　夹层结构试验方法

试验方法	试样	测试性能	描述和优点	缺点	备注
面内压缩性能试验方法					
C364/C364M		夹层结构压缩强度	夹层结构试样加载端是直边，不需要夹持；使用简单的横向端部支撑来引入载荷	试验对意外的载荷偏心情况比较敏感；试验要求试样夹紧在侧向支撑上；薄面板试样的测试需要灌封或夹持来防止末端被压碎	可能出现多种破坏模式；可接受的破坏模式包括面板屈曲、面板压碎、面板凹陷、芯材压碎和受剪破坏

（续表）

试验方法	试样	测试性能	描述和优点	缺点	备注
			面外拉伸性能试验方法		
C297/C297M		夹层结构或夹层芯材平面外拉伸强度	试样的夹持端为方形或圆柱形,载荷为整个厚度上的拉伸载荷。使用胶接的厚金属块来引入载荷	试验结果对系统的对中度及载荷偏心度很敏感;测试结果对加载金属块胶层的胶黏剂及表面处理情况很敏感	合理的试验结果要求失效位置远离加载金属块;测试结果用于评估夹层及夹层芯材到面板的整个厚度上的拉伸强度
			面外压缩性能试验方法		
C365/C365M		夹层芯材的平面外压缩强度,夹层芯材的平面外压缩模量	试样的夹持端为方形或是圆柱形,载荷为整个厚度上的压缩载荷;不需要特殊的夹具	试验结果对系统的对中度、载荷偏心度及厚度变化很敏感,这些情况会引起局部压碎;夹层芯材的边界可能需要涂上树脂或涂层来固定以防止局部压碎	强度结果报告需要标明试样是否是稳定的;标准的航空试验采用稳定的试样来确定模量
D7336/D7336M		夹层芯材的压碎应力,压碎行程	试样夹持端的横截面为方形或是芯材首次失效之后,载荷为整个厚度上的压缩载荷	仅限于蜂窝夹层芯材。试验结果对系统的对中度、载荷偏心度及夹层芯材厚度变化很敏感	试样通常经过预压缩来方便压碎行程的确定及提高压碎性能的一致性

（续表）

面外剪切性能试验方法

试验方法	试样	测试性能	描述和优点	缺点	备注
C273/C273		夹层芯材的剪切强度和模量	试样夹持端的横截面为矩形，固定在钢制的加载板上；拉伸和压缩载荷的组合引入了沿夹层芯材整个厚度上的剪力	试验要求试样固定在加载板上；测试结果对加载胶层的胶黏剂及表面处理情况很敏感；试验结果对系统的对中度，载荷偏心度及夹层芯材厚度变化很敏感	试验没有形成纯剪切条件，但次应力的影响最小
C393/C393M		夹层芯材的剪切强度和模量	矩形截面的梁试样；试样结构和试验方法简单。包括3点弯和4点弯方法。夹层芯材的剪切刚度可以通过试验标准D7250/D7250M来确定	试验方法仅限于1维弯曲；失效通常由加载点附近的应力集中及次应力引起，尤其对于低密度的夹层芯材和薄面板的试样；需要特殊几何形状的梁截面来保证简单的适用性；试样需要经过仔细的设计来获得期望的失效模式	试样设计用来引入夹层芯材的剪切失效，但失效可能发生在夹层结构的非夹层芯材位置（面板、胶层）；测试剪切模量时推荐试样的跨度和深度比大于20∶1；面板与夹层芯材的厚度比(t/c)应小于0.1

（续表）

试验方法	试样	测试性能	描述和优点	缺点	备注
C394		夹层芯材的剪切应力-疲劳寿命($S-N$)曲线	试样和试验设备与标准 C273/C273M 中相同，但是夹层芯材是直接固定在加载板上	缺点与标准 C273/C273M 相同，仅限于非疲劳应力比的疲劳荷载情况	试验评价与标准 C273/273M 相同
弯曲试验方法					
D7249/D7249M		夹层结构的弯曲刚度，面板压缩强度，面板拉伸强度	矩形截面的梁试样；试样的结构和试验方法简单；标准的几何截面形状，采用四点弯技术；弯曲刚度可采用标准 D7250/D7250M 确定	试验方法仅限于 1 维弯曲；失效通常由加载点附近的应力集中及次应力引起，尤其对于低密度的夹层材料和薄面板的试样；需要特殊几何形状的梁截面来确保简单夹层结构梁理论的适用性；理论需要经过仔细期望的设计来获得期望的失效模式	试样设计用来引入面板的拉伸和压缩失效，但失效可能发生在夹层结构的非面板位置（夹层芯材，胶层）；面板与夹层芯材的厚度比（t/c）应小于 0.1
D5467/D5467M		面板压缩强度，模量及应力应变响应	夹层结构梁采用 4 点弯的加载方式；期望的失效模式为面板的压缩失效；试验数据尤其适用于夹层结构；相对于其他压缩试验，该试验的夹持比较简单	仅限于高模量的复合材料；不推荐昂贵的试样除非能保证其使用性能；需要应变测量仪获取数据及失效时的应变数据	必须防止出现夹层芯材破坏的情况；对于某些有粗糙特征的材料，如含有大量的（12 k 以上）细丝组成单向的纤维材料及某些编织材料，狭窄的试样（1 in.宽）不太适合

(续表)

试验方法	试样	测试性能	描述和优点	缺点	备注
D6416/D6416M		压力-挠曲响应,压力-应变响应,夹层结构弯曲和剪切刚度	由定义良好的分布载荷引入二维平板弯曲;设备和仪器保了所施加的压力分布离心。失效位置通常远离边界;试样相对较大,有利于促进对制造缺陷和加工变量的研究	对失效机制及其他定量的夹层结构分析,只能允许很小的平面挠度;试验夹具必须经过精心制造和校准以保证简支边界条件;测量结果严重依赖于平板的边界条件和压力分布形式;需要相对较大几何形状的试样和夹具	标准 D7249/D7249M(前面已述)的说明适用于标准 D6416/D6416M;然而,该方法不仅适用于夹层复合材料结构的2维弯曲性能,任何方板的2维弯曲评估分布载荷通过一个装满水的囊袋提供;支撑结构的跨度与夹层结构的平均厚度比应在10到30之间
C480/C480M		弯曲挠度-时间变化规律	表面平整的矩形截面夹层结构梁试样,加载方式为三点弯曲	失效通常由加载点附近的应力集中和次应力引起;试样需要经过仔细期望的设计以获得期望的失效模式	载荷通过连接到杠杆臂上的砝码来施加到夹层结构梁上
夹层芯材组分性能试验					
C271/C271M		夹层芯材密度	表面平整的矩形截面夹层芯材试样	试验结果对长度、宽度及厚度变化很敏感	
C366/C366M		夹层芯材厚度	表面平整的矩形截面夹层芯材试样;提供两种方法制作(滚转法和磁盘法)	试验结果对测量过程中施加的均布压力很敏感	

（续表）

试验方法	试样	测试性能	描述和优点	缺点	备注
C272		夹层芯材的吸水性	表面平整的矩形截面夹层芯材试样；提供两种试验方法（浸入水中和试验在潮湿的环境中）	试验结果对聚集在表面的水分很敏感	对容易在表面吸附水分的试样，可以将试样浸入酒精中，酒精然后可以挥发掉
F1645/F1645M		蜂窝夹层芯材的水流动性	表面平整的矩形截面夹层芯材试样固定在透明面板上；将水引入一个单胞中，逐渐浸透整个试样	试验结果对面板材料和胶层的参透性比较敏感。要保持一定的水流前沿以保证相同的压力	水流动性可以通过质量或是体积测量来获得；有色颜料可以加入水中来帮助观察水的流动性
C363/C363M		蜂窝夹层芯材节点拉伸强度	表面平整的矩形截面夹层芯材试样；试样被固定在施加拉伸载荷的夹具上	强度对试样的对中度很敏感；载荷偏心可能由于应力集中发生在载荷引入位置	该性能原来代表夹层芯材的分层强度
D6772		蜂窝夹层芯材的尺寸稳定性	表面平整的矩形截面夹层芯材试样，测量夹层芯材暴露在热环境中之后的面内稳定性	需要对暴露在热环境中之后的夹层芯材的几何变形尺寸进行精确测量	推荐选择出部分单胞以灌满树脂或是黏接剂，这样可以方便变形测量

（续表）

试验方法	试样	测试性能	描述和优点	缺点	备注
D6790		蜂窝夹层芯材的泊松比	表面平整的矩形截面夹层芯材试样；试样弯曲成一个圆柱形；通过尺寸测量来确定泊松比	试验要求对夹层芯材挠度进行精确的几何测量	

附表 5　环境浸润性/抗性试验方法

实验方法	试样	测试的性能	优点	缺点	总结
吸湿平衡量/浸润平衡测试方法					
D5229/D5229M		沿厚度方向的吸湿扩散率，吸湿平衡量，浸润平衡	关于各种暴露水平的（包括干燥）的吸湿平衡，以及吸湿常数的严格测定。用于其他试验方法在使用之前浸润测试试样	对于许多材料需要较长的浸润时间。假设材料的吸收常量为一维 Fickian 行为	记录在 MIL - HDBK - 17 更快的两个样品实验方法还没有被列入本标准
D570		重量平衡增长百分比	用于平衡重量增加的判定，由于料在水中长期浸泡	称重时间表与材料扩散特点无关。	D5229/D5229M 更适合于复合材料的一般吸湿浸润
非浸润平衡测试方法					
D618		无	实验前浸润塑料的实验测试方法	没有规定标准的力学测试。不监测重量变化。	不推荐用于浸润复合材料

（续表）

实验方法	试样	测试的性能	优点	缺点	总结
D570		重量增长百分比	测定浸水一段时间后的重量增加程度	提供多个浸润选项，在参数的选择上提供有限的指导	D5229/D5229M 更适合于复合材料的一般吸湿浸润
			环境老化实验测试方法		
C481		老化后的残余性能	经受环境老化循环后的夹层结构试样	可能并不代表所有夹层结构应用的标准环境循环	定义了两个标准的老化循环
			耐化学性实验测试方法		
C581		变化：硬度，重量，厚度，浸入介质后试样外观；弯曲强度；弯曲模量	热固性树脂耐化学性的试验方法。试验简单和实验样品制备和实验条件；多种暴露条件	唯一指定的力学检测实验是弯曲试验，没有定义标准的曝光时间或者温度	用于暴露的化学品、时间、温度都留给用户自行决定
D543		变化：重量，厚度；试样外观；拉伸强度；拉伸模量	评估塑料抗化学试剂能力的实践；标准暴露时间和温度设定为起点	唯一指定的力学检测实验是拉伸试验；其他的是可选的	可以进行更长的暴露时间；可以指定其他力学检测试验

索　引

大飞机出版工程
书 目

一期书目（已出版）

《超声速飞机空气动力学和飞行力学》（俄译中）

《大型客机计算流体力学应用与发展》

《民用飞机总体设计》

《飞机飞行手册》（英译中）

《运输类飞机的空气动力设计》（英译中）

《雅克-42M 和雅克-242 飞机草图设计》（俄译中）

《飞机气动弹性力学和载荷导论》（英译中）

《飞机推进》（英译中）

《飞机燃油系统》（英译中）

《全球航空业》（英译中）

《航空发展的历程与真相》（英译中）

二期书目（已出版）

《大型客机设计制造与使用经济性研究》

《飞机电气和电子系统——原理、维护和使用》（英译中）

《民用飞机航空电子系统》

《非线性有限元及其在飞机结构设计中的应用》

《民用飞机复合材料结构设计与验证》

《飞机复合材料结构设计与分析》（英译中）

《飞机复合材料结构强度分析》

《复合材料飞机结构强度设计与验证概论》

《复合材料连接》

《飞机结构设计与强度计算》

三期书目（已出版）

《适航理念与原则》

《适航性：航空器合格审定导论》（译著）

《民用飞机系统安全性设计与评估技术概论》

《民用航空器噪声合格审定概论》

《机载软件研制流程最佳实践》

《民用飞机金属结构耐久性与损伤容限设计》

《机载软件适航标准 $DO-178B/C$ 研究》

《运输类飞机合格审定飞行试验指南》(编译)

《民用飞机复合材料结构适航验证概论》

《民用运输类飞机驾驶舱人为因素设计原则》

四期书目(已出版)

《航空燃气涡轮发动机工作原理及性能》

《航空发动机结构强度设计问题》

《航空燃气轮机涡轮气体动力学:流动机理及气动设计》

《先进燃气轮机燃烧室设计研发》

《航空燃气涡轮发动机控制》

《航空涡轮风扇发动机试验技术与方法》

《航空压气机气动热力学理论与应用》

《燃气涡轮发动机性能》(译著)

《航空发动机进排气系统气动热力学》

《燃气涡轮推进系统》(译著)

五期书目(已出版)

《民机飞行控制系统设计的理论与方法》

《现代飞机飞行控制系统工程》

《民机导航系统》

《民机液压系统》

《民机供电系统》

《民机传感器系统》

《飞行仿真技术》

《民机飞控系统适航性设计与验证》

《大型运输机飞行控制系统试验技术》

《飞控系统设计和实现中的问题》(译著)

六期书目(已出版)

《航空发动机高温合金大型铸件精密成型技术》

《民用飞机构件先进成形技术》

《民用飞机构件数控加工技术》

《民用飞机热表特种工艺技术》

《民用飞机自动化装配系统与装备》

《飞机材料与结构检测技术》

《民用飞机复合材料结构制造技术》

《复合材料连接技术》

《先进复合材料的制造工艺》(译著)

《聚合物基复合材料:结构材料表征指南(国际同步版)》(译著)

《聚合物基复合材料:材料性能(国际同步版)》(译著)

《聚合物基复合材料:材料应用、设计和分析(国际同步版)》(译著)

《金属基复合材料(国际同步版)》(译著)

《复合材料夹层结构(国际同步版)》(译著)

《夹层结构手册》(译著)

《ASTM D 30 复合材料试验标准》(译著)

《飞机喷管的理论与实践》(译著)

《大飞机飞行控制律的原理与应用》(译著)

七期书目

《民机航空电子系统综合化原理与技术》

《民用飞机飞行管理系统》

《民用飞机驾驶舱显示与控制系统》

《民用飞机机载总线与网络》

《航空电子软件工程》

《航空电子硬件工程技术》

《民用飞机无线电通信导航监视系统》

《综合环境监视系统》

《民用飞机维护与健康管理系统》

《航空电子适航性设计技术与管理》

《民用飞机客舱与信息系统》